Critical Materials and Technologies of
New Secondary Batteries

新型二次电池
关键材料与技术

郑时有　杨俊和　袁　涛　等编著

化学工业出版社

·北京·

内容简介

本书主要介绍了高比能锂离子电池正负极材料，全固态电池及其金属离子在固体电解质中的输运问题和电极/电解质界面问题，空气电池与锂硫电池及其锂负极保护关键技术，水系高价离子电池，其他碱金属离子电池以及锂电池的回收与再利用关键技术等。体现了目前最新的各类电池材料技术基础和应用现状，并同时对各种新体系电池的关键科学问题、存在的难点、发展趋势等进行了分析。

本书适用于从事电池材料研发、生产和应用的科研人员和工程师阅读参考，也可作为新能源储能材料与器件相关专业师生的教学用书。

图书在版编目（CIP）数据

新型二次电池关键材料与技术 / 郑时有等编著.
北京 : 化学工业出版社，2025. 1. -- ISBN 978-7-122
-46775-1

Ⅰ. TM911

中国国家版本馆CIP数据核字第20249YX787号

责任编辑：于　水
责任校对：边　涛　　　　　　　　　装帧设计：韩　飞

出版发行：化学工业出版社（北京市东城区青年湖南街 13 号　邮政编码 100011）
印　　装：北京建宏印刷有限公司
710mm×1000mm　1/16　印张 18¾　字数 355 千字　2025 年 3 月北京第 1 版第 1 次印刷

购书咨询：010-64518888　　　　售后服务：010-64518899
网　　址：http://www.cip.com.cn

能源是人类生存和经济发展的重要基础。当前，化石燃料的开发和使用带来的环境问题及能源危机已成为人类社会面临的重大挑战之一。储能技术在可再生能源电网系统中占据关键地位，不仅能提升风能、太阳能等清洁能源的消纳能力，还能推动新能源汽车等产业的快速发展。因此，储能技术不仅是未来综合能源系统发展的核心技术，也是我国实现能源转型的重要组成部分。在实现"双碳"目标的过程中，储能技术将扮演关键角色，深远影响未来国家的能源结构和能源安全。

储能电池作为储能系统中的核心能量存储组件，是储能产业链中不可或缺的一环。在过去的五十年中，以锂离子电池为代表的电化学储能体系取得了显著进步。然而，随着各类新能源产业的迅速发展，储能电池的性能要求不断提高，新型储能电池的发展变得尤为紧迫。

本书旨在全面梳理和解读各类新能源电池的基础理论、前沿科学以及产业应用技术现状与发展趋势，内容涵盖了关键科学理论与实际应用进展，在注重介绍器件应用的同时，强调基础电化学与材料科学知识以及研究方法的重要性，并紧跟各分支领域的最新进展。本书既可作为电化学、能源材料、储能技术等专业研究生的基础教材，也可作为电化学储能材料与器件领域科研工作者的参考书籍，有助于激发电化学储能基础理论与应用的创新思维，以应对我国储能产业快速发展带来的机遇和挑战。

本书由郑时有、杨俊和、袁涛等编著，并负责书稿框架结构的搭建、内容的编排以及全书的统稿和审定工作。陈泰强和杨俊和编写了第1章，探索高比能锂离子电池的关键组成部分，包括正极材料、负极材料、电解液及其他辅助材料，并深入探讨影响电池性能的界面稳定性以及电池组设计的减重策略。夏水鑫编写了第 2 章锂硫电池，分析了该领域的最新进展与发展动态。骆赛男和阮佳锋编写了第 3 章锂空气电池，探讨了锂空气电池的基本原理及研究进展。庞越鹏和郑时有编写了第 4 章全固态电池，深入探讨了固态电池的关键技术和应用前景。李馨编写了第 5 章水系离子电池和第 6 章多价金属离子电池，探讨了水系电池的优势及多价金属离子电池的应用前景。袁涛编写了第 7 章钠 / 钾离子电池，深入探讨了这两种电池的组成、工作原理以及潜在应用，并提出了对未来研究方向的见解。陈泰强编写了第 8 章锂离子电池回收与再利用，分析了锂电池回收关键技术以及环保政策与法规。

本书在编写过程中，得到了上海理工大学新能源材料团队全体老师的鼎力支持，在此表示衷心的感谢。此外，本书的出版还得到了上海理工大学一流本科系列教材基金的支持，在此同样表示衷心的感谢。

由于各类电池技术正处于快速发展阶段，不断有新的理论与研究成果涌现，因此本书难免存在遗漏之处。希望各位专家学者批评指正，并提出宝贵意见，以便及时补充和修订。

编著者

2024 年 10 月

第 5 章　水系离子电池　　　　　　　　　　　162

第8章 锂离子电池回收与再利用   257

第1章

高比能锂离子电池

▲▲▲▲▲▲▲

1.1　锂离子电池概述

随着工业的发展，碳排放量急剧增加，全球对于开发环保、可持续的新型能源技术需求显著增加。典型的可再生能源（风能或太阳能）无法持续工作，其存储以及利用受到限制。锂离子电池（LIBs）作为一种绿色环保的高能电池，可以有效解决这一问题，目前已成为应用最广泛的二次电池。

锂电池的概念由 Whittingham[1] 在 20 世纪 70 年代提出，他以 TiS_2 金属化合物为正极配对锂金属负极制成首个锂电池，但由于金属锂枝晶问题容易引发安全隐患而以失败告终。锂金属电池向锂离子电池的发展，建立在 Goodenough 等[2] 在 1980 年提出的层状氧化物钴酸锂（$LiCoO_2$）作为正极材料的基础上。这一材料的发现使正极的电势得到极大的提升，从而大幅改善了电池体系的能量密度。在此基础上，1985 年，Yoshino[3] 提出了不含锂金属的石油焦负极，在匹配钴酸锂正极后成为"锂离子电池"。Sony 公司在 1991 年成功将 $LiCoO_2$/C 体系锂离子电池商业化[4]。2019 年，Goodenough、Whittingham 和 Yoshino 因对锂离子电池发展作出的杰出贡献被授予诺贝尔化学奖。

锂离子电池尽管拥有寿命长、体积小、库仑效率高、自放电率低等巨大优势，但是性能日益提高的新能源汽车、电网储存以及电子设备，对锂离子电池比能量提出了新的更高要求。锂离子电池对外放电的能量与其比容量（每单位质量可储存的电荷数量）和工作电压成正比，因此需要开发高比容量、高电压正极和高比容量负极来增加锂离子电池的能量密度，从而实现高比能锂离子电池。

1.2　正极材料

锂离子电池正极材料是锂离子电池的重要组成部分，其性能直接影响电池的容量、循环寿命和安全性。目前的锂离子电池都是以正极材料作为锂源，正极材料的选择对电池的性能和应用起关键作用。正极材料的选择应满足以下几个条件：①高比容量。正极材料的比容量是指单位质量或单位体积下储存或释放 Li^+ 的能力。高比容量意味着同样条件下可储存更多的锂，这可以提高电池的能量密度。因此，正极材料应具有较高的比容量，以增加电池的储能能力。②良好的循环稳定性。正极材料在循环过程中应具有良好的稳定性，即在反复充放电的过程中能够保持较高的容量和较长的循环寿命。循环稳定性主要取决于正极材料的结构稳定性和电解液的相容性，因此选择具有较高循环稳定性的正极材料十分重要。③良好的离子传导与电子导电性。高效的离子传导和电子导电对于提高电池的功率密度和充电速率至关重要。正极材料应具有良好的离子传导性，以便 Li^+ 在材料中有快的扩散速度。此外，良好的电子导电性可以确保电子在正极材料中的迅速传输，减少电阻损耗。④良好的安全性。正极材料应具有良好的热稳定性和化学稳定性，以避免在高温或低温环境下发生热失控反应。此外，正极材料应具有较低的产气量和较低的自燃倾向，以减少火灾和爆炸的风险。⑤可持续性和环境友好性。正极材料的选择应考虑其可持续性和环境友好性。优先选择可再生资源和可回收材料，以减少对有限资源的依赖，同时减少对环境的影响。

锂离子电池作为一种重要的新能源储存技术，其正极材料的发展经历了多个阶段和重要的里程碑。20 世纪 70 年代，锂离子电池的初期研究主要集中在锂金属负极材料上，正极材料选用可逆插层化合物，如二硫化钛等。然而，锂金属在反应中会产生严重的安全问题，包括短路、过热和爆炸等。为此，需要摒弃锂金属负极而寻找其他可替代的负极材料。但是，非金属锂负极材料的工作电位大多较高，而二硫化钛等硫化物正极材料工作电位较低，组装成的电池工作电压过低而不存在能量密度优势。因此，研究人员开始寻找安全、稳定且工作电位更高的正极材料。20 世纪 80 年代，John Goodenough 及其团队开创了锂离子电池正极材料的一个重要里程碑，他们首次发现了层状结构的钴酸锂（$LiCoO_2$）。$LiCoO_2$ 具有较高的工作电位、比容量和循环稳定性，成为首个商业化应用的锂离子电池正极材料。这一发现奠定了锂离子电池作为商业化电池的基础。20 世纪 90 年代，随着电动汽车和便携式电子产品的发展，对电池倍率、循环寿命和成本等的要求越来越高。为了满足这些需求，研究人员开发了系列新型正极材料。其中，锰酸锂（$LiMn_2O_4$）材料因其良好的循环稳定性和倍率性能而备受关注。此外，镍酸锂材料也被引入，提高了电池的能量密度。进入 21 世纪以后，随着可再生能源和电动汽车市场的迅速发展，对锂离子电池性能的进一步提升提出了更高的要求。其中，磷酸铁锂（LFP）材料因其较高的循环稳定性、良好的安全性和较低的成本而备受关注。此外，基于层状镍酸锂开发的三元材料使得电池在容量、循环寿命和安全性方面更加平衡。表 1.1 比较了常见锂离子电池正极材料的基本性能。

表 1.1　常见锂离子电池正极材料的各项性能指标

属性	$LiCoO_2$	$LiFePO_4$	$LiMn_2O_4$	$LiNi_xMn_yCo_zO_2$ ($x+y+z=1$)	$LiNi_xCo_yAl_zO_2$ ($x+y+z=1$)
理论比容量 / (mA·h/g)	274	170	148	270～280	274
实际比容量 / (mA·h/g)	140～150	145～150	110～120	160～190	160～180
平台电压/V	3.7	3.4	3.9	3.5～3.8	3.8
能量密度 / (W·h/kg)	520～550	490～510	430～470	550～700	600～650
循环寿命	500～1000	2000～5000	1000～2000	500～2000	500～1500

近几十年来，锂离子电池正极材料的发展经历了钴酸锂、锰酸锂、磷酸铁锂等不同阶段和关键突破，从最初的商业化应用到如今向高循环稳定性和高安全性的方向发展，但是为了提升能量密度，其方法主要有开发高比容量活性材料、提升材料的压实密度和提高工作电压等。本章概括了近些年高容量（＞250 mA·h/g）和高电压（＞4 V）锂离子电池正极材料的发展状况。

1.2.1　层状型钴酸锂

$LiCoO_2$ 拥有许多独特的优势，包括高 Li^+/电子电导率、高压实密度（4.2 g/cm^3）以及出色的循环寿命和可靠性。因此，即使在基于 $LiCoO_2$ 的 LIBs 诞生近 30 年后，$LiCoO_2$ 仍是便携式电子产品市场中的主要正极材料。此外，通过提高充电的上限截止电压，$LiCoO_2$ 还显示出进一步提高能量密度的巨大潜力。充电到更高的电压是从 $LiCoO_2$ 中提取更多 Li^+ 最有前途和最有效的方法，从而获得更高的容量。虽然 Tarascon 等[5]报道称，95% 的锂可以重新插入完全脱锂的 $LiCoO_2$ 结构中，但这种行为会引发循环过程中严重的容量衰减。$LiCoO_2$ 在高电压（＞4.2 V vs. Li/Li^+）下的失效机制已被广泛研究，并取得了很大进展。这些机制主要包括由体相转变引起的失效、表面降解和非均相反应机制。对于体相转变诱导机制，Li^+ 脱出/嵌入过程中复杂的结构演变和反复的体积变化导致不可逆的相变和颗粒开裂，从而导致容量损失。对于表面问题，高电压下 $LiCoO_2$ 电极的阻抗增长与表面降解密切相关，包括正极电解质界面（CEI）的连续形成、不可逆的表面相变、氧损失和 Co 溶解等。在 Li_xCoO_2 体系中，一旦 $x > 0.5$，表面形成的过氧化物会导致氧的损失。同时，Co 溶解也被认为是与 4.2 V 以上的容量衰减密切相关的另一个原因[6]。此外，由于锂扩散动力学的差异，不同颗粒或颗粒不同部分的充电状态（SOC）是不均匀的。SOC 的不均匀分布导致变形和应力产生，从而引起电极和颗粒的碎裂以及随后的容量损失。

为了克服钴酸锂失效问题，并满足 $LiCoO_2$ 在高电压下的长期循环稳定性，研究人员已经提出了多种策略。

（1）元素掺杂

目前提出了关于掺杂元素、掺杂含量、掺杂位置的各种掺杂策略，并且大多数策略被证明有效地改善了 $LiCoO_2$ 在高截止电压下的电化学性能。掺杂的潜在影响主要有：①抑制相变，这减少了变形和应力的产生；②抑制 O 的氧化还原反应以稳定 $LiCoO_2$ 的层状结构；③增加层间距以促进 Li^+ 扩散；④调整电子结构以提高电子电导率和工作电压。

（2）表面涂层

表面涂层是保护电极表面的有效方法，它可以：①优化电极表面结构；②促进表面电荷转移，调节界面响应并增强动力学；③作为 HF 清除剂，降低电解质的酸度；④作为电极与电解质之间的物理屏障，抑制过渡金属离子的溶解。

（3）共改性策略

元素掺杂和表面包覆都提高了 $LiCoO_2$ 的电化学性能，但表现出不同的机理。已经努力将这两种策略结合起来以构建更好的 $LiCoO_2$ 正极。根据以上改性策略，研究者们做了大量工作。Gu 等[7]报告了一种在 $LiCoO_2$ 上形成尖晶石 $LiCo_xMn_{2-x}O_4$ 涂层的简便方法。由于这两种材料中氧的排布模式相同，原位形成的 $LiCo_xMn_{2-x}O_4$ 涂层显示出更好的结构稳定性和与 $LiCoO_2$ 基质的相容性。它们之间的稳定界面为循环过程中的离子和电子迁移提供了有效的途径。与 15.5% 容量保持率的原始 $LiCoO_2$ 相比，改性 $LiCoO_2$ 在 4.5 V、300 次循环后容量保持率为 82.0%，有明显改善。Qian 等[8]提出了一种三元锂、铝、氟改性方法，以提高 $LiCoO_2$ 在 4.6 V 下的循环稳定性。这减少了液体电解质和 $LiCoO_2$ 颗粒之间的直接接触面积，并减少了活性钴的溶解。它还产生包含 Li-Al-Co-O-F 固溶体的薄掺杂层，该掺杂层抑制电池充电至 4.6 V 时 $LiCoO_2$ 的相变。Al 和 Ti 本体共掺杂和表面 Mg 梯度掺杂的双功能自稳定 $LiCoO_2$，在 4.6 V 的工作电压下，初始放电容量可达 224.9 mA·h/g，即使在 10 C 时比容量也高达 142 mA·h/g，在 3.0～4.6 V 之间循环 200 次后容量保持率为 78%。

如今，$LiCoO_2$ 在商业应用中的工作电压不断提高。经过近 30 年的努力，商用锂离子电池中 $LiCoO_2$ 的截止电压上限在充电过程中已经提高到 4.5 V，实现了约 185 mA·h/g 的可逆容量，并具有实际的循环性能。$LiCoO_2$ 的进一步发展需突破 4.5 V 电压限制，以进一步提高 $LiCoO_2$ 基 LIBs 的能量密度。尽管通过共改性策略制造的 4.6 V-$LiCoO_2$ 在实验室水平上取得了相当大的进步，但它仍然面临着几个挑战，特别是在电池满充状态下的长期循环稳定性和安全性。

1.2.2 尖晶石型锰酸锂

锰酸锂化合物（$LiMn_2O_4$，LMO）具有尖晶石型结构，阴离子晶格具有 α-$NaFeO_2$ 型结构，其中 Li 和 Mn 分别位于四面体和八面体位置[9]。在 LMO 中，锂离子跳跃通过中间八面体位置，在四面体位置之间穿梭。得益于尖晶石结构和扩散行为，其锂扩散路径是三维的，有助于 Li^+ 快速扩散，从而获得良好的高倍率性能。该材料显示出 148 mA·h/g 的理论容量和 4 V 的放电电压[10]。但是 $LiMn_2O_4$ 正极存在显著的 Mn 溶解问题[11]。引入镍掺杂形成 $LiNi_{0.5}Mn_{1.5}O_4$（LNMO）尖晶石结构，使其工作电压提高到 4.7 V，且可逆比容量可达 148 mA·h/g[12]。因其具有高工作电压、低合成成本和无钴的优点，LNMO 比 LMO 获得了更多的关注。根据合成条件，该化合物以有序和无序的构型结晶。无序结构由于其更好的离子和电子导电性而表现出更稳定的循环性能。

掺杂是有效改善镍锰酸锂循环性能的方法之一，如分别使用金属阳离子或阴离子部分取代 LNMO 中的 Ni 或 O。采用固相合成法可制备纳米尺寸的立方尖晶石结构 $LiMg_{0.05}Ni_{0.45}Mn_{1.5}O_4$ 材料。将 Mg 掺杂到 LNMO 中可赋予其结构稳定性，并改善其电压平台（4.70～4.75 V）[13]，且样品显示出良好的倍率性能（0.1 C 时为 131 mA·h/g，1 C 时为 117 mA·h/g[14]）。通过 Cr 掺杂也获得了一些重要的结果，Cr 原子的强氧亲和力有助于形成强 Cr—O 键，有利于尖晶石结构在循环过程中保持良好的稳定性。在 $LiNi_{0.5}Mn_{1.5}O_4$ 型正极中，通过简单的蔗糖辅助燃烧法合成的单相 $LiMn_{1.4}Cr_{0.2}Ni_{0.4}O_4$ 尖晶石在 60 C（1 C = 147.5 mA·h/g 或 0.260 mA/cm²）放电倍率下表现出 92% 的容量保持率，展现了良好的倍率性能[15]。Mao 等[16]通过聚乙烯吡咯烷酮（PVP）燃烧法合成了掺 Cr 和掺 Ni 的 LNMO。掺 Cr 样品 $LiCr_{0.1}Ni_{0.45}Mn_{1.45}O_4$ 在 1 C 下循环 500 次后有 94.1% 的容量保持率，库仑效率和能量效率分别保持在 99.7% 和 97.5% 以上。表 1.2 列举了有代表性的几种表面包覆和掺杂改性 LNMO 的电化学性能。由于电解液在 4.7 V 的高工作电压下不稳定，高压尖晶石氧化物（如 LNMO）的实际应用仍然受到诸多阻碍。可通过添加剂提高电解液的稳定性，形成人工界面，薄而均匀的碳涂层等对其电化学性能至关重要。因此，高压电解质和正极-电解质界面的研究是未来发展的关键。

表 1.2　表面包覆和掺杂改性 LNMO 的电化学性能

改性类型	合成工艺	电压范围 /V	电流密度 /倍率	首次放电容量 /（mA·h/g）	容量保持率@ 循环次数
纳米化 LNMO	一锅法合成间苯二酚 - 甲醛	3.5～5.0	10 C	129	99.97%@200
LNMO 纳米棒	使用 MnO₂ 纳米棒作为 Mn 的来源	3.4～5.0	1 C	125	95.7%@200
LNMO 纳米纤维	—	3.5～4.8	27 mA/g	130	—
LNMO 纳米片	水热法及相关的固相反应	3.5～5.0	1 C	148	86.4%@1000
Cr 掺杂	气固方法	3.5～5.0	0.5 C	137	97.5%@50
Na 掺杂	固态合成	3.5～4.9	1 C	125	92.96%@100
LNMO/C	气固方法	3.0～5.0	1 C	130	92%@100
Li₃PO₄ 包覆	固相反应	3.0～5.0	0.5 C	122	80%@650
Al₂O₃ 包覆	原子层沉积技术	3.5～4.8	0.1 C	—	100 圈后 105 mA·h/g
ZnO 包覆	液态化学法	3.0～5.0	2 C	—	50 圈后 102 mA·h/g

1.2.3　聚阴离子型正极材料

磷酸铁锂（LiFePO₄，LFP）是 1995 年首次商用以来，聚阴离子磷酸盐系列中唯一仍在商业市场上占主导地位的正极材料。聚阴离子骨架提供了坚固的晶格，在嵌锂 - 脱锂时经历很小的晶格参数变化。磷酸铁锂材料具有优异的热稳定性和化学稳定性，出色的循环寿命和良好的放电平台。相较于其他正极材料，其在高温条件下发生热失控行为的风险较低，从而大大提高了锂离子电池的安全性能。此外，它也被认为是一种稳定（空气、热和循环稳定性）的正极材料，与钛酸锂（LTO）负极材料配合，形成了一种超安全的 LFP-LTO 电池，可以为电动公交车等供电。但是，它存在以下缺陷：①相对较低的比容量：相比其他正极材料，磷酸铁锂材料的比容量相对较低，在 120～170 mA·h/g 之间。这意味着相同质量的磷酸铁锂电池相比其他电池储存的能量较少，因此在一些应用中可能受到限制。②低温性能较差：相比其他正极材料，如锰酸锂和钴酸锂等，磷酸铁锂材料在低温环境下的性能较差。其离子导电性和反应速率会受到较大影响，导致低温下的性能衰减严重。③较低的功率密度：磷酸铁锂材料的功率密度相对较低，即在短时间内充\放电的电量较少。这对于需要大功率输出的应用来说可能是一个限制因素，如电动工具和某些电动汽车应用。由于其低电压和低容量，磷酸铁锂材料的能量密度低于常见氧化物正极材料。因此，具有较高电压的 LFP 类似物可以缓解能量密度问题，值得考虑商业应用。

近年来，一种新的磷酸铁锂类似物——磷酸铁锰锂由于性能优异进入了人们的视野。$LiMnPO_4$ 具有与 LFP 类似的结构和理论容量，其工作电压（4.1 V）却比 LFP（3.4 V）高，从而可以获得更高的能量密度。但由于 Jann-Teller 效应导致 Mn溶出，使 $LiMnPO_4$ 的循环性能较差。此外，其电导率低、热稳定性差进一步恶化了其电化学性能[17,18]。橄榄石型 $LiFe_xMn_{1-x}PO_4$（$0.1 < x < 0.9$）被认为是能够继承 $LiFePO_4$ 和 $LiMnPO_4$ 各自优越特性的材料，从而获得优越的电化学性能。结构上，Mn^{2+} 半径大于 Fe^{2+}，因此在 $LiFe_xMn_{1-x}PO_4$ 固溶体中可以形成晶格缺陷，从而提高电子电导率和离子电导率[19]。通过 Fe/Mn 比的调控可以调节销蚀相的能量密度、速率能力和热稳定性。这种新型磷酸铁锰锂材料开创了锂离子电池正极材料的新篇章。磷酸铁锰锂材料安全性能相比于其他常用锂离子电池正极材料，如钴酸锂更为优异。这是因为磷酸铁锰锂材料在高温和过充电等极端条件下，热失控的风险较低，能够降低电池发生热失控、过热、燃烧甚至爆炸的概率。并且由于其良好的结构稳定性和化学稳定性，磷酸铁锰锂材料具有出色的循环稳定性。此外，磷酸铁锰锂材料不含昂贵稀缺的金属元素，如钴等。相比于含有钴和镍的正极材料，磷酸铁锰锂材料具有更低的环境影响和更高的资源可持续性，更符合可持续发展的要求。

$LiFe_xMn_{1-x}PO_4$ 也同样面临着一些问题，如固有的低电子导电性、Li^+ 和 Mn^{3+}的溶出等。锰基正极材料中的歧化导致锰在正极/电解质界面容易溶解，导致严重的容量衰退。Luo 等[20]研究发现 $LiFe_xMn_{1-x}PO_4$ 在相变过程中，不对称的 b 轴晶格失配和体积失配会导致缺陷（如位错、非晶化和杂质堆积），最终导致电压衰减。Wi 等[21]研究发现，$Li_xMn_{0.8}Fe_{0.2}PO_4$ 在氧化还原和锂化过程中的反应途径不同，动力学迟缓和由此导致的放电容量受限是由 Mn 氧化还原反应引起的。这些机理研究为橄榄石型正极材料失效分析和性能改进提供了重要参考。目前，研究者对$LiFe_xMn_{1-x}PO_4$ 进行了大量的优化，以提高其循环稳定性，主要包括表面涂层、元素掺杂、纳米结构策略。

掺杂 $LiFe_xMn_{1-x}PO_4$ 可以增加材料中的缺陷，扩大 Li^+ 扩散通道，增加材料的载流子密度，从而提高离子电导率和离子扩散速率[22]。金属阳离子可以通过破坏晶格结构并产生缺陷来提高离子的扩散率和电导率。一般可以掺杂 Li 位点和 Mn/Fe 位点。Li 位掺杂主要是利用半径较大的金属离子部分取代 Li^+。例如，Jang 等[22]采用溶剂热法合成 $Li_{1-x}Na_xMn_{0.8}Fe_{0.2}PO_4/C$，发现 $Li_{1-x}Na_xMn_{0.8}Fe_{0.2}PO_4/C$ 中的 Na^+ 有效掺杂在 Li 位点，可以减小（111）方向的粒径，提高 Li^+ 的扩散速率。此外，一个合适的 Na^+ 在 85 mA/g 下循环 200 次后，正极的容量保持率可达 96.65%，并可抑制 Mn^{2+} 和 Fe^{2+} 在电解质中的溶出。表 1.3 总结了近些年磷酸铁锰锂掺杂改性的结果。

表 1.3　磷酸铁锰锂掺杂改性结果

材料	合成方法	容量保持率
$Li_{0.07}Na_{0.03}Mn_{0.8}Fe_{0.2}PO_4/C$	溶剂热法	在 85 mA/g 电流下 200 圈后保持率 99.65%
$Li_{0.98}Na_{0.02}(Fe_{0.65}Mn_{0.35})_{0.97}Mg_{0.03}PO_4/C$	溶胶凝胶法	在 17 mA/g 电流下 40 圈后保持率 96.2%
$LiFe_{0.4}Mn_{0.595}Cr_{0.005}PO_4/C$	纳米铣削辅助固态	在 17 mA/g 电流下 50 圈后保持率 99.2%
$LiMn_{0.8}Fe_{0.19}Ni_{0.01}PO_4/C$	溶剂热法	在 85 mA/g 电流下 200 圈后保持率 94.1%
$Li(Mn_{0.85}Fe_{0.15})_{0.92}Ti_{0.08}PO_4/C$	固态反应	在 170 mA/g 电流下 50 圈后保持率 99.9%
$LiMn_{0.9}Fe_{0.09}Mg_{0.01}PO_4/C$	固态反应	—
$LiMn_{0.8}Fe_{0.19}Mg_{0.01}PO_4/C$	固态反应	—
$Li(Mn_{0.9}Fe_{0.1})_{0.95}Mg_{0.05}PO_4/C$	机械化学液相反应法	在 170 mA/g 电流下 100 圈后保持率 100%

$LiFe_xMn_{1-x}PO_4$ 在循环过程中容易产生裂纹，与电解液的持续副反应严重损害了电池的循环寿命和倍率性能。表面涂层不仅可以抑制正极材料与电解质的直接接触，减少副反应和界面电荷转移电阻，还限制了晶体的生长，改善了晶体间的电子接触，除此之外还进一步提高了结构的稳定性和电子电导率。但是，高的涂层含量会降低 $LiFe_xMn_{1-x}PO_4$ 的比容量，厚的涂层会阻碍 Li^+ 扩散，并降低样品的电导率。Li 等[23]合成了高接枝密度、高导电性的 $LiMn_{0.6}Fe_{0.4}PO_4$/碳气凝胶复合材料，其放电容量在 34 mA/g 的电流下为 159.1 mA·h/g。碳气凝胶有利于提高导电性能，并能吸附大量电解质。Ding 等[24]将氧化石墨烯（GO）、碳纳米管（CNT）和 $LiMn_{0.7}Fe_{0.3}PO_4$ 湿球磨成 $LiMn_{0.7}Fe_{0.3}PO_4$/GO/CNT 复合材料，其放电容量在 170 mA/g 电流下 200 次循环后可达到 120 mA·h/g。可以看出，表面涂层改性方法对磷酸铁锰锂性能的提升也很明显。

设计特殊的形貌和结构是提高 $LiFe_xMn_{1-x}PO_4$ 循环稳定性的重要途径之一。然而，纳米颗粒尺寸小会限制材料的体积能量密度，不利于工业化生产。此外，大表面积纳米颗粒与电解质之间的接触面积扩大可能导致不良的副反应。Zhang 等[25]通过喷雾干燥工艺合成 $LiMn_{0.8}Fe_{0.2}PO_4$@C 微球（图 1.1），其放电容量在 34 mA/g 电流下为 140 mA·h/g，循环 200 次后容量保持率为 90.2%。碳包裹的 $LiMn_{0.8}Fe_{0.2}PO_4$ 初级颗粒结构可以防止正极颗粒被电解液腐蚀，保证了优异的循环性能。Hou 等[26]制备了 $LiMn_{0.8}Fe_{0.2}PO_4/N$ 掺杂的石墨烯纳米带复合材料，有利于电子的快速迁移和良好的电解质渗透，可维持 2000 次循环。

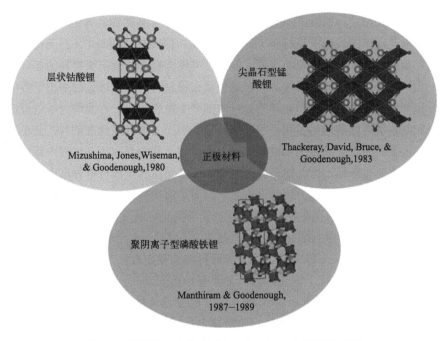

图 1.1 喷雾干燥工艺合成 $LiMn_{0.8}Fe_{0.2}PO_4@C$ 微球示意图

1.2.4 三元镍钴锰正极材料

锂离子电池正极材料的发展经历了多个阶段，其中一个重要的里程碑是三元镍钴锰（NCM）正极材料的引入和不断优化。三元镍钴锰正极材料最早可追溯到 20 世纪 90 年代初。那时，锂离子电池的应用领域开始扩大，对电池性能提出了更高的要求，比如容量、功率密度等。于是研究者开始寻求新型正极材料，以满足不同应用领域的需求。最早的尝试是使用镍酸锂（$LiNiO_2$）作为锂离子电池的正极材料，但该材料存在结构不稳定、热失控等问题，不适用于商业化生产。为了改善这些问题，研究者开始引入钴和锰元素，并将其与镍元素进行合成，形成了三元镍钴锰（$LiNi_xCo_yMn_zO_2$，$x+y+z=1$）正极材料。早期的三元镍钴锰材料在结构和化学稳定性方面还存在问题，而且钴的使用量较大，造成材料成本较高。随着对材料性能的进一步研究和优化，出现了一系列改进型的三元镍钴锰正极材料，如 $LiNi_{0.8}Co_{0.1}Mn_{0.1}O_2$（NCM811）、$LiNi_{0.6}Co_{0.2}Mn_{0.2}O_2$（NCM622）、$LiNi_{0.5}Co_{0.2}Mn_{0.3}O_2$（NCM523）等。这些改进型的材料相比早期的材料有了显著的改善和进步。

相较于橄榄石以及尖晶石结构化合物，三元层状过渡金属氧化物正极材料具有较高的比容量，更能满足高能量密度的需求。其中，$LiNi_{1-x-y}Co_xMn_yO_2$（NCM）和 $LiNi_{1-x-y}Co_xAl_yO_2$（NCA）正极材料凭借其低成本、高比容量等优点长期以来被认为是电动汽车的候选正极材料[27]。研究发现，提高 NCM 和 NCA 三元正极材料放电容量的关键在于提高镍的含量，但是过高镍含量会降低正极材料的循环稳定性，尤其是镍含量超过80%的高镍三元层状正极材料，在循环过程中由于各向异性体积变化引起的机械应力会导致材料内部产生微裂纹，一方面增大了电极活性材料和电解质之间的接触面积，引起副反应；另一方面高氧化态的 Ni^{4+} 会在正极材料的微裂纹表面生成类 Ni-O 化合物，从而导致正极材料在循环过程中稳定性以及倍率性能明显降低。因此如何同时兼顾高镍三元层状正极材料的高比容量以及高循环稳定性成为该领域的研究热点之一。为了解决高镍三元正极材料存在的上述问题，科研人员不断探索各种改善策略。迄今为止，解决高镍三元层状材料存在的问题和改善其电化学性能的策略主要包括浓度梯度设计、元素掺杂、表面涂层等。

浓度梯度设计是改善高镍三元层状材料结构稳定性的有效策略之一，浓度梯度的设计思路最初源于核壳结构，主要包括核壳结构、壳层浓度梯度、全浓度梯度和双倾斜浓度梯度设计策略。浓度梯度设计的核心思想是使用高镍含量的三元层状氧化物作为内组分，使用镍含量较低的稳定层状氧化物作为外组分，两者分别提供高容量和结构稳定性。Sun 等[28]研究了一种基于层状 NCM 的浓度梯度正极材料，如图1.2所示，其平均成分为 $LiNi_{0.64}Co_{0.18}Mn_{0.18}O_2$，从材料核心到接近表面，镍浓度梯度逐渐降低。具有浓度梯度的 $LiNi_{0.64}Co_{0.18}Mn_{0.18}O_2$ 与常规材料 $LiNi_{0.8}Co_{0.1}Mn_{0.1}O_2$ 表现出相近的容量，而前者的表面层由富含 Mn^{4+} 的 $LiNi_{0.46}Co_{0.23}Mn_{0.31}O_2$ 组成，镍含量较低，充电后形成的 Ni^{4+} 量低于 $LiNi_{0.8}Co_{0.1}Mn_{0.1}O_2$，更多更稳定的 Ni^{2+} 的存在和表面镍含量低等综合效应有助于提高材料的热稳定性。该浓度梯度结构材料不仅表现出与 NCM811 正极相近的高可逆容量，而且具有优异的循环性能和安全特性。

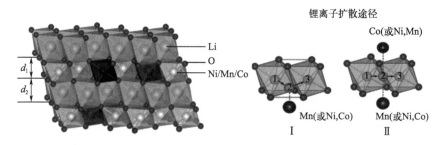

图1.2 具有镍浓度梯度的三元正极材料

离子可以掺杂到晶格中。以这种方式调谐电子结构,可以解决基本的电压衰减问题。碱金属阳离子（Cs^+、Na^+、Al^{3+}、Mg^{2+}等）通常占据Li层的四面体位。离子半径比锂大的元素掺杂增加了TM迁移的屏障,发挥了"支柱效应",保持结构的稳定性。二价和三价阳离子有助于增加TM—O键的平均正价。它延缓了Li_2MnO_3组分的活化,稳定了氧。然而,加入碱金属离子并不能完全阻止层状向尖晶石的转变,因为在脆弱状态下,尖晶石相比层状更稳定。因此,氟与碱金属离子一起掺杂是有效的策略。Na和F掺杂在$Li_{1.2}Mn_{0.54}Ni_{0.13}Co_{0.13}O_2$中形成$Li_{1.15}Na_{0.05}Mn_{0.54}Ni_{0.13}Co_{0.13}F_{0.01}O_{1.99}$,在0.1 C电流下,经过100次循环,容量保持率为97%,电压保持率为91%,初始放电容量为260 mA·h/g。Li和O分别被Na和F部分取代,提供了结构的稳定性,并使Li板变宽,使Li^+能够快速扩散[29]。

表面涂层可以抑制氧气释放、电解质腐蚀和相变。涂层材料要求具有较高的电化学稳定性、高电压稳定性、对电解质和其他电池成分的惰性、表面润湿性等。当涂层材料的晶格常数与基体晶体相匹配时,表面涂层效率达到最高;涂层光滑,分散均匀,以最佳厚度覆盖整个表面。晶格常数的失配会产生不对称效应,阻碍Li^+通过其传导,增加了接触电阻。涂层材料的选择应使其本身不会过度锂化,否则体积变化可能会产生剥离效应。表面涂层可以最大限度地减少表面缺陷,其修复功能仅限于表面。晶体内部的不可接近性不能解决体积缺陷。文献报道的正极涂层材料包括电化学非活性物质,如氧化物（Al_2O_3、Ti_2O_3、Er_2O_3、Pr_6O_{11}等）、磷酸盐（$AlPO_4$、$CoPO_4$等）、氟化物（AlF_3、LiF）和固态快速离子导体（$LiPON$、LiV_3O_8、$Li_xLa_yTiO_3$等）。Wu等[30]证明,原始的$Li(Li_{0.2}Mn_{0.54}Ni_{0.13}Co_{0.13})O_2$,其改性版本,如3%（质量分数）的$Al_2O_3$、$CeO_2$、$ZrO_2$、$ZnO$、$AlPO_4$和氧化处理,分别提供了253 mA·h/g、285 mA·h/g、253 mA·h/g、252 mA·h/g、252 mA·h/g、261 mA·h/g和270 mA·h/g的首次放电容量以及75 mA·h/g、41 mA·h/g、36 mA·h/g、48 mA·h/g、58 mA·h/g、22 mA·h/g和58 mA·h/g的首次不可逆容量。氧离子空位在表面处理样品中的保留减少了第一次循环不可逆容量的损失,并显著改变了第一次放电容量。表1.4总结了近些年性能优异的三元正极材料的改性策略。

表1.4 三元正极材料改性策略

材料	方法	电压范围/V	首圈放电容量/（mA·h/g）	电流倍率	初始效率	容量保持率	循环圈数
$Li_{1.2}Mn_{0.525}Ni_{0.175}Co_{0.1}O_2$	CNF添加	2.5~4.9	280	C/10	84	99	100
$Li_{1.2}Mn_{0.54}Ni_{0.13}Co_{0.13}O_2$	Al_2O_3包覆	2.0~4.8	275	C/10	84	98	30
$Li_{1.2}Mn_{0.55}Ni_{0.15}Fe_{0.1}O_2$	$AlPO_4$包覆	2.0~5.0	267.2	0.16C	78.9	73	60

材料	方法	电压范围/V	首圈放电容量/（mA·h/g）	电流倍率	初始效率	容量保持率	循环圈数
$Li_{1.2}Ni_{0.15}Mn_{0.55}Co_{0.1}O_2$	Mg^{2+}、F^-	2.5~4.7	295	C/10	75	99	70
$Li_{1.2}Ni_{0.15}Mn_{0.55}Co_{0.1}O_2$	F^-掺杂	2.5~4.7	300	C/10	95	98	50
$Li_{1.2}Mn_{0.55}Ni_{0.15}Co_{0.1}O_2$	$LiMnPO_4$混合	2.5~4.7	225	C/10	91.5	90	200
$Li_{1.2}Mn_{0.54}Ni_{0.13}Co_{0.13}O_2$	Cs掺杂	2.0~4.8	280	C/10	81	70	100
$Li_{1.2}Mn_{0.54}Ni_{0.13}Co_{0.13}O_2$	硼酸盐混合	2.0~4.8	319	0.08C	—	94	80
$Li_{1.2}Mn_{0.525}Ni_{0.175}Co_{0.1}O_2$	LiPON包覆	2.0~4.9	275	C/10	—	85	350

1.3 负极材料

负极材料同样对锂离子电池的能量密度有直接的影响。理想的锂离子电池负极应满足高容量、低电位、高倍率、长循环寿命、低成本和环境相容性好的要求。显然，锂金属是理论上最好的负极材料，因为如果单独考虑比容量，它不携带任何额外的重量。然而，在充电过程中锂沉积形成的树枝状锂会导致内部短路，从而引起严重的安全问题。石墨作为商用锂离子电池中使用最广泛的负极活性材料，它具有低工作电位、低成本和良好的循环寿命等优良特性。然而，石墨只能提供相对较低（372 mA·h/g）的容量，因为其结构只允许一个Li^+插入六个碳原子中，形成化学计量的LiC_6。此外，由于Li^+在石墨中的扩散速度相对较慢（在10^{-12}~10^{-6} cm^2/s之间），石墨负极电池通常具有中等的功率密度。因此，迫切需要寻找高容量、高Li^+扩散速率的替代负极材料，以提高电池的能量和功率密度。在过去的十年中，许多人致力于这个蓬勃发展的领域，并取得了显著的进展，大量材料被开发和应用，各种高性能负极材料被深入研究，如石墨，硬碳，碳纳米管，碳纳米纤维，石墨烯，多孔碳，硅和一氧化硅，锗，锡，过渡金属氧化物、硫化物、磷化物和氮化物等。然而，这些高比容量负极材料仍然面临着相当大的挑战，本节将针对高比容量负极材料，重点介绍碳材料及硅基合金的基本情况和发展历程。

1.3.1 碳材料

碳材料具有优异的综合性能，被认为是最实用的锂离子电池负极材料，碳质负极主要包括天然/人造石墨、软/硬碳，由于其多样化的结构和性能以及低成本和广泛的实用性，成为了锂离子电池实际应用最广泛的负极材料。碳材料进入负极材料的舞台可追溯到20世纪70年代后期，从插层化合物物理化学理论引出的可充电电池的新设计概念开始，这种电池形象地被称为"摇椅电池"或"穿梭电池"，它建立在Li^+在两个插入电极之间来回可逆转移的基础上。第一个Li^+嵌入石墨（LiC_6）是由Besenhard和Eichinger报道的，他们在1976年进一步提出这种材料作为锂离子电池负极的想法。1982年，Yazami和Touzain首次从实验的角度证明了锂离子在石墨中的电化学插层和释放，从而为石墨在锂离子电池中的利用奠定了科学基础。但不幸的是，电解质共插层（碳酸丙烯酯，PC）会导致石墨的剥离和脱落。随后几年里，Akira Yoshino（1985年）进一步证明了制备的低石墨度石油焦可以可逆地插入Li^+而不会发生结构坍塌。直到1991年，索尼公司的以石油焦为负极、$LiCoO_2$为正极的锂离子电池真正实现了商业化。到目前为止，石墨仍然是商用锂离子电池的主要负极材料。然而，372 mA·h/g的有限理论容量和石墨负极较差的倍率性能严重阻碍了需要高能量和功率密度的锂离子电池的进一步发展。Cao等对石墨、软碳和硬碳作为锂离子电池负极的电化学性能进行了比较，发现硬碳比其他碳具有更高的充电容量和更好的倍率能力。因此，在高功率应用的下一代锂离子电池中，硬碳因其高容量、优异的容量保持性、优越的循环稳定性、低工作电位和电极膨胀率而成为比软碳和石墨更好的负极材料。

硬碳材料被称为非石墨化碳材料，其特点是含有大量随机分布的弯曲石墨片，在3000 ℃甚至更高的温度下不能重塑成石墨。硬碳的不可石墨化本质可归因于前驱体中形成交联或共价C—O—C键。硬碳前驱体在热解过程中形成刚性交联结构，并形成缺陷、微孔和含氧官能团，极大地抑制了石墨片的生长。即使在较高的处理温度下，硬碳也只形成随机取向特征。此外，硬碳的形态有多孔、线状和微球状，并且通常继承自前驱体。具体而言，硬碳具有短范围石墨化畴、层间距离扩大（0.37～0.42 nm）、空隙或孔隙丰富、边缘和缺陷丰富等特点。这些独特的结构特征使得Li^+的输运距离缩短，为电荷转移反应提供了丰富的活性位点。

硬碳相对于石墨作为锂离子电池的负极具有比容量高、倍率性能优异等优点，通过比较石墨和硬碳中Li^+的储存机制，可以很好地解释这些特征。石墨在充电过程中，溶剂化的Li^+从电解液中靠近石墨负极时，会先脱离周围的溶剂分子，然后进入石墨的层间空间。因此，形成了一种具有分阶特征的石墨插层化合物（GIC），GIC可以通过分隔最近相邻插入层的石墨烯层数进行排序，即阶段指数n。例如，阶段1是指由石墨层和去溶剂化Li^+层交替排列构成的GIC。在硬碳上，基于20世纪90年代硬质碳的微观结构和电化学放电/充电特性提出了两种典型的Li^+插入反应机理，Sato等提出Li^+占据碳层上的离子位点和共价位点，形成LiC_2饱和状态的共价分子，保证了极高的能量密度。Besenhard等认为，Li^+的电化学反应不仅可以发生在石墨畴中，也可以同时发生在空腔中，这很好地解释了非晶碳材料在锂离子电池中有高可逆容量的原因。根据上述 Li^+ 的储存机理，硬碳负极的容量贡献主要来源于 Li^+ 嵌入石墨纳米畴以及 Li^+ 在孔表面和缺陷部位的吸附。然而，部分不可逆的 Li^+ 在孔表面和缺陷部位的吸收导致了较低的首次库仑效率（ICE）。此外，精确控制硬碳中石墨纳米结构域的大小和比例是硬碳广泛应用的一种理想方法，但现有的方法还不能满足这一要求。为了解决这些问题，已经报道了许多策略，通过选择合适的前驱体和采取有效的后处理来精细调节硬碳的微观结构。下面总结了基于上述三种前驱体的硬碳的制备和优化策略。

首先是树脂基硬碳，主要从交联和有机单体聚合的角度来构建。虽然树脂基碳的成本最高，但电化学性能最好。它们的性能优势在于可以精确可控地构建具有可调节孔隙结构、表面化学性质和分子水平活性位点的硬碳，用于能量存储。Gao 等通过热解酚醛树脂前驱体得到树脂基硬碳，可作为锂离子电池和超级电容器的负极。通过 1100 ℃下酚醛树脂的热解和炭化过程，组装的锂离子电池的可逆容量可达 526 mA·h/g。这种重要的工艺可以产生更多的单层石墨烯片和有利于更高 Li^+ 插入能力的介孔/微孔结构。单体前驱体类型对聚合热解所得硬碳的微观结构有重要影响，并最终影响 Li^+ 的储存行为。其次是沥青基硬碳，沥青通常由碳氢化合物和相关的非金属衍生物组成。因此，炭化前预氧化可以生成富氧活性位点，促进广泛交联的形成，阻碍炭化过程中类石墨结构的生长，形成硬碳。沥青前驱体的残碳率高，成本低，但其复杂的组成给制备稠度好的硬炭带来了许多未知的困难。交联氧化过程中所涉及的反应机制尚不清楚，有待进一步研究。为了充分优化沥青基硬碳的性能，需要对预氧化和碳化过程进行精确的调节。近些年来基于生物基的硬碳也逐渐进入人们的视野，由于前驱体种类和制备工艺的不同，生物质硬碳负极的电化学性能差异很大，采用纤维素、木质素、淀粉等均成功制备出性能不错的硬碳负极。

1.3.2　硅基合金

随着能源市场需求的快速增长，开发具有更高能量和功率密度的下一代锂离子电池迫在眉睫。由于石墨的理论容量有限（372 mA·h/g），能量密度低（约 150 W·h/kg），因此无法满足商用负极材料（如石墨）更高的能量/功率密度和长循环寿命要求。而 $Li_4Ti_5O_{12}$、过渡金属氧化物（MnO、Nb_2O_5、NiO 等）、过渡金属硫化物（Ni_2S_3、MoS_2、VS_2 等）和合金（Sb、Sn）等高比容量负极材料则是很好的替代品。其中，硅（Si）作为石墨最有可能的替代品之一，近年来引起了越来越多的关注。硅的理论容量高达 4200 mA·h/g，是石墨的 10 倍多，这是由于一个硅原子可以与大约 4 个 Li^+（$Li_{4.4}Si$）结合。此外，Si 相对于 Li/Li^+ 的锂化电位为 0.4 V，高于石墨（约 0.05 V），阻碍了镀锂和锂枝晶的形成。重要的是，硅是地球上第二大储量（超过地球质量的 28%），在自然界中广泛存在于硅酸盐矿物、稻壳、秸秆、竹竿和甘蔗中。上述资源大多没有得到充分利用，开发成为硅负极具有高附加值和低环境污染的特点。因此，在储能系统中开发利用硅资源的策略具有重要的价值。

硅应用于锂离子电池负极材料的研究可追溯到 1990 年，Dahn 等是第一批在惰性气氛条件下通过热解各种含硅聚合物合成含硅负极的人[31]。研究的典型聚合物包括聚硅氧烷、环氧硅烷复合材料和沥青 - 聚硅烷共混物。20 世纪 90 年代末，利用纳米硅与碳材料复合被认为是一种很有前途的提高硅负极电化学性能的方法。Wilson 将 CVD 合成的纳米 Si 分散到碳基体中（碳的摩尔比为 11%），以提高复合材料的整体容量。结果表明，其容量达到 600 mA·h/g，比工业石墨的容量提高了近 50%。1999 年，Kim 和 Moriga 研究了锂插入 Mg_2Si 合金的反应机理。他们发现，1 mol Mg_2Si 与 3.9 mol Li 反应时，初始容量约为 1370 mA·h/g。在 1990—2000 年间，硅基负极的研究仍然相当有限，仅报道了少量的研究活动。主要对含硅聚合物、Si/C 复合材料、Si 薄膜和 Si 合金的热解进行了研究。特别是在一些工作中，实现了高达 1000 mA·h/g 的容量。但其可逆容量和循环性能普遍有限。尽管如此，这些研究在世界范围内引起了极大的兴趣，并对未来十年锂离子电池的硅基负极研究带来了启发。

2001—2005 年间，硅基负极的研究兴起[32]，硅基负极的独特之处在于其具有较高的重量和体积锂存储容量，并且热力学锂化电位为 1.0～0.3 V（相对于 Li/Li^+），而不是石墨的 0.2～0.1 V。然而，硅负极的主要缺点是由于锂化时体积急剧膨胀而导致循环性能差。继 2000 年之前的研究工作，这一关键问题在 2001—2005 年间得到了集中解决。各种有效的策略，包括缩小尺寸（Si 薄膜/复合薄膜、零维 Si 及其复合材料等）和合成活性和/或非活性缓冲矩阵。这些研究活动在提高硅基负极的电化学性能和了解其基本机理方面取得了巨大的成功。2006—2010 年[33,34]，硅基负极快速发展。硅基负极的研究已经从以前的块状合金、0D 颗粒、2D 薄膜扩展到新的一维纳米线、一维纳米管和三维多孔结构。随着新开发的一维硅纳米线（SiNWs）、纳米管和三维硅多孔结构的开发，硅基负极的性能得到了很大的提高。硅纳米线具有很高的初始容量和适度的容量保留。因此，在低维硅（纳米线、纳米管）中引入孔隙可以进一步提高性能。此外，由于 SiNWs 基负极的质量负载密度较低，因此设计合成了三维多孔 Si 来解决这一问题。

2011—2015 年[35]是硅基负极爆发式发展时期。硅基负极的研究工作继续在硅合金、0D 硅颗粒、1D 硅纳米线和纳米管、2D 硅薄膜和纳米片以及 3D 多孔硅上进行。通过减小尺寸、加入缓冲基质和构建分层结构，研发人员在改善硅基负极的电化学性能方面取得了重大进展。特别是在纳米结构硅中引入孔洞被认为是一种有效的方式，来适应体积膨胀和释放相应的机械应力。通过应用这一概念，硅基负极的整体性能与之前的研究相比有了显著提高。与此同时，研究人员也开始解决低成本合成高性能硅基负极的问题，这将在实际应用中引起高度关注。2016年至今[36]，硅基负极蓬勃发展，但硅基负极在实际电池中的广泛应用尚未实现。在实际应用中，还需要解决以下几个问题，包括循环体积膨胀、库仑效率、质量负载密度和成本等。

1.4 电解液

自锂离子电池问世以来，其能量密度增加了两倍，这主要归功于电极容量的增加。目前，由于电解质的稳定性限制，过渡金属氧化物正极的容量已接近极限。为了进一步提高锂离子电池的能量密度，最有希望的策略是提高现有正极的截止电压或探索新的高容量和高电压正极材料，以及用Si/Si-C或Li金属代替石墨负极。然而，商用碳酸乙烯酯（EC）基电解质不能匹配高电压正极，这是由于商用碳酸酯基电解液在高电压下的分解非常严重。一方面，电解液分解所产生的短链状有机物堆积在电极表面，导致电极/电解液界面不规则地增厚。这种过厚的界面不利于Li$^+$的传输，在锂离子电池经历高电压循环后会出现界面阻抗大幅度增加等问题。而另一方面，电解液的分解副产物氢氟酸（HF）会持续地进攻正极，导致正极结构坍塌、过渡金属溶出等问题。因此，限制锂电池电化学性能的瓶颈已经转向新的电解质成分，以适应具有侵略性的下一代正极和Si/Si-C或Li金属负极，因为电解质的抗氧化性和高压正极上原位形成的正极电解质间相（CEI）层以及负极上的固体电解质间相（SEI）层对这些高压锂电池的电化学性能至关重要。下面从电解液溶剂以及添加剂入手讨论其对高压电池的影响。

1.4.1 电解液溶剂

1.4.1.1 无碳酸乙烯酯溶剂

烷基碳酸盐作为研究最深入的溶剂，自锂电池诞生以来，由于其优异的整体物理化学性质，如高介电常数、低黏度、良好的离子电导率、相对宽的液温窗口等，一直占据着电解质溶剂的主导地位。因此，从碳酸盐溶剂中去除不太稳定的EC，同时保持线性碳酸盐作为骨架溶剂，似乎是现有高压锂电池基础设施最可行和实用的解决方案。

在锂离子电池的新生时代，人们投入了大量的努力来探索成膜添加剂，以实现基于PC电解质的功能。随着EC基电解质的成功，逐渐转向加强电极上的SEI/

CEI，希望延长电池寿命。2012年，Gmitter等[37]通过将选定的线性碳酸烷基溶剂（如EMC）与一些成膜助剂[如氟乙烯碳酸酯（FEC）和乙烯碳酸酯（VC）]混合用于4 V锂离子电池，重新打开了无EC碳酸酯电解质的大门。随后，Dahn等[38-40]系统地研究了不同的线性碳酸盐溶剂组合和各种成膜助剂，并比较了石墨/NMC袋状电池的电压大于4.4 V时的电化学性能。采用FEC、VC、（4R，5S）-4,5二氟-1,3-二氧唑-2-酮（DFEC）、碳酸亚乙烯（MEC）、1-烯-1,3-磺酸酮（PES）、丁二酸酐（SA）和五氟吡啶磷（PPF）等助催化剂，可实现低寄生反应速率、低阻抗、良好的离子电导率和高库仑效率。EC的消除有效地改善了石墨/NMC电池在室温和高温下的高压性能。在无EC电解质中添加助剂的电池在长期循环中表现出更好的循环性能、更高的容量保持率和更小的极化。在所测试的薄膜助剂中，FEC和DFEC对极化生长的抑制效果较好。

在正极表面，EC催化的过渡金属溶解与不可逆相变相关，促进生成高阻抗的表面层，导致EC基电解质的电池阻抗增大和容量快速衰减。随着EC的消除，电解质在侵略性正极上具有很高的稳定性，从而大大提高了高能锂电池的电化学性能。进一步发展多样化的SEI促进剂及其组合可以促进高能锂离子电池和无EC碳酸盐电解质的可能商业化。

1.4.1.2　氟化合物溶剂

有机分子中的C—F键对溶剂的HOMO和LUMO水平有显著影响，并对锂离子和锂金属电池的界面化学有积极影响。此外，这些氟化溶剂不易燃，甚至是阻燃的，可以增强电极钝化以及热稳定性。一些含氟溶剂作为电解液的添加剂或助溶剂已经使用了十多年，典型的有FEC[41]和3,3,3-三氟碳酸丙烯酯（TFPC）[42]。与非氟化分子相比，氟化分子具有一些有趣的特征，包括熔点大大降低，表面张力增加，高温稳定性好等，因此氟化电解质是宽温度窗和高压窗极端电池的优秀候选者。图1.3列出了一些报道的非水电解质用氟化溶剂的分子结构，可分为三大类：氟碳酸盐、氟氨基甲酸酯和氟化醚。在这三种氟化溶剂中，氟化醚的介电常数最低，但对隔膜和电极都有良好的润湿性。因此，氟化醚不能作为单独的电解质溶剂，而总是与其他高介电溶剂偶联，以确保可接受的离子电导率。

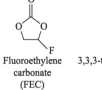

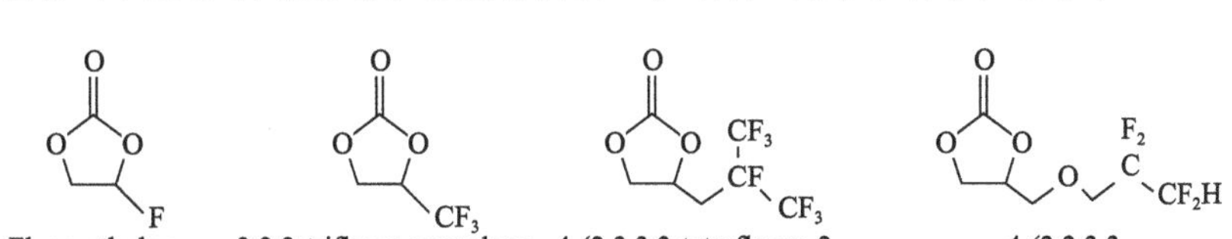

Fluoroethylene carbonate (FEC)　　3,3,3-trifluoro propylene carbonate (TFPC)　　4-(2,3,3,3-tetrafluoro-2-trifluoromethyl-propyl)-[1,3]dioxolan-2-one　　4-(2,2,3,3-tetrafluoropropoxymethyl)-[1,3]dioxolan-2-one

图1.3

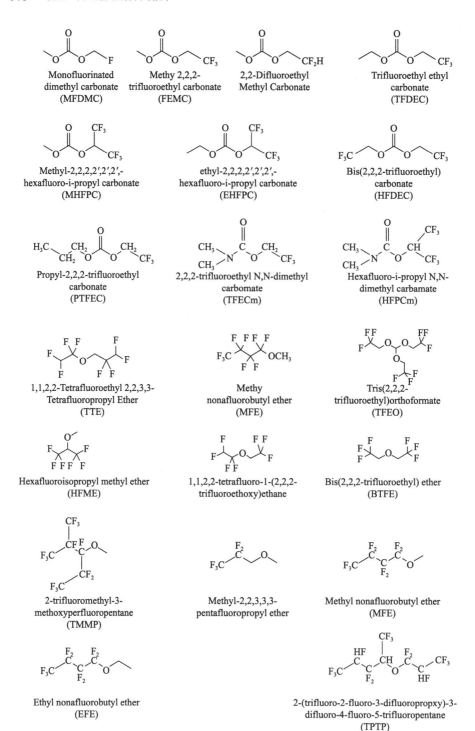

图 1.3 非水电解质用氟化溶剂的分子结构

　　Fan 等[43] 设计了一种全氟化电解质，以 $LiPF_6$ 为盐，以 FEC、氟化线性碳酸盐（FEMC）和氟化醚 2,2,2- 三氟乙基 30,30,30,20,20- 五氟丙基醚（HFE）为溶剂，质量比为 2∶6∶2。在电解质溶剂中，氟含量最高的 HFE 在还原过程中生成的固体电解质界面（SEI）/阴极电解质界面（CEI）中每个溶剂分子产生的 LiF 最多，而 FEC 因其最高的介电常数和对 Li^+ 的强亲和力，有助于锂盐的溶解。FEMC 具有较低的盐溶解度和高负极稳定性。该全氟化电解质不仅显著提高了循环镀/剥离 Li^+ 的库仑效率，达到 99.2%，而且显著提高了匹配 4.4 V NMC811 和 4.5 V LCO 负极的稳定性。Zhao 等[44] 以 0.15 mol/L 的 LiDFOB 为添加剂，制备了 1.2 mol/L 的 $LiPF_6$ FEC/DMC/HFE 电解质，并将其应用于高压 Li/LCO 电池，即使在 4.5 V 的高截止电压下，也能在 300 次循环后保持 84% 的高容量。相比之下，在传统的 1.2 mol/L $LiPF_6$ EC/DMC 电解液中，Li/LCO 电池在相同的时间内只能表现出少于 150 次的循环。Dahn 等[45] 使用氟化电解质（1 mol/L LPF_6 FEC/TFEC+x% prop-1-ene-1,3-sultone，PES）在 4.5 V 的高截止电压下测试了石墨烯/NMC442 袋电池。与使用含添加剂混合物的商用碳酸盐或磺胺基电解质电池相比，使用 FEC/TFEC 电解质的电池表现出更好的容量保持率，在长时间循环中更小的极化和更小的电压降，这表明氟化电解质在电极上产生了致密而紧凑的 SEI/CEI 层。

1.4.1.3　砜类溶剂

　　砜是许多化工企业生产的一种经济副产品，通常在高温工业中作为有机和无机制剂的萃取和反应溶剂。与碳酸盐分子中的羰基和低聚醚中的醚基相比，更强的吸电子磺酰基有助于降低 HOMO 的能级，从而具有更高的氧化稳定性。Angell 等[46] 率先将砜（SL）引入到锂电解质的溶剂库中，其电化学稳定性为 5.5 V vs. Li/Li^+，代表着非水电解质负极稳定性最大化的飞跃。

　　砜作为电解质溶剂具有介电常数高、负极稳定性好、可燃性低等优点。然而，锂负极和石墨负极的熔点高、黏度高、稳定性差等缺点一直存在，如果用作电解质溶剂，则应仔细解决。在砜分子上接枝官能团和与其他溶剂/添加剂混合是解决这些问题的两种有效的方法。Sun 等[47] 将不同的低聚乙二醇片段接枝到 EMS 上（T_m=35 ℃）。这些新砜的熔点比 EMS 低，具有比碳酸盐电解质更宽的电化学稳定窗口，但比未功能化的 SL 更窄。功能化 SL 分子中的醚基团容易氧化，导致负极电位降低。与纯醚电解质相比，相邻的砜基团可以在很大程度上减轻这种氧化反应，并且这些侧分支的氟化可以将负极电位提升到几乎与非功能化的 SL 相当。然而，低聚醚段的掺入增加了黏度，并降低了电解质的电导率。Zhang 等[48] 研究了不同的锂盐（$LiBF_4$、$LiPF_6$、LiFSI、LiTFSI、LiDFOB 和 LiTDI）对无 EC 的 SL 电解质电化学性能的影响，以及对以羧甲基纤维素（CMC）为黏合剂的石墨负极性能的影响。在这些盐中，LiDFOB表现出最好的石墨负极循环，甚至比商业1 mol/L LiPF$_6$ EC/DEC（3∶7）电解质更好。需要指出的是，黏结剂对石墨负极在电解质中的循环性能也有很大的影响，对于SL基电解质CMC黏结剂促进了石墨负极上SEI的形成，需要指出的一个重要特征是，一旦SL溶剂与碳酸盐溶剂混合，SL溶剂而不是碳酸盐主导负极稳定性。

1.4.1.4 腈类溶剂

如上所述，砜的高负极稳定性可归因于砜基作为本体电解质溶剂在高压下抗氧化的高固有稳定性。相反，通常情况下，腈的负极稳定性被认为是由于高压正极表面的优先化学吸附性，它产生一层—C≡N—TM配合物，并排斥其他物质与正极催化表面的密切接触。1994年，Ue等[49]证明，与Li$^+$/Li相比，己二腈和戊二腈基电解质可以支持超过7.8 V的电化学双层电容器（EDLC）。因此，考虑到EDLC与电池的相似性，如果采用腈作为电解液溶剂，则可能实现5V高压正极的商业化。与碳酸烷基溶剂中的碳酸盐官能团（具有高偶极矩和介电常数）和解离类型的盐类似，末端富电子腈（CN）基团是Li$^+$配位的高亲核位点。Kirshnamoorthy等[50]比较了LiBF$_4$和LiTFSI的动力学和溶剂化结构，并进行了实验表征，表明阴离子种类对分子溶剂化、离子络合物和离子电导率有很大影响。由于BF$_4^-$的体积更小，与LiTFSI相比，LiBF$_4$的离子络合物形成更为明显。类似的现象在乙腈电解质中也有报道。由于丁腈基电解质固有的高稳定性，Vissers等[51]配制了一种皮脂腈基电解质，1mol/L LiBF$_4$ EC/DMC/SN（25∶25∶50，体积比），与Li+/Li相比，该电解质在6 V以上表现出优异的电化学稳定性，并支持5.3 V Li$_2$NiPO$_4$F的可逆性。

溶剂的变化从根本上改变了电解质的特征，包括HOMO和LUMO能量以及Li$^+$、阴离子和溶剂之间的相互作用，这对电极上的SEI/CEI层的性能有重要影响。在这些极具发展前景的无EC体系中，氟化电解质具有极高的负极稳定性、对大多数电极具有良好的钝化能力、良好的离子导电性、对电极和隔膜具有良好的润湿性以及较低的可燃性等综合性能。尽管氟化电解质的成本相对高于商业电解质，但相信它将创造一个利基市场。此外，LiB在多个应用领域的渗透将进一步促进氟化电解质的发展。

1.4.2 电解液添加剂

自20世纪90年代锂离子电解质问世以来，以骨架成分LiPF$_6$为盐，以EC、DMC、EMC、DEC等为溶剂，非水碳酸盐电解质垄断了锂离子电解质近30年。

为了适应具有较高电压的侵蚀性正极，各种添加剂已被开发用于商业电解质，以稳定关键的界面化学物质，以获得所需的电化学性能，尽管在大多数情况下详细的潜在机制尚不清楚，考虑到这些添加剂对电化学性能的促进作用和低廉的成本，认为在可预见的未来，具有多种添加剂的碳酸盐岩电解质将主导电解质基础结构。这些电解质添加剂按其作用可分为SEI/CEI形成改进剂、过充保护剂、盐稳定剂、阻燃剂等。在这一部分中，我们主要关注能提高高压电池化学性能的添加剂，并将重点介绍其潜在机制和对电极/电解质界面研究的最新进展。在这里，我们利用10%的阈值作为分界，低于该阈值则定义为添加剂。

1.4.2.1　不饱和碳酸盐衍生物

在这个添加剂系列中，最著名的是碳酸亚乙烯酯（VC）。20多年来，VC一直是电池电解液行业的原型和不可或缺的添加剂。在功能上，VC在负极和正极表面进行聚合，产生保护性聚VC层。Burns等[52]使用超高精密库仑法（UHPC）和高温下的存储实验揭示，在满电池中，VC主要通过减缓正极表面电解质氧化来提高电池的CE并减少自放电。乙烯基化合物的反应性与双键相连的基团高度相关。吸电子基团（—X），如腈基，使C=C基团更亲电，从而促进还原反应（SEI形成）。同时，电子推动基（—Y）增强了乙烯基的亲核特性，从而促进了CEI的形成。最近，Laruelle等[53]用两种不同的方法合成了聚VC，证实了自由基聚合机制。聚VC作为一种新型固体聚合物电解质，具有稳定的电化学窗口4.5 V，离子电导率为9.8×10^{-5} S/cm。在50 ℃下，它可以支持具有良好速率的高压Li_8LCO电池，由于VC具有良好的成膜能力，也被广泛应用于新型电解质体系，如砜基电解质、离子液体电解质等，以屏蔽电极与电解质之间的副反应。

乙烯基碳酸乙烯酯（VEC）首次被提出作为一种良好的石墨负极成膜添加剂，它可以在石墨边缘形成类似VC的SEI。与VC相比，VEC相对较高的成膜势和较慢的动力学导致了这些明显的电化学性能差异，使得VEC添加剂只能在更苛刻的工作条件下发挥作用。除了VC和VEC，其他含有不饱和碳碳键的添加剂也通过类似的机制起作用。如乙烯基三硫代碳酸酯（VTTC）、2-呋喃（2-氰呋喃）、丙烯酸腈（AAN）、碳酸烯丙基乙酯（AEC）、碳酸烯丙基甲酯（AMC）、醋酸乙烯酯（VA）、己二酸二乙烯酯（ADV）、3,3,4,4,5,5-六氟环戊烯（HFCp）、三烯丙基氰脲酸酯（TAC）、三烯丙基异氰脲酸酯（TAIC）和烯丙基硼酸松醇酯（ABAPE），其中不饱和碳碳键是电极上保护SEI/CEI层的良好构建块。

需要指出的是，VC及其衍生物的唯一不利影响是，在电解液中高浓度通常会增加循环过程中的电阻，因此这些添加剂含量通常限制在2%以下，并且在大多数情况下与其他添加剂联合使用以降低电池电阻。

1.4.2.2 含氟添加剂

由于富氟基团的高吸电子倾向，富氟物质本质上可以抵抗氧化。因此，开发了许多含氟溶剂，希望取代传统的碳酸盐溶剂。时至今日，这些含氟溶剂的成本依然远高于非氟溶剂。因此，使用氟化物作为添加剂来提高电解质的抗氧化性似乎是LIB行业更实用和经济的方法。这些含氟化合物可以形成更坚固的由氟化物质/聚合物组成的SEI/CEI膜，阻止电解质骨架溶剂与氧化正极表面之间可能发生的副反应。

在这些含氟添加剂中，最著名的是FEC和$LiPO_2F_2$，它们已被广泛用作商业电解质添加剂。这两种添加剂不仅对石墨、Li金属和Si基合金的负极有很好的影响，而且对高电压正极也有很好的成膜能力。与EC基电解质中缓慢的CEI形成反应不同，FEC可以更快的速度参与高电压正极上CEI保护膜的形成，其中原位形成的PEO类聚合物和无机物质对高压正极的保护作用要比EC基电解质氧化形成的聚碳酸酯更好，也比VC基或ES基CEI层具有更好的保护作用。与VC添加剂相比，$LiPO_2F_2$添加剂在石墨/NMC532袋状电池中具有更好的电化学性能。人们认为，$LiPO_2F_2$添加剂有助于在具有较高氟磷酸盐含量的正极上形成更致密、更薄的CEI层，从而在恶劣的工作条件下赋予电池更好的电化学性能。$LiPO_2F_2$与其他常用添加剂（如FEC、VC和DFEC）的集成极大地提高了循环稳定性，抑制了电池阻抗的增长，减少了副反应，其中1% $LiPO_2F_2$ + 2%FEC（或DFEC）和1% $LiPO_2F_2$ + 1%FEC + 1%VC的电解质对4.3 V工作电压下的石墨/NMC532效果最好。经过800次循环后，使用1%$LiPO_2F_2$ + 1%FEC + 1%VC电解质的电池在极化增加有限的情况下仍然可以提供97%的可逆容量。

除了氟化添加剂形成紧凑的CEI外，碳酸盐的氟化降低了Li^+与羰基之间的结合能，扩大了LUMO-HOMO间隙，从而在热力学上提升了电解质的电位窗口，从而进一步提高了电池的高压工作极限。但是，使用这些含氟化合物作为溶剂或添加剂时，应特别小心。高杂质，如水会引起含氟物质的水解，导致HF的形成，并使高电压电池的电化学性能恶化。

1.4.2.3 磷系添加剂

含磷添加剂由于具有良好的自由基清除能力，作为一种良好的非水电解质阻燃剂，最早进入电解质领域。然而，大多数有机磷化合物由于其较差的SEI/CEI形成能力和与电极材料的持续反应性而对电池性能产生负面影响。Xu等[54]报道了磷酸三乙基比磷酸三甲基具有更好的循环性能。Ping等[55]研究了磷酸三苯酯添加剂对NMC和NCA正极的影响。磷酸三苯酯含量为0.20%的NCA电池容量保持率与不含磷酸三苯酯的电池一样好。然而，随着磷酸三苯酯的进一步加入，电池阻抗显著增加。为了对高电压正极起到更好的保护作用，提出了氟官能团与磷酸盐/磷化物相结合的方法，通过添加剂中氟和磷基团的协同作用，可以抑制电解液的燃烧，同时增强正极的稳定性。这些添加剂可分为盐型和溶剂型。磷酸四氟(草酸)锂（LiTFOP）盐类添加剂的代表是二氟(双草酸)磷酸锂（LiDFBP）。对于这些盐型添加剂，Li^+可以参与到CEI的形成中，因此在界面层中可以获得更高的离子电导率，从而导致电池更好的动力学性能。

与在电解质中加入磷脂烷会导致循环性能的恶化相反，在磷脂烷中接枝一个氟化基团可以显著提高石墨/NMC111全电池的电化学性能，并具有更好的循环稳定性和更高的CE，接枝的—CF_3基团有效地抑制了CEI层的厚度，说明磷脂烷中—CF_3基团具有良好的CEI形成能力。后期分析表明，氟磷酸盐的不同官能团对原位形成的CEI的形貌、组成和厚度有显著影响，其中线性侧基会促进CEI的厚度，而支链基（HFiP）会使CEI更紧凑、更薄。最近还提出了一些新的磷添加剂。以三苯基膦、三(五氟苯基)膦（TPFPP）、二乙基苯基膦（DEPP）和(五氟苯基)二苯基膦（PFPDPP）为代表，它们不仅在电解液骨架组分分解前形成CEI膜，而且能有效清除有害的HF和PF_5。

1.4.2.4　含硅添加剂

有机硅作为电解质溶剂或电解质添加剂具有许多潜在的优势，如低可燃性、低挥发性、高抗氧化性和环境无害性。具有Si—O和Si—N键的硅基添加剂不仅在高电压正极上形成聚合物CEI层，由于硅氧烷（Si—O）或硅氮烷（Si—N）基团能够清除HF和PF_5有害物质，从而有效地保护正极和CEI层免受这些氟化物的亲核攻击。尽管电解液纯度很高，但层状正极表面残留的LiOH、Li_2O或Li_2Co_3等碱性锂化合物与酸性$LiPF_6$发生反应时，仍会产生不可忽略的HF，碱性物质的数量随着Ni含量的增加而增加，导致富Ni正极上生成过多的HF。此外，作为寄生反应的副产物，电解质溶剂之间的脱氢反应还可以形成一些酸性HF以及高压下氧化正极上的亲核TM-O自由基。这些HF会破坏SEI/CEI层，腐蚀电极材料，加速过渡金属的溶解。因此，采用能够迅速消除这些酸性有害物质的添加剂似乎对高能量富镍电池至关重要。

Wang等[56]比较了三种不同的硅氧烷添加剂[八甲基环四硅氧烷（D4）、八甲基环四硅氧烷（OMCTS）和2,4,6,8-四甲基-2,4,6,8-四乙烯基环四硅氧烷（ViD4）]在4.5 V高截止电压下在NMC622正极上的表现。其中，ViD4表现出最好的性能。当电解质中含有0.5%（质量分数）的ViD4时，$Li_8NMC622$显示出187.2 mA·h/g的比容量，1 C时150次循环后容量保持率为83.6%，高于D4（81.3%）、OMCTS

（81.9%），远优于无添加剂的碳酸酯电解质（76.1%）。详细的电化学表征、DFT计算和表面分析表明，ViD4分子中乙烯键和Si—O官能团的协同作用可以促进高压正极表面形成均匀的CEI层，减少催化正极与电解质之间的寄生反应。

在广泛研究的硅基添加剂中，三（三甲基甲硅烷基）亚磷酸酯（TMSPi）和三（三甲基甲硅烷基）磷酸酯（TMSPa）是被最广泛认识的两种，仅中心磷原子的氧化状态不同。硅基取代的电解质添加剂（如TMSPi和TMSPa）可以有效地提高锂离子电池的循环性能，并且适用于大多数主流正极材料在高压和高温下的循环性能。Sinha等[57]系统地比较了TMSPi和TMSPa添加剂对石墨/NMC111袋状电池电化学行为的影响。结果表明，这两种添加剂都能有效地降低电池阻抗，这意味着这些添加剂可以在电极上形成坚固紧凑的SEI/CEI，并有效地限制了寄生反应。

1.4.2.5 含硫添加剂

在含硫添加剂中，硫酸乙烯酯（又称1,3,2-二噁唑噻吩-2,2-二氧化物，DTD）、1,3-丙烷磺酮（PS）、丙-1-烯-1,3磺酮（PES）和亚硫酸乙酯（ES）是具有代表性的添加剂，已广泛应用于商业化电解质中。这些含有$SO_2/SO_3/SO_4$基团的添加剂有助于在石墨负极上形成致密的SEI层，减少寄生反应，抑制气体析出，从而进一步提高电解质的初始和循环过程中的平均库仑效率。其中一些含硫添加剂也可作为正极膜添加剂，其中硫有利于CEI层中Li^+的电导率。

含硫添加剂的历史可以追溯到25年前。Fan等[58]和Birrozzi等[59]揭示了一些无机物质，如多硫化物和SO_2可以用作添加剂来修饰石墨和锂金属负极的SEI层。Xia等[60]系统地比较了循环硫酸盐添加剂（DTD、TMS、PLS、PS、MMDS等）对石墨/NMC袋状电池电化学性能的影响。其中，DTD、TMS和MMDS能有效降低电池阻抗，提高库仑效率，降低存储过程中的电压降，而PLS虽然在DTD上只增加了一个甲基，但效果较差，说明甲基严重影响了添加剂的电化学行为。与DTD和TMS相比，MMDS的优点是，当与VC添加剂耦合时，由于DTD对高能LiB的两个电极有显著的影响，导致在循环过程中产生的气体体积急剧减少。

为了最大限度地提高电化学性能，电池成分的任何变化都需要特定的添加剂配方来满足。DTD添加剂已被广泛用于提高石墨/NMC电池的电化学性能，而它在石墨/LCO袋状电池中似乎效果较差，TMS和DTD添加剂增加了石墨/LCO电池在循环过程中的产气，但降低了石墨/LCO电池的阻抗。即使对于相同的电池，如果工作条件和/或充放电方案不同，也应策略性地设计不同的添加剂组合。最佳添加剂应具备以下特点：①在碳酸盐骨架组分钝化电极前分解；②抑制产气；③衍生的SEI/CEI薄而致密，电阻低；④得到的SEI/CEI能承受较高的电压和较大的电极体积变化。然而，到目前为止，还没有一种单独的添加剂可以满足所有这些苛刻的要求。因此，多样化的添加剂配方正成为满足高压侵蚀条件和要求的主流。即使在单一添加剂中，通常也含有不同的官能团，从而诱导出不同的自由基、种类和间相成分。

1.5　其他辅助材料

不仅正负极材料、隔膜、电解液能够显著影响电池性能，电极材料的组装策略以及与衬底的物理化学相互作用也会对电池的电化学性能产生一定的影响[61]。除了电极材料的设计和优化外，导电剂和黏结剂对电化学性能的影响也不容小觑。一般情况下，导电剂和黏结剂只占电极总质量的一小部分（≤20%），却起着至关重要的作用[62]。不管是正极材料还是负极材料，都会添加导电剂来使活性材料中形成有效的导电网络。颗粒状导电剂包括乙炔黑、炭黑、人造石墨和天然石墨等，它们的一个主要优点是价格便宜、使用方便，是目前锂离子电池常用的导电剂。和颗粒状导电剂相比，纤维状导电剂有较大的长径比，能够提高活性材料之间及其与集流体之间的粘接牢固性，起物理黏结剂的作用，有利于形成导电网络。纤维状导电剂一般包括金属纤维、气相法生长纤维、碳纳米管等。导电材料的种类、结构和形状，导电剂的孔隙结构和比表面积，导电材料在锂离子电池中的分散均匀性是三个影响导电剂性能的主要因素[63]。

近年来，越来越多的研究证明，黏结剂的种类对电极的性能有显著影响[64,65]。为了使电极在充放电过程中保持完整性，选择合适的黏结剂是提高锂离子电池性能的有效途径之一，常用的黏结剂包括线性、支链、交联和共轭导电聚合物。线性聚合物黏结剂的结合能力主要取决于其分子量（Mw）和悬垂基团（如—OH、—COOH）的数量和类型，同时黏结剂的结晶度影响着硅基负极的电化学性能。为了提高线状胶黏剂的黏结性能，采用共聚、共混或改性等方法进一步提高其黏结能力。天然衍生聚合物（包括CMC、Alg、CS等）和合成聚合物[包括PAA、聚乙烯醇（PVA）等]是硅基负极的典型线性聚合物黏结剂；支链黏结剂通常具有较长的主链，用功能侧链支链，提高与活性材料的结合强度，增强导电性，或形成更稳定的网络结构；与线性黏结剂和支链黏结剂相比，交联黏结剂可以形成更稳定的网络结构。根据交联的性质，可分为共价交联和动态交联；与传统黏结剂相比，导电聚合物黏结剂不仅具有良好的黏附性，而且提供了良好的电子或离子输运通道，保持了电极的整体导电性[66-68]。

除了在辅助材料方面的改进会提升高能量密度锂离子电池的性能外，补偿负极初始不可逆容量的预锂化方法是一种不错的策略。预锂化是指添加额外的活性锂，直接添加到负极或间接从正极添加到负极，是补偿负极初始不可逆容量的最有效方法。为了增加整个锂电池内部的活性锂，根据预锂化方法的不同，预锂化可以在不同的电池组件上进行，也可以在不同的材料或电极上进行。到目前为止，多种预锂化方法已经被开发出来，包括电极层面的电化学预锂化、材料或电极层面的化学预锂化、正极和负极的预锂化添加剂以及负极与锂金属箔之间的直接接触/短路。这些机制不同的预锂化方法在提高锂离子电池能量密度和其他效果方面表现出不同的预锂化效率或能力。

通过不同的预锂化方法，活性锂可以在材料层面或电极层面引入到锂离子电池中。在料浆混合过程中，活性锂含量高的材料/试剂可以作为预锂化添加剂直接集成到电极（正极或负极）中。稳定锂金属粉末（SLMPs）和硅锂（如 $Li_{15}Si_4$）颗粒是两种典型的负极预锂化添加剂，具有较高的理论 Li^+ 容量和较低的锂萃取潜力。对于正极侧的锂补偿，氮化锂（如 Li_3N）粉末和金属/Li_2O 纳米复合材料可以在现有正极的电荷截止电位窗口以下提供高 Li^+ 容量。为了制备具有高 Li^+ 容量的预锂化添加剂，通常使用金属锂作为原料。通常，SLMPs 的合成采用高速机械搅拌熔融金属 Li，并伴随着表面钝化过程，形成 Li_2CO_3 纳米壳。

电极水平的预锂化是另一种方法，在实验室规模上有许多成功的例子。通过外置电路配置锂金属半电池，可以精确控制锂化程度。在电解液存在的情况下，电极和锂箔之间的短路接触提供了另一种选择，它不涉及电池组装/拆卸过程。在加工过程中，施加外部压力有助于实现均匀的电化学锂化反应。通过将预制电极直接浸入锂芳烃溶液中，可以实现均匀的锂化。电极级预锂化方法可以避免浆液处理，为敏感预锂化材料的实际应用提供了更多的机会。此外，利用 Li 箔与特定金属箔电极（如 Sn 箔）之间的直接固体化学反应，也可以实现化学预锂化。但需要注意的是，预锂化涉及各种试剂/材料和操作，与常规电池处理相比，会产生额外的要求。几个重要的参数对电池工业的实际适用性至关重要，包括可使用的锂离子容量/预锂效率、预锂材料/试剂的化学和环境稳定性、预锂的安全危害、预锂过程中的残留物和副反应（如气体释放）、对电化学性能的潜在影响（如预锂引入的惰性材料/残留物）等。

高能量密度和快速充电之间存在一个权衡关系，如何在更短的时间内以更低的成本获得更多的能量，提高电池的安全性是电池研究一直在追求的目标，快充技术的发展尤其重要。为了实现快速充电能力，必须提高所利用电池的功率密度 PV，这是以降低能量密度 WV 为代价的，从锂离子和电子在电极中的输运，电荷跨相边界转移到电解质的输运，极化效应限制了充电速率，导致锂金属电镀，限制了活性物质的利用以及温度的升高。快速充电的研究，可以从以下几个关键的限速步骤展开：① Li^+ 在负极活性材料内的扩散；② Li^+ 在正极活性材料（CAM）中的扩散；③ Li^+ 在电解质相（液体或固体）中的输运；④相边界上的电荷转移动力学。在这种情况下，我们将电荷转移定义为电解质和电极之间传输的整个过程，因此它包括液体电解质的脱溶，电解质-电极界面上的实际电荷转移以及间相的存在，还包括离子通过该间相的传输，这伴随着两个跨越电解质-间相和间相-电极边界的电荷转移过程。在隔膜内，Li^+在电解质中的输运影响相当小，但在多孔电极内，它对给定电池的快速充电能力起着重要作用。

锂离子电池快速充电的问题可以从物理化学及材料的角度来解决。从材料的角度来看，以石墨为例，石墨负极的镀锂和CAM中的锂扩散是主要的限速步骤。从本质上讲，锂在液体电解质和活性材料中的缓慢扩散决定了真正的限速步骤。活性物质颗粒的形态、形状和取向可以改善锂在固态中扩散的限制性影响，例如，这解释了最近单晶CAM的趋势。在电极水平上，活性粒径分布、扭曲度和孔隙度是相关的，因为电极尺度上基于扩散的锂输运受到负极和正极中这些参数的强烈影响。对于后者，Li^+迁移率很大程度上取决于SOC，因为晶体结构和扩散跳跃的顺序通常随着锂含量的变化而变化。此外，负极和正极也是一个必须考虑的因素，因为它们相关界面上的电荷转移以及界面退化的形成都对电池性能有重要影响。对于液体电解质（LEs），浓度极化是电解质过电位的决定性因素，这表明极限电流可能是一个主要问题，特别是对于厚电极。固体电解质（SEs）提供更高的载流子浓度和接近1的Li^+转移数，因此不会发生浓度极化。因此，速率不受由于电极中Li^+耗尽而造成的电流限制的影响，而是受一般有限的（有效的）离子电导率的影响。最新的研究表明，对于负极，具有低扩散势垒的材料具有优越的快速充电性能，小颗粒的好处也得到了强调，但由于表面积的增加，降解也会增加；对于正极，速率性能对锂扩散系数的依赖性更强，锂扩散系数越大，充电速度越快；对于电解质，包括液态电解质和固体电解质，隔膜液电解质中的离子电导率不是速率决定因素，但在负极一侧，液体电解质（在多孔电极中）内的传输会成为速率限制。

1.6　界面稳定性

进一步提高锂离子电池能量密度最简单的方法是提高上截止电压。以具有代表性的$LiCoO_2$为例，通过改变上部，放电容量从170 mA·h/g增加到220 mA·h/g，截止电压为4.3～4.6 V。然而，制造一种能够承受高截止电压同时保持低副作用的电池是一项不小的壮举。截止电压波动会加速正极与电解质之间的界面反应，不可避免地导致容量迅速衰减，甚至电池击穿等严重后果。自2011年以来，为了抑制甚至消除这种界面反应，人们开展了大量的正极修饰和电解质设计工作。有多种有效的正极修饰策略，如杂原子掺杂和表面涂层。杂原子掺杂可以稳定初级颗粒的晶体结构，抑制不希望发生的电极-电解质界面反应。同样，也提出了包括氧化物、氟化物和磷酸盐在内的表面涂层策略，以防止电解质渗透和过渡金属溶解。原子层沉积和分子层沉积优于各种表面涂层技术，使涂层具有原子级精度、优异的均匀性和一致性。此外，保形表面涂层即使在 55 ℃ 的高温下也是有效的：富镍正极的容量保持率达到 89.4%。另一个有前途的策略旨在通过调节电极/电解质界面反应来提高电解质的稳定性。在锂离子电池的研究历史上，观察到负极上的电解质衍生间相，并将其定义为"固体电解质间相（solid electrolyte interphase，SEI）"，具有里程碑意义。SEI 是电极表面钝化的结果，作为保护层，防止电解质分解，也作为电极和电解质之间离子传输的屏障，SEI 的形成可以有效解决高能量密度锂离子电池面对的容量衰减问题。同时，在正极上形成的界面称为"正极-电解质界面（cathode solid electrolyte interphase，CEI）"。CEI 的作用曾经被忽视，因为在 4.3 V 工作的商用电池中没有电解液氧化的热力学驱动力。由于高压运行的要求，对 CEI 的理解变得越来越重要。

1.6.1 SEI

负极与电解液界面处的反应是非常复杂的，如图 1.4 所示，包括 SEI 在界面处的形成、结构变化以及成分转化，Li^+ 的去溶剂化和在石墨棱柱面的嵌入、脱出以及来自正极副反应产物的影响等。SEI 的形成和稳定性关系着电池的性能、寿命和安全性，理想的 SEI 具有以下作用：①保护电解质和电极：SEI 层能够保护电解质和电极不受电池中的高活性物质的直接接触和侵蚀。锂离子电池的电解液通常含有氟化剂和添加剂等物质，而电极活性材料如石墨或金属锂等对电解液中的成分非常敏感。SEI 层的形成能够使得这些活性物质与电解液中的化学物质隔离开，从而保护电解质和电极的稳定性，减少电解液的消耗和电极的损耗。②提供离子传导通道：SEI 层中含有 Li^+ 的导体，能够提供离子传导通道，促进 Li^+ 在电解质和电极之间的传输。这对于电池的性能和充放电速率非常重要。SEI 层的存在可以减少电池内部的电阻，提高电池的功率输出能力，并且有助于电池在高电流下稳定运行。同时，SEI 层也可以限制 Li^+ 过度扩散和漏失，降低电池的自放电率。③抑制电解液分解反应：电解液中的溶液化合物在电池充放电过程中容易发生分解反应，产生气体和不稳定的化学物质。这些反应会导致电解液的消耗和电池的损耗，并且可能引发安全隐患。SEI 层中的成分和结构能够抑制电解液分解反应的发生，减少气体的产生，并保护电池内部不受其影响。因此，良好的 SEI 层能够提高电池的稳定性和安全性。④促进电极材料与电解液的相容性：电极材料和电解液之间的相容性对于电池的性能和寿命至关重要。SEI 层的存在能够改变电极表面的化学活性和电化学反应，使得电极材料与电解液之间更好地相互适应和相容。这能够减少电解液成分在电极表面的析出和过度反应，并且保持电极材料的结构稳定性和循环寿命。⑤反应产物的脱嵌：在锂离子电池的循环充放电过程中，电极材料会产生一系列的化学反应和结构变化。SEI 层能够嵌入和脱嵌一部分反应产物，以提供充电和放电过程中 Li^+ 的脱嵌位置。⑥缓解电极表面应力：在锂离子电池的充放电循环中，电极材料发生 Li^+ 的脱嵌过程，导致电极材料的尺寸大小发生变化。这个尺寸变化会导致电极表面产生应力累积，导致电极材料的破裂和损伤。而 SEI 层的存在可以缓解电极表面应力，提供一定的力学支撑，减轻电极材料的变形和损伤。这有助于延长电极材料的使用寿命和电池的循环寿命。⑦影响界面稳定性：SEI 层的结构、成分和稳定性直接影响着电池的界面稳定性。好的 SEI 层可以防止电池界面因电解液和电极反应而失去稳定性，减少界面紊乱、SEI 层分层和电池容量衰减的问题。通过优化 SEI 层的形成和维护，能够提高电池的循环寿命、容量保持率和稳定性。

　　复杂的电化学过程对 SEI 提出了非常高的要求，即要在机械变形和电化学过程中保持稳定，而这几乎是不可能的，如图 1.4 所示。首先，首次充放电过程中形成的 SEI 并不完善，不能完全覆盖电极表面，因此在存储或循环过程中进一步消耗 Li^+ 和电解液，形成新的 SEI；其次，SEI 不能彻底隔绝电子，导致缓慢的电解液降解；再次，由于离子嵌入或脱出过程中产生体积变化，可能会导致 SEI 破裂、脱落，而且 SEI 的某些组分具有一定的溶解度，导致电极表面重新暴露，继续形成 SEI；最后，SEI 中包含大量处于亚稳态的有机成分，这些成分在循环或存储的过程中会转化成更稳定的无机成分，导致 SEI 重构。因此 SEI 的稳定性在很大程度上决定了电池的存储性能，并且同样受到温度和 SOC 的影响。

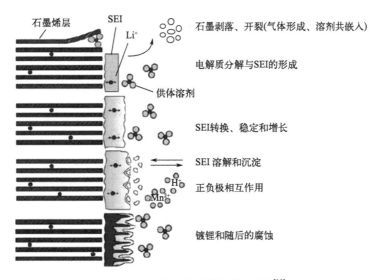

图 1.4　SEI 的形成与失效机制示意图[68]

人们普遍认为SEI的形态和组分在高温下会发生变化。过去的几十年中，已经对SEI的结构和组成进行了详细研究，如图1.5所示[69]。SEI是一种多层膜，每一层内部是各种物质的团块，类似马赛克结构[70]。SEI中多孔的有机层在外层，由处在较高氧化态的有机物组成，主要包括$(CH_2OCO_2Li)_2$、$ROCOOLi$、$ROLi$等，其中，R代表与溶剂分子有关的基团[71]。而无机成分处于内层，由低氧化态的无机锂盐构成，如Li_2CO_3、Li_2O、LiF、Li_3N、$LiCl$、$LiOH$。有机成分通常是不稳定的，会自发溶解或分解，尤其是在高温条件下。Lu等[72]通过电化学方法和XPS揭示了SEI的变化过程，电化学测试后，石墨电极表面烷基碳酸锂和LiF的含量明显增多，这是电解液持续分解的产物，证明SEI在高温下会发生连续的溶解或重组。Tobishima等[73]对20 ℃和60 ℃下存储一年的锂离子电池进行分析，发现60 ℃的条件下，容量损失率更高，比20 ℃存储的电池高出30%。他们认为容量损失主要来自碳负极上的副反应，SEI的变化是导致容量损失的主要原因。Kjell等[74]具体分析了SEI的变化机制，用XPS表征了石墨负极表面SEI在高温（55 ℃）下的变化。发现电解液中$LiPF_6$会持续分解，分解产物沉积在负极表面，增大了电池的内阻，同时导致SEI增厚。并且高温会加速这个副反应，所以室温（22 ℃）下测试的样品具有更长的寿命，几乎是55 ℃下测试样品的5倍以上。

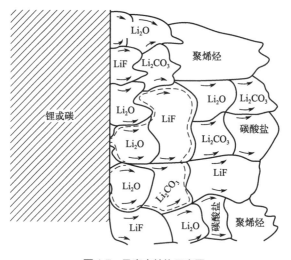

图1.5 马赛克结构示意图

1.6.2 CEI

与负极侧的SEI不同，CEI的重要作用只有在尝试将截止电压提高到电解液的氧化稳定性范围之外时才得以发挥。理论上，CEI膜的厚度从几纳米到几十纳米不等，并且在很大程度上取决于电解质溶液和正极材料的性质。CEI层的形成和稳定性直接影响电池的性能和循环寿命：①保护正极活性材料：CEI层能够保护正极活性材料不受电解液中成分的直接损害。电解液中的氧化剂和还原剂等物质可能对正极活性物质产生腐蚀作用，导致材料的过早衰减和损坏。CEI层的形成可以阻挡这些有害物质对正极活性材料的腐蚀，提高电极材料的稳定性和循环寿命。②提供离子传导通道：CEI层中含有Li$^+$的导体，能够提供离子传导通道，促进Li$^+$在正极活性材料和电解质之间的快速传输。这对于电池的性能和充放电速率非常重要。CEI层能够减少正极电解质界面的内阻，提高电池的功率输出能力，并且有助于电池在高电流下稳定运行。同时，CEI层也可以限制Li$^+$的过度扩散和漏失，降低电池的自放电率。③促进电极材料与电解液之间的化学稳定性：CEI层的存在可以改变正极表面的化学活性和电化学反应，使得正极材料与电解液之间更好地相互适应和相容。这有助于减少电解液成分在正极表面的析出和过度反应，并且保持正极材料的结构稳定性和循环寿命。④缓解正极表面应力：正极材料在充放电过程中经历Li$^+$的脱嵌过程，导致表面出现应力累积，容易引起破裂和损伤。CEI层的存在可以缓解正极表面应力，提供一定的力学支撑，减轻正极材料的变形和损伤。这有助于延长正极材料的使用寿命和电池的循环寿命。⑤影响界面稳定性：CEI层的稳定性直接关系到电池界面的稳定性。良好的CEI层可以提高电池的循环寿命、容量保持率和稳定性，并减少电极界面与电解质之间的反应。通过优化CEI层的形成和维持，可以提高锂离子电池的性能和安全性。⑥抑制电极材料与电解质之间的副反应：正极活性材料与电解液之间的副反应往往会降低电池的可利用锂储量，降低电池的能量密度和循环寿命。CEI层的存在可以抑制这些副反应的发生，减少电解液成分在正极材料表面的过度反应，提高电池的能量密度和循环寿命。

　　与SEI的结构类似，CEI主要由聚合物/聚碳酸酯等有机化合物的多层结构组成，无机盐，如LiF、Li$_2$O和Li$_2$CO$_3$等无机组分在控制Li$^+$运输的同时可以提供机械和化学保护。特别是，LiF具有高电绝缘性、电化学稳定性和高机械强度等优点，被广泛认为是CEI的理想元件。在Li$^+$提取和插入过程中，LiF还可以减少间相破坏。最新的研究表明，作为CEI的重要组成部分，LiF并不是不变的。LiF纳米晶体在带正电的Ti电极上经历了一个动态的成核-生长-合并-分离-运动和溶解过程。一般来说，稳定均匀的CEI可以隔离正极和电解质，阻碍副反应的动力学过程，从而使可逆电化学反应长期稳定运行。稳定的CEI具有离子电导率高、电子电导率低、机械结构稳定、化学稳定性好等特点，可抑制正极材料在体积变化过程中的脱离或开裂。然而，令人失望的是，自发性CEI通常是不均匀和不稳定的。提高电荷截止电压是获得更高能量密度的有效方法，但它会导致电解质氧化分解，产生气体和不需要的副产物。正极材料中的阳离子混合现象也会导致不可逆的晶体结构和过渡金属（TM）离子的溶解，游离的 TM 离子通过催化和络合途径与电解质发生不必要的界面反应，导致 CEI 生长不稳定。长周期循环后，厚度不均匀的 CEI 会影响局部去锂化和锂化水平，导致晶格收缩和膨胀不均匀，最终转变为晶内裂纹。此外，充放电过程中 CEI 的动态形成和溶解过程也会影响 CEI 结构的稳定性。此外，CEI 的形成和溶解过程会影响 CEI 结构的稳定性，电子绝缘的 CEI 层也增加了电极和间相之间的阻抗，这可能导致功率损失和抑制离子的动力学过程。因此，深入了解 CEI 层的形成和演化机制对于确定最稳定的 CEI 结构，从而获得更长循环寿命的电池至关重要。

目前，一般认为 CEI 是由正极表面电解质分解形成的多组分非均相界面膜。基于该 CEI 模型，总结了两种 CEI 形成路径。第一种途径是正极表面电解液的氧化分解。从热力学上讲，稳定的电化学系统意味着电解质中所有组分（溶剂、主盐和添加剂）的 HOMO 必须低于正极费米能级。然而，在实际充放电过程中，电子和离子在电极和电解质之间转移，导致两相和间相之间的电位梯度。空间电荷层的形成导致了能带的弯曲和费米能级的对准。费米能级的初始位置和势梯度决定了电荷转移的势垒，正极材料表面的复合氧化态可能导致费米能级向下移动到低于电解质 HOMO 的状态，从而在间相发生化学反应。

CEI 形成的第二种途径是负极侧 SEI 的演化。Aurbach[75] 首先提出了 CEI 上部分 $ROCO_2Li$ 来自负极的假设。CEI 的形成和演化可归因于 SEI 的电解质分解和成分迁移。Zhang 等[76] 通过定量 XPS 分析，提出正极表面 CEI 主要成分的增加与 Li 负极表面 SEI 成分的分布呈正相关，他们将充电态的锂钴氧化物（lithium cobalt oxide，LCO）电极与新鲜锂结合，形成新的 LCO/Li 电池，发现放电后正极表面 Li_2CO_3 和 LiF 的含量显著下降，证明了这种正相关关系。Fang 等[77] 使用钛酸锂（LTO）（因为通常认为 LTO 不含 SEI）和石墨作为 NCM 电池的负极材料，研究 SEI 是否参与 CEI 的形成过程。结果发现，使用 LTO 负极的电池 CEI 层中的 $LiP_mF_pO_n$ 和 $Li_xC_yH_zO_2$ 明显低于石墨负极。CEI 的形成机制是基于负极上电解质的分解和 SEI 组分向 CEI 的迁移。随着表征技术的进步，对 CEI 的认知也在不断提高。近年来的研究表明，CEI 的形成过程是动态变化的，在充放电过程中会动态产生 - 消失 - 再生。具体来说，在初始充电过程中，CEI 不断增长，而在随后的放电过程中，已经形成的 CEI 不断溶解，这一过程在随后的循环中不断重复。

1.7　电池减重和电池组设计

增加电池能量密度主要有两种途径：①从电池化学体系出发，使用高电压或高容量电极材料，如高镍三元层状材料、高容量富锂锰基材料、硅基负极材料及锂金属负极等；②不改变电池化学体系，从电池结构设计出发，减小其他部件质量体积，增加电池单位质量或单位体积中活性物质占比。提高电池工作电压、开发高容量电极材料是实现锂离子电池能量密度跨越式发展最直接有效的途径，但在向产业化推进的过程中面临的挑战和不确定因素较多，使得基于现有商业化应用的材料化学体系，通过工程化设计和技术优化来提升动力锂离子电池能量密度显得尤为重要。

1.7.1　电池壳减重

电池外壳是所有类型的锂电池和锂离子电池的重要组成部分，通常由18650和21700电池格式的镀镍钢硬外壳组成。这些钢外壳占电池总质量的四分之一以上，对电池容量没有积极贡献。因此，就设备能量密度而言，通过减少电池外壳的质量，可以实现相当大的电池性能改进。Bree等[78]提出了一种铝硬外壳，其实际性能比最先进的钢外壳轻63%。采用钛酸锂负极/磷酸铁锂正极作为电池化学的典型，具有高功率和良好的安全性。研究调查包括：①铝外壳标准商用锂电池制造工艺的优化；②使用铝外壳生产18650锂电池；③电池的电化学分析和安全测试，与钢组装的电池进行比较。铝外壳可以很容易地整合到标准的商用LIB制造过程中，工艺变化最小，并提供了>25%的能量密度提升。至关重要的是，电池的压力测试没有发现与材料变化相关的额外安全挑战。轻质铝硬壳提供了一种可能的解决方案，可以帮助解决需要高功率（或高能量）的锂离子电池的重量敏感应用。

1.7.2　集流体减重

锂离子电池的正极电位较高，铝箔可以形成致密氧化层防止集流体进一步氧化，所以正极集流体一般用铝箔；电池负极的电位低，铝箔在低电位下易形成铝锂合金，所以负极集流体一般采用铜箔。随着近些年动力电池技术的迅猛发展，铝箔由20 μm降到12 μm，而铜箔本身延展性较好，其厚度由12 μm降到6 μm，其他更薄的集流体也在发展中。

降低集流体厚度能实现电池减重目标，增加质量能量密度，铜箔密度远远大于铝箔，铜箔厚度的降低对电池质量的影响大于铝箔，同时因集流体厚度的减薄能增加电池内活性物质的填充量，进而提高电池体积能量密度。因此，追求超薄集流体成为动力电池企业降本增效的手段，但给电极制备过程中的涂布、分切、冷压、烘烤等环节增加挑战。通过压延铜纳米线制备出1.5 μm厚度的铜箔是目前报道的最薄铜集流体，穿孔集流体能够进一步降低箔材的重量，但是多孔箔材的加工成本较高，同时要调整当前电极加工过程中的水平涂布工艺，限制了多孔集流体的产业化应用。此外，集流体厚度的降低会增加其面阻及电池内阻，进而增加电池产热量，所以超薄集流体要结合良好的散热设计方案一起使用，同时鉴于超薄集流体本身的制备工艺和电池极片加工设备的限制，进一步降低集流体的厚度来提高电池能量密度的空间不大。

1.7.3　降低隔膜厚度

对于动力电池来讲，安全性是一切的基础，在任何状况下确保正负极不短路是隔膜最重要的功能，电池的优化也只能在此基础上进行。理想的电池隔膜应该是厚度无限小，给活性物质提供足够的填充空间，进而提高电池能量密度。隔膜主要为聚丙烯或聚乙烯材料，密度较小，厚度的降低对电池减重不明显，但可以增加电池内活性物质的填充量，提高电池体积能量密度。采用功能涂层复合隔膜可以弥补隔膜厚度降低带来的力学性能变差的问题，例如 9 μm PP 基膜 +3 μm 氧化铝涂层陶瓷隔膜和 12 μm PP 膜相比，隔膜面密度从 6.1 g/m² 增加到 8.6 g/m²，但与 20 μm PP 膜面密度 10.2 g/m² 相比，陶瓷涂覆隔膜的重量和厚度都有降低，同时电解液的保持能力和热稳定性都有增加。尽管如此，隔膜厚度的降低会增加电池自放电率和安全风险，不建议在当前 9 μm 基膜的基础上进一步降低隔膜厚度来提高动力电池能量密度。

1.7.4　电池组设计

2020 年 3 月 29 日，比亚迪正式发布刀片电池，通过结构创新，"刀片电池"在成组时可以跳过"模组"，大幅提高了体积利用率，最终达成在同样的空间内装入更多电芯的设计目标。相较传统电池包，"刀片电池"的体积利用率提升了50%以上，也就是说续航里程可提升50%以上，达到了高能量密度三元锂电池的同等水平。

新能源汽车动力传统的集成方式是 CTM，即"cell to module"，它代表的是将电芯集成在模组上的集成模式。模组是针对不同车型对电池的需求不同、电池厂家的电芯尺寸不同而提出的发展路径，有助于规模经济的形成与产品的统一。总的配置方式是：电芯 - 模组 -PACK- 装车；但模组配置方式的空间利用率只有40%，很大程度上限制了其他部件的空间。而电池一体化（CTP、CTC、CTB）的发展逐渐成为行业的重点研究、应用方向。一般电动汽车上搭载的电池包，由电芯（cell）组装成为模组（module），再把模组安装在电池包（pack）里，形成了"电芯 - 模组 - 电池包"的三级装配模式。而 CTP（cell to pack）跳过标准化模组环节，直接将电芯集成在电池包上，省去了中间模组环节，有效提升了电池包的空间利用率和能量密度。相比传统方式其具有以下优点：①省掉或者减少组装模组的端板、侧板以及用于固定模组的螺钉等紧固件，能提高体积利用率；②由于零部件的减少，重量也随之减少，因此质量能量密度也能提高，整车续航里程也可提升；③组装工艺简单，节省人力物力等制造成本，加上零部件的成本减少，电池包成本也会降低。但是，其缺点也限制了它的发展，例如，取消模组环节会带来很多风险。取消了模组，也取消了电芯发生热失控在模组级别上的防护；同时相应的 BMS 采样和控制策略也需要进行更改。一旦单个电芯发生故障，就会涉及更换整个电池包，而不是之前只需更换某一个模组，维修成本会大幅增加。

1.8　小结

近年来，伴随着便携式电子通信技术的日新月异和新能源汽车发展的需求，迫切需要发展具有更高能量密度的新一代锂离子电池体系。与传统的锂离子电池相比，高能量密度锂离子电池采用优化设计的材料和结构，能够实现更高的储能密度。这意味着在相同体积或重量下，可存储更多的电量，从而提供更长的续航里程或更持久的能量供应。高比能锂离子电池是未来电池发展的重要方向，它有着更高的能量密度，更低的成本，更长的寿命等优势，对于电动汽车、电动自行车、电动船舶、电动轨道等电动交通工具的发展具有重要的支撑作用。当前，高比能锂离子电池的研究主要集中在正极材料、负极材料和电解液的选择上。其中，正极材料的研究最为活跃，已经开发出了多种具有高能量密度、高稳定性、低成本等的正极材料，如镍酸锂、锰酸锂、磷酸铁锂等。负极材料的研究也在不断进步，其中石墨材料是最常用的负极材料，但是其容量已经接近理论极限，因此，寻找新的负极材料成为了研究热点。电解液是锂离子电池的重要组成部分，它的性能对于电池的能量密度、充放电速度、循环寿命等都有重要影响，目前，已经开发出了多种新型电解液，能够满足不同类型锂离子电池的需求。

但是，高比能锂离子电池的研究还存在一些挑战和问题。首先，电池的能量密度和安全性是相互矛盾的，如何在提高能量密度的同时保证安全性是必须解决的问题。其次，电池的循环寿命还需要进一步提高，以满足电动汽车等长期使用的需求。此外，电池的成本也需要进一步降低，以适应大规模推广和应用的需求。未来，高比能锂离子电池的发展还需要进一步研究和探索。首先，需要继续研究和开发新的正极材料、负极材料和电解液，以提高电池的能量密度、循环寿命和安全性。其次，需要进一步探索电池的制造工艺和生产过程，以提高电池的制造效率，降低成本。此外，还需要加强电池的测试和评估，以确保电池的质量和性能能够满足各种应用场景的需求。总之，高比能锂离子电池是未来电池发展的重要方向，它具有非常广阔的应用前景和市场前景。我们相信，在未来的不断研究和探索中，高比能锂离子电池一定会取得更加重要的突破和进展。

参考文献

[1] Whittingham M S. Electrical energy storage and intercalation chemistry[J]. Science, 1976, 192(4244): 1126-1132.

[2] Mizushima K, Jones P C, Wiseman P J, et al. $Li_xCoO_2(O < x \leqslant 1)$: A new cathode material for batteries of high energy density[J]. Materials Research Bulletin, 1980, 15(6): 783-789.

[3] Yoshino A. The birth of the lithium-ion battery[J]. Angewandte Chemie-International Edition, 2012, 51(24): 5798-5800.

[4] Ozawa K. Lithium-ion rechargeable batteries with $LiCoO_2$ and carbon electrodes: The $LiCoO_2$/C system[J]. Solid State Ionics, Diffusion & Reactions, 1994, 69(3/4): 212-221.

[5] Amatucci G G, Tarascon J M, Klein L C. CoO_2, the end member of the Li_xCoO_2 solid solution[J]. Journal of the Electrochemical Society, 1996, 143(3): 1114-1123.

[6] Amatucci G G, Tarascon J M, Klein L C. Cobalt dissolution in $LiCoO_2$-based non-aqueous rechargeable batteries[J]. Solid State Ionics, Diffusion & Reactions, 1996, 83(1/2): 167-173.

[7] Gu R, Ma Z T, Cheng T, et al. Improved electrochemical performances of $LiCoO_2$ at elevated voltage and temperature with an in situ formed spinel coating layer[J]. ACS Applied Materials & Interfaces, 2018, 10(37): 31271-31279.

[8] Qian J W, Liu L, Yang J X, et al. Electrochemical surface passivation of $LiCoO_2$ particles at ultrahigh voltage and its applications in lithium-based batteries[J]. Nature Communications, 2018, 9(1): 4918.

[9] Akimoto J, Takahashi Y, Gotoh Y, et al. Single crystal X-ray diffraction study of the spinel-type $LiMn_2O_4$[J]. Chemistry of Materials, 2000, 12(11): 3246-3248.

[10] Xia H, Luo Z T, Xie J P. Nanostructured $LiMn_2O_4$ and their composites as high-performance cathodes for lithium-ion batteries[J]. Progress in Natural Science-Materials International, 2012, 22(6): 572-584.

[11] Zhou G, Sun X R, Li Q H, et al. Mn ion dissolution mechanism for lithium-ion battery with $LiMn_2O_4$ cathode: In situ ultraviolet-visible spectroscopy and ab initio molecular dynamics simulations[J]. Journal of Physical Chemistry Letters, 2020, 11(8): 3051-3057.

[12] Yi T F, Xie Y, Zhu Y R, et al. High rate micron-sized niobium-doped $LiMn_{1.5}Ni_{0.5}O_4$ as ultra high power positive-electrode material for lithium-ion batteries[J]. Journal of Power Sources, 2012, 211: 59-65.

[13] Ooms F G B, Kelder E M, Schoonman J, et al. High-voltage $LiMg_\delta Ni_{0.5-\delta}Mn_{1.5}O_4$ spinels

for Li-ion batteries[J]. Solid State Ionics, 2002, 152: 143-153.

[14] Locati C, Lafont U, Simonin L, et al. Mg-doped $LiNi_{0.5}Mn_{1.5}O_4$ spinel for cathode materials[J]. Journal of Power Sources, 2007, 174(2): 847-851.

[15] Aklalouch M, Amarilla J M, Rojas R M, et al. Sub-micrometric $LiCr_{0.2}Ni_{0.4}Mn_{1.4}O_4$ spinel as 5 V-cathode material exhibiting huge rate capability at 25 and 55 ℃ [J]. Electrochemistry Communications, 2010, 12(4): 548-552.

[16] Mao J, Dai K H, Xuan M J, et al. Effect of chromium and niobium doping on the morphology and electrochemical performance of high-voltage spinel $LiNi_{0.5}Mn_{1.5}O_4$ cathode material[J]. ACS Applied Materials & Interfaces, 2016, 8(14): 9116-9124.

[17] Delmas C, Maccario M, Croguennec L, et al. Lithium deintercalation in $LiFePO_4$ nanoparticles via a domino-cascade model[J]. Nature Materials, 2008, 7(8): 665-671.

[18] Dong Y Z, Wang L, Zhang S L, et al. Two-phase interface in $LiMnPO_4$ nanoplates[J]. Journal of Power Sources, 2012, 215: 116-121.

[19] Hong J A, Wang F, Wang X L, et al. $LiFe_xMn_{1-x}PO_4$: A cathode for lithium-ion batteries[J]. Journal of Power Sources, 2011, 196(7): 3659-3663.

[20] Luo C, Jiang Y, Zhang X X, et al. Misfit strains inducing voltage decay in $LiMn_yFe_{1-y}PO_4/C$[J]. Journal of Energy Chemistry, 2022, 68: 206-212.

[21] Wi S, Park J, Lee S, et al. Insights on the delithiation/lithiation reactions of $Li_xMn_{0.8}Fe_{0.2}PO_4$ mesocrystals in Li^+ batteries by in situ techniques[J]. Nano Energy, 2017, 39: 371-379.

[22] Jang D, Palanisamy K, Yoon J, et al. Crystal and local structure studies of $LiFe_{0.48}Mn_{0.48}Mg_{0.04}PO_4$ cathode material for lithium rechargeable batteries[J]. Journal of Power Sources, 2013, 244: 581-585.

[23] Li Z F, Ren X, Tian W C, et al. $LiMn_{0.6}Fe_{0.4}PO_4/CA$ cathode materials with carbon aerogel as additive synthesized by wet ball-milling combined with spray drying[J]. Journal of the Electrochemical Society, 2020, 167(9). DOI: 10.1149/1945-7111/ab819e.

[24] Ding D, Maeyoshi Y, Kubota M, et al. Holey reduced graphene oxide/carbon nanotube/ $LiMn_{0.7}Fe_{0.3}PO_4$ composite cathode for high-performance lithium batteries[J]. Journal of Power Sources, 2020, 449. DOI: 10.1149/MA2020-0271121mtgabs.

[25] Zhang X, Hou M Y, Tamirate A G, et al. Carbon coated nano-sized $LiMn_{0.8}Fe_{0.2}PO_4$ porous microsphere cathode material for Li-ion batteries[J]. Journal of Power Sources, 2020, 448. DOI: 10.1016/j.jpowsour.2019.227438.

[26] Hou Y K, Pan G L, Sun Y Y, et al. $LiMn_{0.8}Fe_{0.2}PO_4$/carbon nanospheres@graphene nanoribbons prepared by the biomineralization process as the cathode for lithium-ion batteries[J]. ACS Applied Materials & Interfaces, 2018, 10(19): 16500-16510.

[27] Choi J U, Voronina N, Sun Y K, et al. Recent progress and perspective of advanced high-energy Co-less Ni-rich cathodes for Li-ion batteries: Yesterday, today, and tomorrow[J]. Advanced Energy Materials, 2020, 10(42). DOI: 10.1002/aenm.202002027.

[28] Sun Y K, Myung S T, Park B C, et al. High-energy cathode material for long-life and safe lithium batteries[J]. Nature Materials, 2009, 8(4): 320-324.

[29] Vanaphuti P, Chen J J, Cao J Y, et al. Enhanced electrochemical performance of the lithium-manganese rich cathode for Li-ion batteries with Na and F co-doping[J]. ACS Applied Materials & Interfaces, 2019, 11(41): 37842-37849.

[30] Wu Y, Manthiram A. Effect of surface modifications on the layered solid solution cathodes $(1-z)LiLi_{1/3}Mn_{2/3}O_2$-$(z)Li Mn_{0.5-y}Ni_{0.5-y}Co_{2y}O_2$[J]. Solid State Ionics, 2009, 180(1): 50-56.

[31] Landi B J, Ganter M J, Cress C D, et al. Carbon nanotubes for lithium ion batteries[J]. Energy & Environmental Science, 2009, 2(6): 638-654.

[32] Xu Y X, Lin Z Y, Zhong X, et al. Solvated graphene frameworks as high-performance anodes for lithium-ion batteries[J]. Angewandte Chemie-International Edition, 2015, 54(18): 5345-5350.

[33] Lee K, Mazare A, Schmuki P. One-dimensional titanium dioxide nanomaterials: Nanotubes[J]. Chemical Reviews, 2014, 114(19): 9385-9454.

[34] Ji L W, Lin Z, Alcoutlabi M, et al. Recent developments in nanostructured anode materials for rechargeable lithium-ion batteries[J]. Energy & Environmental Science, 2011, 4(8): 2682-2699.

[35] Sun Y, Zhao L, Pan H L, et al. Direct atomic-scale confirmation of three-phase storage mechanism in $Li_4Ti_5O_{12}$ anodes for room-temperature sodium-ion batteries[J]. Nature Communications, 2013, 4: 1870.

[36] Rowsell J L C, Pralong V, Nazar L F. Layered lithium iron nitride: A promising anode material for Li-ion batteries[J]. Journal of the American Chemical Society, 2001, 123(35): 8598-8599.

[37] Gmitter A J, Plitz I, Amatucci G G. High concentration dinitrile, 3-alkoxypropionitrile, and linear carbonate electrolytes enabled by vinylene and monofluoroethylene carbonate additives[J]. Journal of the Electrochemical Society, 2012, 159(4): A370-A379.

[38] Xia J, Petibon R, Xiong D J, et al. Enabling linear alkyl carbonate electrolytes for high voltage Li-ion cells[J]. Journal of Power Sources, 2016, 328: 124-135.

[39] Ma L, Glazier S L, Petibon R, et al. A guide to ethylene carbonate-free electrolyte making for Li-ion cells[J]. Journal of the Electrochemical Society, 2017, 164(1): A5008-A5018.

[40] Petibon R, Xia J, Ma L, et al. Electrolyte system for high voltage Li-ion cells[J]. Journal of the Electrochemical Society, 2016, 163(13): A2571-A2578.

[41] Arai J. Nonflammable methyl nonafluorobutyl ether for electrolyte used in lithium secondary batteries[J]. Journal of the Electrochemical Society, 2003, 150(2): A219-A228.

[42] Wang X J, Lee H S, Li H, et al. The effects of substituting groups in cyclic carbonates for stable SEI formation on graphite anode of lithium batteries[J]. Electrochemistry Communications, 2010, 12(3): 386-389.

[43] Fan X L, Chen L, Borodin O, et al. Non-flammable electrolyte enables Li-metal batteries with aggressive cathode chemistries [J]. Nature Nanotechnology, 2018, 13(12): 1191.

[44] Lin S S, Zhao J B. Functional electrolyte of fluorinated ether and ester for stabilizing both 4.5 V $LiCoO_2$ cathode and lithium metal[J]. ACS Applied Materials & Interfaces, 2020, 12(7): 8316-8323.

[45] Xia J, Nie M, Burns J C, et al. Fluorinated electrolyte for 4.5 V Li(Ni$_{0.4}$Mn$_{0.4}$Co$_{0.2}$)O$_2$/ graphite Li-ion cells[J]. Journal of Power Sources, 2016, 307: 340-350.

[46] Xu K, Angell C A. High anodic stability of a new electrolyte solvent: Unsymmetric noncyclic aliphatic sulfone[J]. Journal of the Electrochemical Society, 1998, 145(4): L70-L72.

[47] Sun X G, Angell C A. New sulfone electrolytes for rechargeable lithium batteries. Part I. Oligoether-containing sulfones[J]. Electrochemistry Communications, 2005, 7(3): 261-266.

[48] Zhang T, Porcher W, Paillard E. Towards practical sulfolane based electrolytes: Choice of Li salt for graphite electrode operation[J]. Journal of Power Sources, 2018, 395: 212-220.

[49] Ue M, Ida K, Mori S. Electrochemical properties of organic liquid electrolytes based on quaternary onium salts for electrical double-layer capacitors[J]. Journal of the Electrochemical Society, 1994, 141(11): 2989-2996.

[50] Kirshnamoorthy A N, Oldiges K, Winter M, et al. Electrolyte solvents for high voltage lithium ion batteries: Ion correlation and specific anion effects in adiponitrile[J]. Physical Chemistry Chemical Physics, 2018, 20(40): 25701-25715.

[51] Vissers D R, Chen Z H, Shao Y Y, et al. Role of manganese deposition on graphite in the capacity fading of lithium ion batteries[J]. ACS Applied Materials & Interfaces, 2016, 8(22): 14244-14251.

[52] Burns J C, Sinha N N, Coyle D J, et al. The impact of varying the concentration of vinylene carbonate electrolyte additive in wound Li-ion cells[J]. Journal of the Electrochemical Society, 2012, 159(2): A85-A90.

[53] Grugeon S, Jankowski P, Cailleu D, et al. Towards a better understanding of vinylene carbonate derived SEI-layers by synthesis of reduction compounds[J]. Journal of Power Sources, 2019, 427: 77-84.

[54] Xu K, Ding M S, Zhang S S, et al. An attempt to formulate nonflammable lithium ion electrolytes with alkyl phosphates and phosphazenes[J]. Journal of the Electrochemical Society, 2002, 149(5): A622-A626.

[55] Ping P, Wang Q S, Sun J H, et al. Studies of the effect of triphenyl phosphate on positive electrode symmetric Li-ion cells[J]. Journal of the Electrochemical Society, 2012, 159(9): A1467-A1473.

[56] Wang H, Sun D M, Li X, et al. Alternative multifunctional cyclic organosilicon as an efficient electrolyte additive for high performance lithium-ion batteries[J]. Electrochimica Acta, 2017, 254: 112-122.

[57] Sinha N N, Burns J C, Dahn J R. Comparative study of tris(trimethylsilyl)phosphate and tris(trimethylsilyl)phosphite as electrolyte additives for Li-ion cells[J]. Journal of the Electrochemical Society, 2014, 161(6): A1084-A1089.

[58] Fan X L, Zhu Y J, Luo C, et al. Pomegranate-structured conversion-reaction cathode with a built-in Li source for high-energy Li-ion batteries[J]. ACS Nano, 2016, 10(5): 5567-5577.

[59] Birrozzi A, Laszczynski N, Hekmatfar M, et al. Beneficial effect of propane sultone and tris(trimethylsilyl)borate as electrolyte additives on the cycling stability of the lithium rich nickel manganese cobalt (NMC)oxide[J]. Journal of Power Sources, 2016, 325: 525-533.

[60] Xia J, Sinha N N, Chen L P, et al. Study of methylene methanedisulfonate as an additive for Li-ion cells[J]. Journal of the Electrochemical Society, 2014, 161(1): A84-A88.

[61] Manthiram A. A reflection on lithium-ion battery cathode chemistry[J]. Nature Communications, 2020, 11(1): 1550.

[62] Luo L, Xu Y L, Zhang H, et al. Comprehensive understanding of high polar polyacrylonitrile as an effective binder for Li-ion battery nano-Si anodes[J]. ACS Applied Materials & Interfaces, 2016, 8(12): 8154-8161.

[63] Karkar Z, Guyomard D, Roue L, et al. A comparative study of polyacrylic acid (PAA) and carboxymethyl cellulose (CMC)binders for Si-based electrodes[J]. Electrochimica Acta, 2017, 258: 453-466.

[64] Rajeev K K, Kim E, Nam J, et al. Chitosan-grafted-polyaniline copolymer as an electrically conductive and mechanically stable binder for high-performance Si anodes in Li-ion batteries[J]. Electrochimica Acta, 2020, 333.DOI: 10.1016/j.electacta.2019.135532.

[65] Liu Z, Han S J, Xu C, et al. In situ crosslinked PVA-PEI polymer binder for long-cycle silicon anodes in Li-ion batteries[J]. RSC Advances, 2016, 6(72): 68371-68378.

[66] Zhao E Q, Guo Z L, Liu J, et al. A low-cost and eco-friendly network binder coupling stiffness and softness for high-performance Li-ion batteries[J]. Electrochimica Acta, 2021, 387. DOI: 10.1016/j.electacta.2021.138491.

[67] Hapuarachchi S N S, Wasalathilake K, Nerkar J Y, et al. mechanically robust tapioca starch composite binder with improved ionic conductivity for sustainable lithium-ion batteries[J]. ACS Sustainable Chemistry & Engineering, 2020, 8(26): 9857-9865.

[68] Vetter J, Novak P, Wagner M R, et al. Ageing mechanisms in lithium-ion batteries[J]. Journal of Power Sources, 2005, 147(1/2): 269-281.

[69] Peled E, Menkin S. Review SEI: past, present and future[J]. Journal of the Electrochemical Society, 2017, 164(7): A1703-A1719.

[70] Zaban A, Aurbach D. Impedance spectroscopy of lithium and nickel electrodes in propylene carbonate solutions of different lithium salts a comparative study[J]. Journal of Power Sources, 1995, 54(2): 289-295.

[71] Peled E, Golodnitsky D, Ardel G. Advanced model for solid electrolyte interphase electrodes in liquid and polymer electrolytes[J]. Journal of the Electrochemical Society, 1997, 144(8): L208-L210.

[72] Lu D S, Xu M Q, Zhou L, et al. Failure mechanism of graphite/$LiNi_{0.5}Mn_{1.5}O_4$ cells at high voltage and elevated temperature[J]. Journal of the Electrochemical Society, 2013, 160(5): A3138-A3143.

[73] Tobishima S, Yamaki J, Hirai T. Safety and capacity retention of lithium ion cells after long periods of storage[J]. Journal of Applied Electrochemistry, 2000, 30(4): 405-410.

[74] Kjell M H, Malmgren S, Ciosek K, et al. Comparing aging of graphite/$LiFePO_4$ cells at 22 ℃ and 55 ℃ -Electrochemical and photoelectron spectroscopy studies[J]. Journal of Power Sources, 2013, 243: 290-298.

[75] Aurbach D. Review of selected electrode-solution interactions which determine the

performance of Li and Li ion batteries[J]. Journal of Power Sources, 2000, 89(2): 206-218.

[76] Zhang J N, Li Q H, Wang Y, et al. Dynamic evolution of cathode electrolyte interphase (CEI)on high voltage $LiCoO_2$ cathode and its interaction with Li anode[J]. Energy Storage Materials, 2018, 14: 1-7.

[77] Fang S Y, Jackson D, Dreibelbis M L, et al. Anode-originated SEI migration contributes to formation of cathode-electrolyte interphase layer[J]. Journal of Power Sources, 2019, 421: 32-32.

[78] Bree G, Horstman D, Low C T J. Light-weighting of battery casing for lithium-ion device energy density improvement[J]. Journal of Energy Storage, 2023, 68. DOI: 10.1021/ ja2021747.

Above structure..

[2013]; 53.

第 2 章

锂硫电池

2.1　锂硫电池概述

　　锂离子电池具有自放电小、无记忆效应、工作温度宽、循环寿命长及能量密度较高等优点，是目前综合性能最好的金属离子二次电池，在市场上得到了广泛应用[1]。我国电化学储能的应用规模将于 2025 年超过 30 GW，其中锂离子电池装机占比预计达到 90% 以上。但是，近年来随着移动终端等小型化设备的普及和电动汽车的蓬勃发展，人们对电池性能提出了越来越高的要求。基于此，探索高能量、低成本、安全可靠和环境友好的新型二次电池具有非常重要的意义。目前，具有更高理论能量密度的锂硫电池、锂空气电池吸引了研究者的大量关注，如图 2.1 所示[2]。其中，以锂金属为负极和硫单质为正极材料的锂硫电池被认为是最有潜力的下一代高性能电化学储能器件之一。锂硫电池中所使用的金属锂负极具有超高的理论比容量（3860 mA·h/g）和最负的还原电位（-3.04 V，基于标准氢电极），同时正极材料硫储量丰富、成本低廉且理论比容量高达 1675 mA·h/g。锂硫电池理论质量能量密度（2500 W·h/kg）和体积能量密度（2800 W·h/L）远高于传统的商业锂离子电池（约 300 W·h/kg），在原材料价格成本和器件性能表现方面都展现出更好的商业应用前景[3]。基于上述分析，探索和开发具有巨大潜力的锂硫电池对于满足未来的社会生活和工业发展在能源方面的需求都具有非常重大的意义。

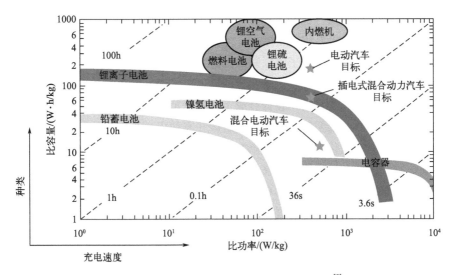

图 2.1　可充电二次电池的能量密度和功率密度 [2]

2.2　锂硫电池的基本原理及发展历程

2.2.1　发展历程

锂硫电池体系的开发至今已有 60 多年的历史。Herbert 和 Ulam 于 1962 年最早提出了锂硫电池的概念 [4]，他们以锂金属作为负极，硫单质作为正极，碱性高氯酸盐作为电解质，组装了仅可单次使用的锂硫电池，并提出了基于硫正极 S + 2Li $\Longrightarrow$ Li$_2$S 的电化学反应过程。1967 年，美国阿贡国家实验室以熔融的金属锂和硫分别作为负、正极开发了高温锂硫电池体系。为了实现锂硫电池的室温应用，人们进一步以有机电解液为电解质。1983 年，Peled 等 [5] 采用醚类溶剂作为电解质，获得了可充电的室温二次锂硫电池，并通过调整溶剂组分确定了该体系中的硫正极的氧化还原过程，发现了溶剂对电化学行为影响很大。该工作为之后研究者们筛选适合锂硫电池的有机电解液成分奠定了重要基础。

然而，随着同时期锂离子二次电池的飞速发展及其在全球范围内的普及使用，研究者们将重心转移至锂离子电池技术上，锂硫电池的研究工作进入了停滞期。近十几年来，随着产业的不断升级与各领域技术的不断更迭，锂离子电池的电化学性能逐渐难以满足使用需求，低成本和高能量密度的锂硫电池重新获得了学者们和商业界的关注。2009 年，Nazar 等 [6] 在锂硫电池领域的研究取得了重大突破，他们将有序介孔碳材料 CMK-3 与硫单质在高温下熔融获得了一种复合材料，成功将锂硫电池的容量性能和循环寿命提升到了新高度。在此后短短几年内，锂硫电池再次获得了学术界和产业界的巨大关注。2012年，Ng等[7]提出了小分子硫正极概念，将亚稳态的小分子硫限制在孔径为0.5 nm左右的微孔碳的孔道中，显著改善了锂硫电池中多硫化物溶解穿梭的问题，实现了硫正极在碳酸酯类电解质中的应用。2013年，崔屹等[8]设计合成了一种蛋黄结构的硫-二氧化钛复合材料。其中，蛋黄结构的内部空间可以有效缓解硫在充放电过程中的体积膨胀并维持良好的稳定性，而二氧化钛外壳可以限制多硫化物的溶出，并通过化学相互作用吸附多硫化物。该复合材料的初始放电容量在0.5 C倍率下高达1030 mA·h/g，循环1000圈后，每圈容量衰减率仅为0.033%。到目前为止，锂硫电池作为电化学储能领域的热点之一，研究人员开展了大量复合正极的研究工作。与此同时，研究者们也基于锂硫电池衰退机理进行了合理的电池结构设计，对组成电池的主要成分进行了多角度的优化，例如在锂金属负极的防腐蚀、功能性夹层设计和电解液添加剂等方面进行了广泛的探索，如图2.2所示[9]。

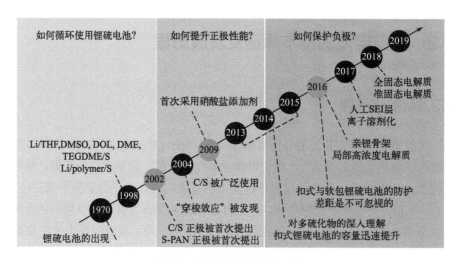

图2.2　锂硫电池的发展进程 [9]

随着研究的深入，锂硫电池的实际放电容量与循环寿命等电化学性能有了显著提升，并朝着实用化和商业化的方向高速发展。如日本Sion Power公司于2009年获得资助，开发了新型锂硫电池电解质。随后，该公司又于2010年获得资助，开发了电动车用锂硫电池。法国Airbus公司于2014年将锂硫电池应用于高空低温无人机，可不间断飞行11天。英国OXIS能源公司于2018年开发高能量密度（425 W·h/kg）锂硫电池，并用于高海拔卫星。英国OXIS能源公司和巴西CODEMGE公司合作，兴建了世界上首个锂硫电池工厂。美国的Lyten公司于 2023 年开启锂硫电池试验线，基于 Lyten 3D 石墨烯推出了能量密度有望达 900 W·h/kg 的 LytCell™锂硫电池。LytCell™锂硫电池预计于 2025—2026 年应用于电动汽车，并同时实现全产能生产。就目前的国内发展而言，军事科学院防化研究院、清华大学、中国科学院大连化学物理研究所、北京理工大学、武汉大学、上海交通大学、国防科技大学等高校和科研院所也为锂硫电池的基础研究及工程化应用做了大量的工作。目前，锂硫电池体系仍是世界各地的大学、科研院所和公司深入研究的重要课题之一。

2.2.2　组成及工作原理

锂硫电池主要包括负极、正极、电解液和隔膜，如图 2.3 所示[10]。在目前的锂硫电池体系中，负极使用锂金属，正极一般是涂覆在导电集流体上的硫单质或者为某些功能性宿主材料，例如碳材料、金属氧化物或有机聚合物等与硫形成的复合材料，常见的电解液为含有锂盐和各类添加剂的醚类液态电解液，隔膜则是阻断电子导通且保证离子良好传输的阻隔性薄膜，起到隔离正、负极以防止电池短路的作用。

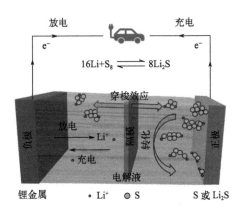

图 2.3　锂硫电池的主要组成及工作原理[10]

与传统锂离子电池的插层电化学不同，基于硫（S_8）的转化反应，锂硫电池反应过程中涉及多电子多步转移电化学，硫的理论比容量高达 1675 mA·h/g。总反应方程式为[11]：

$$S_8 + 16Li^+ + 16e^- \Longrightarrow 8Li_2S \tag{2-1}$$

放电过程中，在电场力作用下，锂金属失去电子成为 Li^+，电子由外电路转移至硫正极，得到电子的环状 S_8 分子断裂，Li^+ 在电解质中扩散，穿过隔膜与 S_8 结合生成放电产物。充电过程中，放电终产物失去电子形成硫单质，Li⁺通过电解质回到负极，电子由外电路转移至负极，Li⁺被还原为锂金属单质，如图2.4所示[12]。

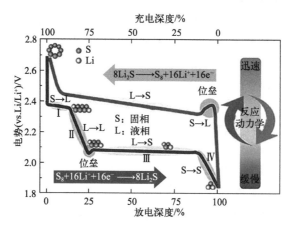

图2.4　锂硫电池的充放电曲线[12]

放电过程中，该体系涉及复杂的多电子多步反应，按照电压平台区间可将放电反应分为以下过程[12]：

$$S_8 + 2e^- + 2Li^+ \rightleftharpoons Li_2S_8 \qquad > 2.3\ V \tag{2-2}$$

$$3Li_2S_8 + 2e^- + 2Li^+ \rightleftharpoons 4Li_2S_6 \qquad \geqslant 2.3\ V \tag{2-3}$$

$$2Li_2S_6 + 2e^- + 2Li^+ \rightleftharpoons 3Li_2S_4 \qquad 2.3\ V \sim 2.1\ V \tag{2-4}$$

$$Li_2S_4 + 2e^- + 2Li^+ \rightleftharpoons 2Li_2S_2 \qquad 2.1\ V \sim 1.9\ V \tag{2-5}$$

$$Li_2S_2 + 2e^- + 2Li^+ \rightleftharpoons 2Li_2S \qquad < 1.9\ V \tag{2-6}$$

其中，高阶的长链多硫化物如Li_2S_8、Li_2S_6以及Li_2S_4可溶解于锂硫电池电解液中，Li_2S_2以及Li_2S则不溶于电解液。对于放电电压平台约为2.3 V的式（2-2）～式（2-4）阶段，1.0 mol硫原子得到0.5 mol电子，根据公式（2-7）可知，在2.3 V左右的放电比容量为419 mA·h/g。

$$Q = nF / M \tag{2-7}$$

式中，Q为容量，n为转移电子数，F为法拉第电量（26.8 A·h）。随着放电反应进一步深入，式（2-5）和式（2-6）对应2.1 V的放电平台。在此过程中，长链的多硫化物逐渐转化为短链的最终放电产物Li_2S，根据公式（2-7），1.0 mol硫原子得到1.5 mol的电子，产生1256 mA·h/g的放电比容量。锂硫电池在放电过程中表现为十分复杂的多步反应，同时含有部分副反应，如2.1 V平台附近的歧化反应。

$$3S_2^{2-} \rightleftharpoons S_4^{2-} + 2S^{2-} \tag{2-8}$$

歧化反应会导致正极内部可溶于电解液的 Li_2S_4 浓度升高，2.1 V 左右的平台放电产物主要为 Li_2S_2 和 Li_2S。当部分固相的 Li_2S_2 转化为液相的 Li_2S_4 时，电极内部反应动力学过程将进一步变得缓慢，进而导致电池产生较大的极化。

综上，相比于其他电池体系，锂硫电池在充放电反应过程中存在固相-液相-固相之间的复杂转化，因而需要对其存在的问题进行更加深入的研究。

2.2.3　锂硫电池存在的问题及研究现状

虽然锂硫电池具有高理论能量密度、环保、成本低等优点，拥有良好的发展前景，并且对锂硫电池的研发与应用在近年来已取得了较大的进展，但锂硫电池在实际应用中仍面临着诸多技术难题，很大程度上限制了其产业化推广。下面将从以下几个方面，对锂硫电池在实际开发与应用中存在的关键技术问题进行讨论。

2.2.3.1　硫正极面临的问题及研究现状

① 硫和 Li_2S 的绝缘性。正极活性物质硫和其放电产物 Li_2S 在常温下的电导率很低，分别为 5×10^{-30} S/cm 和 3.6×10^{-7} S/cm，这严重阻碍了电子从集流体向正极的传输。因此，需要在正极中添加大量的导电活性材料，提供锂硫电池充放电时所必需的电子传导能力。同时，硫和 Li_2S 的锂离子电导率也很低，这导致较慢的电化学反应速率，活性物质的利用率较低。已有研究发现，经多次充放电循环后，体系中仍有未参与反应的单质硫存在，并且放电过程的中间产物 Li_2S_2 难以通过固相-固相反应彻底转化为 Li_2S，使得锂硫电池的理论容量难以实现[13]。

由于硫的熔点较低，可将其与兼具高比表面积和良好导电性的多孔碳材料进行复合，在改善硫正极导电性的同时，增大硫与导电碳材料间的有效接触面积，促进其向多硫化物的转化，从而提升硫的利用率。此外，在实际应用中通常还会添加一定量的导电剂和黏结剂，以进一步提升正极材料整体的导电性等性能。但上述材料的添加，会降低正极中活性物质硫的比例，进而影响电池整体能量密度的提升。

② 硫正极的结构不稳定性。单质硫的密度为 2.03 g/cm³，而其放电产物 Li_2S 的密度为 1.66 g/cm³，因此当正极中的硫完全转化为 Li_2S 时，正极的体积膨胀高达 80%。这种较大的体积变化会导致活性物质粉化，使正极从导电基体上脱离，难以被还原，因此造成正极容量的快速衰减[14]。此外，正极的结构不稳定性，在很大程度上阻碍了高载硫量的实现，因而难以满足商业化应用对高能量密度的

需求。

对于上述问题，目前具有适当孔隙率的导电碳材料被普遍采用作为正极载硫材料，用于适应充放电过程中硫的体积变化，从而保持正极材料结构的稳定性。但由于硫的密度较低，高孔隙率导电材料的添加会影响锂硫电池的体积能量密度，因此，在正极材料的结构设计中需寻求体积能量密度与其他电池性能间的平衡。

③ 多硫化物（LiPSs）的"穿梭效应"。由上述锂硫电池工作机理可知，活性物质硫在转化反应过程中会生成易溶于电解液的长链多硫化物（$Li_2S_x, 4 \leqslant x \leqslant 8$），在浓度梯度的驱动下，长链多硫化物会从正极侧穿过隔膜到达负极侧，与金属锂负极发生不可逆的副反应，该现象被称为LiPSs的"穿梭效应"。该效应会致使电池发生自放电和活性物质的损耗，导致容量的持续衰减。此外，"穿梭效应"还会导致多硫化物在正极和负极表面的沉积，使电极钝化并导致内部短路。

LiPSs的"穿梭效应"是限制锂硫电池性能提升的主要原因。LiPSs在电解液中的溶解、扩散、沉积，导致电解液的黏度、硫的相态、电子/离子电导率等在锂硫电池的循环充放电过程中持续变化，导致电池的内阻不断改变，使体系内的电化学反应过程难以维持稳定。即使在静置时，由于活性物质能逐渐溶解于电解液中，基于浓度梯度的作用而迁移至负极附近，与负极锂金属发生反应，因而锂硫电池可能存在较为严重的自放电现象。

尽管可溶性LiPSs带来的"穿梭效应"会导致锂硫电池的库仑效率降低、容量衰减以及循环稳定性降低等负面影响，但LiPSs对锂硫电池体系也具有不可忽视的积极作用。例如，LiPSs在放电过程中逐步溶解于电解液，有利于硫聚集体内部的硫与电子和Li^+接触而被还原，从而提升硫的利用率。并且，可溶性LiPSs中间体的引入，使固态硫与Li_2S间的纯固相反应转变为固-液反应，从而降低所需克服的电化学阻抗，可以加速充放电过程的反应动力学。

解决"穿梭效应"引发的各项问题是锂硫电池领域内的一个关键研究目标。当前研究主要从以下两个角度出发，抑制LiPSs的"穿梭效应"：a.防止长链LiPSs溶于电解质中，即从源头上解决LiPSs的"穿梭效应"问题。其中，一种方式是用小尺寸硫分子$S_2 \sim S_4$代替S_8作为正极活性物质，并将其限制在孔径小于0.5 nm的导电微孔碳材料中[15]，或将$S_2 \sim S_4$以C—S或N—S化学键的方式连接到高分子聚合物上[16]，使其在充放电循环中无法转化为$S_5 \sim S_8$，从而抑制了可溶性LiPSs的产生。但当前结果表明，虽然上述方法制备的正极材料表现出优良的循环稳定性，但均难以实现高载硫量（通常小于50%的质量占比）[17]，因而很大程度上阻碍了电池能量密度的提升。另一种方式是利用固体电解质取代液态的有机电解质，从而抑制长链LiPSs在电解质中的溶解与扩散[18]。但当前的固体电解质普遍存在离子电导率明显低于液态电解质以及电极与电解质间的界面阻抗较大等问题，影响电池的倍率性能和循环性能[19]。因此，在现阶段研究中，固体电解质仍有较大的提升空间。b. 允许长链 LiPSs 溶解于电解质的同时抑制其穿梭。当前主要通过开发对可溶性 LiPSs 具有物理限域、化学吸附能力的正极载硫材料以及隔膜 / 中间层材料，将溶于电解液的 LiPSs 限制在正极侧，或者通过催化的方式，促进 LiPSs 间的相互转化，减少电解液中 LiPSs 的含量来抑制其穿梭。

2.2.3.2 锂负极面临的问题及研究现状

锂硫电池在实际应用中存在的另一个关键问题为锂金属负极的不稳定性。首先，锂金属能自发地与大多数有机电解液进行反应，在负极表面形成固体电解质膜（SEI），同时消耗金属锂与电解液，因而在组装电池时，通常需要使用过量的锂金属和电解液。同时，锂金属与电解液的反应可能会伴随着气体的产生[20]。由于锂硫电池为密封体系，内部产生的气体会破坏其密封性，导致锂金属与空气接触而引发火灾。此外，充放电循环中锂离子在锂负极表面的不均匀脱出、沉积会导致锂枝晶的产生，严重时会刺穿隔膜，造成电池短路，存在严重的安全隐患。

针对上述问题，当前主要从以下几个方面对锂负极进行保护[21]：①通过选取不同的溶剂、锂盐、添加剂，对电解质的组分进行优化，获得负极表面稳定的 SEI 膜，或开发多功能性隔膜以及固体电解质，抑制锂枝晶的产生；②采用原位 / 非原位方法在锂负极表面形成保护膜，防止锂与电解液发生副反应；③设计三维结构的集流体，获得表面分布均匀的电流密度，使锂离子在负极表面均匀地脱出、沉积；④控制锂离子在负极表面的成核和生长，从而调控锂枝晶生长的方向与形貌。

此外，采用 Li_2S 代替单质硫作为正极活性物质时，可以用石墨、硅基或锡基等材料替换金属锂，作为锂硫电池的负极，从根本上解决上述由锂负极引发的安全问题[22]。并且以 Li_2S 作为正极活性物质，还可以解决充放电中正极体积变化问题。但 Li_2S 的活化能垒较高，在首次充电时需要较高的过电势对其进行活化，并且 Li_2S 易与水发生反应，因而不能暴露在空气中，这为 Li_2S 正极的制备增加了难度。

2.2.3.3 电解液面临的问题及研究现状

电解液是锂硫电池的"血液"，在电池中发挥着运载离子、组成内部导通回路和为电极的氧化还原反应提供合适的化学环境等作用，在很大程度上决定了电池的综合表现。目前使用最广泛的锂硫电池电解液主要由醚类溶剂（如 1,3- 二氧五环和乙二醇二甲醚）、锂盐溶质（如双三氟甲磺酰亚胺锂）以及添加剂（如硝酸锂）组成[23]。在目前的研究工作中，相对于成熟的锂离子电池而言，锂硫电池中的电解液使用量相对较大。为了确保电池性能可以被有效发挥出来，电解液的体积与硫的质量（E/S）比值普遍超过了 10 μL/mg 乃至 20 μL/mg，而如此高的电解液使用量，不仅提升了电池的成本，还会导致电池的能量密度远低于具有实用意义的 300 W·h/kg。要实现具有实际应用价值的锂硫电池，需要将 E/S 比压缩到 5 μL/mg 以下。然而，降低电解液使用量也带来一系列问题，例如离子导电性会显著下降、电极上的极化增大和活性物质难以发生反应等，都会导致电池的性能发生严重恶化。此外，电池中不可避免地存在某些副反应，在重复的充放电过程中逐渐消耗电解液，这也给低电解液使用量下的锂硫电池应用带来巨大的挑战[24]。

除了上述存在的问题外，锂硫电池还存在着一些其他问题亟待解决，例如锂硫电池存在较为明显的自放电现象，长期放置的锂硫电池依然存在不可忽视的容量损失，这对电池的电化学稳定性和使用寿命造成了不利的影响[25]。除了在正极、负极或电解液上进行优化外，研究者们还采用了一些新颖的策略，例如改性隔膜、引入功能性夹层以及使用新型的黏结剂等[26-28]。从整体上来看，目前锂硫电池各方面的性能表现还存在较大的改善空间，距离成为具有使用价值的成熟二次电池产品，依然还有很长的路要走，但其广阔的前景与巨大的潜力正在不断地推动它向实用化和商业化迈进。

2.3 锂硫电池正极材料

单质硫在自然界储量丰富、理论比容量高（1675 mA·h/g）、无毒性，是锂硫电池体系最常用的正极材料；此外，包括小分子硫（$S_2 \sim S_4$）、多硫化锂、硫化锂、有机硫聚合物、金属硫化物和硒/碲-硫等，也表现出较高的可逆比容量和不同的反应机制。不同种类的硫基正极材料，适用电解液体系及反应机制不同，本节将对硫基材料和相应的反应机制进行介绍。

2.3.1 正极活性物质

2.3.1.1 单质硫

硫是一种非金属元素，化学符号 S，原子序数 16。硫是氧族元素（ⅥA族）之一，在元素周期表中位于第三周期。硫在自然界中存在 30 多种同素异形体，其中最常见、最稳定的是八元环状硫分子（S_8）。在不同的温度下，单质硫以不同的形态存在。当温度低于96 ℃时，硫以黄色的斜方晶体形式存在。当温度升高至120 ℃时，硫开始熔化，转变为黄色的液态硫。温度升高到160 ℃时，开环成链状，转变为无定形的黏稠液体。当温度达到200 ℃时，硫发生聚合，变成红色固体。温度进一步升高时，聚合的硫又会解聚。在444.6 ℃时，硫仍主要以链状 S_8 的形式存在，但在更高的温度下，其会分解成短链硫。斜方硫不溶于水，微溶于乙醇和乙醚，溶于二硫化碳、四氯化碳、甲苯和苯等溶剂。

目前，大部分锂硫电池的活性物质为单质硫，但是其存在上述提及的一些问题，极大地削弱了硫正极的可逆反应和实际利用效率。研究人员主要通过将硫与具有高导电性的材料进行复合构建复合材料以及对载体材料结构和组分进行设计，从而改善导电性，有效抑制多硫化物的穿梭效应并缓解硫在充放电过程中的体积膨胀，提高活性物质的利用率，从而提升电池的电化学性能。

2.3.1.2　小分子硫（$S_2 \sim S_4$）

不同于环状 S_8 正极，小分子硫正极中的硫分子为线性链状，链长度为 $S_{2\text{-}4}$。基于硫的同素异形体进行分子尺寸计算可知，小分子硫（$S_2 \sim S_4$）为链状，尺寸小于 0.5 nm，还原产物难溶；大分子硫（$S_5 \sim S_8$）为环状，尺寸大于 0.5 nm，还原产物易溶。因此，抑制小分子硫产生高阶多硫化物，有利于减少硫正极容量损失。而 Li^+ 的溶剂化半径约为 0.4 nm。因此，通过亚纳米孔道空间限域可实现去溶剂化和亚稳态短链小硫分子的筛选和稳定化，进而提升锂硫电池的循环稳定性，是一种可行的硫正极优化设计。

郭玉国等[15]报道了小分子硫/微孔碳纳米管材料（S/CNT@MPC），该正极材料在酯类电解液中具有较高的可逆比容量和循环稳定性。CNT@MPC 载体具有均匀的微孔结构，孔径为 0.5 nm，比表面积为 936 m^2/g。通过 DFT 理论计算表明，$S_2 \sim S_4$ 小分子硫直径小于 0.5 nm，可以容纳于 CNT@MPC 的孔道结构中（孔径＜0.5 nm）。在酯类电解液中，S/CNT@MPC 只有一个放电电压平台，约在 1.9 V，对应于短链多硫化锂还原为 Li_2S_2/Li_2S 的“固-固”转化反应，无长链多硫化锂生成；该材料的首次放电比容量在 0.1 C 下为 1670 mA·h/g，接近硫的理论比容量，并且循环 200 圈容量保持率接近 100%，在 5.0 C 倍率下的可逆比容量为 800 mA·h/g。微孔碳基材料，可以通过载体孔径有效限制循环过程中长链多硫化锂（$S_5 \sim S_8$）的生成，避免多硫化锂的“穿梭效应”，在酯类电解液中实现了高可逆比容量和循环稳定性。但是，微孔碳/硫复合正极，一般硫含量低于 40%（质量分数），高面载量和大倍率电流下的电化学性能较差，难以实现商业化应用。小分子硫/微孔碳正极的微观形貌如图 2.5 所示。

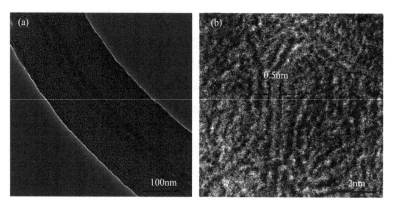

图2.5　小分子硫/微孔碳正极的微观形貌 [15]

2.3.1.3　有机硫聚合物

有机硫作为一种可替代正极的理想材料，也引起了人们的极大兴趣，并被视为下一代有前景的高能量/功率密度正极材料。由于具有可调节的官能团，且具有很强的亲和力和灵活的特性，使得有机硫材料在循环过程中体积变化很小。硫化聚丙烯腈（SPAN）是一种特殊的有机硫。2002年，王久林等[29]首先报道在300 ℃的加热过程中PAN被硫脱氢，形成导电主链接枝有硫插层的杂环化合物的有机硫复合材料。与常规硫正极不同，合成的复合材料在与碳酸盐电解质偶联时表现出作为正极材料的巨大潜力。随着总的"固-固"转换，组装的正极在1.9 V处显示出单斜电压平台，表明没有形成可溶性LiPSs。尽管在这项开创性工作中获得的容量较低，循环后50次，仅为600 mA·h/g，但通过其他研究人员的不懈努力，所制备的锂硫电池的PAN正极电化学性能进一步提高。遗憾的是，迄今为止，SPAN的结构演变和反应机制充放电过程中的变化仍未探明，需要更深入的研究。

除了SPAN之外，2013年还提出了元素硫和乙烯基单体的直接共聚策略。硫共聚物正极表现出高比容量和增强的容量保持率，为制备富硫材料提供了新途径。用于硫正极的共聚物复合材料。此后，经过不懈努力，各种硫接枝有机硫聚合物复合正极被成功制备，并表现出显著的性能提升。

2.3.1.4　硫化锂（Li₂S）

Li₂S正极可以使用更安全的无锂负极（例如石墨、硅或合金），并摆脱了硫正极中存在的体积变化大的问题。研究表明，锂硫电池的循环性能差是由于锂的快速耗尽所致。因此，Li₂S与无锂负极相结合可以减缓锂损失率，并显著增强循环稳定性。由于其固有的高电阻和初始充电过程中的大能垒，Li₂S并没有引起太多关注，直到 Cui 等[30] 发现 4 V（相对于 Li/Li+）的高截止充电电势对于在第一次充电过程中激活 Li_2S 正极是必要的。为了降低 Li_2S 分解的过电位，制备纳米或无定形 Li_2S 颗粒是常见的合成路线。在氩气气氛下借助高能球磨，制备了尺寸为 200～500 nm 的纳米 Li_2S。Ji 等[31] 开发了一种更简便的方法来制备 $Li_2S@$ 石墨烯纳米材料。通过在 650 ℃的 CS_2 蒸气中燃烧锂箔合成了一步生成的核壳 $Li_2S@$ 石墨烯材料。即使在 10 mg/cm^2 的高 Li_2S 负载量下，所得正极仍表现出约 2.8 V 的低活化势垒和 8.1 $mA·h/cm^2$ 的面积容量。锂热还原反应这一策略被进一步扩展到一系列 Li_2S/过渡金属纳米复合材料，复合正极的倍率性能和循环性能得到显著提高。在随后的研究中，人们在原位/操作 XAS 的帮助下发现，MoS_2 在锂化后不可逆地转化为 Li_2S，进一步证实了它可以作为锂电池的高性能替代正极材料[32]。

2.3.1.5 其他硫基正极

金属硫化物也是一种锂硫电池正极材料。例如，用酸沉淀法在水溶液中制备无定形链状的 MoS_3 就是一种典型材料[33]。在放电过程中，在碳酸盐基电解质中进行测试时，仅观察到约 1.9 V（相对于 Li/Li+）的平台。但 MoS_3 正极显示出更大的可逆比容量和超过 1000 次循环的出色循环稳定性。有趣的是，在 MoS_3 的脱嵌锂过程中，没有观察到 Mo—S 键断裂和 LiPSs 中间体的形成。通过理论计算发现，Li+ 只吸附在两个相邻硫原子桥位上，在循环过程中基本保持了 MoS_3 的链状结构。

此外，Se_xS_y 复合材料充分利用了硒的快速反应动力学和硫的高可逆容量，是一种很有前途的锂硫电池正极复合材料。自 2012 年 Abouimrane 等[34] 的开创性工作以来，已经报道了多种基于 Se_xS_y 的锂硫电池正极材料。例如，$S_{22.2}Se$/KB 正极材料在固态转换下表现出优异的电化学性能，在 5 C 下具有 700 $mA·h/g$ 的优异倍率性能和极小的穿梭效应[35]。与此同时，Te_xS_y 复合材料也被合成出来，展现出作为高性能锂硫电池正极材料的巨大潜力[36]。

2.3.2 载体材料

2.3.2.1 碳基材料

碳基材料由于形貌多样、电化学特性稳定、结构灵活可调以及存在诸多氧化还原反应的活性位点，被广泛作为硫正极的载体材料。其中一维碳基材料因其具有很高的长径比，同时容易交联形成相互连接的空间网络，有利于进一步提升电子的迁移能力，在锂硫电池硫正极载体的开发中吸引了众多科研人员的关注。2009 年滑铁卢大学的 Nazar 等[6] 开发出了一种高度有序的介孔碳，利用熔融浸渍的方法将单质硫渗透灌入碳材料中，引领了一维碳基材料在锂-硫电池中的研究。例如，Zhao等[37]报道了一种新型"管中管"结构的碳纳米材料（TTCN）作为硫正极的载体。利用SiO₂作为牺牲的模板合成出具有纳米管状结构的碳基材料。这种独特的结构一方面可以增强载体材料的导电能力，加快电化学反应的动力学速率；另一方面能为硫的存储提供较大的空间，便于获得高硫载量。所得的S-TTCN复合正极中含硫量可以达到71%。将电流密度从0.5 A/g提升到6 A/g，S-TTCN复合电极的倍率性能依然稳定。在0.5 A/g的电流密度下首圈放电和充电比容量分别为1274 mA·h/g和1264 mA·h/g，其库仑效率接近100%。

二维碳基材料中电子的迁移和扩散均被约束在平面内，能诱导该类材料产生一些独特的电化学特性。因此，越来越多的二维碳基材料被应用于电极材料。与此同时，二维碳基材料易于进行功能化的表面，从而获得更多的活性官能团，有利于增强与中间相的多硫化锂的结合，加之自身优异的导电性，使其成为硫正极的天然载体（图2.6）。以石墨烯为代表的二维碳基材料，因其独特的结构在锂硫电池中得到广泛研究。例如，Kaiser等[38]创新性地采用反相微乳液合成技术（油包水）制备硫/羧酸酯-石墨烯复合电极材料（RM-S/G）。由于石墨烯的表面被大量的有机官能团功能化，黏附性得到显著提升，硫的载量可以高达94%（质量分数），仅含有6%（质量分数）的石墨烯。RM-S/G复合正极具有914 mA·h/g的初始放电容量，经过200个循环后仍保持731 mA·h/g的放电比容量，容量保持率在80%左右，循环中平均库仑效率高达99%以上，而手工研磨S/G正极材料（初始放电容量仅有587 mA·h/g，在200次循环后容量留存率仅剩17.5%）。该结果表明高导电的功能化石墨烯片层可以充当阻挡层，有效地抑制中间相多硫化锂在电解液中的溶解。

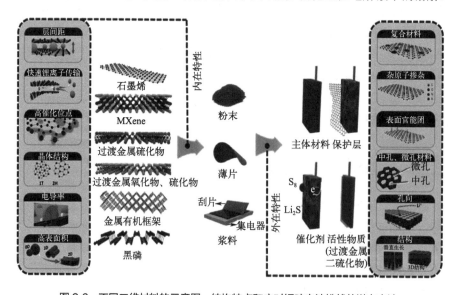

图2.6　不同二维材料的示意图、结构特点和应对锂硫电池挑战的潜在方法

一维碳基材料容易相互交联形成有效的导电网络，可以显著提升电子的迁移能力。二维碳基材料比表面积大，能够储存更多的硫单质，且暴露出更多的活性位点，可以增强与中间相多硫化锂的结合能力。与一维、二维碳基材料类似，三维碳基材料同样可以用作硫正极的载体[39]。首先，三维碳基材料通常包含丰富的分级孔结构，具有较大的孔隙率和孔体积，这些孔隙既能存储硫单质，又能为离子和电子的快速迁移提供必要的传输通道。其次，碳基体中存在大量的杂原子，可充当极化的活性位点，有效地限制了中间相多硫化锂的溶解，改善了电化学反应迟滞，进一步提高硫正极的利用效率，获得了强稳定性的正极材料。

2.3.2.2　金属化合物

金属氧化物作为一类常见的金属化合物，由于其便宜易得且环境友好，已经广泛应用于人类生产生活的各个方面，尤其在能源存储领域展现出惊人的潜力和应用前景。复合硫正极材料中低的硫载量、弱的导电能力、活性物质的流失和穿梭，使得锂硫电池在实用化的进程中存在很大的瓶颈。大量具有特殊组分和新颖结构的金属氧化物材料被科研工作者设计开发改善硫正极存在的一系列问题。迄今为止，设计的金属氧化物作为硫正极的载体材料主要有以下三种方式：①合成组分不同的金属氧化物；②设计具有独特形貌和结构的金属氧化物；③利用缺陷工程制备缺氧型金属氧化物。

金属氧化物中金属离子与 O^{2-} 之间结合能力强，因此不会溶解在电解液中，可以保证载体材料结构的稳定性。其次，由于自身的本征缺陷和禁带结构，让氧化物具有较好的电子传输能力，加上 O^{2-} 的存在不仅可以显著增强氧化物表面的极化强度，而且可以充当极化作用的活性位点，有利于捕捉体系中易溶相的多硫化锂。例如，Salhabi 等[40]采用连续模板法合成中空多壳层的 TiO_{2-x} 载体材料，这一独特的结构设计不仅为硫的存储提供了载硫空间和负载位点，且在充放电过程中有效地缓解了体积膨胀所带来的结构失稳现象。金属氧化物虽然能够与中间相的多硫化锂形成很强的化学键合，在一定程度锚定多硫化锂，但是随着电池深度充/放电，锚定效应逐渐减弱，再加上由于自身导电能力不强，电化学反应会明显变慢，这些不足都制约了其作为硫正极载体的应用，因此，需要进一步开发电子传输能力更强的金属化合物充当硫正极的载体。

金属氮化物具有更强的导电性，电子迁移能力更快，同时可以约束中间相多硫化锂在电解液中的溶解行为。更为重要的是，在充放电的过程中金属氮化物可以更快速地提高氧化还原反应的速度。Deng 等[41]意识到金属氧化物电子传输能力较弱，在抑制多硫化锂的穿梭效应中发挥的作用有限，必须开发具有新型组分和结构的金属化合物载体材料来提升电子传输，改善迟缓的电化学反应动力学。

通过简单而有效的方法将Co_4N纳米薄片自组装成表面均匀分布的介孔球。载硫后Co_4N/S电极中含硫量可达72.3%（质量分数），在0.1 C的电流密度下，首圈放电过程中可以释放出高达1659 mA·h/g的容量，接近硫的理论比容量（1675 mA·h/g）（图2.7）。诺贝尔奖得主Goodenough课题组成员Cui等[42]采用高温氨化处理的方法，制备出表面富含介孔的载体材料TiN，并熔融渗硫得到复合正极材料TiN/S。研究表明，不论是充电还是放电过程，该电极都具有最快的电化学反应速率。同时恒电流充放电平台的曲线可以更加清晰地表明TiN-S复合电极在电化学反应过程中的优势，可以看到相对于介孔TiO_2-S和C-S复合电极，TiN-S复合电极展现出最低的极化程度和最弱的电化学迟滞程度。上述电化学性能结果表明，TiN-S复合电极非常适合作为商业化锂硫电池的正极材料。

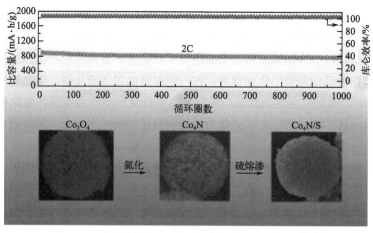

图2.7 Co_4N/S电极的制备示意图、电镜谱图和长循环性能[41]

在众多金属化合物载体中，除了开发金属氧化物和金属氮化物用于锂硫电池硫正极载体。更多的科研工作者将目光投向其他的金属化合物，诸如金属磷化物、金属硫化物和金属碳化物。这是基于其他金属化合物通常也具有较强的电子转移能力，同时还可以加快中间相多硫化锂的转化，有效约束易溶相多硫化锂的溶解，而且易于设计出更具优势的载体结构，可进一步提升硫的含量，获得实用性强的复合硫正极。

近年来对过渡金属磷化物的研究发现，其导电性能远远优于同类的氧化物和硫化物，因而被广泛用作开发低成本、高效能的电催化剂，研究电解水制氢和产氧。此外，过渡金属磷化物呈现出很明显的金属特性，甚至超导性质。基于此，Chen 等[43]认为过渡金属磷化物的上述特性不仅可以显著地加快锂硫电池中硫正极的转化动力学，而且能够有效地提升硫的利用程度。Xi 等[44]采用简易连续的球磨方法，制备得到 $FeS_2/FeS/S$ 复合正极材料。通过实验佐证了当载体中只有一种硫化物的时候，多硫化锂与硫化物的结合并不牢固，只有当硫化铁和硫化亚铁均存在时，锚定效应才最强，而且硫化铁在多硫化锂的转化反应中起到了催化作用。

在金属化合物中，有一类全新的 MXene 二维材料，由大量的三元金属碳化物、氮化物或碳氮化合物组成，其结构简式可以表达为 $M_{n+1}X_nT_x$，其中 M 为过渡金属，X 为 C 或 N 元素，T 是表面的官能团。由于该二维材料是分层结构，金属离子具有路易斯酸的性质，具有极高的电子电导率，且化学耐久性强和环境友好。Gogotsi 等认为可以通过对 MXene 相组分进行调控，用作载体材料来解决硫正极中的关键性科学问题。基于此，Bao 等利用三聚氰胺作为氮源，经过高温退火处理，首次将氮元素掺杂进入具有高度皱缩的 MXene 纳米片中，制备得到氮掺杂的 $Ti_3C_2T_x$ 纳米片，熔融渗硫后得到复合硫正极材料。在 1000 次循环中，具有褶皱结构的 $N-Ti_3C_2T_x/S$ 复合硫电极的库仑效率远高于 $Ti_3C_2T_x/S$ 电极，展现出良好的实用化潜力。

2.3.2.3　复合材料

通过对现有已开发用于锂硫电池领域的金属化合物和碳基载体材料的综合分析可知，上述两类载体材料存在以下几个方面的问题：载体材料的导电能力有限；长循环中间相多硫化锂溶解和来回穿梭。这就需要设计出导电性优异，且能够有效约束中间相多硫化锂电化学行为的载体材料。众所周知，金属化合物通常具有较强的极性，不仅可以加快硫正极的反应动力学，而且可以与中间相多硫化锂形成很强的化学键合，能够较好地约束多硫化锂的溶解。与金属化合物载体材料相比，碳基材料的导电能力更强，且通过引入杂原子掺杂可以显著提升碳基材料的极性，同样可以有效约束多硫化锂的溶解。这两类载体材料均能解决硫正极存在的问题。基于此，可以利用金属化合物和碳基材料各自的优势，协同作用，制备出一系列具有多维分级结构的金属化合物/碳基材料用于锂硫电池领域，从而获得具有载硫量高、循环稳定性强、实用性强的先进硫正极载体材料。

2.3.2.4 载体中的催化作用

近年来，前所未有的研究集中在开发催化材料来服务锂硫电池以提高整体性能上。其中，一些典型的金属，金属氧化物、硫化物、氮化物和碳化物基材料获得了长期、深入的研究和开创性的综述。此外，还出现了一系列新型催化材料来增强LiPSs氧化还原动力学、抑制穿梭效应并提高硫利用率，例如金属硼化物、金属磷化物、金属硒化物、单原子金属以及缺陷工程的引入。与传统催化材料相比，新兴催化材料具有以下独特优势。

① 摩尔质量相对较低的硼赋予了硼化物理想的振实密度，这对于制造轻质催化剂并进一步提高锂硫电池的能量密度至关重要。更重要的是，除了金属原子之外，硼化物中具有空2p轨道的硼原子也可以与LiPSs中的硫键合，这为LiPSs提供了更牢固的固定。

② 对于磷酸盐，其金属特性以及超导性为界面离子和电子的耦合提供了方便的通道。并且可以通过简便、温和的合成步骤获得磷酸盐，有利于实际应用和工业化。

③ 硒化物具有与硫化物相似的催化性能，这主要归因于硫/硒与过渡金属之间适当的电负性差异以及硫/硒的可变价态。此外，硒化物具有较大的振实密度，从而具有较高的体积能量密度。硒的电导率（1×10^{-3} S/m）比硫（5×10^{-28} S/m）高多个数量级，这在锂硫电池中显示出更大的潜力。

④ 固体基质上负载的原子尺寸级单原子催化剂（SAC）具有其他催化材料无法达到的原子利用率（几乎100%）。此外，丰富的不饱和金属原子，具有明确的活性中心和独特的电子结构，赋予SAC非凡的催化活性。同时，SAC由于其高表面自由能，可以作为成核中心来引导Li/Li$_2$S镀层，这有利于制造没有锂枝晶的锂硫电池。

⑤ 缺陷的引入，特别是空位工程，使催化材料表现出对LiPSs的结合能提高，并能够通过调整其电子结构实现快速电荷转移。

虽然研究人员已经在传统催化材料和新兴催化材料领域取得了巨大进步，催化材料的设计和调控策略仍需持续关注，从而推动锂硫电池更接近商业化。

锂硫电池在商业上的广泛应用还受限于正极硫电导率低、穿梭效应和电极体积膨胀。本小节主要介绍了锂硫电池正极及多种载体材料近些年的研究进展。不同种类的硫基正极材料展现出不同的反应机制。此外，碳材料因其高导电性和独特的物理结构，与正极硫复合后能在一定程度上限制多硫化物的穿梭效应，并减小电化学极化。基于此，利用金属化合物和碳基材料各自的优势，制备出的复合材料用于锂硫电池领域，可进一步提升硫复合正极的载硫量、循环稳定性及实用性。

2.4　锂硫电池负极材料

金属锂具有超高的理论比容量（3860 mA·h/g），其容量为石墨负极的10倍。同时金属锂具有最低还原电势（-3.04 V，相对于氢标准电极）以及极低的密度（0.534 g/cm²）。因此，金属锂被认为是锂电池的"圣杯"电极材料，金属锂是锂电池未来发展的终极负极材料。实现金属锂取代传统的石墨负极可将电池整体的能量密度提升至400～500 W·h/kg，特别是当匹配硫或空气等具有超高容量的正极时，电池的质量能量密度可以分别被提升至高达约650 W·h/kg和约950 W·h/kg。

金属锂具有最低的电化学势（-3.04 V），这使得以金属锂作为电池负极的电池相比传统锂电池具有更高的工作电压和更高的能量密度。但最低的电化学势同时也使得金属锂具有极高的电化学活性，使其跟任何电解液均会发生严重的副反应，导致金属锂不可逆地被消耗，金属锂利用率极低。此外，不同于传统的嵌入型负极（碳、硅、锡等），金属锂是一种转化型负极，实际循环应用过程中锂枝晶生长和体积膨胀问题极其严峻，严重制约了金属锂实际利用效率和使用寿命，甚至容易引发电池短路甚至热失控等一系列安全隐患。由于锂负极的费米能级高于几乎所有液体电解质的低未占分子轨道，一旦锂负极与电解质接触，就会立即形成SEI。由于SEI成分取决于电极、溶剂、电解质盐以及电池的工作状态，因此在两种不同情况下不存在完全相同的SEI膜。一般来说，SEI主要由有机物质和无机成分组成。在第一次充放电过程中，Li⁺会穿过SEI镀/剥离负极。同时，一系列多硫化物溶解在电解液中并穿过隔膜穿梭到锂金属上。表面由于多硫化物与金属锂之间的副反应，会形成钝化层，导致反应动力学缓慢、极化较大、锂沉积不均匀。在SEI膜破裂、浓差极化和电流密度分布不均匀的影响下，负极表面凹凸不平的小山包演化成锂枝晶。一旦枝晶这种具有大比表面积的金属锂与电解液接触，将会形成一层新的厚SEI膜。这表明锂枝晶的底部更容易失去锂，因为枝晶锂比片状锂具有更高的反应活性，因此整个枝晶在底部断裂，然后在负极表面粉碎，形成被厚SEI包裹的死锂。粉碎的枝晶将成为新的主要沉积位点，导致枝晶重新生长。最后，随着循环次数的增加，锂沉积变得越来越不均匀，这反过来又加速了枝晶和死锂的形成、负极粉化以及体积变化问题（图2.8）[45]。

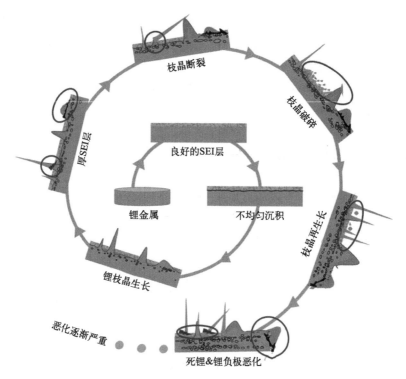

图2.8　锂硫电池中锂金属负极的主要问题及失效机理[45]

为了解决上述问题，锂负极的改性受到了极大的关注。根据目前报道的进展，研究主要集中在界面工程、结构构筑和合金负极设计上。

2.4.1　金属锂负极的应用挑战

虽然金属锂负极具有比容量超高、电化学势最低以及低密度等绝对优势，在实现金属锂负极大规模实际应用之前，金属锂负极依然存在诸多迫切需要解决的挑战。这主要包括金属锂负极的使用安全性和循环稳定性。与其他金属类似，金属锂沉积过程中容易形成树枝状的晶体，锂枝晶生长是导致电池热失控以及电池爆炸等严重安全事故的关键。因此，要推动金属锂负极的实际应用首先必须要解决金属锂枝晶生长问题，保障其使用安全。其次，优异的循环稳定性是实现金属锂大规模应用的另一关键条件。循环过程中金属锂负极的循环库仑效率低及电极过电势逐渐增大是导致电池性能衰退的主要原因。因此，深刻理解界面化学、金属锂的沉积行为以及两者之间的关系至关重要。

2.4.1.1　固体电解质界面层

金属锂具有极强的还原性导致任何电解质在金属锂负极表面均会被还原而在金属锂表面生成一层SEI层。金属锂表面SEI层的存在一定程度上可以阻隔金属锂与电解质之间的副反应从而钝化金属锂。然而，自发形成的SEI层组分不均匀而且脆性大。伴随着充放电过程中金属锂巨大的体积变化，SEI层会破裂导致新鲜金属锂的暴露，暴露的金属锂将跟电解液继续反应生成新的SEI层，从而完成界面层的修复。在电池循环过程中SEI层的不断破裂和修复会导致金属锂和电解液的不断消耗，最终导致金属锂电池循环稳定性差且电池寿命不尽人意。SEI层具有导通Li^+却阻隔电子的特性，因此，研究者们认为理想的SEI层应备均匀的组分和结构以及较高的离子电导率。特别是，由于金属锂充放电过程中存在巨大的体积变化，因此SEI层还应具备足够的机械柔性以适应金属锂负极充放电过程中巨大的形变而不破碎。然而自发反应生成的SEI层组分和结构非常不均匀，而且非常脆且易碎。SEI层的组成和力学性能通常取决于电解液的组成。其中，有机碳酸酯类电解液是商业锂电池最常用的电解液，但是该电解液对金属锂负极并不是很友好。当采用碳酸酯类电解液时，生成的SEI层多是马赛克结构，其内层主要是Li_2O、Li_2CO_3以及卤化锂，外层是亚稳态的有机碳酸锂盐。该类型的SEI层通常柔性较差，在金属锂充放电过程中SEI层会经历不断地破裂和修复。此外，醚类电解液对金属锂负极更加友好。当采用醚类电解液时，金属锂负极往往展现出更高的循环库仑效率，同时锂枝晶生长会得到更好的抑制。这是由于金属锂在醚类电解液中生成的SEI层主要是醚类低聚物，其具有更好的柔性而且对金属锂表面结合力强。然而，醚类电解液高压稳定性较差而且高度易燃，因此醚类电解液在锂电池中的广泛应用受到较大限制。虽然在不同电解液中金属锂表面生成的SEI层组分和特性会不同，但是SEI层的形成机制是相似的。

2.4.1.2　锂枝晶生长

金属锂在充放电循环过程中表面容易生长树枝状枝晶，特别是快充快放条件会加剧锂枝晶生长。在电沉积过程中，两电极间的电解液中容易形成Li^+浓度梯度分布。当在大电流（快充快放）条件下工作时，由于Li^+逐渐被消耗，金属锂电极表面的电中性会被打破从而形成空间电荷层，最终导致金属锂的不均匀沉积和树枝状金属锂晶体的肆意生长。与Cu、Zn、Ni这些金属不同，金属锂表面枝晶的形成机制需要考虑界面化学也就是SEI层的影响。SEI层组分和离子分布的均匀程度将会导致金属锂的不均匀形核和生长。同时SEI层的机械稳定性也会影响锂枝晶的生长，当SEI层机械柔性较差时，金属锂反复充放电过程中巨大的体积变化会导致SEI层破裂，裂缝处Li$^+$通量不均匀程度会加剧，这反而会进一步恶化锂枝晶的生长。

2.4.1.3　无限体积变化

值得注意的是，所有电极材料在充放电运行过程中均是会发生体积变化的。例如，商业广泛应用的石墨负极充放电过程中会发生10%的体积变化；合金类型的硅（Si）负极在充放电过程中体积变化更加严峻，高达约400%，4倍的体积变化会恶化Si负极/电解液的界面，导致电池循环性能的快速衰退。特别是，金属锂的"无宿主"特性导致其体积变化是无限的。举例来说，商业单面电极面容量至少要达到3 mA·h/cm^{2}才能够满足实际应用的需求，而对于金属锂来说这相当于约14.6 μm厚度的体积变化。电池实际循环情况下金属锂厚度变化甚至会更大，高达几十微米的体积变化将对SEI层的机械稳定性造成巨大威胁。鉴于自发生成的SEI层脆性大以及易碎性，金属锂巨大的体积变化极易引发SEI层的不断破裂和再修复，导致SEI层的逐渐增厚和金属锂负极的快速粉化，最终导致电池循环稳定性差、循环寿命短。

2.4.2　稳定金属锂负极策略

近年来，科研人员为稳定金属锂负极做出了不懈努力，目前已经陆续提出了多种稳定金属锂负极并抑制锂枝晶生长的策略，有效提高了金属锂电极的循环稳定性和使用安全性。其中，抑制锂枝晶生长的主要策略包括界面调控、骨架支撑、固体电解质等。这些改性策略从不同角度出发对稳定金属锂电极均起到了有效的促进作用。

2.4.2.1　界面工程

金属锂表面引入稳定的人造保护层是目前稳定金属锂最常用的策略。首先，理想的人造界面层应是均匀致密的，作为保护屏障，人造界面层需要足够"牢固"以充分钝化金属锂，阻止金属锂/电解液之间副反应的发生。其次，该人造界面层应该具备较高的Li$^+$电导率并能有效均匀金属锂表面Li$^+$束流。最后，由于金属锂充放电过程中会发生无限体积变化，因此，人造界面层应具有足够的机械柔性以适应金属锂充放电过冲中巨大的体积形变并保持结构完整。通常来说，人造界面保护层的构建主要可通过界面涂层和电解液优化来实现。

① 人造界面涂层。

金属锂表面界面工程设计主要可通过在金属锂表面直接或间接引入修饰涂层来实现，直接法是指通过刮/浸涂或先进成膜技术来实现修饰膜层的制备。例如，斯坦福大学的崔屹教授团队[46]采用简单易操作的刮涂技术在金属锂表面修饰一层约 400 nm 厚且刚柔并济的有机（丁苯橡胶）-无机（Cu_3N）复合人造界面层（图2.9）。该人造界面层优异的柔性使其能够很好地适应金属锂充放电过程中的无限体积变化以维持其结构完整性。同时原位转化生成的 Li_3N 在增强界面层机械强度的同时可有效促进 Li^+ 的快速传导。人造界面层修饰的金属锂展现出优异的库仑效率和抗枝晶生长的性能。随后，本课题组[47]采用刮涂技术在金属锂表面引入了高效的有机（共价有机框架）-无机（LiI）复合人造界面保护层。共价有机框架特有的多孔结构有效强化了界面处 Li^+ 的快速传输，并且使 Li^+ 通量均匀。制备得到的改性金属锂负极展现出显著强化的抗枝晶性能、超高的倍率性能和超长寿命的循环稳定性。特别是在 10 mA/cm^2 的超高电流密度条件下改性金属锂依然能够稳定循环超过 2500 圈。刮涂法操作简单，效率高，适合规模放大，因而展现出大规模工业应用的前景。相比刮涂法，旋涂技术能够获得更薄的膜层。最近，美国斯坦福大学崔屹教授和鲍哲南教授联合提出在金属锂表面通过旋涂法设计制备

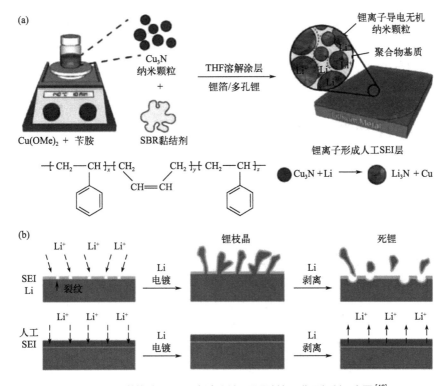

图 2.9　丁苯橡胶 -Cu_3N 复合人造界面层制备和作用机制示意图[46]

亲盐且疏溶剂的聚合物界面保护层[48]。区别于传统的聚合物涂层，金属锂表面亲盐、疏溶剂的聚合物涂层促进了盐的分解，生成了超强、稳定的人造界面层。基于亲盐、疏溶剂聚合物涂层修饰的 50 μm 超薄金属锂匹配高面容量 $LiNi_{0.8}Co_{0.1}Mn_{0.1}O_2$ 正极（约 2.5 mA·h/cm²）得到的全电池能够稳定循环 400 圈且容量保持率高达 80%，电池循环寿命延长了 2.5 倍。值得注意的是，目前报道的大部分金属锂电池通常采用的是远远过量的超厚金属锂负极（约 450 μm），而实际应用中金属锂的用量必须严格控制才能真正意义上实现金属锂电池的高能量密度。基于超薄金属锂负极制备稳定循环的金属锂电池长期以来一直是科学家们努力奋斗的目标。亲盐、疏溶剂聚合物涂层的引入大大提高了金属锂负极的循环寿命和循环稳定性。该成果是金属锂电池实际应用性能的一项重要突破，将有力推动金属锂电池走向实际应用的进程。

此外，通过金属锂与特定试剂反应转化可间接在金属锂表面构筑人造界面层。中国科学院化学研究所的郭玉国[49]采用浸涂法通过将金属锂浸入多磷酸溶液中原位转化在金属锂表面设计了一层厚度为 50 nm 的超薄 Li_3PO_4 人造保护层。该层兼具较高的 Li^+ 电导率和杨氏模量，因而可以有效调控金属锂的均匀形核和生长，从而有效抑制了锂枝晶的生长。美国斯坦福大学的崔屹[50]提出通过硫蒸气与金属锂反应在金属锂表面原位转化形成了一层致密均匀的 Li_2S 人造保护层，有效抑制了金属锂与电解液之间的副反应。与此同时，高 Li^+ 电导率的 Li_2S 人造保护层可调控金属锂的均匀沉积，有效抑制了锂枝晶的生长。Li_2S 人造保护层改性的金属锂负极循环稳定性和循环寿命均得到了显著提高。Xia 等[51]采用热蒸镀技术在金属锂表面生长了一层厚度为 250 nm 的均匀纳米 Sn 人造界面保护层，改性的金属锂展现出超高的倍率性能和长寿命循环稳定性。得益于界面保护层对金属锂的钝化作用避免了金属锂与多硫化物间副反应的发生，因此相应锂硫电池的稳定性得到显著提高。最近，Hu 等[52]提出将金属锂浸入 SbF_3 溶液中通过原位转化反应生成了 Li_3Sb/LiF 的混合离子-电子界面层，其中超离子导体 Li_3Sb 合金可促进 Li^+ 的快速传导，而 LiF 是电子绝缘体，金属锂表面离子-电子混合人造界面层的构筑有效改善了金属锂的倍率性能，改性金属锂负极在 20 mA/cm² 的超高电流下依然能够稳定循环，同时相应软包电池也展现出优异的循环稳定性和高达 325.28 W·h/kg 的超高能量密度。

金属锂表面界面层的超薄精准制备是科学家们一直以来追求的目标。近年来，先进成膜技术的涌现和快速发展为金属锂超薄人造界面保护层的精准构建提供了可能。原子层沉积、分子层沉积、磁控溅射、热蒸镀等先进制膜技术先后被提出用于金属锂负极的界面工程。例如，Kozen 等[53]通过原子层沉积技术在金属锂表面修饰了一层仅有约 14 nm 厚的超薄 Al_2O_3 保护层，该修饰层通过原位锂转化成导离子的 $Li_xAl_2O_3$，修饰的金属锂对空气和电解液展现出显著增强的稳定性。

特别是，当应用于锂硫电池时，由于金属锂和多硫化物副反应的显著抑制，相应锂硫电池的循环稳定性得到显著提高。

随后 Cha 等[54]采用射频磁控溅射技术在金属锂表面构建了一层仅约 10 nm 厚的 MoS_2 保护层，该保护层有效调控了金属锂的均匀沉积并提高了金属锂的循环库仑效率，同时界面保护层有效抑制了金属锂与电解液之间副反应的发生。采用 MoS_2 保护层钝化的金属锂对多硫化锂展现出优异的稳定性，相应锂硫电池的循环稳定性得到显著提高，在 0.5 C 条件下锂硫电池能够稳定循环长达 1200 圈，且每圈的容量衰减率低至 0.013%。

紧接着，孙学良院士课题组[55]采用分子层沉积技术在金属锂表面修饰了一层仅 5 nm 厚的超薄锆英石修饰层，使得金属锂负极在空气中稳定性得到显著增强，同时电极的倍率性能和循环寿命也得到显著提高，基于改性金属锂负极构筑的锂空气电池循环寿命提升了十倍。最近，中国科学院青岛生物能源与过程研究所崔光磊团队[56]采用磁控共溅射技术在金属锂表面原位生长了一层厚度仅约 60 nm 的超薄 LiF-LiPON 异质结人造界面保护层，该复合人造界面层具有高离子电导率和强力学性能，有效抑制了金属锂表面锂枝晶的生长。采用人造界面保护层修饰的金属锂组装的无负极 $LiFePO_4$ 电池循环 100 圈后容量保持率从 25% 显著提升至 66%。总之，先进成膜技术一定程度上推动了金属界面工程的发展，并且成功实现了界面层的超薄精准制备。然而，这些成膜技术制备效率通常较低且生产成本较高，大规模放大生产难度较大，进一步降低这些技术的生产成本对推动其大规模应用意义重大。通过金属锂原位反应转化，在其表面构筑高效的人造界面层是稳定金属锂负极的重要策略，该法需要精确控制反应条件，才能够获取有效的人造界面保护层，同时还需要特殊的保护条件以防止水分和氧气对样品的污染。

② 电解质组分调控。

电解质中引入添加剂优化组分是调控金属锂沉积形貌和改善金属锂循环效率的重要策略。添加剂能够分解、聚合或吸附在金属锂表面，通过优化金属锂表面 SEI 层的物理-化学性质从而调控金属锂的沉积形貌。即便是痕量添加剂的引入也将对金属锂的沉积行为和循环效率产生极其重要的影响。最常见的添加剂主要是含氟类的添加剂，例如，氟代碳酸乙烯酯添加剂的引入可以促进金属锂表面薄且韧性好的人造保护膜的形成，从而能够显著提高金属锂的循环库仑效率[57]。此外，$LiNO_3$ 是锂硫电池电解液的重要添加剂，特别是 $LiNO_3$ 和多硫化锂两种添加剂的协同作用可以有效诱导金属锂平滑均匀的沉积。其中，$LiNO_3$ 能够有效钝化金属锂，而多硫化锂会促进富 Li_2S/Li_2S_2 的高离子电导率界面层的生成[58]。Archer 等[59]研究发现卤化锂是改善金属锂电池循环稳定性的重要添加剂。通过脂类电解液添加 LiF 能够显著提高金属锂电池的循环稳定性并能够有效抑制锂枝晶的生长。北京理工大学黄佳琦教授团队创新性地提出引入三噁烷作为电解液添加剂来设计制备双层结构的人造界面层。其中内层为富 LiF 的无机层，而外层为机械稳定的聚甲醛有机层，无机-有机双层复合结构界面层修饰的金属锂展现出优异的机械稳定性和抗枝晶性能。通过在电解液中添加三噁烷封装能量密度高达 440 W•h/kg 的超大容量（5.3 A•h）软包电池，在负极/正极容量比低至 1.8 的贫锂和超低电解液用量[2.1 g/（A•h）]的苛刻循环条件下依然能够稳定循环 130 圈，改性电解液展现出良好的实际应用前景。

表面改性主要包括原位法和非原位法。原位形成是指 SEI 是在电解质添加剂的循环过程中产生的，其中包括无机盐，如 $LiNO_3$、HF、K_4BiI_7、$SOCl_2$、$La(NO_3)_3$、P_2S 和有机添加剂，如二苯二硫醚（DPDS），聚（硫-1,3-二异丙烯基苯）和 3,5-双（三氟甲基）苯硫酚。例如，Li 等[60]将 0.01 mol/L 六氟磷酸钾（KPF_6）添加到 2 mol/L 的 LiTFSI/醚基电解质中，从而提高了锂硫电池的循环稳定性。由于 K^+ 的屏蔽效应以及源自 PF_6^- 的富含 LiF 的 SEI，锂硫全电池在第 100 个循环中表现出优异的性能，初始值为 1210 mA•h/g，可逆容量高达 942 mA•h/g。Jiang 等[61]制备了硝基富勒烯（硝基-C_{60}）作为双功能添加剂，可诱导 Li^+ 的均匀分布和 NO_2^- 阴离子的产生，从而成功构建了紧凑稳定的 SEI，循环稳定性和容量保持率显著提高[图 2.10（a）]。

原位形成是指 SEI 是在循环前形成的。与上一段不同，本段主要涉及在新鲜金属锂负极的覆盖物上人工构建 SEI。构建人工 SEI 的方法有很多，例如简单的气

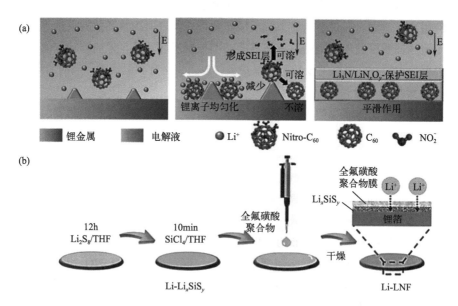

图 2.10　（a）Nitro-C_{60} 作为双功能添加剂原位诱导 SEI[61]；（b）有机锂化 Nafion 和无机 Li_xSiS_y 组成的双层人工 SEI[62]

体/固体反应，液体/固体反应、涂层、分子层沉积（MLD）、原子层沉积（ALD）、预制备保护层、可控电化学方法、化学键等。Zhang 等[62]报道了一种由有机锂化 Nafion 和无机 Li_xSiS_y 组成的双层人工 SEI[图 2.10（b）]，表现出更高的倍率性能（2.0 C 时，789 mA·h/g）和优异的循环稳定性（在 0.5 C 倍率下循环 300 次后放电比容量为 783 mA·h/g）。与原位形成的 SEI 相比，非原位形成 SEI 的方法要复杂得多，因此添加添加剂可能是最有前途的锂负极表面改性方法，并在实际应用中得到了广泛的应用。

2.4.2.2 三维金属锂结构设计

充放电过程中金属锂巨大的体积变化是发展金属锂负极亟需解决的另一大挑战。金属锂较大的体积变化极易恶化金属锂/电解液的界面，使得金属锂表面 SEI 层的反复碎裂和修复，导致金属锂和电解液不可逆地被快速消耗，最终致使电池性能快速衰退。金属锂中引入骨架支撑制备三维结构金属锂是稳定金属锂负极最常用且有效的策略。采用的金属锂骨架通常是比表面积较大的多孔材料。三维骨架的引入一方面可以对金属锂进行物理限域从而缓冲金属锂充放电过程中巨大的体积变化；另一方面，金属锂三维结构设计可以降低局部电流密度避免 Li^+ 通量"热点"的形成，从而有效抑制锂枝晶的生长。目前已报道的制备三维结构金属锂负极的方法主要包括热熔法、电沉积法以及机械辊压法。热熔法是报道的最早的制备三维结构复合金属锂电极的方法，主要是通过骨架材料表面官能团或亲锂性较好的位点与熔融金属锂的化学反应，通过毛细作用力将金属锂"吸入"骨架表面，因此该法通常对骨架材料的亲锂性具有较高的要求，同时该法对制备温度要求也较高，通常需要 300~400 ℃。而且，整个制备过程需要在惰性气氛中进行操作。2016 年，美国斯坦福大学的崔屹研究组[63]提出采用氧化石墨烯（GO）作为金属锂的骨架，通过 GO 与高温熔融的金属锂之间的"电火花"反应实现了氧化石墨烯骨架与金属锂的有效复合。该工作首次通过热熔法实现了三维结构金属锂负极的制备，制备得到的复合金属锂负极的体积膨胀问题得到有效缓解，金属锂的体积膨胀由原先的无限体积膨胀降低至仅 20%。除此以外，石墨烯支撑的三维金属锂电极可调控金属锂的均匀沉积，有效抑制了锂枝晶的生长，因而复合金属锂电极展现了长寿命的稳定循环性能。该工作是熔融法制备复合金属锂电极的一个开创性工作，激发了科研界对骨架结构三维复合金属锂电极的研究热潮。然而，当骨架材料自身疏锂性较强时，通常需要借助额外的亲锂位点才能实现骨架与金属锂的有效复合。例如，Liang 等[64]通过静电纺丝的方法设计制备了三维多孔碳纤维骨架，由于该骨架自身疏锂，他们在其表面均匀修饰了纳米 Si 位点以提高骨架的亲锂性。纳米 Si 修饰的碳纤维骨架与金属锂的兼容性得到显著增强。在三维金属锂电极制备过程中，金属锂与Si合金化反应生成的Li_xSi位点可以作为"晶种"诱导金属锂的均匀形核和生长。制备得到的碳纤维骨架支撑的三维复合金属锂电极在循环使用过程中体积膨胀问题得到有效的缓解，展现出优异的结构稳定性。紧接着，美国马里兰大学的胡良兵教授课题组[65]创新性地提出通过低成本的生物质转化制备多孔碳材料，通过木头的高温碳化成功制备了孔隙率高达73%且具有垂直孔道结构的三维多孔碳骨架。为了提高骨架的亲锂性，该课题组在其表面均匀修饰了纳米ZnO位点，通过ZnO与金属锂反应生成的Li_xZn合金位点有效调控了金属锂的均匀形核和生长。他们制备得到的复合金属锂电极在循环使用过程中展现出优异的结构稳定性和长循环稳定性，并且锂枝晶生长得到了较好的抑制。此外，本课题组在高效三维金属锂负极的设计开发方面也取得了多项重要成果。以低成本、易获取的商业化碳布作为金属锂的骨架，创新性地提出以低成本且安全的聚偏二氟乙烯作为氟源对碳骨架进行氟化处理。双功能的氟位点一方面可显著增强碳纤维的亲锂性[66]，仅需要几秒钟时间即可高效地实现三维结构复合金属锂电极的制备；另一方面，氟位点的引入促进了循环过程中电极表面富LiF人造SEI层的生成，该人造SEI层可使得金属锂表面Li^+通量均匀化，从而调控金属锂的均匀沉积。因此，氟化碳骨架支撑的三维金属锂电极展现出优异的倍率性能和循环稳定性。而且非金属位点相比金属位点密度更低，因而能够最大程度上降低骨架引入对金属锂电极整体质量能量密度的牺牲。随后我们相继设计了Sb_2S_3[67]、Bi-O-C[68]双功能位点，在增强骨架与金属锂兼容性的同时诱导金属锂均匀沉积。双功能位点可原位转化成纳米Sb或Bi的形核诱导位点和富Li_2S/Li_2O的人造SEI层。因此，制备得到的三维金属锂负极在长循环过程中展现了优异的循环稳定性和快充性能，而且即使在大电流快速充电条件下锂枝晶的生长依然得到了较好的抑制。特别地，我们组装了软包电池，深入研究了双功能位点修饰的碳骨架支撑的金属锂在实际工况（有限金属锂和贫电解液）条件下的运行情况。在超低金属锂用量（N/P≈0.26）和贫电解液（约5 g/A•h）条件下，基于Bi-O-C双功能位点改性的碳骨架制备的三维金属锂电极封装的Li‖LCO电池循寿命延长了3倍，电池能量密度高达361.3 W•h/kg。特别是相应的软包电池在有限金属锂（N/P≈1.8）和贫电解液（约5 g/A•h）条件下可以稳定循环80圈。三维结构碳骨架基金属锂优异的循环性能可以归结于金属锂稳定的机械结构以及金属锂均匀沉积的有效调控。除了电子电导率高、热稳定性好的碳材料被广泛应用于金属锂的骨架材料，热稳定性好的高分子材料也可作为金属锂的骨架材料。例如Liu等[69]采用高温热稳定性好的聚酰亚胺纤维作为骨架构建三维结构金属锂电极，通过在其表面修饰纳米ZnO的亲锂层显著增强了骨架与金属锂的兼容性。通过简单的热熔工艺实现了金属锂与聚酰亚胺骨架的复合，制备得到的复合金属锂负极体积膨胀问题和锂枝晶生长问题均得到了有效缓解，因而展现出较好的倍率性能和长寿命稳定循环性能。

　　除了热熔法，电沉积法也是实现金属锂和骨架有效复合的关键策略。相比而言，电沉积法操作更加安全，而且能够精确控制金属锂的用量。例如，中国科学技术大学俞书宏等[70]以 Cu 纳米纤维作为金属锂骨架，采用电沉积技术制备的复合金属锂负极展现出优异的结构稳定性，Cu 纳米纤维骨架能够容纳 7.5 mA•h/cm 的金属锂，而且锂枝晶的生长得到了有效的抑制。值得注意的是，目前应用的三维 Cu 骨架大多厚度大、质量重，会严重牺牲金属锂电极整体的质量能量密度，造成大规模应用困难。为了应对该问题，清华大学深圳国际研究生院贺艳兵等[71]创新性地通过 CuZn 合金电化学刻蚀的方法成功制备了孔道结构可精确调控的多孔结构的三维 Cu 骨架，通过电沉积方法制备的骨架结构金属锂展现了优异的结构稳定性和抗枝晶性能，开发的相应 Li||LFP 电池展现出优异的倍率性能和长循环稳定性。该工作提供了一种高效、大批量制备均匀多孔 Cu 骨架的有效方法。多孔骨架结构一方面可提供足够的空间对金属锂进行物理限域；另一方面三维结构金属锂设计能够有效降低局部电流密度，从而促进金属锂均匀沉积。然而多孔骨架并不能无限容纳金属锂。当金属锂的沉积量超过其容纳极限时，锂枝晶生长的问题依然凸显。为了解决大容量条件下锂枝晶生长并减小锂枝晶穿刺导致电池短路的隐患，南京大学张会刚教授研究组[72]创新性地提出对骨架材料的电子电导和亲锂性进行梯度设计，通过对骨架顶部修饰 Al_2O_3 涂层进行电子绝缘处理，同时对骨架底部修饰亲锂位点来调控金属锂的均匀沉积。经骨架梯度设计制备得到的复合金属锂电极即使在 40 mA•h/cm² 的超大容量条件下依然展现出优异的电化学循环性能。电沉积法虽然具有可精确控制金属锂容量的优势，然而，该法也存在很多局限性，例如制备流程繁琐、耗时长、大规模放大难度大。

　　热熔法制备复合金属锂电极仅适用于对金属锂物理和化学稳定性较好的骨架材料。该法在操作过程中由于需要高温加热使金属锂熔化，因而对制备环境和操作要求具有更苛刻的要求，致使该法并不适用于大规模制备复合金属锂负极。而且，该法较难精确控制金属锂的量。相对来说，机械压制法是一种简单有效的制备复合金属锂负极的方法，而且该法对金属锂骨架的材质没有选择性，在常温下即可操作，而且制备工艺简单、高效、安全、易规模放大，因此机械辊压法展现出良好的大规模应用前景。浙江大学陆盈盈团队[73]采用 Cu 网作为金属锂的骨架，通过一步简单易操作的机械压制法实现了 Cu 网骨架与金属锂的复合，制备得到的复合金属锂电极展现出长寿命稳定循环，而且锂枝晶的生长得到了较好的抑制。紧接着，清华大学张强等[74]通过机械辊压法实现了碳纤维骨架支撑的三维金属锂电极的大面积制备。该研究组除测试扣式电池的电化学性能外，还成功封装了面容量为 3.25 mA•h/cm² 的 Li|S 软包电池，并成功实现了软包电池稳定循环 100 圈且容量几乎没有衰减。机械辊压大大提高了复合金属锂负极的制备效率，可大批量

制备复合金属锂电极，推动了三维骨架结构金属锂负极的大规模应用。最近，华中科技大学孙永明教授团队[75]通过简单的锂箔和锡箔反复压延和折叠，通过两者的合金化反应原位生成了三维锂锡合金骨架支撑的复合金属锂电极。制备得到的复合金属锂电极展现出超高倍率性能，在 30 mA/cm² 的超高电流密度下，该复合金属锂电极依然可以稳定循环 200 圈并展现出极低的过电势（约 20 mV）。该电极由于辊压制备工艺简单因而展现出良好的大规模产业化应用的前景。然而，实际应用中必须要采用超薄金属锂才能真正实现金属锂电池的高能量密度，然而超薄金属锂的机械强度较差，极易断裂，实际生产和应用困难度较大。目前报道的复合金属锂负极受限于较厚的三维骨架，通常其厚度高达几百微米，超薄制备三维复合金属锂电极难度大，而且三维骨架较大的质量往往会严重降低金属锂电极整体的质量能量密度。三维复合金属锂电极的超薄制备是目前的一项巨大挑战。为了突破该技术，美国斯坦福大学的崔屹教授[76]采用低密度的氧化石墨烯作为金属锂的骨架，开创性地通过熔融灌锂结合机械压制成功实现了超薄（0.5～20 μm）复合金属锂电极的制备。复合金属锂相比传统的超薄锂片机械强度得到显著提高，硬度提高了 5 倍，可抵抗永久性塑性变形。制备的超薄金属锂电极不仅具有较高的机械强度，而且循环库仑效率高，该电极的应用成功将金属锂全电池的循环寿命延长了 9 倍。

目前已报道的骨架材料主要可分为碳材料、金属材料和聚合物材料，特别是碳材料对金属锂稳定性好，而且相对密度更低，是发展三维金属锂电极理想的骨架材料。不同形貌的碳材料包括自主设计的零维碳球、一维碳纤维、二维石墨烯以及商业的碳纤维布等，均被报道用于三维金属锂电极的构建。对于碳质骨架材料的选择未来应该着重考虑其相对密度、生产成本和制备工艺，轻质的碳骨架材料可以最大程度上保持金属锂的质量能量密度。与此同时，生产成本也是着重要考虑的因素。轻质且低成本的碳材料更具有大规模推广应用的前景。引入骨架支撑制备复合金属锂电极是稳定金属锂电池，提升其综合电化学性能的关键策略。值得注意的是，目前文献报道的大部分三维复合金属锂电极的性能测试仅停留在纽扣电池的水平。由于纽扣电池和实际应用的电池在工作条件和实验参数方面均存在巨大差异，纽扣电池并不能反映实际应用条件下电池的实际性能。因此，未来研究中应该更多地关注大容量软包电池中复合金属锂电极的循环性能。此外，三维骨架的引入不可避免地会降低金属锂电池整体的质量能量密度，为了最大程度上减少金属锂电池能量密度的损失，必须要严格控制三维骨架的质量，发展低密度的骨架材料。同时，必须要积极发展简单、易操作且易规模放大的三维复合金属锂电极的制备技术，以推动其大规模实际应用。此外，目前报道的大多数金属锂电池均添加了过量的电解液，过多电解液的应用也会降低电池整体的能量密度。因此，未来科研工作者应更多关注三维骨架结构金属锂电池在实际应用条件

（负极/正极容量比≤2和贫电解液）下的真实循环性能，尤其是软包电池的循环性能。开发在实际循环条件下高性能的金属锂电池依然是一项巨大的挑战。在实现金属锂负极实际应用前依然有很多困难需要攻克，这需要科研界和产业界的通力协作。

2.4.2.3　合金化

为了保护金属锂负极免受寄生反应、巨大的体积变化和枝晶生长的影响，合金负极已成为改性金属锂负极最有效的方法之一。有一系列合金（Li_xM，M=Sn、Al、Sb、B或Si）用作负极。例如，Yushin等在Li箔上制备了Li-Al合金薄膜作为锂硫电池的负极，表现出更好的倍率性能、更小的电荷传输电阻和更高的库仑效率。此外，Xia等发现在金属锂表面涂覆一层共形的Sn薄层可以显著提高循环稳定性，在第500次循环时库仑效率为99.5%。此外，Gao等研究了一种富锂的锂镁（Li-Mg）合金作为锂硫电池的负极，在Li-Mg合金的表面构建了坚固的保护层。因此，在Li-Mg合金表面形成的具有光滑形貌的SEI有效地减少了界面处的副反应。尽管人们提出了许多改进方法，但仅使用一种方法并不能实现各方面的整体提升，甚至还会带来其他问题。因此，结合多种改性方法是提高其综合性能的理想手段。最近，Xia等提出了一种强大的3D海绵镍（SN）骨架，加上原位表面工程策略，通过喷雾淬火形成富含$LiF-Li_3N$的SEI层构建Li/SN负极，在全电池中的首次放电比容量为784.9 $mA \cdot h/g$（$SEI@Li/SN\|SC@Ni_3S_2/SN$）。

2.4.3　锂金属负极未来发展展望

金属锂被认为是电池界的"圣杯"电极材料，特别是近年来高能量密度的锂硫电池和锂空气电池的巨大发展潜力，使得金属锂重新受到人们的关注。如何有效"驾驭"金属锂负极，长期以来一直是困扰科学家的一大难题。经过几十年的探索研究，人们对金属锂的形核和沉积行为认识不断加深，逐渐形成了多套理论模型指导，并在模型指导的基础上开发出多种稳定金属锂负极的策略，包括人造界面层工程、电解液优化、骨架支撑设计、固体电解质等以努力"驾驭"金属锂为我们服务。然而，目前这些策略大多还仅停留在实验室研究的概念验证阶段，还需不断优化。特别是，相应技术需要放大验证以促进其大规模实际应用。总体来说，金属锂电池在真正大规模实际应用前还存在诸多挑战等待我们去解决，主要问题总结如下。

① 要真正意义上实现金属锂电池的高能量密度（400 $W \cdot h/kg$）就必须将金属锂的厚度控制在25～50 μm，然而目前商业化金属锂大多厚度高达几百微米。如

何高效、高质量地获得力学性能良好的超薄金属锂是金属锂实用化进程中亟须解决的难题。

② 单一策略通常并不能从根本上稳定金属锂，往往需要多种策略的协同才能真正"驾驭"金属锂，而且科研工作者应该更多关注大容量软包电池在实际运行条件（有限金属锂、贫电解液）下的循环性能，而不能仅仅停留在对纽扣电池的实验室研究阶段。

③ 发展低成本且具有普适性的实时表征技术，原位实时监测金属锂组分、结构的演变，深入理解金属锂的扩散、沉积和溶解行为，研究界面的演变和改善机制对推动金属锂的实际应用意义重大；

④ 鉴于金属锂的高反应活性，迫切需要在金属锂电池制备、电池管理及运输等全生命周期内考虑电池的安全性。因此，保证金属锂电池的安全应用需要在锂电池中植入额外的智能侦测和诊断功能，例如电池热失控侦测器、锂枝晶侦测器、电池自切断系统等。由于温度响应是判断电池失效的最有效方法，因此热响应聚合物和形状记忆合金这些材料未来非常有必要集成到电池系统中进行电池热响应监测。

金属锂具有相当于石墨负极 10 倍的超高比容量、低密度和最低的电化学势，是下一代高能锂电池理想的负极材料。特别是，传统的锂电池能量密度已达到极限（250 W•h/kg），发展金属锂负极是锂电池能量密度突破 500 W•h/kg 的根本途径。然而，任何事物都具有两面性，金属锂负极像一匹"野马"，性能超群但却有一定的危险性。需要将其"驯服"才能使之安全地为我们所用。仅靠一种策略往往并不能有效解决金属锂负极的所有问题。通常需要多种策略的协同作用，最终才能推动金属锂负极从实验室走向实际应用。纳米技术的发展创造了解决金属锂多方面挑战的可能性，同时先进的表征技术提供了更多的信息以指导我们对金属锂进行有效的改性设计。金属锂负极的"崛起"正在进行中，金属锂电池的发展需要基础研究、材料开发和电池工程等多方面以及科研院所与企业的通力合作最终才能推动金属锂负极的大规模实际应用。

2.5　锂硫电池电解液

2.5.1　溶剂和盐的调控

电解液的选择和调控是决定锂硫电池中硫氧化还原反应的关键。因此，电解液的给体数（donor number，DN）会极大地影响 LiPSs 的溶解度和 Li_2S 的沉积行为。LiPSs 在高 DN 电解液中的高溶解度与 LiPSs 的各种歧化和解离路径有关。这些路径涉及在放电/充电过程中 S_3^- 自由基的形成。该自由基阴离子触发了不同的反应路径，即使对于高硫载量的正极，也可以实现硫的完全利用。一方面，高 DN 溶剂能够使 Li$^+$ 具有较高的溶剂化度，增加 LiPSs 的溶解度，从而导致 Li$_2$S 具有较大的成核势垒，在导电基质上实现 3D 生长。另一方面，低 DN 溶剂导致 Li$_2$S 薄膜的二维生长。因此，溶剂的适度 DN 对于平衡 S$_3^-$ 的成核和生长至关重要。例如，在合适的溶剂（例如，DOL：DME）中，通过碳表面和溶解重结晶可以实现 S/Li$_2$S 颗粒的生长。异质成核导致 3D 花状颗粒的形成，可以填充导电碳纤维（CFs）中的孔隙空间。这种混合导电网络可以实现约 100% 的高硫利用率和超过 99% 的库仑效率。此外，溶剂的介电常数（ε）是 LiPSs 氧化还原反应的主要描述符。高 ε 的溶剂有利于短链 LiPSs 在电解液中的高溶剂化度和溶解度，从而实现活性 S$_3^-$ 自由基在电解液中的稳定形成。随后，S$_3^-$ 自由基歧化为 S^{2-} 能够促进多硫化物转化为更厚和更致密的 Li$_2$S 沉淀。

除溶剂外，锂盐的性质也会影响 LiPSs 的溶解性。通过添加具有较高 DN（例如，溴化物或三氟甲磺酸盐）的盐阴离子可以获得 Li$_2$S 的三维颗粒状生长。高 DN 阴离子盐在电解质中导致 S^{2-} 解离。S^{2-} 与 Li$^+$ 结合形成 Li$_2$S，并沉积在 Li$_2$S 团簇的上表面，导致 Li$_2$S 的三维生长。这种方法可以实现 90% 以上的硫负载率和硫利用率。最近，针对锂盐对锂硫电池化学动态演化影响的研究表明，锂盐对 Li$_2$S 纳米晶的生长路径至关重要，决定了循环过程中相应的沉积形貌和分解路径。LiTFSI 盐在放电过程中可以诱导二维生长模式，形成层状 Li$_2$S，而在充电过程中采取边缘到中心和逐层生长模式。相比之下，双氟磺酰亚胺锂（LiFSI）盐在放电过程中倾向于三维生长模式，形成球形 Li$_2$S，采取中心到边缘模式，充电时产生空心球。因此，锂盐主导了 Li$_2$S 在电极上的界面结构和动力学过程。此外，锂盐能够调控电解质的电导率、黏度和锂-溶剂相互作用，从而决定了不同盐环境下的多步 LiPSs 反应。

2.5.2 新型电解质添加剂

为了克服 LiPSs 的溶解和穿梭，人们还致力于开发电解液中的功能性添加剂。将可溶性的 LiPSs 转化为其他形式的 S$^-$，可以显著防止 LiPSs 溶解到 DOL/DME 溶液中。早期，含有二硫键的分子，如二甲基二硫和二甲基三硫能够通过参与锂硫电池的氧化还原反应来改变 LiPSs 的电化学反应路径。这种新颖的路径阻止了黏度增加的长链 LiPSs 的产生，从而导致活性材料的高利用率。添加剂 P$_2$S$_5$ 和 CS$_2$ 通过与 Li$_2$S 和 LiPSs 形成络合物促进 LiPSs 的溶解，从而促进硫向 LiPSs 的电化学转化。此外，生物试剂二硫苏糖醇（DTT）作为电解液添加剂可以通过切割—SS—键的反应快速消除 LiPSs 的积累，加快 LiPSs 的动力学反应。因此，基于 DTT 的电解液在 0.5 C 下实现了 808 mA·h/g 的高初始容量，在 2 C 下 500 次循环后每圈的容量衰减率为0.025%。最近，受血管中血栓形成和溶栓的可恢复过程的启发，氮掺杂碳点作为LiPSs的电化学可恢复保护层，被用于在充分放电后保持其在电解液中的溶解状态。一旦LiPSs生成，氮掺杂的碳点可以与LiPSs反应形成牢固的、可回收的LiPSs封装层，从而保存活性物质并抑制穿梭效应。因此，硫正极在0.5 C的循环稳定性下实现了891 mA·h/g的高可逆容量，在2 C下可循环1000次[77]。

2.5.3 LiPSs 的利用

上述讨论主要集中在LiPSs穿梭的不利影响及其抑制策略上。事实上，可溶性LiPSs中间体的形成和扩散对锂硫电池的运行也很重要。此外，基于勒沙特利耶原理，添加的LiPSs可以作为电化学缓冲剂来补偿锂硫电池循环过程中电极溶解引起的容量损失。早期的一些研究表明，在电解液中添加额外的LiPSs可以实现LiPSs的动态沉积和溶解平衡，从而有效地抑制穿梭效应。在此之后，提出了高浓度的LiPSs作为外源性愈合剂，以实现LiPSs的均匀分布。相比之下，预负载的LiPSs可以缓解电化学生成的LiPSs在空间上的不均匀分布和沉淀，从而减少活性物质的损失。因此，LiPSs的自修复作用促进了Li_2S的相转移甚至沉积。在这种新的电解液中，由炭黑和硫粉的简单混合物制成的电极获得了1450 mA·h/g的高容量和优异的循环性能，库仑效率几乎达到100%。此外，共盐添加剂，如含有Li_2S_8和$LiNO_3$的DOL-DME，LiTFSI电解液可以适当地抑制LiPSs穿梭反应，减少硫正极在电解液中的溶解。

2.5.4 可溶性氧化还原介体

氧化还原介体（RMs）是具有可逆氧化还原电对的分子，可以在正极表面被电化学氧化或还原，然后扩散与活性物质发生反应。它们可以使不溶性物质的氧化还原耦合到电极表面而不需要电子接触。具有适当平衡电位（$E_{RMS} < E_{Li_2S}$）的RMs可以通过氧化还原调节过程来解决锂-锑电池中缓慢的动力学问题。将RMs应用于锂硫电池体系的研究尚处于起步阶段，但RMs对硫氧化还原反应的调控作用已得到验证。最近，二茂钴（$CoCp_2$）被证明可以作为RMs来决定Li_2S的三维生长路径，从而最大限度地利用活性表面。$CoCp_2$较快的动力学和较高的扩散速率是调节Li_2S生长和提高放电容量的关键。

化合物的前线分子轨道（FMO）能级在很大程度上决定了其氧化还原能力。LUMO（最低未占据分子轨道）能量较低的化合物倾向于接受电子，导致氧化能力更强。同样，具有较高HOMO（最高占据分子轨道）能量的化合物具有更强的还原能力。通过在电解液中引入RMs，可以调节LiPSs的FMOs能级，从而抑制锂硫电池中的穿梭效应。2,5- 二叔丁基 -1,4- 苯醌（DBBQ）作为RMs可以通过LiO键的相互作用与LiPSs形成配合物。通过计算能量级和FMOs的分布，可以评估DBBQ对反应动力学的贡献。与游离的Li_2S_x相比，$DBBQ-Li_2S_x$复合物具有较低的LUMO和较高的HOMO能级，表明DBBQ能够提高LiPSs的氧化还原能力。具体来说，$DBBQ-Li_2S_4$中HOMO能级的电子分布主要位于Li_2S_4上，这表明氧化更倾向于发生在Li_2S_4中的硫原子上。因此，DBBQ添加剂使正极在高硫含量（78%，质量分数）和负载量（7 mg/cm²）下具有良好的循环稳定性。这种策略将微观分子轨道能量级和宏观电化学行为联系起来，也有助于理解和筛选锂硫电池潜在的RMs。

2.6　锂硫电池非活性材料

2.6.1　集流体

为了实现高硫载量，传统的流延法不可避免地导致正极涂层增厚。这种厚度的增加会导致活性材料与集流体之间的电接触不良以及正极涂层的严重开裂等问题，从而导致结构稳定性差，内阻增加，电子转移缓慢。研究人员设计了具有独特三维结构的集流体，有效地利用了锂硫电池氧化还原反应中的固 - 液 - 固转变。迄今为止，已经设计了多种三维集流体，包括多孔集流体、三明治型集流体、多层集流体等。并首次提出了一种具有纳孔碳（NC）集流体的新型硫正极。这种微 - 介 - 大孔电极由紧密交织的CNFs和碳纳米孔组成。纳米孔极板可以有效地储存硫，并将溶解的LiPSs限制在电极内。因此，以NC为集流体的硫正极在0.1 C下表现出1314 mA·h/g的高容量，并且在50次循环后具有84%的稳定容量保持率。最近，一种具有多种杂原子的三维石墨烯气凝胶由其高吸液能力被用作负载Li_2S的互连支架。三维石墨烯结构显示出与Li_2S/Li_2S_x中间体的强相互作用，这抑制了LiPSs的溶解。此外，柔性石墨烯上的Li_2S包覆层可以容纳高应力或体积膨胀，降低了Li_2S的初始势垒。因此，三维Li_2S/N掺杂石墨烯电极具有300个循环的长循环稳定性，平均每个循环的容量衰减为0.129%。

三明治型集流体由两层碳层之间含有一层活性物质组成。这种构型可以促进离子和电子的传输，并捕获中间电极内的循环产物。为此，首先在两层自编织的多壁碳纳米管之间引入由Li_2S粉末组成的三明治正极作为抑制LiPSs穿梭的双功能中间层。因此，所获得的三明治电极具有较高的可逆容量（在0.1 C下，838 mA·h/g）和稳定的循环性能（502 mA·h/g在1 C下循环100圈）。在三明治结构电极的基础上，通过多层结构设计开发了串联电极，其中每个CNFs/S层中的CNFs基质充当了储存大量LiPSs的储存器。此外，由于SWCNTs /CNFs高度曲折的迁移路径和多孔结构，每个SWCNTs/CNFs层延长了逃逸LiPSs的迁移时间，并将其限制在串联正极内。此外，CNFs和SWCNTs/CNFs为实现快速的反应动力学提供了快速的离子/电子通道。使用串联正极的锂硫电池表现出12.3 mA·h/cm²的高初始容量，即使在16 mg/cm²以上的高硫载量下也具有良好的循环稳定性。

尽管集流体的结构设计已经得到了广泛的研究，但它们对S/Li₂S的形成、溶解和沉淀以及锂硫电池的电化学性能的影响仍不清楚。最近，人们系统地研究了硫在不同集流体（Ni、C、Al）上的生长行为与电池性能之间的关系。充电过程中，与C和Al基体表面生长的固态S晶体不同，Ni基体表面出现了液态硫液滴。液态硫液滴留下大量未被占据的Ni表面作为LiPSs转化的电化学活性位点。在放电过程中，液态硫液滴被可逆地还原为可溶性的LiPSs，并在Ni表面形成Li₂S薄片。与固态硫相比，这种液态硫可以实现高迁移率和快速相变，从而加速氧化还原化学反应，改善循环过程中的反应动力学进程。

2.6.2 隔膜及功能夹层

值得注意的是，在锂硫电池系统中，隔膜位于硫正极和锂金属负极之间，隔膜的Li⁺传输通道是可溶性多硫离子进入锂负极区域的必经之路。合理有效地对隔膜进行改性是提高锂硫电池综合性能的有效研究策略。首先，通过物理约束或化学吸附的方式，在保证锂离子通道和电子绝缘的前提下，赋予膜阻挡多硫化物通过的能力，将溶解的多硫化物限制在正极区域，从而减缓"穿梭效应"。其次，采用导电性能优异的功能材料对膜进行改性，使其可以作为"第二集流体"，活化多硫化物，提高正极活性物质的利用率。在此基础上，引入高催化活性纳米材料可以显著增强多硫化物转化反应动力学，加速液-固（LiPSs-Li₂S）转化率，提高电池倍率性能和活性物质利用率，并抑制穿梭效应。

此外，功能性隔膜的构建可以促进Li⁺在负极的均匀沉积，稳定锂金属负极的界面，减少锂枝晶的生长，或者增强隔膜的力学性能；多硫离子的抑制作用可以有效缓解负极表面锂、硫的不均匀腐蚀和沉积。因此，构建功能性隔膜可以有效保护锂金属负极。目前，锂硫电池使用的隔膜材料主要是聚乙烯和聚丙烯。通过膜改性来抑制多硫化锂穿梭性能的方法可分为物理约束法、化学吸附法和催化法。近年来，研究者们对膜表面进行改性、功能化、催化等，并在此基础上选择材料对新型膜进行了新的发展。

近年来，在正极领域取得了突破性成果。同时，一些研究人员也对改性隔膜的开发进行了许多探索，并具有良好的应用前景。已经证明，在正极和负极之间引入阻挡层是抑制多电流离子穿梭和保护锂负极的有效策略。根据文献报道，对正负极之间改性的研究主要集中在以下几个方面：在隔膜和正极之间引入导电层；多硫化物的吸附位点可以由无机金属氧化物、碳化物、氮化物、硫化物或碳材料提供；将催化活性物质引入隔膜；在隔膜上引入负电基团的策略是利用同种电荷的静电斥力；在隔膜上构建空间阻挡层；功能化材料用于构建新型隔膜。

在早期，Manthiram 等[78]将商业化的低成本导电碳材料 Super P 应用到隔膜中，以提高电池的性能。采用硫含量为 60%、负载量为 1.3 mg/cm² 的硫正极和功能隔膜组装电池，首次放电比容量高达 1400 mA·h/g。一方面，Super P 导电层与正极表面接触，有效降低了电池的阻抗，为活性物质的电化学反应提供了场所，从而提高了活性物质的利用率；另一方面，碳层对多硫化物的迁移具有一定的物理抑制作用。Manthiram 等报道了 SWCNT 改性隔膜在高负荷锂硫电池中抑制穿梭效应和保护锂负极方面也表现出显著的效果。此后，他们一直在使用导电碳材料对隔膜进行改性。此外，还开展了一系列系统的研究工作，充分证明了导电功能的有效性。

Huang 等在 2014 年首次报道了将 Nafion 超薄功能层负载在商业化隔膜上的研究工作，实现了离子选择性多功能锂硫电池隔膜的设计。在这种离子选择性隔膜中，孔道中修饰的磺酸根离子通过库仑相互作用排斥多硫离子，并提供 Li$^+$ 迁移位点，允许 Li$^+$ 自由传输。通过引入离子选择性隔膜，组装的锂硫电池在最初的 500 次循环中容量仅衰减 0.08%，表现出优异的循环性能。Xu 等用剥离的二维薄片对隔膜进行改性，这种无机纳米片不仅可以通过空间物理阻隔和静电作用抑制多硫化物的扩散，而且其高的机械强度和杨氏模量可以有效地阻止锂枝晶刺穿。

此外，多种 SACs 被制备用于锂硫电池的正极和隔膜，如含单原子 Co、Fe、Ni 和 Zn 的碳材料，通过促进多硫化物转化，SACs 可以有效降低极化和抑制穿梭效应，从而提高倍率和循环性能。为了提高锂硫电池的电化学性能，合成了 SACs 碳材料作为硫载体。例如，氮掺杂石墨烯（Co-N/G）中的单个钴原子是由氧化石墨烯和氯化钴的混合物在 NH$_3$ 和 Ar 中 750 ℃下热处理得到的。这些原子被用作锂硫电池的正极材料 S@Co-N/G。当用作锂硫电池正极材料时，所制备的硫负载量为 90%（质量分数）的正极在 E/S 为 20 μL/mg 时，放电容量保持在 681 mA·h/g，库仑效率为 99.6%，平均容量衰减率为 0.053%，硫负载量约为 2.0 mg/cm²。

目前，物理限制和化学吸附策略因其简单可行而被广泛采用，但对于 Li$_2$S 而言，其初始活化能较高。上述策略在解决氧化还原反应缓慢等问题上仍存在不足。将催化转化策略引入到锂硫电池的研究中，实现理论与应用的同步进步，将为推动锂硫电池的产业化和实用化进程开辟一条新的道路。

2.6.3 导电添加剂

硫和 Li$_2$S 的电子电导率较低，阻碍了活性材料与集流体之间的快速电子转移，导致反应动力学较差。为此，提出在硫正极中掺入导电剂来提高正极材料的导电性。Super P 由于其独特的链状结构、大的比表面积和高的电导率，被广泛应用于硫正极的制备。然而，由于活性材料与 Super P 之间存在点对点的相互作用，在硫正极中很难形成连续的导电网络，导致导电性差，硫利用率低。与 Super P 相比，CNTs 与活性材料的点-线连接可以形成连续的导电网络，提高正极的导电性。因此，可以有效降低 CNTs 在硫电极中的比例。此外，CNTs 可以紧密缠绕形成多孔网络，这可以提供丰富的空间来容纳体积膨胀，并抑制硫正极中的 LiPSs。然而，由于高比表面积和大长径比，很难形成均匀的浆料。最近，石墨烯作为导电剂，由于其与活性材料之间的点对面相互作用，可以用来形成具有优异强度的导电框架，从而提高正极电导率。石墨烯还可以作为保护壳抑制 LiPSs 穿梭，缓解硫向 Li$_2$S 的体积变化。然而，石墨烯层的高表面积和大的 π-π 键相互作用导致石墨烯的自堆积，与活性物质的连接较差。

显然，单一导电剂的使用不能满足硫正极的要求。最近，人们提出合理设计混合导电剂，以继承各组分的优点，协调和优化导电剂的性能。Zhang 等设计了一种碳纳米管和石墨烯的组合，以大孔石墨烯作为介孔碳壁中的框架，以获得杂化剂。由于相互连接的支架，CNTs/石墨烯杂化物能够容纳更多的硫，为捕获 LiPSs 提供了储库，并进一步抑制了 LiPSs 的穿梭。同时，多孔结构有利于电解液的快速渗透，导致 Li$^+$ 的快速转移。得益于这种杂化效应，以 CNTs/石墨烯为导电剂的硫正极在 0.5 C 下可获得 1121 mA·h/g 的超高比容量，在 1 C 下循环 150 圈后可获得 877 mA·h/g 的稳定循环性能。

2.6.4 黏结剂

黏结剂是一种黏合聚合物，可以将硫与导电添加剂和其他功能材料结合，以确保浆料涂层紧密地浇铸在集流体上。为了保持电极的结构稳定性，需要一种机械强度高的黏结剂。除此之外，黏结剂还需要特殊的功能，包括抑制 LiPSs 的穿梭效应，促进氧化还原动力学，以及促进电子/离子传输。

通过 LiPSs 和功能性黏合剂之间的亲核取代，LiPSs 可以锚定在黏合剂的主链上。一般来说，线性或交联的黏合剂分子可以有效缓解 LiPSs 的溶解。早期的理论计算表明，黏合剂的官能团可以通过极性相互作用捕获 LiPSs。此外，据报道，水性无机聚磷酸铵（APP）黏合剂显示出对 LiPSs 的吸附能。牢固的极性 P 与 O 的键有利于提高硫/LiPSs（2.16~2.30 eV）的锚定能力。这种文化的黏合剂分子可以增加官能团的密度，从而有效地抑制 LiPS 的扩散并促进 Li$^+$ 的传输。结果，基于 APP 黏合剂的电池实现了 400 次的稳定循环性能，且每个循环的容量衰减率为 0.038%。最近，采用聚乙二醇二缩水甘油醚交联聚乙烯亚胺以获得超支化黏合剂（表示为 PPA）。PPA 黏合剂中具有丰富的官能团极性位点可以为硫正极上的极性放电产物提供强大的黏附力，这可以减轻LiPSs的不可逆溶解。此外，S=O键合PPA黏合剂的化学相互作用促进了硫在非极性碳表面上的固定，以实现快离子动力学。

除了含有吸电子官能团的聚合物外，含有高密度带正电季铵但氧基团较少的阳离子聚合物也表现出优异的LiPSs锚定能力。然而，此类聚合物通常溶解在含有电解质的阴离子物质中，导致循环性能有限。因此，电解质中阳离子聚合物和阴离子物质的结合强度应最小化。最近，聚[(N,N-二烯丙基-N,N-二甲基铵)双(三氟甲磺酰基)亚胺]（PEB-1）可以促进Li$^+$在硫正极中的传输，并抑制LiPSs从硫主体扩散到电解质中。最终实现在超高硫负载（8.1 mg/cm^2）下、在0.2 C下循环250次获得731.1 mA·h/g的高容量。氧化还原活性黏合剂的引入可以促进LiPSs的快速转化并减少它在正极区域的积累，从而抑制穿梭效应并提高硫利用率。科研人员还提出了一种具有额外电化学活性的多功能聚（2,2,6,6-四甲基哌啶氧基-4-甲基丙烯酸酯）（PTMA）聚合物黏合剂。通过原位电化学活化，硝基氧自由基（NO·）被转移成具有高度活性的氧化氧铵阳离子（NO$^+$），为活化的PTMA$^+$提供更高的LiPSs亲和力，同时提供额外活性以促进LiPSs的快速还原。因此，邻近导电网络活化的PTMA$^+$基团成为额外反应位点以协助氧化还原反应，从而提高硫利用率。

黏结剂分子的离子导电性取决于Li$^+$与黏结剂中离子基团的相互作用。Li$^+$掺杂的聚合物（例如Li$^+$-Nafion）和大多数具有高LiPSs亲和力的黏结剂（例如PEO、聚乙烯醇等）和PEO$_{10}$LiTFSI本质上是离子导电的。根据导电机理，在聚合物主链中加入导电共轭链段可以提高黏结剂的离子电导率。然而，软段或软聚合物的加入不可避免地降低了黏结剂的导电性。带正电荷的共轭聚合物，如带有极性胺基的酸掺杂PANI，由于其高导电性和丰富的LiPSs固定位点，已成为可行的候选材料。

2.7　锂硫电池的实用化及展望

锂硫电池的发展历经数十年，其电化学性能有了显著的提高。然而，绝大多数报道的锂硫电池的优异性仅仅体现在纽扣电池体系且运行在理想的环境下（例如，低活性物质载量、过量的电解液和过量的锂金属负极）。理想的条件有利于基础研究，但是活性物质载量过低（m_{sl}）、电解液（E）和活性物质（S）比例过高（E/S比）以及过量的锂负极都会掩盖锂硫电池的高能量密度这一主要优势。当提高硫载量且降低E/S比以适应实际电池需求时，会引起缓慢的电化学反应、多硫化锂沉淀和严重的穿梭效应等问题。催化剂可以提高锂硫电池在高载量、贫电解液环境下的电化学性能。尽管过去十几年，锂硫电池的发展取得了很大的进步，但这些进步局限于实验室级别的锂硫电池。为了进一步提高催化效率以构建实用型的锂硫电池，以下几点需要被考虑：①合理设计催化剂的比例以实现最优的能量密度；②加强对催化机理的进一步理解；③建立一个丰富、全面的标准来评估催化效率。

参考文献

[1] Cano Z P, Banham D, Ye S, et al. Batteries and fuel cells for emerging electric vehicle markets[J]. Nature Energy, 2018, 3(4): 279-289.

[2] Rosenman A, Markevich E, Salitra G, et al. Review on Li-sulfur battery systems: An integral perspective[J]. Advanced Energy Materials, 2015, 5(16): 1500212.

[3] Kato Y, Hori S, Saito T, et al. High-power all-solid-state batteries using sulfide superionic conductors[J]. Nature Energy, 2016, 1(4): 1-7.

[4] Chen R, Zhao T, Wu F. From a historic review to horizons beyond: lithium-sulphur batteries run on the wheels[J]. Chemical Communications, 2015, 51(1): 18-33.

[5] Yamin H, Peled E. Electrochemistry of a nonaqueous lithium/sulfur cell[J]. Journal of Power Sources, 1983, 9: 281-287.

[6] Ji X, Lee K T, Nazar L F. A highly ordered nanostructured carbon-sulphur cathode for lithium-sulphur batteries[J]. Nat. Mater., 2009, 8(6): 500-505.

[7] Ng S, Lau M Y L, Ong W J. Lithium-sulfur battery cathode design: Tailoring metal-based nanostructures for robust polysulfide adsorption and catalytic conversion[J]. Adv. Mater., 2021, 33(50): e2008654.

[8] Wei Seh Z, Li W, Cha J J, et al. Sulphur-TiO_2 yolk-shell nanoarchitecture with internal void space for long-cycle lithium-sulphur batteries[J]. Nat. Commun., 2013, 4: 1331.

[9] Yan C, Zhang X Q, Huang J Q, et al. Lithium-anode protection in lithium-sulfur batteries[J]. Trends in Chemistry, 2019, 1(7): 693-704.

[10] Huang S, Huixiang E, Yang Y, et al. Transition metal phosphides: New generation cathode host/separator modifier for Li-S batteries[J]. Journal of Materials Chemistry A, 2021, 9(12): 7458-7480.

[11] Manthiram A, Fu Y, Chung S H, et al. Rechargeable lithium-sulfur batteries[J]. Chem Rev, 2014, 114(23): 11751-87.

[12] Zeng P, Su B, Wang X, et al. In situ reconstruction of electrocatalysts for lithium-sulfur batteries: Progress and prospects[J]. Advanced Functional Materials, 2023, 33(33): 2301743.

[13] Seh Z W, Sun Y, Zhang Q, et al. Designing high-energy lithium-sulfur batteries[J]. Chem Soc Rev, 2016, 45(20): 5605-5634.

[14] Feng Y, Zu L, Yang S, et al. Ultrahigh-content Co-P cluster as a dual-atom-site electrocatalyst for accelerating polysulfides conversion in Li-S batteries[J]. Advanced Functional Materials, 2022, 32(40). DOI: 10.1002/adfm.202207579.

[15] Xin S, Gu L, Zhao N H, et al. Smaller sulfur molecules promise better lithium-sulfur batteries[J]. J Am Chem Soc, 2012, 134(45): 18510-18512.

[16] Wei S, Ma L, Hendrickson K E, et al. Metal-sulfur battery cathodes based on PAN-sulfur composites[J]. J Am Chem Soc, 2015, 137(37): 12143-12152.

[17] Zhang S. Understanding of sulfurized polyacrylonitrile for superior performance lithium/sulfur battery[J]. Energies, 2014, 7(7): 4588-4600.

[18] Zhang Y, Kang C, Zhao W, et al. d-p hybridization-induced "trapping-coupling-conversion" enables high-efficiency Nb single-atom catalysis for Li-S batteries[J]. J Am Chem Soc, 2023, 145(3): 1728-1739.

[19] Li S, Zhang W, Zheng J, et al. Inhibition of polysulfide shuttles in Li-S batteries: Modified separators and solid-state electrolytes[J]. Advanced Energy Materials, 2020, 11(2). DOI: 10.1002/aenm.202000779.

[20] Jozwiuk A, Berkes B B, Wei T, et al. The critical role of lithium nitrate in the gas evolution of lithium-sulfur batteries[J]. Energy & Environmental Science, 2016, 9(8): 2603-2608.

[21] Wu F, Yuan Y X, Cheng X B, et al. Perspectives for restraining harsh lithium dendrite growth: Towards robust lithium metal anodes[J]. Energy Storage Materials, 2018, 15: 148-170.

[22] Li S, Leng D, Li W, et al. Recent progress in developing Li_2S cathodes for Li-S batteries[J]. Energy Storage Materials, 2020, 27: 279-296.

[23] Li Z, Zhou Y, Wang Y, et al. Solvent-mediated Li_2S electrodeposition: A critical manipulator in lithium-sulfur batteries[J]. Advanced Energy Materials, 2018, 9(1). DOI: 10.1002/aenm.201802207.

[24] Zhao M, Li B Q, Peng H J, et al. Lithium-sulfur batteries under lean electrolyte conditions: Challenges and opportunities[J]. Angew. Chem. Int. Ed. Engl., 2020, 59(31): 12636-12652.

[25] Wen G, Rehman S, Tranter T G, et al. Insights into multiphase reactions during self-discharge of Li-S batteries[J]. Chemistry of Materials, 2020, 32(11): 4518-4526.

[26] Fan L, Li M, Li X, et al. Interlayer material selection for lithium-sulfur batteries[J]. Joule, 2019, 3(2): 361-386.

[27] Liu J, Zhang Q, Sun Y K. Recent progress of advanced binders for Li-S batteries[J]. Journal of Power Sources, 2018, 396: 19-32.

[28] Gao R, Zhang Q, Zhao Y, et al. Regulating polysulfide redox kinetics on a self-healing electrode for high-performance flexible lithium-sulfur batteries[J]. Advanced Functional Materials, 2021, 32(15). DOI: 10.1016/j.cej.2021.129509.

[29] Wang J, Yang J, Xie J, et al. A novel conductive polymer-sulfur composite cathode material for rechargeable lithium batteries[J]. Advanced Materials, 2002, 14(13/14): 963-965.

[30] Yang Y, Zheng G, Misra S, et al. High-capacity micrometer-sized Li_2S particles as cathode materials for advanced rechargeable lithium-ion batteries[J]. J. Am. Chem. Soc., 2012, 134(37): 15387-15394.

[31] Tan G, Xu R, Xing Z, et al. Burning lithium in CS_2 for high-performing compact Li_2S-graphene nanocapsules for Li-S batteries[J]. Nature Energy, 2017, 2(7): 17090.

[32] Zhang L, Sun D, Kang J, et al. Electrochemical reaction mechanism of the MoS_2 electrode in a lithium-ion cell revealed by in situ and operando X-ray absorption spectroscopy[J]. Nano Lett., 2018, 18(2): 1466-1475.

[33] Ye H, Ma L, Zhou Y, et al. Amorphous MoS_3 as the sulfur-equivalent cathode material for room-temperature Li-S and Na-S batteries[J]. Proc Natl Acad Sci USA, 2017, 114(50): 13091-13096.

[34] Abouimrane A, Dambournet D, Chapman K W, et al. A new class of lithium and sodium rechargeable batteries based on selenium and selenium-sulfur as a positive electrode[J]. J. Am. Chem. Soc., 2012, 134(10): 4505-4512.

[35] Xu G L, Sun H, Luo C, et al. Solid-state lithium/selenium-sulfur chemistry enabled via a robust solid-electrolyte interphase[J]. Advanced Energy Materials, 2018, 9(2).DOI: 10.1002/aenm.201802235.

[36] Zhang W, Zhang Y, Peng L, et al. Elevating reactivity and cyclability of all-solid-state lithium-sulfur batteries by the combination of tellurium-doping and surface coating[J]. Nano Energy, 2020, 76. DOI: 10.1016/j.nanoen.2020.105083

[37] Zhao Y, Wu W, Li J, et al. Encapsulating MWNTs into hollow porous carbon nanotubes: a tube-in-tube carbon nanostructure for high-performance lithium-sulfur batteries[J]. Adv Mater, 2014, 26(30): 5113-5120.

[38] Kaiser M R, Ma Z, Wang X, et al. Reverse microemulsion synthesis of sulfur/graphene composite for lithium/sulfur batteries[J]. ACS Nano, 2017, 11(9): 9048-9056.

[39] Song J, Gordin M L, Xu T, et al. Strong lithium polysulfide chemisorption on electroactive sites of nitrogen-doped carbon composites for high-performance lithium-sulfur battery cathodes[J]. Angew Chem Int Ed Engl, 2015, 54(14): 4325-4333.

[40] Salhabi E H M, Zhao J, Wang J, et al. Hollow multi-shelled structural TiO_{2-x} with multiple spatial confinement for long-life lithium-sulfur batteries[J]. Angew Chem Int Ed Engl, 2019, 58(27): 9078-9082.

[41] Deng D R, Xue F, Jia Y J, et al. Co_4N nanosheet assembled mesoporous sphere as a matrix for ultrahigh sulfur content lithium-sulfur batteries[J]. ACS Nano, 2017, 11(6): 6031-6039.

[42] Cui Z, Zu C, Zhou W, et al. Mesoporous titanium nitride-enabled highly stable lithium-sulfur batteries[J]. Adv Mater, 2016, 28(32): 6926-6931.

[43] Chen Y, Zhang W, Zhou D, et al. Co-Fe mixed metal phosphide nanocubes with highly interconnected-pore architecture as an efficient polysulfide mediator for lithium-sulfur batteries[J]. ACS Nano, 2019, 13(4): 4731-4741.

[44] Xi K, He D, Harris C, et al. Enhanced sulfur transformation by multifunctional FeS_2/FeS/S composites for high-volumetric capacity cathodes in lithium-sulfur batteries[J]. Adv. Sci. (Weinh), 2019, 6(6): 1800815.

[45] Deng R, Wang M, Yu H, et al. Recent advances and applications toward emerging lithium-sulfur batteries: Working principles and opportunities[J]. Energy & Environmental Materials, 2022, 5(3): 777-799.

[46] Liu Y, Lin D, Yuen P Y, et al. An artificial solid electrolyte interphase with high Li-ion

conductivity, mechanical strength, and flexibility for stable lithium metal anodes[J]. Advanced Materials, 2017, 29(10): 1605531.

[47] Zheng Y, Xia S, Dong F, et al. High performance Li metal anode enabled by robust covalent triazine framework-based protective layer[J]. Advanced Functional Materials, 2021, 31(6): 2006159.

[48] Huang Z, Lai J C, Liao S L, et al. A salt-philic, solvent-phobic interfacial coating design for lithium metal electrodes[J]. Nature Energy, 2023, 8(6): 577-585.

[49] Li N W, Yin Y X, Yang C P, et al. An artificial solid electrolyte interphase layer for stable lithium metal anodes[J]. Advanced Materials, 2016, 28(9): 1853-1858.

[50] Chen H, Pei A, Lin D, et al. Uniform high ionic conducting lithium sulfide protection layer for stable lithium metal anode[J]. Advanced Energy Materials, 2019, 9(22): 1900858.

[51] Xia S, Zhang X, Liang C, et al. Stabilized lithium metal anode by an efficient coating for high-performance Li-S batteries[J]. Energy Storage Materials, 2020, 24: 329-335.

[52] Hu A, Chen W, Du X, et al. An artificial hybrid interphase for an ultrahigh-rate and practical lithium metal anode[J]. Energy & Environmental Science, 2021, 14(7): 4115-4124.

[53] Kozen A C, Lin C F, Pearse A J, et al. Next-generation lithium metal anode engineering via atomic layer deposition[J]. ACS Nano, 2015, 9(6): 5884-5892.

[54] Cha E, Patel M D, Park J, et al. 2D MoS_2 as an efficient protective layer for lithium metal anodes in high-performance Li-S batteries[J]. Nature Nanotechnology, 2018, 13(4): 337-344.

[55] Adair K R, Zhao C, Banis M N, et al. Highly stable lithium metal anode interface via molecular layer deposition zircone coatings for long life next-generation battery systems[J]. Angewandte Chemie, 2019, 131(44): 15944-15949.

[56] Sun J, Zhang S, Li J, et al. Robust transport: An artificial solid electrolyte interphase design for anode-free lithium-metal batteries[J]. Advanced Materials, 2023, 35(20): 2209404.

[57] Mogi R, Inaba M, Jeong S K, et al. Effects of some organic additives on lithium deposition in propylene carbonate[J]. Journal of the Electrochemical Society, 2002, 149(12): A1578.

[58] Li W, Yao H, Yan K, et al. The synergetic effect of lithium polysulfide and lithium nitrate to prevent lithium dendrite growth[J]. Nature Communications, 2015, 6(1): 7436.

[59] Lu Y, Tu Z, Archer L A. Stable lithium electrodeposition in liquid and nanoporous solid electrolytes[J]. Nature materials, 2014, 13(10): 961-969.

[60] Li J, Liu S, Cui Y, et al. Potassium hexafluorophosphate additive enables stable lithium-sulfur batteries[J]. ACS Appl Mater Interfaces, 2020, 12(50): 56017-56026.

[61] Jiang Z, Zeng Z, Yang C, et al. Nitrofullerene, a C_{60}-based bifunctional additive with smoothing and protecting effects for stable lithium metal anode[J]. Nano Lett., 2019, 19(12): 8780-8786.

[62] Jin Q, Zhang X, Gao H, et al. Novel Li_xSiS_y/Nafion as an artificial SEI film to enable dendrite-free Li metal anodes and high stability Li-S batteries[J]. Journal of Materials Chemistry A, 2020, 8(18): 8979-8988.

[63] Lin D, Liu Y, Liang Z, et al. Layered reduced graphene oxide with nanoscale interlayer gaps as a stable host for lithium metal anodes[J]. Nature Nanotechnology, 2016, 11(7): 626-632.

[64] Liang Z, Lin D, Zhao J, et al. Composite lithium metal anode by melt infusion of lithium into a 3D conducting scaffold with lithiophilic coating[J]. Proceedings of the National Academy of Sciences, 2016, 113(11): 2862-2867.

[65] Zhang Y, Luo W, Wang C, et al. High-capacity, low-tortuosity, and channel-guided lithium metal anode[J]. Proceedings of the National Academy of Sciences, 2017, 114(14): 3584-3589.

[66] Xia S, Zhang X, Luo L, et al. Highly stable and ultrahigh-rate Li metal anode enabled by fluorinated carbon fibers[J]. Small, 2021, 17(4): 2006002.

[67] Luo L, Xia S, Zhang X, et al. In situ construction of efficient interface layer with lithiophilic nanoseeds toward dendrite-free and low N/P ratio Li metal batteries[J]. Advanced Science, 2022, 9(8): 2104391.

[68] Xia S, Luo L, Zhang X, et al. Cooperative stabilization by highly efficient nanoseeds and reinforced interphase toward practical Li metal batteries[J]. Energy Storage Materials, 2023, 55: 517-526.

[69] Liu Y, Lin D, Liang Z, et al. Lithium-coated polymeric matrix as a minimum volume-change and dendrite-free lithium metal anode[J]. Nature Communications, 2016, 7(1): 10992.

[70] Lu L L, Ge J, Yang J N, et al. Free-standing copper nanowire network current collector for improving lithium anode performance[J]. Nano Letters, 2016, 16(7): 4431-4437.

[71] Zhao H, Lei D, He Y B, et al. Compact 3D copper with uniform porous structure derived by electrochemical dealloying as dendrite-free lithium metal anode current collector[J]. Advanced Energy Materials, 2018, 8(19): 1800266.

[72] Pu J, Li J, Zhang K, et al. Conductivity and lithiophilicity gradients guide lithium deposition to mitigate short circuits[J]. Nature Communications, 2019, 10(1): 1896.

[73] Li Q, Zhu S, Lu Y. 3D Porous Cu current collector/Li-metal composite anode for stable lithium-metal batteries[J]. Advanced Functional Materials, 2017, 27(18): 1606422.

[74] Shi P, Li T, Zhang R, et al. Lithiophilic LiC$_6$ Layers on carbon hosts enabling stable Li metal anode in working batteries[J]. Advanced Materials, 2019, 31(8): 1807131.

[75] Wan M, Kang S, Wang L, et al. Mechanical rolling formation of interpenetrated lithium metal/lithium tin alloy foil for ultrahigh-rate battery anode[J]. Nature Communications, 2020, 11(1): 829.

[76] Chen H, Yang Y, Boyle D T, et al. Free-standing ultrathin lithium metal-graphene oxide host foils with controllable thickness for lithium batteries[J]. Nature Energy, 2021, 6(8): 790-798.

[77] Fu Y, Wu Z, Yuan Y, et al. Switchable encapsulation of polysulfides in the transition between sulfur and lithium sulfide[J]. Nat. Commun., 2020, 11(1): 845.

[78] Chung S H, Manthiram A. A polyethylene glycol-supported microporous carbon coating as a polysulfide trap for utilizing pure sulfur cathodes in lithium-sulfur batteries[J]. Adv Mater, 2014, 26(43): 7352-7358.

▶ 第 3 章

锂空气电池

▲▲▲▲▲▲

3.1 锂空气电池概述

近年来，从混合式电动汽车到插电式电动汽车，再到纯电动汽车，人们对未来二次储能系统能量密度的需求逐步提升。因此，寻找和发展能量密度高的新型能量储存及转换系统已成为当今的研究热点。在众多的新型锂二次电池中，以金属锂为负极、氧气/空气为正极活性物质的锂空气电池因具可媲美汽油的理论能量密度（约为目前商业锂离子电池十多倍）而受到广泛关注[1]。据估算，锂空气电池能实现 500～900 W•h/kg 的实用比能量，可使电动汽车单次充电行驶里程大于 550 km。因此，锂空气电池被认为是最具前景的新型储能系统之一，有望替代锂离子电池成为提升电动汽车续航里程的潜在动力源（图3.1）。然而，目前锂空气电池一般循环寿命短（通常＜200圈）、电流密度小（通常为 0.1～1.0 mA/cm²）、能量效率低（通常为 40%～80%），其电化学性能距离实用还有相当一段距离[2,3]。

3.2 锂空气电池工作原理及结构

锂空气电池主要由金属锂负极、电解质和空气正极组成，结构简单，其充放电过程为空气中氧气的氧化还原反应。目前，根据该类电池所采用的电解质种类的不同，锂空气电池可分为四个大类[4]，分别为水系电解液锂空气电池、非水系电解液锂空气电池、固体电解质锂空气电池、混合电解质锂空气电池（图3.2）。对于所有类型的锂空气电池，都需要一个开放系统来从空气中获取氧气，因为氧气

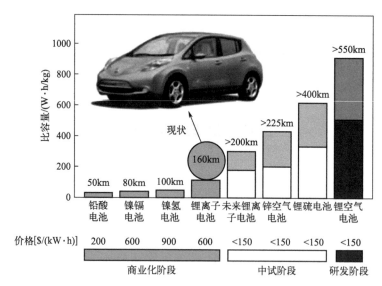

图 3.1　各种可充电电池的实际能量及预估的行驶距离和生产成本 [2]

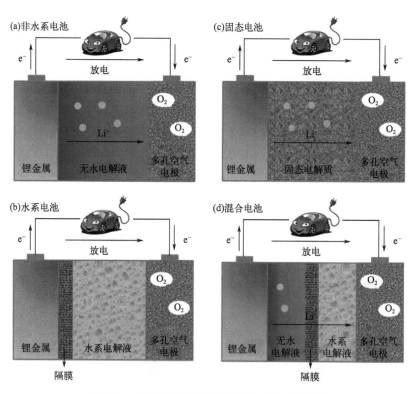

图 3.2　四种不同电解质体系的锂空气电池示意图 [4]

是空气电极的活性材料，还必须使用锂金属作为金属电极，为现阶段所有系统提供锂源。但是由于电解质体系的不同，上述四类锂空气电池的反应机理也存在显著的区别。

① 水系电解液锂空气电池。

水系电解液锂空气电池是最早的锂空气电池系统。在 1977 年，Littauer 等[5] 提出使用水溶液作为电解质进行电池反应。该体系的反应机理为：

$$4Li + O_2 + 2H_2O \longrightarrow 4LiOH（碱性溶液） \tag{3-1}$$

$$4Li + O_2 + 4H^+ \longrightarrow 4Li^+ + 2H_2O（酸性溶液） \tag{3-2}$$

尽管水系电解液锂空气电池具有电解液价格低廉、运行条件安全、开路电压较高的多种优势，但是该体系同时也面临着诸多问题。首先，负极金属锂化学性质活泼，会与水溶液发生剧烈反应，发生严重腐蚀与消耗，造成该体系电池自放电率高、实际运行安全隐患大。此外，水系电解液体系中使用的陶瓷隔膜室温下电导率低且在强酸/碱溶液中不稳定，造成电池体系实际应用电压低，体系循环过程不稳定。目前，研究者们也有提出使用高浓度盐溶液作为水系电解液，通过降低水的分子活度来抑制其与电极材料的副反应，以期提升该体系的库仑效率，但目前该类研究仍处于起步阶段[6]。综上，虽然水系电解液锂空气电池难以直接实现实际应用，但是这一概念的提出却开启了人们对锂空气电池的探索。

② 非水系电解液锂空气电池。

典型的非水系电解液锂空气电池主要为有机电解液锂空气电池。该体系是由金属锂负极、隔膜与负载催化剂的电池正极（空气扩散电极）以及有机电解液构成。电池正极通常采用多孔碳等导电材料，有利于实现气体的传输和转化以及产物的存储。该体系电池的反应过程中空气中的氧气与金属锂发生氧化还原反应。1996 年，Abraham[7] 首次构造了以金属锂为负极、碳酸酯作为电解液的有机电解液锂空气电池。有机电解液的引入有效抑制了锂负极与水溶液的剧烈反应问题，为电极提供了相对稳定的化学反应环境。2006 年，Ogasawara 等[8] 首次报道了具有良好循环性能的有机电解液锂氧气电池，可稳定循环 50 次，验证了锂氧气电池反应的可逆性。至此，锂空气电池进一步引起了人们的关注。基于目前大多数研究人员的研究进展，有机电解液锂空气电池的具体反应机理如下：

$$电池反应：2Li + O_2 \longrightarrow Li_2O_2 \tag{3-3}$$

$$正极反应：2Li^+ + 2e^- + O_2 \longrightarrow Li_2O_2 \tag{3-4}$$

$$负极反应：Li^+ + e^- \longrightarrow Li \tag{3-5}$$

但当放电电压进一步降低后，正极反应的产物 Li_2O_2 会进一步反应生成 Li_2O，因此，该体系的总反应为：

$$2Li + O_2 \longrightarrow Li_2O_2（= 2.96V） \tag{3-6}$$

$$4Li + O_2 \longrightarrow 2Li_2O（= 2.91V） \tag{3-7}$$

　　根据反应过程可知，空气扩散电极并未直接参与体系中的氧化还原反应，而仅仅作为活性物质空气和生成物氧化锂的生成和分解载体，因此，在该体系反应过程中会形成"空气/正极（固相过氧化锂）/有机电极液"的气-固-液三相界面。随着反应的进行，固相的过氧化锂生成物会在多孔正极表面堆积，阻碍空气的传输，并降低复合正极材料的电子电导率和 Li^+ 的传输，最终导致反应无法进行。此外，由于反应体系中物理环境和化学环境的复杂性，正极难以实现真正的可逆反应。

　　与锂离子电池中的锂脱嵌过程不同，锂空气电池的机理是正极侧的电催化氧还原/析出反应。催化产物需要存储空间，在放电后产生，并在充电后通过电化学途径分解。因此，大量研究者们也对有机电解液锂空气电池的氧化还原机制进行了研究，主要集中于正极反应产物 Li_2O_2 的生成和分解机理研究。在锂空气电池中，Li_2O_2 的形成机理（图3.3）比较复杂，容易受到电解质和电流密度的影响。反应机理大致可以分为两种，即溶液机理和表面机理[9]。将 Li_2O_2 的详细形成机理分为两类，即溶液生长和表面生长。在初始放电时，溶解的 O_2 吸附在正极上，然后还原为 O_2^-，随后与电解质中的 Li^+ 结合生成 LiO_2 中间体，这是两种机制之间的相似之处。在高供体数（DN）的电解质中，有利于 Li^+ 溶剂化，形成的 LiO_2 将溶解到溶液中，随后通过溶液生长途径歧化成 Li_2O_2 和 O_2。此外，一些研究人员提出 LiO_2 可以化学溶解成 Li^+ 和 O_2^-。然后可溶性 O_2^- 与 Li^+ 结合生成 Li_2O_2，其中 O_2^- 在 Li_2O_2 环形线圈上充当氧化还原介体。一般来说，溶液生长机制可能会诱导 Li_2O_2 环形线圈/片状体生长出具有比表面生长机制更大的颗粒尺寸，从而形成保护涂层薄膜。在低 DN 溶剂中，形成的 LiO_2 更容易吸附在正极表面，通过表面生长途径电化学还原，在正极包覆一层结晶性差的 Li_2O_2 薄膜。除了 LiO_2 在电解质中的溶解度通过表面或溶液途径影响 Li_2O_2 的生长路线外，正极上的 O_2 吸附能力、反应电流、反应温度也影响着 Li_2O_2 的形成机制。简而言之，LiO_2 可能是 Li_2O_2 生长途径的决定性因素，其生成速率、扩散速率和持续时间对产物有重要的影响。

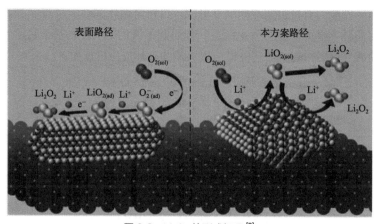

图 3.3　Li_2O_2 的形成机理 [9]

为了提高电池的能量效率和循环性能，研究 Li_2O_2 在充电过程中的氧化分解同样具有重要意义。通常，Li_2O_2 是从其表面氧化的，表面结构影响分解过程。理论上，由于它的绝缘性质，纯 Li_2O_2 几乎不会被氧化，导致缓慢的析氧反应（OER）动力学和高电池过电势。实际上，锂空气电池中 Li_2O_2 放电产物可以通过化学工程来消除。Li_2O_2 中的缺陷可以调节其电子电导率，从而降低锂空气电池的充电过电位。通过定制催化剂和电解质添加剂，它们也可在 Li_2O_2 中引起缺陷，如 Li 空位、掺杂 Li_2O_2、非晶结构等。此外，针对 Li_2O_2 的分解，研究人员提出了多种分解机理，主要分为直接氧化和分步氧化两类。Peng 等[10]利用原位表面增强拉曼散射（SERS）分析 Li_2O_2 的氧化分解过程，由于未检测到 LiO_2 的存在，因此认为正极 OER 过程为一步两电子氧化反应机理。然而，McCloskey 等[11]推测 Li_2O_2 的分解过程可能包含多个步骤。在过电势较小的充电阶段发生表面脱锂反应，同时伴随着化学歧化过程转变为 LiO_2；在过电势较高的充电阶段（400～1200 mV），则主要为体相 Li_2O_2 的分解过程。但关于充电时正极是否出现 LiO_2 的问题还存在争议，需要进一步研究。

总的来说，有机电解液体系的锂空气电池制备过程相对简单。使用有机电解液能够解决金属锂片的腐蚀问题，金属锂与有机电解液接触并在电极的表面形成一层固体电解质界面膜，保护锂金属进一步与电解质发生反应。有机电解液体系的锂空气电池的工作电压也较高，能够达到 2.4～2.9 V。但其也面临着很多问题，由于电池充放电过程中空气电极会发生氧还原反应，生成的放电产物过氧化锂和氧化锂均不溶于有机电解液。这些放电产物会堆积在空气电极上，逐渐堵塞空气电极的孔道，覆盖活性位点，导致整个电池放电终止。除此之外，过氧化锂还具有强氧化性，很多小分子溶剂易被氧化，导致放电产物被不断地消耗，电池容量出现衰减。而在没有催化剂存在的情况下，电池的极化现象非常严重，导致电池充放电效率低。有机电解液也有易挥发、有毒、不耐高温等缺点。但有机电解液体系锂空气电池仍然是最有发展前景的电池体系之一，近年来，研究人员已经做了很多工作来提高电解液的稳定性，降低电池充放电过程的极化，提高电池性能。

③ 固体电解质锂空气电池。

2010 年 Kumar 等[12]首次提出全固体电解质锂空气电池的概念，该电池正极以碳与玻璃纤维为正极，金属锂作为负极，聚合物和玻璃纤维膜为电解质，构成类"三明治"结构。2021 年吉林大学于吉红和徐吉静等[13]开发了一种高度稳定、柔性且集成的固态锂空气电池。其中，Li^+ 交换沸石 X 膜作为无机固体电解质表现出高离子电导率、低电子电导率以及对锂金属和空气组分的优异稳定性，成功克服了常规固体电解质的不稳定性、较差的界面相容性和低电导率的缺点（图 3.4）。该固态锂空电池在环境空气中显示出高容量和高倍率性能，并具有长循环寿命。

固态锂空气电池中关键成分为固体电解质，相比于有机电解液展现出诸多优势：良好的安全性、电化学窗口较宽、不易分解和挥发、避免锂腐蚀和抑制枝晶生长等。然而，固体电解质的引入也带来了一些新的挑战，包括：①目前的固体电解质离子电导率低、电化学稳定性差、对锂负极和空气成分的化学稳定性差；②固体电解质的界面接触不良，包括电极内部的接触和电极之间的接触电极和固体电解质之间的接触；③固体电解质的高电子电导率会导致电池短路。迄今为止，同时实现高环境适应性和优异的电化学性能仍然是固体电解质的一大挑战。总体而言，固体电解质锂空气电池的发展仍处于起步阶段。

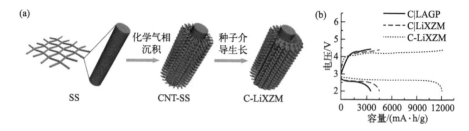

图 3.4 Li⁺ 交换沸石 X 膜的制备及电化学性能 [13]

④ 混合电解质锂空气电池。

虽然有机电解液的引入有效地抑制了金属锂负极和电解液的快速反应，但也仍面临着反应过程中有机电解液易分解以及生成的放电产物附着在正极材料表面的问题，最终仍会导致电化学反应的不可逆和终止。固体电解质体系的锂空气电池得益于稳定的三相界面，锂负极得到了有效的保护，但固体电解质的室温导电性差，且与金属锂界面阻抗较大，也造成了电池性能的快速衰减。为了进一步提升锂空气电池的电化学性能，研究者们也对具有混合电解质体系的锂空气电池展开了研究。2009年，周豪慎等[14]提出了一种新型水-有机混合电解液体系锂空气电池，该电池系统中空气正极侧和金属锂负极侧分别使用水系电解液和有机电解液，并通过固体电解质隔开，结合了两类电极液体系的优点，既解决了锂金属负极与电解液的剧烈反应，又抑制了空气电极放电产物过氧化锂/氧化锂堆积的难题。与单一的电解液体系相比，混合电解质锂空气电池可以兼具多种电解质的优势，是一类有前景的锂空气电池体系。但是在多种电解质混合使用过程中，仍需合理设计电极结构，筛选可以匹配的电解质体系，并寻找能有效适配气/液传输电解质的隔膜。

3.3 锂空气电池空气正极及催化剂的研究进展

锂空气电池正极通常由具有高表面积的多孔碳材料或与催化剂粉末的混合物组成，使用聚合物黏合剂将其与多孔集流体结合。在设计锂空气电池正极时，必须考虑许多重要因素。首先，Li_2O_2是一种电子绝缘体，不溶于（或微溶）所有已知的有机液体电解质和强氧化剂。因此，正极必须满足提供足够电子导电性和Li^+/O_2传输通道，可以容纳Li_2O_2的氧化产物，并且不会额外引发与电解质和Li_2O_2相关的副反应过程。此外，非水锂空气电池中使用的正极材料应具有耐用的多孔结构，以便储存放电产物并提供氧扩散通道。它们还应具有高电解质润湿性，以满足充放电过程中离子转移的要求。更重要的是，包括催化剂在内的正极材料应具有加速氧还原反应（ORR）和OER动力学的能力。在本节中，这些材料概括为三大类：碳材料，金属和/或金属氧化物，复合材料。

3.3.1 碳材料

碳材料因其优异的导电性和大的比表面积而被广泛用作燃料电池、锂离子电池和电化学超级电容器中的催化剂载体、导电剂和电极材料。在非水锂空气电池中，碳材料通常充当电极材料来制造多孔正极，它们还可以作为ORR和OER的催化剂。一般来说，目前在锂空气电池中被广泛研究的碳材料可分为三类：商业碳材料，功能型碳材料，掺杂型碳材料。

（1）商业碳材料

几乎所有市售碳材料，如Super P、科琴黑、活性炭，Vulcan XC-72、Black Pearl（BP 2000）等，已被研究作为非水锂空气电池的正极材料。然而，即使在相同的放电电流密度下，相同类型碳材料的放电容量在不同的研究中也存在很大差异。这表明除了正极材料本身之外，放电容量还可能受到其他一些因素的影响。Hayashi等[15]报道了碳材料的放电容量与表面积之间存在一定的相关性，特别是纳米尺寸的孔（如碳上的中孔）能够作为正极反应的活性位点。他们发现具有更高表面积和更多中孔的碳材料可以提供更高的放电能力。Meini等[16]的研究表明，碳材料的表面积与其放电能力之间存在很强的相关性。例如，Vulcan XC-72、KB EC600JD和BP 2000碳材料，表面积为240 m^2/g、834 m^2/g和1509 m^2/g，其放电容量分别约为183 mA·h/g、439 mA·h/g和517 mA·h/g。因此，研究者得出结论，碳材料的更大表面积应该有利于制造具有更高放电容量的正极。虽然采用商用碳材料作为正极的锂空气电池是可行的，但由于商用碳材料的催化活性较差，导致许多问题，如放电电压低、充电电压高、往返效率低、倍率性能和循环性能差等，难以实现实际应用。因此，在最近的大多数研究中，商业碳材料通常用作导电剂和/或催化剂载体，而不是高于非水锂空气电池正极的反应位点。

（2）功能型碳材料

与常见的商业碳材料不同，功能型碳材料，如石墨烯、介孔碳、碳纳米管、碳纳米纤维和碳纤维等，由于其比表面积、孔隙、形貌以及导电性等丰富可变，近年来在非水锂空气电池的正极反应中展现出一些独特的功能。石墨烯是由单层碳原子堆积而成的蜂窝状致密晶体结构，具有高电子转移速率、大比表面积、高导电性以及热和化学稳定等优点，被广泛用作燃料电池的催化剂载体或无金属催化剂和锂离子电池的负极材料。最近，石墨烯由于其极高的放电容量和高的倍率效率，被认为是一种很有前途的锂空气电池正极材料。这些优点归因于其理想的3D三相电化学区域和电解液与氧气的扩散通道以及其独特的结构，尽管目前关于石墨烯在非水系锂空气电池中的ORR/OER详细机理尚不清楚。Li等[17]将石墨烯纳米片电极应用于非水系锂空气电池，在75 mA/g的电流密度下，放电容量为8705.9 mA·h/g，远高于商业碳材料BP 2000和Vulcan XC-72。研究表明，石墨烯边缘的活性位点可以显著提高其对ORR的电催化活性。

介孔碳主要是指孔径在2～50 nm之间的碳，根据结构和形态可分为两类：有序介孔碳和无序介孔碳。前者通常以介孔二氧化硅为模板合成，如SBA-15、M41S和MCM-48等，其比表面积高、导电性好、传质速度快。Sun等[18]证明，以介孔二氧化硅SBA-15为模板合成的介孔碳CMK-3具有独特的有序介孔结构，可以促进电解质的渗透和氧气在阴极的扩散。CMK-3电极的放电电压（约2.6～2.7 V）略高于Super P，而充电电压（约4.15 V）则明显低于Super P，且CMK-3电极可以表现出更高的放电电压。CMK-3电极的初始放电容量约为1324 mA·h/g，在第15次循环时可以维持在521 mA·h/g，而Super P电极在100次循环时不能存活超过13次循环。

除了石墨烯、介孔碳材料外，一些其他的功能型碳材料，如碳纳米管、碳纳米纤维和碳纤维也被用于制备锂空气电池的正极。Zhang等[19]制备了CNFs与CNTs复合的正极，初始放电容量约为1500 mA·h/g，但在0.2 mA/cm²的电流密度下，充电容量仅为120 mA·h/g。活性炭微纤维（ACMF）电极在0.025 mA/cm²的电流密度下，放电容量为4116 mA·h/g，充电电压为4.3 V。最近，几种新型的碳框架，如碳球、纳米碳球和蜂窝状碳也被引入到锂空气电池中作为正极材料，展现出良好的电化学性能。

（3）掺杂型碳材料

许多研究表明，掺杂一定量非金属元素（例如氮）的碳材料可以表现出一些改善的电化学性能，因为掺杂的杂原子可以改变碳基材料的化学和电子性质，从而导致缺陷和官能团的形成。例如，氮掺杂（N-掺杂）碳材料已广泛应用于燃料电池以及电化学超级电容器中。N 掺杂碳材料的一般合成路线主要包括：在富氮气氛中加热碳材料；在惰性气氛中加热碳材料和含氮材料的复合材料（例如卟啉和酞菁的大环化合物以及聚吡咯、聚苯胺和三聚氰胺的导电聚合物）；氮等离子体处理；含氮化合物的 CVD 等。近年来，氮掺杂碳材料在锂空气电池中的使用引起了越来越多的关注。2012 年，Li 等[20]首次将氮掺杂石墨烯纳米片（N-doped GNSs）引入锂空气电池。他们通过在高纯氨气和氩气混合的气氛下加热纯 GNSs 制备了 N 掺杂的 GNSs，从而获得了基于 N 掺杂的 GNSs 正极，其在 75 mA/g、150 mA/g 和 300 mA/g 电流密度下的放电容量分别为 11660 mA·h/g、6640 mA·h/g 和 3960 mA·h/g，远高于纯 GNSs 电极。与氮掺杂石墨烯类似，氮掺杂碳纳米管、碳纤维和介孔碳也被认为是锂空气电池有前景的正极材料。

3.3.2　金属及金属化合物

金属及金属化合物作为催化剂被广泛应用于锂空气电池的正极，以降低充放电过程中的电极过电位，提高电池的整体性能。迄今为止，作为催化剂的金属和金属氧化物主要分为：贵金属及其氧化物，过渡金属及其氧化物。

（1）贵金属及其氧化物

贵金属及其氧化物通常被认为是化学反应的最佳催化剂，无论是工业催化还是电催化过程。然而，关于锂空气电池中使用的贵金属及其氧化物的研究很少被报道，可能是因为它们的价格昂贵且储量稀缺。到目前为止，在锂空气电池正极催化剂中研究的主要贵金属包括 Pt、Au、Pd、Ru 和 Ir 复合材料。Lu 等[21]系统地研究了 Pt 和 Au 在锂空气电池中对 ORR 和 OER 的作用（图 3.5）。他们发现 Pt 纳米颗粒对 OER 具有催化作用，而 Au 纳米颗粒对 ORR 具有催化作用。同时，合金催化剂也会促进催化剂周围非晶态 Li_2O_2 的产生，导致在充电过程中更容易分解。同样，Su 等[22]采用化学还原法制备了一系列 Vulcan XC-72 碳负载 Pt_xCo_y 合金纳米粒子（Pt_4Co/C、Pt_2Co/C、$PtCo/C$ 和 $PtCo_2/C$）。在 100 mA/g 的电流密度下，基于 $PtCo_2/C$ 的电极表现出 3040 mA·h/g 的最高放电容量。

（2）过渡金属及其氧化物

相比于贵金属，包括锰氧化物等，其他几种过渡金属及其氧化物作为锂空气电池的正极催化剂也被广泛研究，并且对 ORR 和 OER 都表现出了很好的活性。例如，Thapa 等[23]研究了各种金属氧化物，包括 Co_3O_4、NiO、Fe_2O_3、CuO、V_2O_5、

MoO$_3$和Y$_2$O$_3$作为锂空气电池正极催化剂的性能。经过五次循环后，所有的金属氧化物基本上都表现出了较高的放电容量。V$_2$O$_5$和CuO表现出比包括MnO$_2$在内的所有其他氧化物催化剂更高的容量，而所有的金属氧化物都能使电极反应具有良好的可逆性，进一步说明了金属氧化物作为正极对电池性能的提升作用。

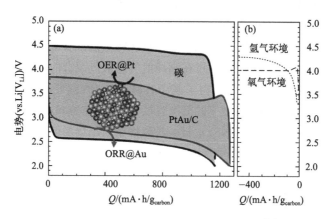

图 3.5 Pt 和 Au 在锂空气电池的电化学性能[21]

3.3.3 复合材料

正如3.2节所述，锂空气电池中不溶性放电产物通常沉积在正极的孔隙中。因此，正极材料必须具有大的表面积和巨大的孔体积，以存储更多的放电产物。此外，为了提高电池的能量效率，电池需要的催化剂不仅对ORR有效，而且对OER有效。然而，很难有任何单一材料能够完全满足所有这些要求。因此，复合材料的混合电极已成为提高锂空气电池性能的趋势。金属及其氧化物与功能性碳材料的杂化是满足锂空气电池正极材料要求的良好选择。功能性碳材料及其复合材料都发挥着重要作用，它不仅可以提供高表面积来储存放电产物，而且有利于催化剂颗粒在表面的分散，提高其催化性能。此外，由于空位和缺陷，它对正极反应具有一定的催化活性。

作为一种优异的功能碳材料，石墨烯广泛用于金属或金属氧化物的混合电极。Ahn等[24]研究了锆掺杂二氧化铈和石墨烯混合物（ZDC/GNSs）作为锂空气电池中氧还原催化剂，ZDC质量含量分别为5%、10%、20%、30%和40%的ZDC/GNSs电极分别获得了2751 mA·h/g、3254 mA·h/g、3159 mA·h/g、2179 mA·h/g和2109 mA·h/g的容量，均高于GNSs电极（996 mA·h/g）。作者认为这种混合催化剂的优异性能可归因于石墨烯载体提供的快速电子传输动力学和

ZDC 提供的高电催化活性。除了石墨烯之外，许多其他功能性碳材料也在复合正极材料中起重要作用。Liu 等[25]采用溶剂热法结合煅烧工艺制备了三维 $NiCo_2O_4$ 纳米线阵列/碳布（NCONW/CC），并将其作为正极催化剂集成到锂空气电池中。尽管 NCONW/CC 电极在 2.6 V 和 4.2 V 左右可以提供相同的放电和充电电压，但在 18 mA/g 的电流密度下，NCONW/CC 电极的放电容量为 980 mA•h/g，远高于纯碳布电极的 500 mA•h/g。此外，金属与金属氧化物杂化的复合材料、过渡金属与杂环氮配位的化合物、氮掺杂碳材料和氮化钼或锰氧化物组成的复合材料作为锂空气电池正极材料也表现出优异的性能。

　　除了正极材料的组分外，锂空气电池的正极结构也会影响电极材料的利用率、放电产物形貌、氧气传输、润湿性、离子传输和整个正极的电导率，这些因素都对电池的整体性能起到非常重要的作用。研究表明，正极的孔隙率、孔径、孔体积和可用分数以及表面积对锂空气电池的性能起着重要作用。通常认为具有高表面积的正极有利于获得高的比表面积。可用于形成锂氧化物的电化学活性位点数量的增加以及容纳放电产物空间的扩大引起了放电容量的增加。然而，表面积与整体电池性能并不是简单的正相关关系，因为一些其他的性能决定因素，特别是孔径和在电极上的分布情况，也能作出贡献。当孔径太小时，如微孔，孔的入口容易被堵塞，孔内部无法被利用，导致放电容量较低。此外，正极材料的负载量也是影响电池性能的重要参数，在锂空气电池的后续研究以及实用化中仍需要进一步探究。综上，锂空气电池正极作为重要的组成，其组分和结构都对其电化学性能有重要的影响。

3.3.4　锂空气电池电解液体系的研究进展

　　开发可充电锂空气电池的最大挑战之一是开发一种稳定的电解质，电解质的选择可能是决定电池电化学性能最关键的因素。尽管在过去的几十年里人们已经研究了各种非水电解质，并将其用于锂离子电池，但这些研究通常是在封闭且无氧的环境下进行的，其腐蚀性比锂空气电池体系要低。为了实现高效的电池配置并研究实验室条件下的工作机制，锂空气电池理想的电解质需要具有以下特性：①在充电和放电过程中对反应中间体和产物具有极高的化学稳定性；②与锂金属负极和其他电池组件兼容性好；③开孔体系，沸点高，挥发性要低；④高氧溶解度和氧扩散率，有利于空气电极上的 ORR 和 OER；⑤低黏度，提高氧电极的倍率性能。目前，应用于锂空气电池的电解液主要包括：酯类电解液、醚类电解液、含硫类电解液、离子液体和电解质盐类等。

（1）酯类电解液

有机碳酸酯基电解质，特别是碳酸丙烯酯（PC），已在锂空气电池中得到广泛研究，主要是因为它们广泛用于锂离子电池。与其他类型的电解质相比，碳酸丙烯酯具有几个优点，例如宽电化学窗口、低挥发性和宽液体温度范围。有机碳酸酯在超氧自由基中间体存在下不稳定。McCloskey等[26]通过使用原子标记和原位微分电化学质谱（DEMS）分析表明，在为碳酸盐基电池充电的过程中，不仅最初释放出少量的氧气，并且CO_2是主要物质，而且电解质分解是充电过程中形成的CO_2的主要来源，而不是来自其中的烷基碳酸锂与碳酸酯基电解质之间的氧化作用。原位气相色谱质谱法（GC/MS）分析表明，与Li/Li^+相比，Li_2CO_3即使充电至4.6 V也不会氧化，而二碳酸锂、亚乙二碳酸锂和Li_2O_2容易氧化，CO_2、CO和O_2分别释放出来。即使烷基碳酸酯在充电时可以被氧化，它仍然是基于电解质的消耗和分解，最终会导致电池失效。尽管在基于碳酸酯类的锂空气电池中报道了较多的循环圈数，但从放电产物的光谱表征和对充电时释放气体的分析中可以明显看出，碳酸酯类电解质在放电过程中容易受到超氧自由基阴离子的攻击，并且在充电过程中容易受到烷基碳酸酯的氧化。因此，研究者们对电解质的选择和优化付出了许多努力，以寻找非碳酸酯溶剂和其他重要的电解液成分添加剂。

（2）醚类电解液

根据Read等[27]的早期研究，醚类溶剂，包括二甲醚（DME）、四乙二醇二甲醚、1,3-二氧戊环（DOL）和2-甲基四氢呋喃（MeTHF），在被提出后得到了广泛的研究。醚基团的化学惰性远高于常规有机碳酸酯中羧基的化学惰性。醚基溶剂有望获得更好的稳定性。其中，醚类溶剂的链长会影响相应的性能。增加醚类溶剂的链长可以降低蒸气压，以限制电解质通过蒸发的损失。然而，溶剂黏度也随着链长的增加而增加，导致运输能力缓慢。Sharon等[28]研究了醚类溶剂的链长对锂空气电池循环行为的影响，具有不同电解质的电池循环持续时间遵循趋势：二甘醇二甲醚＞乙二醇二甲醚＞三乙二醇二甲醚、四乙二醇二甲醚。结果表明，具有较长链醚的电解液在循环过程中稳定性较差。虽然与碳酸酯相比，醚基电解质相对更稳定，但是在使用醚基电解质的过程中仍然伴随着电解液的分解。为了解决醚基电解质的自氧化问题，并提高其稳定性，研究者们提出了许多方法，包括提高锂盐浓度、控制放电/充电程度以及改变分子结构。在高度浓缩的电解质中，所有DME分子都与盐阳离子配位，DME分子中C—H键的断裂变得更加困难。然而，高浓度电解质通常表现出高黏度，不利于离子和氧扩散。此外，也可通过在每个周期设置容量和电压约束来控制放电/充电过程的范围，从而抑制电解液的分解。

（3）含硫类电解液

作为一种高极性的通用溶剂，二甲基亚砜（DMSO）对 O_2/O_2^- 偶联表现出高电化学可逆性、良好的稳定性和超氧自由基阴离子的长寿命。正如 Peng 等[29] 报道的，在具有 DMSO 基电解质的锂空气电池中，具有理想的质量/电荷平衡的可逆性和循环稳定性已大大增强。此外，DMSO 表现出高 DN 值（DN = 30），因此能够稳定 Li^+ 促进溶液具有低放电过电位和高放电容量的 Li_2O_2 生长。在 Cecchetto 等[30] 的研究中，在与基于 DMSO 的电解质相关的放电产物中观察到 Li_2O_2 和 LiOH，引发了进一步的探索，以揭示 DMSO 与超氧化物类物质的化学反应性，这将诱导 LiOH 的形成和 DMSO 的分解。随后，研究人员逐步发现 DMSO 可能并不是锂空气电池的合适溶剂，由于无法形成稳定的钝化层，DMSO 与锂金属的相容性较差，难以实现长使用寿命。虽然可以通过使用电解质添加剂或增加溶液的浓度来解决这个问题，但 DMSO 具有吸水性，这最终会阻碍其在对空气开放装置中的应用。

有机腈是另一类溶剂，被研究作为碳酸酯的替代品，已被用作 O_2 还原的溶剂。计算研究还表明，O_2 亲核反应具有相对较高的活化势垒。虽然腈基电解质对 O_2 自由基中间体是稳定的，但它们在存在外来水分的情况下会发生缩合或水解。此外，与 DMSO 不同，腈类化合物的 DN 相对较低（DN=14）。这种弱的配位性质会导致电极表面生长 Li_2O_2 薄膜。因此，与高 DN 溶剂相比，基于腈的介质的最大容量将受到限制。此外，锂空气电池的电解质在充电过程中会面临高过电势。砜类电解液已在高压锂离子电池中成功应用，并显示出较大的电化学窗口（相对于 Li/Li$^+$，氧化起始电势＞5 V）。Xu 等[31] 的研究表明，在锂空气电池中，与 DMSO、DMF、PC、TEGDME 相比，四亚甲基砜表现出最高的氧化电位（5.6 V vs. Li/Li$^+$），表明对电氧化的抵抗力最高（图 3.6）。计算表明，相比于砜类，亲核攻击在热力学和动力学上更易发生在碳酸酯溶剂中，但砜类的不如某些醚类、酰胺类和腈类溶剂高。因此，与醚类和酰胺溶剂相比，砜可能会发生分解。此外，许多基于砜基的溶剂熔点高于室温，不利于在室温下应用，进一步阻碍了基于砜的电解质的长期应用。

（4）离子液体（IL）

由于离子液体具有可忽略不计的挥发性、更宽的电化学窗口和更低的可燃性，是一类非常有前景的锂空气电池电解质。离子液体还具有高热稳定性，可以有效增强电池的安全性。此外，由于与 N 原子结合的烷基是非常差的离去基团，因此离子液体不易受到 O_2^- 的攻击。Kuboki 等[32] 报道了第一个基于疏水性离子液体的锂空气电池，并引入了新的定制电解质类别，与传统的非水电解质相比，它具有很

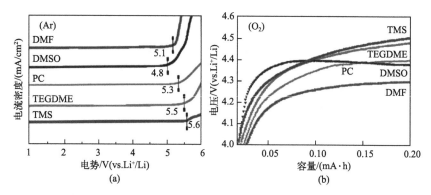

图3.6 （a）锂空气电池中常用溶剂的电化学窗口；（b）锂空气电池中溶剂在氧气气氛下的分解电压[31]

大的优势。迄今为止，许多离子液体已在锂空气电池中被研究。常见的阳离子包括咪唑鎓（例如EMI或BMI）、吡咯烷鎓（例如PYR$_{14}$）和哌啶鎓（例如PP13）。常用阴离子的示例包括BF$_4^-$、PF$_6^-$、TFSI、FSI、IM$_{14}$以及BETI和TFSA$^-$。据报道，基于哌啶和吡咯烷基的电解质对于O$_2^-$的攻击是稳定的，并且至少在测量的时间范围内实现了良好的电池循环性能，而基于咪唑基的离子液体，例如丁基-3-甲基咪唑鎓（BMI）阳离子，被发现可以与O$_2^-$反应生成1-丁基-3-甲基-2-咪唑酮。同时一些研究报道了基于IL的电解质通过酸碱化学分解，表明它们可能对放电或充电过程中产生的氧不具有足够的长期稳定性，IL的几个缺点可能成为其大规模应用的限制因素[33]。除了制造成本高之外，离子液体中Li$^+$和溶解O$_2^-$的扩散迁移率较差可能会限制电池的倍率性能。氧气供应已被确定为在IL基电解质中生成锂氧化合物（LiO$_x$）的限速步骤。与DME和DMSO相比，IL具有更高的黏度，导致高传质阻力和高界面极化电压。

此外，将离子液体与分子溶剂（例如甘醇二甲醚、酰胺）混合是提高功率容量的有效策略。通过仔细平衡不同组分，所得混合溶剂可以结合各种组分的属性。例如，Croce等[34]首次报道了TEGDME和Pyrr$_{14}$TFSI混合溶剂。电化学阻抗谱表明，离子液体的添加增强了电解质的电导率。因此，使用混合电解质的锂空气电池可以观察到放电电压稍高，充电电压显著降低。在后来的研究中，Wang等[35]将Pyrr$_{14}$TFSI与DME混合作为锂空气电池的溶剂。在具有这种混合电解质的锂空气电池中实现了良好的循环行为和低充电过电势。一方面，Pyrr$_{14}$TFSI的存在可以稳定O$_2$并将反应途径调整为单电子路线；另一方面，Pyrr$_{14}$TFSI中较差的O$_2$扩散性可以通过添加有利于O$_2$扩散的DME来改善。

（5）电解质盐类

锂盐是电解质中的另一个重要成分。电解质中的锂盐可以提供足够的Li$^+$与

O_2 还原物质反应，并形成 Li-O 化合物。同时，电解质的电导率取决于离子浓度和阴离子物质的缔合强度；否则，绝缘的纯有机分子很难在锂空气电池中应用。此外，用于非水电池电解质的锂盐在 SEI 层形成和集流体钝化中起着至关重要的作用。在 2006 年，Read 等[27] 在 DME + DOL 混合溶剂中溶解了不同的锂盐。放电容量按以下顺序降低：$LiBr > LiSO_3CF_3 > LiTFSI > LiBETI$。结果表明，锂盐会影响电解质的黏度、氧溶解度和电导率等性能，最终影响电池性能。与溶剂相比，锂盐的选择是相当有限的。迄今为止，用于锂空气电池的锂盐包括六氟磷酸锂（$LiPF_6$）、高氯酸锂（$LiClO_4$）、四氟硼酸锂（$LiBF_4$）、四氰基硼酸锂 [$LiB(CN)_4$]、三氟甲磺酸锂（$LiSO_3CF_3$）、六氟砷酸锂（$LiAsF_6$）、硝酸锂（$LiNO_3$）、双 (三氟甲基) 磺酰亚胺（LiTFSI）、双 (氟磺酰) 亚胺锂（LiFSI）和双 (全氟乙烷) 磺酰亚胺（LiBETI）以及双 -(草酸) 硼酸锂（LiBOB）。

在初期的研究中，用于锂空气电池的锂盐与用于 LIBs 的锂盐相同，例如 $LiPF_6$、$LiBF_4$ 和 LiBOB。同时具有良好的离子迁移率和解离常数，使 $LiPF_6$ 成为非水溶剂中最常用的盐。然而，PF_6^- 可以与非水溶剂中的微量水反应生成 HF，对于锂空气电池具有潜在的不稳定性。此外，$LiPF_6$ 的高湿度敏感性和差的热稳定性（在 70 ℃ 时会发生分解）可能会限制其应用，并导致安全问题和制造困难。Du 等[36] 报道称 $LiPF_6$ 在 1NM3（三甲基硅烷）溶剂中的分解引发了溶剂的分解。相反，在 LiTFSI 和 $LiCF_3SO_3$ 基 1NM3 电解质中没有观察到这种现象。因此，电解质的稳定性很大程度上取决于锂盐与溶剂的相容性。

与 $LiPF_6$ 相比，$LiBF_4$ 在高温下表现出更好的性能。但 BF_4^- 水解也可产生 HF。此外，中等的 $LiBF_4$ 离子电导率一直阻碍其广泛应用。以硼为中心的 LiBOB 是一种有吸引力的盐，具有无腐蚀性和无毒性。阴离子上的负电荷被两个草酸盐基团中的 8 个氧原子离域，这使其具有弱的配位能力。因此，它经常被用作惰性参与者，形成稳定的 SEI 以保护负极。与之相比，LiTFSI 可在高达 100 ℃ 的温度下长期稳定存在。而磺酸根离子，例如 TF^-、FSI^- 和 $TFSI^-$，对环境湿度不敏感，并且具有良好的热稳定性。有人提出，Li^+ 与甘醇二甲醚的适当配位可能会为 O_2 自由基提供对 Li^+ 有利的保护层，从而避免超氧化物对甘醇分子的攻击[37]。据报道，LiTFSI 和 LiTF 的降解会形成 LiF 和—CF_3。然而，LiTFSI 通常用作正极铝集流体有较强腐蚀性。因此，还应考虑锂盐与其他电池组件（例如溶剂、隔膜和电极材料）的兼容性。

$LiNO_3$ 凭借其对正、负极和电解质都具有作用的独特优势，受到了研究者的广泛关注。部分研究表明，$LiNO_3$ 可以与锂金属负极反应生成 Li_2O 和 $LiNO_2$[38]。不溶的 Li_2O 有助于形成稳定的 SEI，这可以抑制电解质与锂金属负极之间进一步的副反应。可溶性 NO_2^- 随后可以与溶解的 NO_2^- 阴离子发生反应。此外，正如 Sharon 等[39] 所建议的，$LiNO_3$ 对 ORR 和 OER 过程都有好处。他们证明，溶液中强的 Li^+-NO_3^- 相互作用能够降低 Li^+ 的路易斯酸性，从而促进超氧化物和过氧化物部分的稳定，促进厚 Li_2O_2 层的生长和相对较高的比容量。此外，NO_3^- 还原产生的 NO_2^- 在充电过程中可以在正极被氧化并生成 NO_2，随后与 Li_2O_2 反应生成 O_2、Li^+ 和 NO_2^-。因此，NO_2/NO_2^- 氧化还原介体可以加速 Li_2O_2 的分解。此外，也有报道称 $LiNO_3$ 可以作为保护剂，钝化碳电极以防止发生大量副反应。

综上所述，在电解质中，锂盐、溶剂同样重要。锂空气电池的理想锂盐应具有良好的溶解度和易于解离，以实现快速离子传输，同时与其他电池组件（例如溶剂、隔膜和电极材料）要有良好的相容性。此外，与溶剂类似，锂盐应对侵蚀性 O_2/Li_2O_2 具有良好的稳定性，以实现稳定的长期运行。从商业角度来看，锂盐应该成本低，无毒，易于制造。迄今为止，已研究的每种盐都有其优点和缺点。考虑到这两方面的权衡，LiTF 和 LiTFSI 仍然是锂空气电池最常用的锂盐。由于锂盐通常溶解在一定的溶剂中，如果没有稳定的溶剂，就无法实现稳定的锂盐探索。因此，探索锂空气电池稳定电解质应将溶剂和锂盐作为一个整体，并研究其对电化学行为的影响。尽管锂空气电池电解质的研究在近年来取得了一定的进展，但尚未发现任何溶剂能够最终避免高活性还原氧中间物的亲核攻击，同时在充放电过程中保持稳定。尽管仍存在一些本征缺陷，但醚、DMSO、DMA 和离子液体仍然是迄今为止学术研究中应用最为广泛的溶剂。毫无疑问，研究者们将继续开展对锂空气电池电解液的研究，开发更先进、更稳定的溶剂，从而推进锂空气电池的长期循环和实际应用。

3.4 锂空气电池负极以及隔膜的研究进展

与在封闭电化学环境下工作的锂金属电池不同，锂空气电池具有开放系统，在供气管路和电解液中有复杂的污染物（如 O_2、N_2、CO_2、H_2O），因此锂电极面临更严重的腐蚀问题。

3.4.1 锂金属负极

在锂空气电池中，锂金属负极的工作条件更复杂，研究者们已对关键物理因素（包括工作温度、组装压力和电池测试设置）进行了研究。2001 年，人们发现电池工作温度，特别是电解液温度可以提高 Li 负极的循环效率。Li 金属在含 $LiPF_6$ 的碳酸酯类电解液（例如，PC、DMC 和 EC）中低温（低至 -20 ℃）预循环 10 次，该步骤通常对初始锂沉积和随后的室温循环具有积极影响。即使电流密度升高，通过低温预循环方法也能有效减少镀锂过程中的界面反应和枝晶形成。此外，锂沉积形貌很大程度上取决于操作电流密度[40]。裸露的锂表面不平坦，有许多缺陷，使其难以维持均匀的电流分布。因此，尽管功率密度较高，但低电流密度可以更有效地减轻锂表面的电流极化，从而提高锂空气电池的可逆性和稳定性。此外，高电池组装压力使得锂沉积更加致密，并使锂电极表面均匀化，从而导致锂枝晶减少。这种抑制效应对锂空气电池负极部分的影响比传统锂金属电池更显著。因此，较高的内部压力有助于保护锂负极免受实验过程中锂枝晶的影响。总体而言，非化学因素的工作条件对锂负极有着重要的影响，为后期锂负极的设计与保护提供了初步基础。

（1）预锂化负极多孔框架

三维（3D）多孔框架是沉积锂并构建坚固锂负极以提高活性锂利用率和比容量的有效方法。碳纳米管重量极轻，约为 0.07 mg/cm^2，具有高电子电导率，最大限度地减少了非反应性链段的不良影响。多孔结构和中空的框架在循环过程中可实现均匀的 Li$^+$ 通量和较小的体积膨胀，从而抑制树突状锂枝晶的产生，形成稳定 SEI 层。预锂化的 3D-CSC（Li/3D-CSC）负极具有 3656 mA·h/g 的高可逆容量，接近纯 Li（3861 mA·h/g）的理论值。与未修饰的锂负极相比，优化后的负极循环性能提升约 5 倍[41]（图 3.7）。

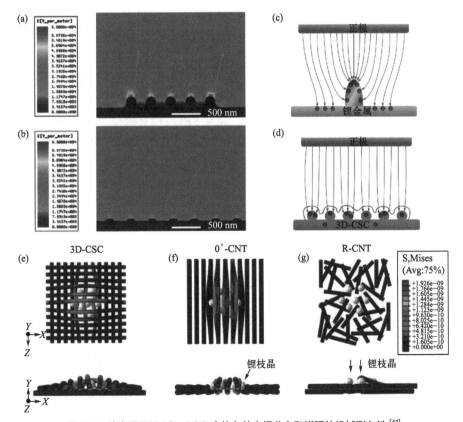

图 3.7　仿真显示了 3D-CSC 中均匀的电场分布和增强的机械耐久性[41]

（2）锂负极的保护层

一种方法是引入 Li^+ 导体，如 Li_3N、Cu_3N、锂磷氮氧化物（LiPON）和 PEO_xLi-盐，常涂覆在锂负极上作为保护层。这些保护层通常是对水稳定的，具有高 Li^+ 电导率和对锂金属优异的稳定性。Li_3N 具有 10^3 S/cm 高电导率的优势。LiPON 具有 $0\sim5.5$ V（相对于 Li/Li^+）的较宽电化学窗口以及约 2 mS/cm 的良好电导率。另一种方法是构建离子导电聚合物（环氧乙烷PEO）和锂盐的混合物，即 PEO_xLi 盐[42]。其中，聚合物作为缓冲层有效地减少了金属锂负极存在的问题。例如，PEO 和 LiTFSI 与 18O/1Li 的组合，缩写为 $PEO_{18}LiTFSI$ 聚合物复合材料，可实现低界面电阻，在水性和有机电解液中都能很好地保护锂负极，其优异的性能源于其固有的柔软性、与锂金属良好的化学相容性以及在 60 ℃时 5×10^{-4} S/cm 的高离子电导率。值得注意的是，通过结合 $BaTiO_3$、Al_2O_3 和 SiO_2 等陶瓷纳米粒子，可以显著增强 PEO 的离子电导率[43]。除了采用软聚合物保护链段外，还可选择 Li^+ 导电玻璃或陶瓷材料（例如 LISICON 型和 NASICON 型）作为固体电解质（SSE）来覆盖锂金属，并保护其免受大气污染。

此外，由于自发形成的 SEI 组分多且易破裂，在负极表面原位构建均匀且高锂离子电导性的人工保护层（SEI）是最大程度减少不可逆"死锂"和电解质消耗的有效方法。除了天然 SEI 之外，人工 SEI 还可以通过锂负极的原位反应来观察。例如，1,4-二氧杂环己烷（DOA）修饰的 Li 负极，形成聚 DOA 作为 Li 金属表面的原位保护层[44]。人工 SEI 通常与元素掺杂结合，还可增强离子/电子电导率。研究者们关注最早的就是氟化 SEI，氟化 SEI 可以有效减少锂负极的腐蚀和消耗。理论上，LiF 本质上具有大带隙（13.6 eV）、低 Li^+ 表面扩散势垒和宽电化学稳定性窗口，即使在高工作电压下也有助于锂沉积。首先，考虑氟化 SEI 在锂表面上的原位电化学沉积，通过引入 HF 或 FEC 等电解液添加剂作为可靠的保护层。Suo 等[45]报道电解质中的微量 HF 与本征层中必需的锂盐（如 Li_2CO_3、LiOH 和 Li_2O）反应形成 LiF。致密的人造 LiF-SEI 在平滑锂负极的过程中发挥着关键作用。

2015 年，氟代碳酸亚乙酯（FEC）首次被作为一种有效且低成本的成膜添加剂，在锂负极上原位涂覆 LiF 保护层[46]。在重复循环过程中，用 FEC 对锂金属进行电化学处理，并且在 Li 负极表面原位形成 Li_2CO_3、LiF、多烯和 C—F 等。当在锂负极上应用这种经过 FEC 处理的保护层时，锂空气电池在 300 mA/g 和 1000 mA·h/g 下皆可实现超过 100 次的长循环[47]。随后，研究者们发现 LiTFSI 盐也会发生类似的分解反应，在锂负极表面形成富含 LiF 的保护膜。然而，电化学沉积的氟化 SEI 通常伴随着溶剂分解，导致 SEI 中的多种成分在不同的条件下具有不同的锂沉积/剥离反应，并最终导致 SEI 的破裂。因此，设计和控制 LiF/F 掺杂碳膜以获得成分均匀、坚固且高效的保护层，从而控制锂金属和锂空气电池电解质之间的距离。通过熔融锂和 PTFE 之间的原位反应，在 Li 负极表面获得了约 20 μm 厚的富氟碳层。碳表面中的 C—F 极性键使其能够充当 Li^+ 吸附位点，以增加 Li^+ 通量并预均匀化电极处的电子结构。因此，掺氟碳有助于将锂空气电池中负极的使用寿命延长至 180 个循环，而未改性的锂电极在相同条件下只能循环 78 圈。

3.4.2　锂合金负极

锂合金是纯锂负极增强循环过程中负极稳定性的一类有前景的候选材料。据报道，锂化硅碳纳米管（Li_xSi-CNT）可在锂空气电池中提供有限的锂资源。使用 Li_xSi-CNT 负极的锂空气电池在半电池中的比容量为 1913 mA·h/g，在全电池中的比容量为 1653 mA·h/g [48]。在完整的电池体系中，当存在 O_2 时，Li_xSi-CNT 电极的容量会降低，这是由于 Li_2O_2 在正极上过度团聚以及在负极上形成 LiOH。随后，Li_xAl 合金被证明可以作为锂空气电池的负极 [49]。通过原位高电流预处理，铝原子聚集到锂负极中形成 Li_xAl 合金表面。Li_xAl 负极表面形成稳定的含 Al_2O_3 的 SEI 保护层，以最大限度地减少寄生反应和 O_2 穿透。在实际使用中，Li_xAl 预处理是必要的。预处理的 Li_xAl 合金负极在锂空气电池中可循环 667 次，而原始的 Li_xAl 合金仅能循环 17 次。

3.4.3　隔膜的开发与修饰

对于暴露于空气的锂空气电池，CO_2 和 O_2 在锂负极上形成 Li_2CO_3 层。Li_2CO_3 具有高化学稳定性，可以作为优异的 SEI。Kwak 等 [50] 报道了在空气气氛中，基于 Li_2CO_3 保护层的锂空气电池显示出长循环寿命。尽管如此，为了确保阻止水蒸气和气体杂质进入锂负极，应为锂空气电池设计隔板作为内膜。此外，锂空气电池目标隔膜应阻止负极和正极之间污染物的交叉。SEI 物质和死锂通常溶解在电解质溶液中并移动到正极。研究人员还观察到来自正极的各种可溶物质，例如 O_2^-、H_2O、CO_2 和 $C_2O_6^{2-}$。此外，可溶性和可移动的还原中间介质的氧化还原穿梭作用很严重，降低了它们对正极的催化作用。传统的多孔隔膜，如聚丙烯（PP）、聚乙烯（PE）和玻璃纤维（GF）薄膜不能充分保护锂负极气体和可溶物质。与之相比，无孔聚氨酯（PU）隔膜被设计为通过硬区块 [即 4,4-二苯基甲烷二异氰酸酯（MDI）] 和软区块 [即聚丁二醇（PTMEG）] 的聚合来交替多孔聚烯烃（PE）聚环氧乙烷（PEO）[51]。MDI 分子通过 π-π 键和氢键相互作用，产生机械刚性和弹性。PTMEG 和 PEO 链段使 PU 隔膜具有良好的柔韧性。PEO 的极性赋予 PU 良好的电解质润湿性和良好的 Li^+ 扩散速率。因此，实验证明 PU 隔板是完全不透气的。PU 中的接触角为 9°，小于 PE 中的接触角（53°），这说明 PU 膜的不透液特性。使用 PU 隔膜的锂空气电池比使用 PE 隔膜的锂空气电池增加了 56 个循环，达到 110 个循环。此外，PE 隔膜可以保护锂负极免受氧化还原介质的腐蚀，将电池的寿命延长至 4200 个循环。

3.5 锂空气电池的应用及展望

尽管锂空气电池的可逆性差是其实现商业化的重要挑战，但在过去的几十年中，人们一直在努力探索锂空气电池不稳定的原因、解决副反应并开发各种新策略来提高可逆性。目前，实现锂空气电池的实际应用仍存在一些关键挑战和机遇。首先，作为实际使用最重要的基础，应进一步提高可逆性，从而实现长循环寿命（2000 个循环次数），实现高的 OER 效率。为了验证超过 99.99% 的实际可逆性，应将 OE 测量扩展到数百个周期，或通过综合应用多种技术来更可靠地表征可逆性，这些技术需要在更短的周期内精确量化可逆性。在具有接近 100% 高可逆性的最先进的体系中，包括由 O_2、超氧化物和放电产物引起的主要不稳定性仍有待研究。其次，为了实现高比能量，活性物质的含量应至少从当前翻一番，达到 > 90%，这意味着基于多孔材料可以获得 1100 mA·h/g 的高放电容量（基于正极、电解质和放电产物，放电容量仍可达 1051 mA·h/g）。为了在具有竞争力的电流密度和能量效率下实现这种性能，应对循环过程中动力学限制因素进行全面研究，探索专门针对锂空气电池反应的正极/电解质/气体界面的优化，甚至重新设计整个体系。同时，利用燃料电池或二氧化碳电解等其他领域的知识可以激发新的解决方案并加速性能改进。再次，锂空气电池商业化的另一个关键是在真实空气中的实际应用。作为开放系统，运行中不可避免地会引入大气污染物和电解质汽化，这可以通过开发耐空气体系和使用非挥发性电解质来解决。最后，仍需开发具有高导电性和稳定性的固体电解质，可以将锂空气电池锂负极的开发简化为普通锂金属电池的开发，实现更为高效的锂空气电池。

参考文献

[1] Judez X, Eshetu G G, Li C, et al. Opportunities for rechargeable solid-state batteries based on Li-intercalation cathodes[J]. Joule, 2018, 2(11): 2208-2224.

[2] Bruce P G, Freunberger S A, Hardwick L J, et al. Li-O_2 and Li-S batteries with high energy storage[J]. Nat. Mater., 2011, 11(1): 19-29.

[3] Liang Z, Wang W, Lu Y C. The path toward practical Li-air batteries[J]. Joule, 2022, 6(11): 2458-2473.

[4] Ma Z, Yuan X, Li L, et al. A review of cathode materials and structures for rechargeable lithium-air batteries[J]. Energy & Environmental Science, 2015, 8(8): 2144-2198.

[5] Littauer E L, W R, Tsai K C. Current efficiency in the lithium-water battery[J]. Journal of Power Sources, 1977, 2: 163-176.

[6] Suo L M, Tao O B, Olguin M, et al. "Water-in-salt" electrolyte enables high-voltage aqueous lithium-ion chemistries[J]. Science, 2015, 350 (6263): 938-945.

[7] Abraham M K. A polymer electrolyte-based rechargeable lithium/oxygen battery[J]. Journal of the Electrochemical Society, 1996, 143. DOI: 10.1149/1.1836378.

[8] Ogasawara T, Débart A Holzapfel M, et al. Rechargeable Li_2O_2 electrode for lithium batteries[J]. J Am Chem Soc, 2006, 128: 1390-1393.

[9] Yao W, Yuan Y, Tan G, et al. Tuning Li_2O_2 formation routes by facet engineering of MnO_2 cathode catalysts[J]. J Am Chem Soc, 2019, 141(32): 12832-12838.

[10] Peng Z, Freunberger S A, Hardwick L J, et al. Oxygen reactions in a non-aqueous Li^+ electrolyte[J]. Angew Chem Int Ed Engl, 2011, 50(28): 6351-6355.

[11] McCloskey B D, Scheffler R, Speidel A, et al. On the efficacy of electrocatalysis in nonaqueous $Li-O_2$ batteries[J]. J Am Chem Soc, 2011, 133(45): 18038-41.

[12] Kumar B, Kumar J, Leese R, et al. A solid-state, rechargeable, long cycle life lithium-air battery[J]. Journal of the Electrochemical Society, 2010, 157(1). DOI: 10.1149/1.3256129.

[13] Chi X, Li M, Di J, et al. A highly stable and flexible zeolite electrolyte solid-state Li-air battery[J]. Nature, 2021, 592(7855): 551-557.

[14] Wang Y, Zhou H. A lithium-air battery with a potential to continuously reduce O_2 from air for delivering energy[J]. Journal of Power Sources, 2010, 195(1): 358-361.

[15] Masahiko Hayashi H M, Masaya Takahashi, Takahisa Shodai. Surface properties and electrochemical performance of carbon materials for air electrodes of lithium-air batteries[J]. Electrochemistry Communications, 2010, 5: 325-328.

[16] Meini S, Piana M, Beyer H, et al. Effect of carbon surface area on first discharge capacity of $Li-O_2$ cathodes and cycle-life behavior in ether-based electrolytes[J]. Journal of the Electrochemical Society, 2012, 159(12): A2135-A2142.

[17] Li Y, Wang J, Li X, et al. Superior energy capacity of graphene nanosheets for a nonaqueous lithium-oxygen battery[J]. Chem Commun (Camb), 2011, 47(33): 9438-9440.

[18] Sun B, Liu H, Munroe P, et al. Nanocomposites of CoO and a mesoporous carbon (CMK-3)as a high performance cathode catalyst for lithium-oxygen batteries[J]. Nano Research, 2012, 5(7): 460-469.

[19] Zhang G Q, Zheng J P, Liang R, et al. α -MnO_2/carbon nanotube/carbon nanofiber composite catalytic air electrodes for rechargeable lithium-air batteries[J]. Journal of the Electrochemical Society, 2011, 158(7). DOI: 10.114911.3590736.

[20] Li Y, Wang J, Li X, et al. Nitrogen-doped graphene nanosheets as cathode materials with excellent electrocatalytic activity for high capacity lithium-oxygen batteries[J]. Electrochemistry Communications, 2012, 18: 12-15.

[21] Lu Y C, Xu Z, Hubert A, et al. Platinum-gold nanoparticles: A highly active bifunctional

electrocatalyst for rechargeable lithium-air batteries[J]. J Am Chem Soc, 132: 12170-12171.

[22] Su D, Kim H S, Kim W S, et al. A study of Pt_xCo_y alloy nanoparticles as cathode catalysts for lithium-air batteries with improved catalytic activity[J]. Journal of Power Sources, 2013, 244: 488-493.

[23] Thapa A K, Saimen K, Ishihara T S, et al. Lithium dendrite formation in Li/poly(ethylene oxide)-lithium bis(trifluoromethanesulfonyl)imide and *N*-methyl-*N*-propylpiperidinium Bi (trifluoromethanesulfonyl)imide/Li cells[J]. Journal of the Electrochemical Society, 2010, 13: A165-A167.

[24] Ahn C H, Kalubarme R S, Kim Y H, et al. Graphene/doped ceria nano-blend for catalytic oxygen reduction in non-aqueous lithium-oxygen batteries[J]. Electrochimica Acta, 2014, 117: 18-25.

[25] Liu W M, Gao T T, Yang Y, et al. A hierarchical three-dimensional $NiCo_2O_4$ nanowire array/carbon cloth as an air electrode for nonaqueous Li-air batteries[J]. Phys Chem Chem Phys, 2013, 15(38): 15806-15815.

[26] McCloskey B D, Bethune D S, Shelby R M, et al. Solvents' critical role in nonaqueous lithium-oxygen battery electrochemistry[J]. J. Phys. Chem. Lett., 2011, 2(10): 1161-1166.

[27] Read J. Ether-based electrolytes for the lithium/oxygen organic electrolyte battery[J]. Journal of the Electrochemical Society, 2006, 153(1). DOI: 10.1149/11.2131827.

[28] Sharon D, Hirshberg D, Afri M, et al. The importance of solvent selection in Li-O_2 cells[J]. Chem Commun (Camb), 2017, 53(22): 3269-3272.

[29] Peng Z, Freunberger S, Chen Y, et al. A reversible and higher-rate Li-O_2 battery[J]. Science, 2012, 337: 563-566.

[30] Cecchetto L, Salomon M, Scrosati B, et al. Study of a Li-air battery having an electrolyte solution formed by a mixture of an ether-based aprotic solvent and an ionic liquid[J]. Journal of Power Sources, 2012, 213: 233-238.

[31] Xu D, Wang Z L, Xu J J, et al. A stable sulfone based electrolyte for high performance rechargeable Li-O_2 batteries[J]. Chem Commun (Camb), 2012, 48(95): 11674-11679.

[32] Kuboki T, Okuyama T, Ohsaki T, et al. Lithium-air batteries using hydrophobic room temperature ionic liquid electrolyte[J]. Journal of Power Sources, 2005, 146: 766-769.

[33] Hayyan M, Mjalli F S, Hashim M A, et al. An investigation of the reaction between 1-butyl-3-methylimidazolium trifluoromethanesulfonate and superoxide ion[J]. Journal of Molecular Liquids, 2013, 181: 44-50.

[34] Cecchetto L, Salomon M, Scrosati B, et al. Study of a Li-air battery having an electrolyte solution formed by a mixture of an ether-based aprotic solvent and an ionic liquid[J]. Journal of Power Sources, 2012, 213: 233-238.

[35] Xie J, Dong Q, Madden I, et al. Achieving low overpotential Li-O_2 battery operations by Li_2O_2 decomposition through one-electron processes[J]. Nano Letters, 2015, 15: 8371-8376.

[36] Du P, Lu J, Lau K C, et al. Compatibility of lithium salts with solvent of the non-aqueous electrolyte in Li-O_2 batteries[J]. Phys Chem Chem Phys, 2013, 15(15): 5572-5581.

[37] Huang J, Zhang B, Bai Z, et al. Anomalous enhancement of Li-O_2 battery performance

with Li_2O_2 films assisted by $NiFeO_x$ nanofiber catalysts: Insights into morphology control[J]. Advanced Functional Materials, 2016, 26(45): 8290-8299.

[38] Aurbach D, Pollak E, Elazari R, et al. On the surface chemical aspects of very high energy density, rechargeable Li-sulfur batteries[J]. Journal of The Electrochemical Society, 2009, 156(8): 694-702.

[39] Sharon D, Hirsberg D, Afri M, et al. Catalytic behavior of lithium nitrate in $Li-O_2$ cells[J]. ACS Appl Mater Interfaces, 2015, 7(30): 16590-16600.

[40] Masashi Ishikawa Y T, Nobuko Yoshimoto, Masayuki Morita. Optimization of physicochemical characteristics of a lithiumanode interface for high-efficiency cycling: An effect of electrolyte temperature[J]. Journal of Power Sources, 2001: 262-264.

[41] Seong I W, Hong C H, Kim B K, et al. The effects of current density and amount of discharge on dendrite formation in the lithium powder anode electrode[J]. Journal of Power Sources, 2008, 178(2): 769-773.

[42] Ye L, Liao M, Sun H, et al. Stabilizing lithium into cross-stacked nanotube sheets with an ultra-high specific capacity for lithium oxygen batteries[J]. Angew Chem Int Ed Engl, 2019, 58(8): 2437-2442.

[43] Liu S, Imanishi N, Zhang T, et al. Lithium dendrite formation in Li/poly(ethylene oxide)-lithium bis(trifluoromethanesulfonyl)imide and n-methyl-n-propylpiperidinium bis(trifluoromethanesulfonyl)imide/Li cells [J]. Journal of the Electrochemical Society, 2010, 157(10). DOI: 10.1149/1.3473790.

[44] Zhang T, Imanishi N, Hasegawa S, et al. Water-stable lithium anode with the three-layer construction for aqueous lithium-air secondary batteries[J]. Electrochemical and Solid-State Letters, 2009, 12(7). DOI: 10.1149/1.3125285.

[45] Suo L, Xue W, Gobet M, et al. Fluorine-donating electrolytes enable highly reversible 5 V-class Li metal batteries[J]. Proc Natl Acad Sci USA, 2018, 115(6): 1156-1161.

[46] Shiraishi S, Kanamura K, Takehara Z I. Influence of initial surface condition of lithium metal anodes on surface modification with HF[J]. Journal of Applied Electrochemistry, 1999, 29: 869-881.

[47] Liu Q C, Xu J J, Yuan S, et al. Artificial protection film on lithium metal anode toward long-cycle-life lithium-oxygen batteries[J]. Adv. Mater., 2015, 27(35): 5241-5247.

[48] Sun Z, Wang H R, Wang J, et al. Oxygen-free cell formation process obtaining LiF protected electrodes for improved stability in lithium-oxygen batteries[J]. Energy Storage Materials, 2019, 23: 670-677.

[49] Yu Y, Huang G, Wang J Z, et al. In situ designing a gradient Li^+ capture and quasi-spontaneous diffusion anode protection layer towards slong-life $Li-O_2$ batteries[J]. Adv. Mater., 2020, 32(38): e2004157.

[50] Kwak W J, Shin H J, Reiter J, et al. Understanding problems of lithiated anodes in lithium oxygen full-cells[J]. Journal of Materials Chemistry A, 2016, 4(27): 10467-10471.

[51] Guo H, Hou G, Li D, et al. High current enabled stable lithium anode for ultralong cycling life of lithium-oxygen batteries[J]. ACS Appl Mater Interfaces, 2019, 11(34): 30793-30800.

第 4 章

全固态电池

▲▲▲▲▲▲▲

4.1　全固态电池概述

随着新型电极材料的不断涌现，二次电池在理论能量密度上实现了较大突破，同时在成本上也有望进一步下降。但是，新型电极材料在二次电池中的高效稳定工作非常依赖电解质的配合，而有机溶液电解质存在一定的稳定性和相容性问题，导致安全隐患和性能衰退，很大程度上阻碍了二次电池的发展。为了从根本上解决上述问题，最佳方案是寻找并使用兼具高离子电导率、高稳定性和高电极相容性的固体电解质来替代有机溶液电解质组成全固态电池。

4.1.1　全固态电池的特点

和其他电池一样，全固态电池由正极、负极和电解质构成。固态的电极材料很常见，目前商用锂离子电池的电极材料都是固体，因此，全固态电池的特点是使用固体电解质替换液体电解质，其优点和缺点都主要来源于固体电解质和液体电解质的区别。目前商用的液体电解质主要是由有机溶剂和锂盐组成，其存在热稳定性和电化学稳定性问题及与部分电极的相容性问题，而固体电解质因其完全不同于液体电解质的物理和化学性质，非常有望在根本上解决以上问题。

① 有机溶剂沸点较低且室温蒸气压高，同时与氧气反应放出大量热量，导致挥发、泄漏和燃烧爆炸风险。固体电解质，特别是无机固体电解质大部分可以在100 ℃以上的温度下保持物理和化学状态稳定，可以极大地拓展二次电池的安全

使用温度范围。

② 有机溶剂和锂盐的电化学稳定窗口有限，易与高电位正极材料和低电位负极材料发生不可逆副反应，生成固体电解质界面膜（SEI），虽能一定程度上起到界面保护作用，但仍会导致二次电池的容量衰退。固体电解质材料选择范围广，有聚合物、氧化物、硫化物、氯化物、氢化物等，电化学稳定窗口调控空间大；即使固体电解质与电极发生副反应，其界面处的 SEI 结构也更加可控，可以进行针对性的人工设计和优化。

③ 有机溶剂会溶出电极材料的某些元素或中间产物，导致电极材料失活。如对于层状氧化物正极，锰元素易在电化学循环过程中溶出，使电极容量不可逆下降；对于硫正极，其放电过程中的多硫化物易溶于有机溶剂，导致"穿梭效应"。固体基本不存在溶解现象，也就从根本上杜绝了相关问题。

④ 液体电解质和超薄多孔隔膜无法阻止金属负极的枝晶生长，导致二次电池的短路事故。固体电解质本身具有较高的弹性模量，能够阻挡枝晶的生长，避免正负极短路。

其中，①和④说明固体电解质使全固态电池更加安全，②～④说明固体电解质能够匹配高性能电极，使全固态电池具有更高的能量密度。同时，将液体电解质替换为固体电解质，还能为二次电池赋予一些新的特性。如固体电解质不流动、不挥发，很容易实现二次电池的微型化和集成化，适合一些特种需求。

当然，全固态电池目前也存在一些缺点，阻碍了其大规模应用。如固体电解质的离子电导率相对液体电解质较低，且难以形成超低厚度薄膜，导致全固态电池内阻较大；固体电解质与电极高相容性的潜力尚待充分挖掘，在固体电解质和电极界面处目前仍存在电荷交换问题、副反应问题和枝晶问题。研究者们正在努力解决其中的关键科学和技术问题，并在各方面取得了一系列突破，本章的 4.2 节和 4.3 节主要介绍固体电解质及其与电极界面的研究现状。

4.1.2　全固态电池的关键参数

全固态电池的核心是固体电解质，而固体电解质的关键性质是离子传导能力。固体电解质的电荷传导能力用电导率表示，其中有效电荷传输是目标离子的电导率，一般用目标离子迁移数来描述固体电解质有效电荷传输的贡献。固体电解质的电导率一般用电化学阻抗谱（EIS）来测试，即用固体电解质组装阻塞电池（使用电化学惰性电极），并测试其 EIS，在 Nyquist 图中会出现一个扁圆弧和一条斜线，其中扁圆弧与横轴的弦长对应固体电解质的电阻，然后利用公式（4-1）即可计算出该固体电解质的电导率。

$$\sigma = d / R_e S \tag{4-1}$$

式中，σ为电导率，d为厚度，R_e为电阻，S为面积。固体电解质的目标离子迁移数一般用直流极化配合EIS来确定，即用固体电解质组装阻塞电池，并施加恒定电压测试其直流极化，得到初始电流和稳态电流，稳态电流与初始电流的比即为固体电解质的电子迁移数，一般非常小，接近0；再用固体电解质组装金属对称电池（电极都采用对应离子的单质），并施加恒定电压测试其直流极化，得到初始电流和稳态电流，再分别测试直流极化前电池的EIS和直流极化后电池的EIS得到固体电解质电阻，利用公式（4-2）可计算出该固体电解质的目标离子迁移数。

$$t_t = I_{ss}\left(\Delta V - I_0 R_0\right) / I_0\left(\Delta V - I_{ss} R_{ss}\right) \tag{4-2}$$

式中，t_t为目标离子迁移数，I_{ss}为稳态电流，ΔV为电压，I_0为初始电流，R_0为极化前电阻，R_{ss}为极化后电阻。

由于固体电解质的离子迁移主要依靠离子的长程扩散，因此提高温度会提高离子电导率，其相关性用离子迁移活化能表示，一般测试不同温度下固体电解质的电导率后使用公式（4-3）进行计算。

$$\ln(\sigma T) = -\frac{E_a}{k_B T} + C \tag{4-3}$$

式中，T为温度，E_a为迁移活化能，k_B为玻尔兹曼常数。

以上几个参数描述了固体电解质离子传导性质，很大程度上决定了固体电解质的应用潜力。理想的固体电解质是室温下具有高的电导率、低的电子迁移数和高的目标离子迁移数，一般来说电导率高于10^{-3} S/cm，电子迁移数小于10^{-6}，目标离子的离子迁移数大于0.8，就能够达到应用需求。离子迁移活化能主要影响固体电解质电导率随温度的变化速率，用来理解离子的迁移机制，一般来说越低越好，这样可以在较宽的温度范围内（特别是低温下）保持电导率的稳定。

目前已有多个体系固体电解质的离子传导参数能够达到上述标准（详见本章4.2)，但是，除了固体电解质的高离子电导率，全固态电池的稳定服役还需要固体电解质与电极良好匹配，即良好的固体电解质与电极界面。目前关于固体电解质与电极界面的认识还在快速发展中，还没有公认的标准进行判断。

对于全固态电池，其电极中需要良好的电子和离子传输通道，以保证绝大部分活性材料在充放电循环过程中能够参与电化学反应。这要分三种情况进行讨论：①目标离子单质电极，如锂电池中的金属锂电极，由于其本身电子导电性高，再加上锂可以在界面处直接脱出和沉积，因此只需要简单的层叠结构就可以达成全固态电池需求；②非目标离子单质电极，且活性材料充电态和放电态都具有电子和离子导电能力，这种类型的电极也只需要简单的层叠结构就可以达成全固态电池需求，但是目前这种活性材料还没有被发现，或者即使有，电导率也不够高；③非目标离子单质电极，且活性材料充电态和放电态不具有电子和离子导电能力，这是绝大部分活性物质的情况，其需要活性物质、固体电解质和导电剂在电极中组成分级互联的微纳结构才能达成全固态电池需求。所以，目前全固态电池的电解质与电极界面主要是①和③两种情况，但这两种界面在实际中存在诸多问题：一是难以形成特定的界面微纳结构；二是难以在界面处快速传导电荷；三是界面在循环过程中难以保持稳定，产生了如固相接触、电荷传输和枝晶生长等问题，其中涉及到界面能、渗流阈值、弹性模量、电化学稳定窗口等参数（详见本章 4.3）。

4.2　固体电解质

固体电解质是具备高离子电导率、低电子电导率的固态材料。与液态材料不同，固态材料的离子传输主要依靠长程扩散进行，相对困难得多，与其结构中是否有足够的离子快速扩散通道密切相关，同时，用于二次电池的固体电解质还需要较好地匹配电极。最早的固体电解质是 19 世纪 30 年代由 Faraday[1] 发现的 Ag_2S 和 PbF_2，距今已有近 100 年的历史，经过多年的发展，已有数个体系的固体电解质材料被成功开发出来，结构不同，性能也各有所长。下面将以结构为线索介绍用作二次电池电解质的固体电解质研究现状。

4.2.1　氧化物固体电解质

氧化物固体电解质主要包括钙钛矿结构型、快钠离子导体型（NASICON）、石榴石型等，其主要特点是空气稳定性好、机械强度高，受到了研究者们的广泛关注。

钙钛矿结构是一类陶瓷氧化物的总称，类似于 $CaTiO_3$ 结构，通常用 ABO_3（A 代表碱金属或稀土金属元素，如 Ca、Sr、La 等；B 代表过渡金属元素，如 Al 和 Ti 等）表示。$Li_{3x}La_{(2/3)-x}\square_{(1/3)-2x}TiO_3$（LLTO）固体电解质，在室温下可以达到 10^{-3} S/cm 的体电导率[2]。LLTO 在不同锂浓度下表现出正交晶系（$0.03 \leqslant x < 0.1$）和四方相（$0.1 \leqslant x < 0.167$）两种晶体结构，如图 4.1(a) 所示。在 LLTO 晶格中，Ti 占据 B 位点，与氧构成 TiO_6 八面体；A 位点被八个 TO_6 八面体包围，占据 A 位点的 Li 和 La 在 c 轴方向上形成富 La 层和贫 La 层有序排列[3-5]。Li^+ 可以通过由四个氧离子构成的方形孔道跃迁至相邻的 A 位空位，然而富 La 层对 Li^+ 的跃迁有阻碍作用，这一过程主要发生在贫 La 层内的二维通道中。虽然这类材料具有较高的离子电导率，但也存在一些问题。高晶界电阻导致总 Li^+ 电导率较低（室温电导率为 2×10^{-5} S/cm），为提高 LLTO 的电导率，可以通过引入第二相[6,7] 或优化锂配比以及烧结温度来解决。此外，LLTO 的立方相结构并不稳定，在制备过程中会伴随着四方相和立方相的生成。四价的 Ti^{4+} 极易被还原为三价的 Ti^{3+}，导致电导率显著降低[7,8]。

NASICON 是指钠快离子导体，其结构通式可以表示为 $AM_2(BO_4)_3$（A通常为碱金属元素，如 Na，M 为四价金属离子）。早期常见的 NASICON 是 $Na_{1+x}Zr_2P_{3-x}Si_xO_{12}$（$0 \leqslant x \leqslant 3$），具备开放的三维 Na^+ 传输通道。$Na_{1+x}Zr_2P_{3-x}Si_xO_{12}$ 存在两种结构：菱形结构（R-3c）和单斜结构（C-2/c，$1.8 \leqslant x \leqslant 2.2$）。然而，在室温下其离子电导率较低且存在较大的界面电阻。通过将其中的 Na^+ 替换为 Li^+，可获得 $LiTi_2(PO_4)$。这种晶体结构最适合 Li^+ 迁移，但离子电导率会下降[9]。主要原因在于 Na^+ 与 Li^+ 的半径差异较大。为提高离子电导率，常采用元素掺杂方法。通过过量掺杂 Al^{3+}，可以得到 $Li_xAl_xTi_{2x}(PO_4)_3$（LATP）电解质。在 $x=0.3$ 时，其电导率可达到 7×10^{-4} S/cm[10]。该晶体结构在室温下呈三方晶系（R-3c），如图 4.1(b) 和图 4.1(c) 所示。其中，TiO_6/AlO_6 八面体和 PO_4 四面体通过共用氧原子相连接，形成 NASICON 结构的三维骨架。这一结构中的离子浓度有所增加，并引入了新的 Li^+ 迁移通道。此外，除了元素掺杂，提高 $Na_3Zr_2Si_2PO_{12}$ 的致密度也是提高其离子电导率的常见方法。

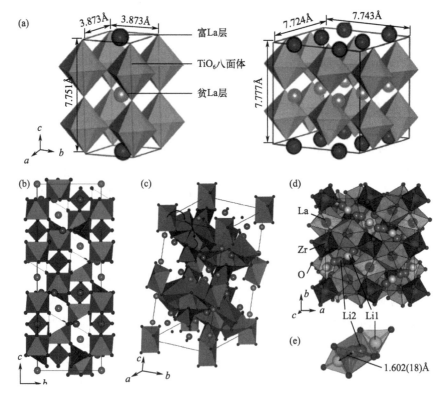

图 4.1 （a）LLTO 的晶体结构示意图[4]：四方结构（左）和正交结构（右）；
（b）LATP 晶体结构示意图；（c）$Li_{(1+x)}Al_xTi_{(2-x)}(PO_4)_3$ 的晶体结构（空间群）扩散路径[5]；
（d）立方相 $Li_7La_3Zr_2O_{12}$ 的晶体结构[11]；（e）Li1 和 Li2 位点周围的配位多面体[11]

石榴石型结构的固体电解质是一种新型的无机固体电解质。2007 年，Murugan 等[12]首次通过固相反应制备出了石榴石型 $Li_7La_3Zr_2O_{12}$（LLZO）电解质，其电导率达到了 10^{-4} S/cm 以上，且具有良好的化学稳定性。LLZO 的晶体结构如图 4.1(d) 和图 4.1(e) 所示，由 LaO_8 十二面体和 ZrO 八面体构成主体骨架，离子分布在四面体间隙和八面体间隙中。LLZO 存在立方相和四方相两种晶体类型，其中四方相结构中 Li^+ 分布完全有序，但其锂离子电导率较低[11]。而在立方相中，离子部分占据 24d 和 48g/96h 位点，存在大量的锂空位以及 Li^+ 的无序分布，从而使得其具有高的离子电导率。研究还发现，在 0~1000 ℃范围内，LLZO 的结构会发生变化。温度达到 800 ℃以上时，四方相石榴石电解质会转变成立方相，但在随后的冷却过程中，立方相会重新转变为四方相。考虑到 LLZO 的烧结温度在 1200 ℃以上，在这种条件下制备的电解质会在冷却过程中转变成四方相[13]。

为了稳定室温下的立方相 LLZO，常采用掺杂高价阳离子的方法，引入锂空位，从而增加 Li^+ 的传输通道。等价离子掺杂可以改变 Li^+ 传输通道的大小，使其更容易通过三维通道，并提高离子电导率。一些掺杂元素还可以促进烧结作用。目前，Al、Ta、Nb、Ga 这四种元素是最常用的掺杂元素。它们会占据 LLZO 的不同晶格位点，改善材料的晶体结构，扩大 Li^+ 传输通道并稳定立方相。在掺杂位置的选择上，Li 位和 Zr 位的单元素掺杂研究较多。掺杂后，LLZO 的性能得到明显改善，离子电导率得到有效提高。

此外，通过改进制备工艺，提升电解质的致密度也可以提高 LLZO 电解质的离子电导率。LLZO 电解质有多种制备方法，传统固相法和凝胶溶胶法最为常见，其他制备技术如热压法、放电等离子体烧结、外场辅助热压烧结、微波烧结技术等也可实现。在固相合成过程中，需要将前驱体放置在 Al_2O_3 坩埚中进行高温长时间煅烧。在这个过程中，Al^{3+} 会部分进入石榴石固体电解质，占据 Li^+ 四面体间隙 24d 和 96h 位点，带来更多的锂空位并稳定石榴石的立方相结构。然而，同样是 Li 位点掺杂，掺杂 Ga 元素后的电解质离子电导率远大于 Al，因为 Ga^{3+} 的原子半径较大，改变了 Li^+ 的扩散通道。但在高温制备电解质的过程中，掺杂 Al 和 Ga 元素可能会形成第二相，增加电解质的界面阻抗，因此制备工艺需要仔细优化。目前来看，通过在 Zr 位点掺杂 Ta 元素，石榴石固体电解质的离子电导率和高温稳定性都得到了明显提升。然而，考虑到 Ta 元素相对较贵，未来大规模应用还需要进一步的研究。

4.2.2　硫化物固体电解质

相较于氧化物固体电解质，硫化物固体电解质有着更高的离子电导率，这是由于硫原子的电负性比氧原子小，相比于氧原子，硫与目标离子的结合强度更弱，能够提供更多的自由移动的目标离子。此外，硫离子半径比氧离子大，硫化物固体电解质可以为目标离子提供更大的迁移通道，更利于其快速迁移。

硫化物固体电解质的研究开始于20世纪80年代，主要集中在玻璃相多组分体系，如Li_2S-GeS_2、Li_2S-SiS_2、$Li_2S-P_2S_5-LiI$等材料，其室温离子电导率约为10^{-4} S/cm[14-16]。2001年，Kanno等[17]首次报道了一种结晶的硫化物固体电解质$Li_{3.25}Ge_{0.25}P_{0.7}S_4$，离子电导率高达$2.2×10^{-3}$ S/cm，从而开启了对硫化物电解质的全面研究。Deiseroth等[18]在$Li_2S-P_2S_5$玻璃体系中发现了电导率为$3.2×10^{-3}$ S/cm的$Li_7P_3S_{11}$结晶相，开创了玻璃陶瓷类硫化物电解质的全新研究类别（图4.2[19]）。

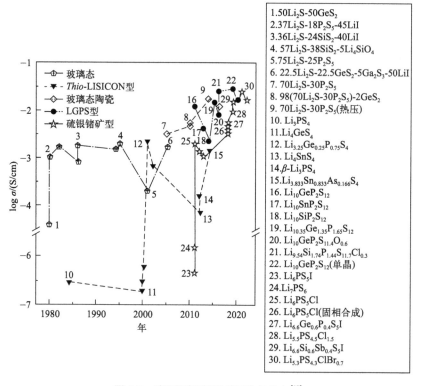

图4.2　硫化物离子导体发展的年代史[19]

4.2.2.1　晶态硫化物固体电解质

晶态硫化物固体电解质是硫化物固体电解质中离子电导率最高的，按照晶体结构可将晶态硫化物固体电解质分为三类：硫代锂超离子导体（*Thio*-LISICON）型、$Li_{10}GeP_2S_{12}$（LGPS）型以及硫银锗矿（Argyrodite）型。

（1）*Thio*-LISICON 型

由于 Li_3PS_4 及其一系列的衍生物与 LISICON $[Li_{14}Zn(GeO_4)_4]$ 晶体结构类似，因此被称为 *Thio*-LISICON。*Thio*-LISICON 型是晶态型固态硫化物电解质中重要的一类。

Thio-LISICON 的一般结构是 S 呈六方密堆积，Li 则处于无序的八面体位置，而金属元素位于四面体位置。随着温度环境的变化，Li_3PS_4 显示出了三种不同的晶体结构。γ-Li_3PS_4 晶体结构存在于温度低于 573 K 时，β-Li_3PS_4 晶体结构存在于温度为 573～746 K 时，α-Li_3PS_4 晶体结构存在于温度高于 746 K 时。这三种晶体结构都是由独立的 PS4 四面体以不同的排列方式组成的，α-Li_3PS_4 在其中最为罕见[20]。

Thio-LISICON 型最典型的代表是 A_2S-GeS_2-P_2S_5（A = Li、Na）体系，如 $Li_{3.25}Ge_{0.25}P_{0.75}S_4$[21] 和新型 $Li_{10}GeP_2S_{12}$[22]、$Na_{11}Ge_2PS_{12}$[23]。通过类似元素的替代，*Thio*-LISICON 体系可以得到进一步扩展，可用化学通式 $Li_xM_{1-y}M'_yS_4$ 来表示，其中 M 可以表示为 Si、Ge、Sn 等元素，M′ 可以表示为 P、Zn、Sb 等元素。后续发展的 *Thio*-LISICON 型材料，如利用 As 掺杂的 $Li_{3.833}Sn_{0.833}As_{0.166}S_4$，其室温下具有高达 1.39×10^{-3} S/cm 的离子电导率和良好的空气稳定性，被认为是一种非常有前景的硫化物电解质材料[24]。

（2）LGPS 型

2011 年，Kanno 等[17] 首次报道了一种室温离子电导率为 1.2×10^{-2} S/cm 的 $Li_{10}GeP_2S_{12}$（LGPS）硫化物电解质，其晶体结构归属于四方晶系（空间群 $P4_2/nmc$）。LGPS 由多种晶体结构单元组成，包括 $(Ge_{0.5}P_{0.5})S_4$ 四面体、PS_4 四面体、LiS_4 四面体和 LiS_6 八面体，其中 $(Ge_{0.5}P_{0.5})S_4$ 四面体和 LiS_6 八面体共边构成一维链，并通过 PS_4 四面体共角形成三维框架结构。通过 LiS_4 四面体的 16h 和 8f 位点沿 c 轴方向形成了快速 Li^+ 传输通道。

尽管 LGPS 具有极高的离子电导率，然而 Ge 元素的高成本以及对于锂金属的稳定性不足等问题限制了它在全固态锂电池中的实际使用。因此，人们开始研究使用成本更低、性能更稳定的元素来替代 LGPS 中的 Ge 元素。Bron 等[25] 通过 SnS_2 代替 GeS_2 成功制备出了室温下离子电导率为 4.0×10^{-3} S/cm 的 $Li_{10}SnP_2S_{12}$。此外，廉价的 Al 和 Si 元素也被用来代替 Ge，制备出了与 LGPS 结构类似的 $Li_{11}AlP_2S_{12}$[26] 和 $Li_{10}Si_2PS_{12}$[27] 电解质，其室温离子电导率分别为 8.02×10^{-4} S/cm 和 2.3×10^{-3} S/cm。受上述工作的启发，Sun 等[28] 采用 Sn 和 Si 共同代替 Ge 元素的方式制备了 LGPS 型 $Li_{10.35}Sn_{0.27}Si_{1.08}P_{1.65}S_{12}$ 电解质，其室温离子电导率可达 1.1×10^{-2} S/cm。此外，Kato 等[29] 在 LGPS 结构的基础上制备出 Si、Cl 双掺杂的 $Li_{9.54}Si_{1.74}P_{1.44}S_{11.7}Cl_{0.3}$，其室温离子电导率为 2.5×10^{-2} S/cm，是迄今为止报道的最高值。

如图4.3所示，$Li_{9.54}Si_{1.74}P_{1.44}S_{11.7}Cl_{0.3}$晶体结构由$MX_4$四面体、$LiX_6$八面体及PX四面体组成。通过分析锂的各向异性热位移和核密度分布可以看到，$Li_{9.54}Si_{1.74}P_{1.44}S_{1.7}Cl_{0.3}$存在三维的$Li^+$传导网络、沿$c$轴方向的一维传导以及$a$-$b$平面上的二维传导。

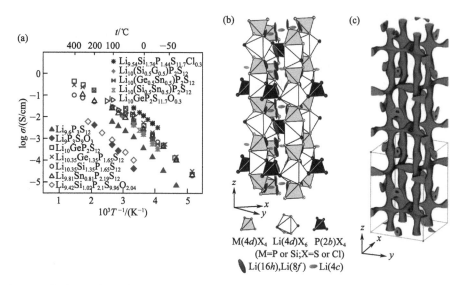

图4.3 （a）不同硫化物电解质离子电导率对比； （b）$Li_{9.54}Si_{1.74}P_{1.44}S_{1.7}Cl_{0.3}$晶体结构示意图； （c）$Li_{9.54}Si_{1.74}P_{1.44}S_{1.7}Cl_{0.3}$的Li核密度分布[29]

（3）硫银锗矿型

硫银锗矿型化合物Li_2S-P_2S_5-LiX的化学通式一般为Li_6PS_5X（X= Cl、Br、I）。2008年，Morgan[30]首次确认了其具有非常高的Li^+迁移率。随后，Deiseroth团队[31,32]进一步研究发现立方相的Li_6PS_5X具有三维Li^+传输路径。据Boulineau等[33]研究称，Li_6PS_5Cl、Li_6PS_5Br和Li_6PS_5I的室温离子电导率分别为6.2×10^{-4} S/cm、4.6×10^{-4} S/cm和1.9×10^{-4} S/cm。

近期，Kim团队[34]采用极限能量机械合金化（UMA）和快速热退火（RTA）开创性地合成了一系列富卤素硫银锗矿型锂离子电解质。其中，$Li_{5.5}PS_{4.5}Cl_{1.5}$在简单冷压后就能表现出1.02×10^{-2} S/cm的高离子电导率。与LGPS型固体电解质相比，硫银锗矿型锂离子电解质对金属锂负极的电化学稳定性更好，并且因为不含贵金属Ge元素，硫银锗矿型锂离子电解质的成本相对较低。

4.2.2.2 玻璃态硫化物固体电解质

玻璃态硫化物固体电解质是由微小晶体组成的，这些晶体无法通过XRD检测。以玻璃态的 $(Li_2S)_x(P_2S_5)_{100-x}$ 为例进行研究，如图4.4(a)和(b)分别展示了使用拉曼光谱和固态核磁共振对 $(Li_2S)_x(P_2S_5)_{100-x}$ 材料进行的表征，随着 x 值的变化，材料的组成也会有所不同。总体来说，图4.4(c)显示了玻璃态电解质材料 $(Li_2S)_x(P_2S_5)_{100-x}$ 由四种微小晶体组成，它们分别是 PS_4^{3-}（正硫代磷酸盐）、$P_2S_7^{4-}$（焦磷酸盐）、$P_2S_6^{4-}$（偏硫代磷酸盐）和 PS_3^{3-}（次硫代磷酸盐）[35]。从图中可以看出，在 $Li_2S:P_2S_5$ 比例较高的情况下，电解质中主要成分是 PS_4^{3-} 和 $P_2S_6^{4-}$。在 $Li_2S:P_2S_5$ 较高的情况下，电解质中主要成分是 $P_2S_7^{4-}$、$P_2S_6^{4-}$ 和 PS_3^{3-}。对于玻璃态固体电解质中 Li^+ 传导的机理，目前尚没有明确的研究。

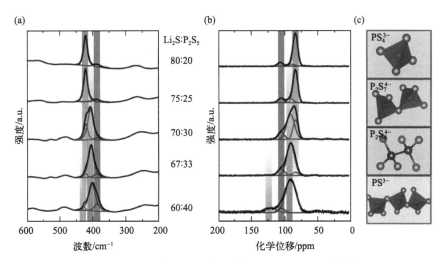

图 4.4 （a）玻璃态电解质（Li_2S）$_x$（P_2S_5）$_{100-x}$ 的拉曼图谱；（b）玻璃态电解质（Li_2S）$_x$（P_2S_5）$_{100-x}$ 的固态核磁图谱（^{31}P）；（c）电解质中包含的四种结构单元[35]

4.2.2.3 玻璃陶瓷态硫化物固体电解质

玻璃陶瓷态的硫化物固体电解质一般是指在300 ℃以下以较低温度进行热处理后，玻璃状态中的微小晶体部分形成高电导率的晶体结构。以 $(Li_2S)_x(P_2S_5)_{100-x}$ 为例，当 $Li_2S:P_2S_5 = 70:30$ 时，在热处理过程中，材料中会生成一部分高离子电导率的 $Li_7P_3S_{11}$ 相，这种相属于亚稳相，材料并没有完全结晶。然而，当继续升温以实现材料完全反应时，$Li_7P_3S_{11}$ 会发生裂解转变为 S 和 $Li_4P_2S_4$ 等物质，使其失去了原有的高离子电导率。因此，玻璃陶瓷固体电解质被视为一种由晶相和玻璃相组成的复合材料。普遍认为，其中的晶相具有较高的离子传导能力，有助于提高材料的离子电导率，其离子电导率通常比玻璃态材料更高。

全固态钠离子电池的硫化物固体电解质也被广泛研究，最常见的硫化物电解

质是 Na_3PS_4，在 1992 年首次被 Henseler 和 Nishmura 发现[36,37]，其晶体结构主要存在四方晶系和立方晶型两种，Na_3PS_4 通常以四方相的形式存在，在约 250 ℃的温度下会转变为立方相。直到 Hayashi 等[38,39] 在 2012 年报道了室温离子电导率高达 $2×10^{-4}$ S/cm 的立方相 Na_3PS_4 玻璃陶瓷硫化物电解质，并且通过提高原材料 Na_2S 的纯度，其室温离子电导率提高到了 $4.6×10^{-4}$ S/cm，硫化物基钠离子电池固体电解质才再次引起了广泛关注。

尽管硫化物电解质具有高电导率和较小的晶界电阻，但其仍然存在一些缺点。第一，最为人熟知的 $Li_{10}GeP_2S_{12}$ 和 Li_6PS_5Cl 在空气中稳定性差，对水氧极为敏感，并且可能释放有毒的 H_2S 气体；第二，硫化物固体电解质与锂金属负极接触时，界面处电化学稳定性不佳导致锂金属负极枝晶生长，导致循环性能差；第三，当使用高电位过渡金属氧化物和磷酸盐作为正极时，正极/电解质界面也存在副反应问题。

4.2.3 氯化物固体电解质

氯化物固体电解质具有宽电化学窗口、高室温离子电导率和良好的空气稳定性等优点，在构建固态锂电池方面受到广泛关注。从 20 世纪 30 年代开始，人们便开始对氯化物电解质进行研究。早期的实验结果表明，锂和钠的卤化物具有较低的电导率，大约为 10^{-7} S/cm[40]。然而，在 1941 年，Yamaguti 和 Sisido 等科学家发现，通过将 LiCl 与 $AlCl_3$ 形成混合熔盐，可以在 174 ℃下实现离子电导率高达 0.35 S/cm 的水平，这为氯化物电解质在锂电池中的应用提供了可能性[41]。随后的研究进一步证实了 $LiAlCl_4$ 在室温下的离子电导率可达到 $1×10^{-6}$ S/cm[42]，这为固态锂电池的发展开辟了新的道路。因此，氯化物电解质在固态锂电池技术中有着重要的地位，并具有广阔的应用前景。

随后，$Li_xTiS_2/LiAlCl_4/Li_{1-x}CoO_2$ 薄膜固态锂金属电池于 1992 年问世，可在 0.2~2.3 V 的电压窗口下工作，150 次循环后容量保持率超过 80%[42;43]。然而，超过 100 ℃的高工作温度并不能满足实际需求。2018 年，Asano 等[44]（松下公司）通过球磨和退火方法制备了 Li_3YCl_6，其在室温下的离子电导率高达 $5.1 × 10^{-4}$ S/cm（图 4.5）。2019 年，孙学良团队[45] 报道了一种氯化物电解质 Li_3InCl_6（LIC），具有室温离子电导率高、热稳定性高、电化学窗口宽（> 4 V）、易合成等优点。以 LiCl 和 $InCl_3$ 为原料，用机械混合合成的 LIC 离子电导率可达 $8.4×10^{-4}$ S/cm，退火后离子电导率可达 $1.49×10^{-3}$ S/cm。近年来对氯化物固体电解质的研究主要集中在整体性能上，包括提高离子电导率，扩大电化学窗口，减少对锂负极的副反应，增强良好的空气稳定性以及制造大面积固体电解质，同时具有超薄和柔韧的特性[46]。

对于氯化物固体电解质 Li_aMCl_b，根据中心原子 M 的价态和类型将氯化物电解质分为：①含二价金属元素（V、Cr、Mn、Fe、Co、Ni、Cu、Zn、Cd）的氯化物 SSE，二价金属氯化物电解质的结构通常被称为 Li_2MCl_4 和 Li_6MCl_8。②含三价金属元素（Sc、Y、La-Lu、Al、Ga、In）的氯化物 SSE，含有三价金属的氯化物 SSE 通常表现出 Li_3MCl_6 或 $LiMCl_4$ 的结构式，其由于高离子电导率、柔韧性和对正极的稳定性而引起关注。③含有四价金属元素（Zr、Hf）的氯化物 SSE。Wang 等[47]发现在 5% 相对湿度下 24 h 后，Li_2ZrCl_6 的晶体结构和化学组成没有变化，表现出良好的耐湿性。Lu 等[48]通过随机表面行走全局优化结合全局神经网络势（SSW-NN）方法，开发了另一种含有四价金属元素（Li_2HfCl_6）的氯化物 SSE，其在 30 ℃ 下的离子电导率为 1×10^{-3} S/cm。④含非金属元素的氯化物 SSE，含非金属元素的氯化物 SSE 可分为氯化锂-氮、氯化锂-氧和氯化氢氧化锂。氯化锂-氮，如 $Li_9N_2Cl_3$ 和 $Li_{1.8}N_{0.4}Cl_{0.6}$，表现出低的室温离子电导率和窄的电压窗口[77]。

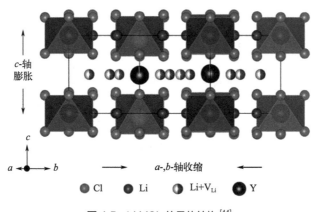

c-轴膨胀

c

$a \longleftarrow \longrightarrow b$　　　a-,b-轴收缩　$\longleftarrow$

● Cl　● Li　◐ Li+V_{Li}　● Y

图 4.5　Li_3YCl_6 的晶体结构[44]

　　氯化物固体电解质不仅用于锂离子电池中，同时也用于其他离子电池中，Liu 等[49]报道了一种新的尖晶石氯化物电解质 $Na_2Y_{2/3}Cl_4$ 用于钠离子电池中。尖晶石 $Na_2Y_{2/3}Cl_4$ 在室温下表现出 0.94 mS/cm 的高离子电导率，尖晶石 $Na_2Y_{2/3}Cl_4$ 具有 0.59～3.76 V 的宽电化学窗口和与高压正极良好的界面稳定性，这确保了其提高钠离子固态电池能量密度的能力。钠基氯化物固体电解质 Na_3ErCl_6 中 Na 位占位比为 100%，这导致其室温离子电导率非常低，仅有 10^{-9} S/cm，Schlem 等[50]通过向 Na_3ErCl_6 中掺杂 Zr^{4+}，引入大量额外的 Na 空位，使得电解质的离子电导率大幅度提升至 0.04 mS/cm。Clark 等[51]将接近中性的 $ZnCl_2$-NH_4Cl 氯化物电解质用于锌空气电池，将电解质碳化的影响降至最低，从而延长了可充电锌空气电池的使用寿命。

　　氯化物固体电解质由于较低的室温离子电导率导致在早期并未被人们广泛研究和应用，尽管 2018 年 Asano 等[44]合成出室温离子电导率可达 10^{-4} S/cm 的卤化物固体电解质，但是相对于硫化物固体电解质和有机液态电解质 10^{-2} S/cm 的离子电导率，仍有一定的差距，还需要人们探索相应的策略去制备具有更高离子电导率的卤化物固体电解质。

氯化物体态电解质一般由氯离子组成结构框架，锂离子和金属阳离子一般位于由氯离子组成的八面体中心，含锂八面体的连接方式有面连接，也有边连接[52]，这导致了锂离子具有两种迁移路径，一种是从八面体直接穿过共有面到相邻的八面体，典型的有 Li_3YCl_6 和 Li_3ErCl_6 中沿 c 轴的一维锂离子迁移路径；另一种迁移路径是从八面体经过毗邻的四面体间隙到另一个八面体位，典型的有 Li_3YCl_6 中沿 a-b 平面的迁移路径和 Li_3YBr_6 中的三维锂离子迁移路径[52]。在所有的含锂八面体中，锂位均未被完全占据，其中部分为空位，这些空位被认为是氯化物固体电解质具有 10^{-4} S/cm 量级室温离子电导率的原因之一，这为研究者探索如何提升氯化物固体电解质的离子电导率提供了思路。掺杂改性是最常见的研究手段之一，掺杂元素的离子半径和离子价态影响着电解质材料的晶格常数和离子电导率。

4.2.4　氢化物固体电解质

氢化物固体电解质是新兴的固体电解质体系，其特点是结构中拥有氢负离子，会形成如 $(BH_4)^-$ 和 $(B_{12}H_{12})^{2-}$ 等的聚阴离子，可以通过像浆轮一样快速旋转输送目标离子，实现氢化物固体电解质的高离子电导率。同时，氢负离子还原性强，能够与同样还原性强的金属负极较好匹配。

氢化物固体电解质的研究始于 2007 年，Matsuo 等[53]发现 $LiBH_4$ 在 120 ℃时具有高达 $2×10^{-3}$ S/cm 的离子电导率，同时其密度只有 0.66 g/cm³，是理想的全固态二次电池电解质候选材料。但是，其最突出的问题是室温离子电导率低（仅 10^{-7} S/cm 数量级），原因是 $LiBH_4$ 在 108 ℃时会发生相变，高温为六方结构（P6₃mc 空间群），低温为正交结构（Pnma 空间群），而正交结构的 $LiBH_4$ 不具备离子快速传导的特性。2009 年，Maekawa 等[54]在 $LiBH_4$ 的室温离子电导率方面取得重大突破，其使用卤族元素替代法得到了低温下稳定的高离子电导率六方相固溶体 $LiBH_4$-LiX（X = Cl、Br、I），其室温的离子电导率达到 10^{-5} S/cm 以上。从此，硼氢化物基固体电解质逐渐吸引了人们的注意，很多新型硼氢化物基固体电解质被先后开发出来。

首先是基于 $(BH_4)^-$ 阴离子的体系，其离子电导率可以通过两个途径来实现。一个途径是通过引入其他离子或分子形成高离子电导率的新物相。Matsuo 等[55]使用 $(NH_2)^-$ 基团与 $(BH_4)^-$ 基团络合，得到配位氢化物 $Li_2(BH_4)(NH_2)$ 和 $Li_4(BH_4)(NH_2)_3$，室温的离子电导率达到了 10^{-4} S/cm 数量级。Ley 等[56]在 $LiBH_4$ 中引入稀土阳离子和卤素阴离子组成立方相 LiRe$(BH_4)_3$X（Re = La、Ce、Gd，X = Cl、Br、I），其室温离子电导率达到 10^{-4} S/cm 数量级。Wang 等[57]在 $LiBH_4$ 中

引入 $(NH)^{2-}$ 阴离子组成正交相 $Li_6(BH_4)_4(NH)_2$，其室温离子电导率达到 10^{-5} S/cm 数量级。Matsuo 等[58]在 $NaBH_4$ 中引入 $(NH_2)^-$ 阴离子组成立方相 $Na(BH_4)_{0.5}(NH_2)_{0.5}$，其室温离子电导率达到 10^{-6} S/cm，较 $NaBH_4$ 高了 4 个数量级。Zhang 等[59]在 $LiBH_4$ 中引入 NH_3 分子组成 $Li(NH_3)_nBH_4$，其室温离子电导率超过 10^{-3} S/cm。另一个途径是通过与其他物质复合形成高离子电导率的多相界面。Blanchard 等[60]将 $LiBH_4$ 用熔融浸渍法装载入介孔 SiO_2 的纳米孔道中得到 $LiBH_4@SiO_2$，利用 $LiBH_4$-SiO_2 界面的超高离子电导率，把材料整体的室温离子电导率提升至 10^{-4} S/cm 数量级。固态核磁结果表明，$LiBH_4$ 和 SiO_2 界面处存在高离子电导率的界面相，是该材料具有优异离子传导性质的原因。除此之外，Al_2O_3、MgH_2、MoS_2 等离子传导惰性材料同样被发现能够与硼氢化物形成高离子电导界面。随后，Zhu 等发现 $LiBH_4$ 部分分解放氢后能够生成 $LiBH_4$-$Li_2B_{12}H_{12}$-LiH 复合物，NMR 测试表明，在 $LiBH_4$ 和 $Li_2B_{12}H_{12}$ 界面处存在超高离子导电相。基于以上两个途径的启示，Lu 等[61]将 $Li_4(BH_4)_3I$ 纳米限域于 SBA-15 中，实现了卤化物掺杂和界面修饰的协同作用，使其离子电导率进一步提升，在 35 ℃下达到了 2.5×10^{-4} S/cm。

2014 年以来，闭式硼氢化物基固体电解质开始受到关注。闭式硼氢化物的阴离子是由多个三角面组成的封闭多面体，B 占据顶点，每个 B 都有一个 H 键合，其通式为 $(B_nH_n)^{2-}$，n 的取值一般为 6～12。这种特殊的闭式结构一方面因类似芳香烃，结构非常稳定，较 $(BH_4)^-$ 的化学稳定性和电极相容性更好；另一方面体积较 $(BH_4)^-$ 更大，可为阳离子提供更多的快速扩散通道。Teprovich 等[62]首次报道了 $Li_2B_{12}H_{12}$ 的离子快速传导特性，测得其室温离子电导率达到了 10^{-4} S/cm 以上，并能够与 $LiCoO_2$ 正极良好相容。Udovic 等[63,64]随后开展了 $Na_2B_{12}H_{12}$、$Na_2B_{10}H_{10}$ 的研究，发现 $Na_2B_{10}H_{10}$ 具有较优的离子传导性能，在 100 ℃时变为无序相，离子电导率达到 10^{-2} S/cm。对闭式硼氢化物基固体电解质的进一步优化研究也在随后展开。Kim 组[65]发现缺陷在闭式硼氢化物的离子传输中起到了关键性作用，如在 $Li_2B_{12}H_{12}$ 中引入缺陷后，其离子电导率提升了 3 个数量级。He 等[66]报道了双金属阳离子的 $LiNaB_{12}H_{12}$，发现其同时具备 Li^+ 和 Na^+ 的快速传导能力。日内瓦大学 Sadikin 等[67]报道了双硼氢根阴离子的 $Na_3(BH_4)(B_{12}H_{12})$，其室温离子电导率达到 10^{-3} S/cm。Udovic 等[68-72]将闭式硼氢化物中的一个 B 原子替换为 C 原子，得到了 $(CB_{11}H_{12})^-$ 和 $(CB_9H_{10})^-$，发现相应的闭式硼氢化物的离子电导率有显著的提升，如 $Na_2(CB_9H_{10})(CB_{11}H_{12})$ 的室温离子电导率高达 10^{-2} S/cm，$Li(CB_9H_{10})_{0.7}(CB_{11}H_{12})_{0.3}$ 的室温离子电导率高达 6.7×10^{-3} S/cm，已经接近或高于有机溶液电解质的离子电导率。Jensen 组尝试用卤素原子替代闭式硼氢化物中的 H 原子，得到了 $Na_2B_{12}X_{12}$（X = Cl、Br、I），其稳定性极好，但离子电导率很低（100 ℃下也小于 10^{-7} S/cm）。

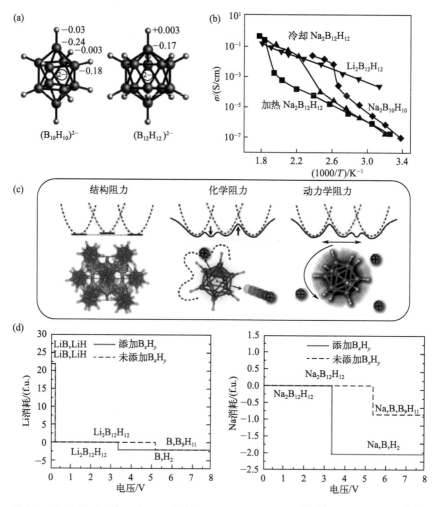

图 4.6 （a）$(B_{10}H_{10})^{2-}$ 和 $(B_{12}H_{12})^{2-}$ 的几何形状和密立根电荷[68, 73]；（b）$Li_2B_{12}H_{12}$[74]、$Na_2B_{12}H_{12}$[68]和 $Na_2B_{10}H_{10}$[75]温度相关的电导率；（c）结构、化学和动力学阻力对超快离子传导的影响[76]；（d）不同电压下 $Li_2B_{12}H_{12}$（左）和 $Na_2B_{12}H_{12}$（右）的分解产物[48]

但是，硼氢化物固体电解质由于存在负价的氢，还原性强，易在高电位下与正极发生副反应，Takahashi 等[78]发现，$(BH_4)^-$ 会与 $LiCoO_2$ 正极反应生成电化学惰性物质而使电池失效，说明甲硼氢化物基固体电解质无法与高电位的氧化物正极相容。同时，$(BH_4)^-$ 还会和环境中的水反应生成易燃易爆的氢气，说明其化学稳定性也有待提高。

4.2.5 聚合物固体电解质

聚合物电解质主要是由两部分组成：聚合物基体和锂盐，其制备方法有溶液浇铸法、热压法或挤出法。聚合物基体主要有醚类聚合物（PEO）、含氟类聚合物（聚偏氟乙烯，PVDF；聚偏氟乙烯-六氟丙烯，PVDF-HFP）、碳酸酯类聚合物（聚甲基丙烯酸甲酯，PMMA）和腈类聚合物（聚丙烯腈，PAN）等。聚合物电解质按形态可简单地分为两大类：不含或仅含少量增塑剂的固态聚合物电解质（solid polymer electrolyte，SPE）和含有大量增塑剂的凝胶聚合物电解质（gel polymer electrolyte，GPE）。聚合物电解质易加工，抗机械变形，成本低，被认为是解决锂金属电池安全问题的一种有效策略。

凝胶聚合物电解质（GPEs）被定义为一种含有液态溶剂的电解质，其性质介于液态和固态聚合物电解质之间，有助于提升固态聚合物电解质（SPEs）的有限离子电导率。GPEs 的构成成分包括聚合物基质、锂盐、液态溶剂（用作增塑剂）以及无机填料等。常见的 GPEs 聚合物基质有：聚氧化乙烯（PEO）、聚丙烯腈（PAN）、聚偏氟乙烯（PVDF）、含氟聚偏氟乙烯（PVDF-HFP）、聚甲基丙烯酸甲酯（PMMA）等；增塑剂包括：碳酸酯类（如碳酸乙二酯，EC；碳酸丙二酯，PC）、醚类（如1,3-二氧戊环，DOL；乙二醇二甲醚，DME）以及离子液体等[79]。其准固态状态的机械强度主要由聚合物基体提供，在溶有锂盐的液体增塑剂中传导 Li^+。其中的液体增塑剂会随着电池的充放电在固体电解质界面生成类似于液体电解质的 SEI。

用于制备 GPEs 的物理方法主要包括：传统溶液法[80]、反相法[81]和静电纺丝法[82]。采用物理方法制备的 GPEs，其高分子链的交联是通过弱的物理相互作用来实现的。这种交联使得在高温或长期老化条件下，聚合物基体容易膨胀或溶解于液态电解质，从而导致液体溶剂的泄漏，从而降低电化学性能，并带来安全隐患。因此，热稳定性不佳成为物理方法制备 GPEs 在实际应用中的主要障碍；化学方法主要包括：热引发法、辐射引发法和电化学引发法[83]等。这些方法也称为原位合成法，与物理方法制备的凝胶聚合物电解质相比，原位合成法可以实现电解质的一步完成。首先将单体、交联剂和引发剂按特定比例溶解于液态电解质中，形成前驱体溶液并在特定条件下，单体开始聚合，构建交联网络结构，使得液体电解质均匀地被限制在交联结构的纳米孔中，从而形成 GPEs。与弱物理相互作用所导致的交联聚合物结构相比，采用化学键形成更强的交联结构，使得 GPEs 在高温或长期老化过程中具备出色的热稳定性，有效地预防了液态电解质的泄漏问题。尽管化学法（原位合成法）在成本和电化学性能方面具有显著优势，但未反应完全的单体易发生分解或吸附在电极的表面会增加电池中界面阻抗，并且有机溶剂的过量使用会降低 GPEs 膜的机械强度，导致热稳差。因此，GPEs 的综合性能仍需要进一步提高。

当水被用作增塑剂时，生成的 GPE 也被称为水凝胶聚合物电解质，它具有三维的聚合物网络，主要通过表面张力将水困在聚合物基体中。其中应用最广泛的聚乙烯醇（PVA）是一种线性聚合物，制备方便，亲水性好，成膜性好，无毒，成本低。但PVA基电解质在高温下普遍存在耐受性问题,在高温下,PVA经常会失水失去电解质的作用。为了提高工作电池电压,研究了以有机溶剂(增塑剂)为基础的称为有机凝胶电解质的GPEs,以各种聚合物为主体,如PEO、PMMA和共聚物等,有机溶剂在这类电解质中常包括PC、EC、DMC或它们的混合物(CAN、DMSO和DMF等)。一般情况下,有机凝胶电解质的离子电导率较低。为克服以上GPEs所出现的问题,常使用各种添加剂(填料),如SiO_2[84]、TiO_2[85]、Sb_2O_3[86]、GO[87]和羟乙基纤维素[88]等制备复合聚合物电解质。

SPE的性能与聚合物基体、盐和其他成分的组成形式、种类、结构形态等都有很大关系。对PEO/LiX络合体系,一般认为Li^+传输主要发生在无定形区,借助于PEO非晶部分的链段运动使Li^+与PEO的醚氧原子之间"解络合-再络合"的过程反复进行,从而实现Li^+的迁移,其离子电导率是由盐离子通过聚合物分子链段的运输来实现的。所以,用于SPEs的聚合物基体链上一般具有强配位能力而空间位阻小的给电子基团,这种聚合物链上极性基团类似于溶剂,对盐有较高的溶剂化能力,有利于与盐形成配合物,此外聚合物链柔性要好,玻璃化温度要低。常见的SPEs聚合物基体材料主要有四大类:PEO系列、PAN系列、PVDF系列和PMMA系列。用于SPE的锂盐一般阴离子尺寸大,以减小其迁移对电导率的贡献,在宽的温度范围下能够使高分子材料呈非晶态,具有较强酸性以防止离子对的形成,同时其化学稳定性和电化学稳定性要好。常用的锂盐有$LiPF_6$、LBF_4、$LiSO_3CF_3$等。

在所有已报道的聚合物中,PEO无疑是各种锂盐最佳的溶解介质。PEO作为固态聚合物电解质基体的主要优势在于其化学、机械和电化学稳定性。PEO基SPEs的显著缺点是在室温下PEO基体含有大量的结晶区域,电化学性能因此受到离子传输的影响,限制了其在固态锂离子电池中的使用。对于这种问题,通常采用的策略是通过加入无机填料对其进行改性,形成有机-无机复合电解质体系。无机填料的加入能够破坏PEO分子链排列的规则性,抑制PEO结晶的形成获得无定形结构,从而提高聚合物的离子电导率和机械强度。

4.3 全固态电池中的界面

4.3.1 界面固相接触问题

与有机液态电解质电池相比,固体电解质电池的电解质/电极界面涉及更复杂的固-固接触。这里全固态锂金属电池中电解质/电极界面接触不良的主要原因是电解质对锂的润湿性差、不适当的电解质/电极微结构以及循环中电极体积变化导致的应力开裂,所有这些因素都会减少有效电荷转移的总面积,从而增加全固态锂金属电池的内阻。

4.3.1.1　对锂负极的润湿性

锂负极中电解质与锂之间的有效接触面积主要取决于电解质对锂的润湿性，可通过熔融锂与电解质之间的接触角来测量。接触角可通过杨氏方程计算：

$$\gamma_{el/Li} + \gamma_{el/va} \cos\theta_{el/Li} = \gamma_{Li/va} \tag{4-4}$$

式中，$\gamma_{el/Li}$、$\gamma_{Li/va}$ 和 $\gamma_{el/va}$ 分别是电解质 / 锂界面、锂 / 气体界面和电解质 / 气体界面的界面能。这里，接触角小于 90°（$\gamma_{el/Li} < \gamma_{el/va}$）代表亲锂电解质，可使锂在电解质上自发铺展，从而在电解质 / 锂界面形成良好接触。另外，疏锂电解质由于有效接触面积远小于标称接触面积，因此电解质 / 锂接触不良。

目前对锂电解质润湿性的研究主要集中在 LLZO 上，因为 LLZO 具有高接触角，因此表观界面电阻较高[89]。LLZO 的表面污染是一个关键因素，据 Sharafi 等[90]报道，LLZO 表面 Li_2CO_3 和 LiOH 的形成可能是由于暴露在空气和湿气中，导致锂的润湿性变差（接触角为 146°），从而造成 400 $\Omega\cdot cm^2$ 的高界面电阻。此外，通过湿抛光和热处理去除表面污染物可改善润湿性（接触角 95°），并显著降低界面电阻 2 $\Omega\cdot cm^2$ [图 4.7(a)]。在此基础上，通过快速酸处理和原位屏蔽保护，成功制备了亲锂和不含 Li_2CO_3 的 LLZO[图 4.7(b)][91,92]。LLZO 材料的机械特性是影响润湿性的另一个重要因素，Krauskopf 等[93]探索了 LLZO/Li 界面的电化学 - 机械行为，发现高外部压力（400 MPa）可导致锂与电解质的良好接触，因此界面电阻接近于 0[图 4.7(c)]。Wang 等[94]还提出，表面附着强度可以定量测量室温下电解质对锂的润湿性，发现附着强度和界面电阻之间存在明显的负相关，这是力学性能和电化学性能之间的直接桥梁 [图 4.7(d)]。

润湿性能还受到表面化学性能的强烈影响，因为电解质和锂之间的副反应会显著改变界面性能。此外，温度、表面形貌和电势等因素也会进一步影响润湿性[95,96]，但目前尚未进行深入研究。

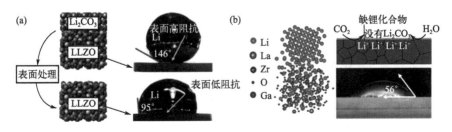

图 4.7

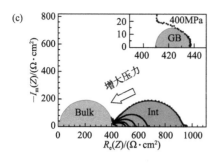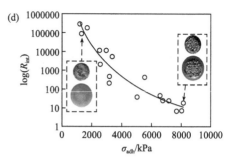

图 4.7 （a）熔融锂在有表面污染和无表面污染的 LLZO 上的接触角[90]；（b）通过缺锂化合物保护，改善了掺镓 LLZO 对锂的润湿性[91, 92]；（c）Li|LLZO|Li 电池的压力依赖性奈奎斯特图[93]；（d）Li|LLZO|Li 电池的界面电阻对数与表面附着强度之间的关系[94]

4.3.1.2 电解质和电极的微结构

非锂电极的有效接触在很大程度上取决于分级互连的微结构，而这些微结构与电解质、活性材料和电子导体的形状、尺寸和分布密切相关。一般来说，电解质、活性材料和电子导体都是不规则颗粒。赫兹接触理论将接触简单地描述为两个半径分别为 R_1 和 R_2 的弹性球体在挤压力 F 作用下的接触[图 4.8(a)]。这里，圆形接触区半径 r_0 可通过下式计算：

$$r_0 = \left(\frac{R_1 R_2}{R_1 + R_2} \right)^{\frac{1}{3}} \frac{3}{4} F \left(\frac{1-\upsilon_1^2}{E_1} + \frac{1-\upsilon_2^2}{E_2} \right) \tag{4-5}$$

式中，E_1 和 E_2 为弹性模量，υ_1 和 υ_2 为泊松比。根据该方程，减小 R、υ 和 E，增大 F，可使电解质/电极界面的有效接触面积增大。

在电池规模上，电解质、活性材料和电子导体的空间分布可进一步决定 Li$^+$ 和电子传输路径的数量和质量。在这里，理想的分布应满足两个要求：①活性材料的数量足够多，以实现高能量密度；②电解质和电子导体分别与所有活性材料相互连接并同时接触。

直接混合是获得电解质和电极微结构的常用方法。然而，如果不精确控制相关参数，这种方法往往会导致随机分布，无法确保接触效果。例如，Choi 等[98]采用三维重建技术（聚焦离子束扫描电子显微镜，FIB-SEM）定量分析了 LiNbO$_3$ 涂层 Li(Ni$_x$Co$_y$Mn$_z$)O$_2$（NCM）、(Li$_2$S)$_8$(P$_2$S$_5$)$_2$(Ni$_3$S$_2$) 和碳之间的界面接触面积，并证实有效接触面积有限，他们将其归因于活性材料的非均匀分散、导电碳的团聚和界面微孔[图 4.8(b)]。进一步的研究还表明，电解质、活性材料和电子导体的数量和粒度是有效接触的关键。例如，Kimura等[99]结合计算机断层成像技术和X射线吸收近边结构光谱技术，对电解质/电极微观结构进行了三维观测，发现活性材料负载较高会导致聚集以及Li+和电子转移途径减少。Shi等通过建模模拟和实验测试，进一步证明了活性材料的利用是受渗流控制的，其中活性材料与导体的尺寸比越大，活性材料的负载量就越高，电接触就越有效[图4.8(c)]。在另一项研究中，Bielefild等[100]利用包括成分、孔隙率、颗粒大小和整体厚度在内的宏观参数，通过三维微结构建模研究了渗流特性，相应的结果能够为在给定条件下设计理想的电解质/电极界面微结构提供指导[图4.8(d)]。

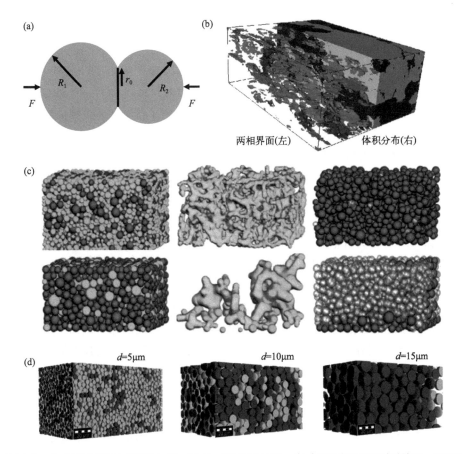

图 4.8　（a）两个球被力挤压在一起，形成一个圆形接触区；（b）正极的三维重建渲染图，显示了每个组分的连通性[98]；（c）具有不同活性物质（灰色）和电解质（黄色）含量和大小的模型的可视化。顶部为 30wt% 3 μm 电解液和 70wt% 5 μm 活性物质，底部为 20wt% 8 μm 电解液和 80wt% 5 μm 活性物质；（d）粒径为（5、10、15）μm，体积分数为 55% 时的活性物质微观结构以及各自的电子连接粒子（浅色）和电子不连接粒子（深色）[100]

4.3.1.3 电极的体积变化

全固态锂金属电池的内应力主要是由活性物质的周期性膨胀和收缩引起的。与有机液体电解质电池不同，全固态锂金属电池中的应力不易释放，可能导致电解质和/或电极中裂缝的形成和扩展，从而导致接触损失，导致Li^+和电子转移不良。研究者已经对应力开裂进行了直接观察。例如，Persson[101]利用扫描电镜检测到循环后电解质与NCM之间的应力开裂，并将其归因于NCM在锂化和剥蚀过程中的体积变化[图4.9(a)]。Cao等[102]利用X射线计算机断层扫描进一步可视化了$Li_{1+x}Al_xGe_{2-x}(PO_4)_3$（LAGPO）/Li界面的化学-力学劣化，发现LAGPO和Li之间的相互作用可导致LAGPO/Li界面边缘附近形成裂纹[图4.9(b)]。在$Li_{1+x}Al_xGe_{2-x}(PO_4)_3$（LAGPO）/Li界面也发现了类似的现象。

在抑制应力开裂方面，外部压力是一个关键因素。例如，Tian等[103]基于Persson接触力学理论建立了循环过程中$Li|LiPON|LiCoO_2$（LCO）和$Li|LGPS|TiS_2$电池的施加压力与接触面积损失之间的关系，并确定了接触和容量损失恢复所需的压力，与实验结果一致。

电解质和电极的力学性能也会显著影响应力的形成和松弛，其中低模量的软电解质可以增强电解质/电极的接触。基于此，McGrogan等[104]提出硫化物电解质的杨氏模量和硬度比氧化物电解质低，可以适应电极周期性体积变化的不匹配。尽管如此，相应的断裂韧性也会比氧化物电解质低得多，这表明对先前存在的或循环产生的缺陷非常敏感。Bucci等[105]也使用电化学-力学耦合模型对全固态锂金属电池的机械可靠性进行了定量分析。预测，如果电极膨胀率保持在7.5%以下，电解液断裂能保持在$4\ J/m^2$以上，则可以防止断裂。这些研究人员还提出，杨氏模量约为15 GPa的柔性硫化物电解质会导致更大的裂缝形成[图4.9(c)]。虽然这些结果是反直觉的，但它们鼓励了对电解质机械特性的深入研究。在此基础上，Deng等[106]利用第一原理计算预测了23种已知电解质的一系列力学性能，如全弹性张量、体/剪切/杨氏模量和泊松比，这些力学性能与现有实验数据非常吻合，可以为新型电解质的设计提供有用的参考。

由于活性材料的体积变化率不同，可能进一步产生电池规模的应力，其中锂负极具有无限的体积变化率，而基于插层型反应的电极体积变化率远小于基于转化型反应和合金化型反应的电极。例如，Zhang等[107]现场监测了$In|LGPS|LCO$和$Li_4Ti_5O_{12}$（LTO）$|LGPS|LCO$电池循环过程中的压力和高度变化，并报道了由于LCO和LTO都是基于插层反应，而金属In是基于合金化反应的，因此$In|LGPS|LCO$电池中相应的压力和高度变化要比$LTO|LGPS|LCO$电池大得多。通过X射线层析成像直接观察到In‖LCO电池由于不对称的体积膨胀和收缩而产生的弯曲和开裂。

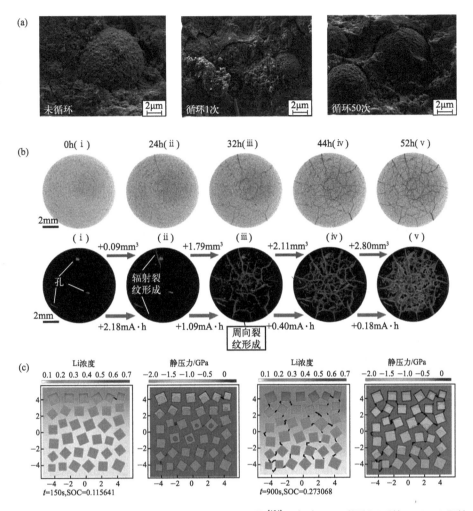

图 4.9　（a）In|LPS|NCM811 电池正极的 SEM 图像[101]；（b）不同时间循环后的 LAGPO 颗粒的二维切片[102]；（c）不同充电阶段正极内 Li+ 的分布和内应力[105]

4.3.2　界面电荷传输问题

通过界面接触的电荷转移是全固态锂金属电池电化学反应的关键。然而，在全固态锂金属电池中，电解质与活性材料之间的 Li+ 交换通常是缓慢的，这主要是由于副反应在原位形成了不理想的界面相，以及电解质与活性材料之间的电位差导致电阻性空间电荷层。电荷在电解质 / 电解质界面中转移，面积比电阻提高，在全固态锂金属电池中产生高内阻。

4.3.2.1 副反应生成的界面相

电解质同时与负极和正极活性物质接触，如果活性物质的工作电位落在电解质的电化学稳定窗口之外，就会引起副反应。尽管基于循环伏安法（CV）的早期研究表明，许多电解质在宽电位窗口内具有电化学稳定性，但最近的第一原理计算结果表明，大多数电解质的电化学稳定性窗口比以前声称的要窄 [图4.10(a)][108]。例如，Han 等[109]报道，在使用半电池的传统CV测量中，副反应的电流信号太低而无法观察到，从而导致"更宽"的电化学稳定性窗口。随后该研究人员在电解质中加入碳，形成Li|electrolyte|electrolyte+C|Pt半电池，以增强电解质与集流体之间的接触，并使用CV扫描半电池，从开路电压（OCV）到 0 V（避免电镀/剥离 Li 带来的大电流干扰），获得电化学稳定窗口下限，从OCV到高电位，获得电化学稳定窗口上限。使用改进的半电池测量的电化学稳定性窗口与第一性原理计算的值吻合得很好，这表明电化学稳定性窗口的第一性原理计算是准确的，可以指导估计电解质与活性物质之间的副反应。

在某些界面相的存在下，界面相（副反应的产物）可以通过阻止进一步的副反应来稳定电解质/电极界面，具有窄电化学稳定窗口的电解质可以与两个电极都表现出稳定的界面 [图4.10(b)][110]。尽管如此，界面相的存在也将电解质和活性材料之间的直接 Li^+ 转移转变为通过界面相的间接 Li^+ 转移，因此，面积比电阻是评价界面相的关键因素。

界面中电子电导率与 Li^+ 电导率的比值在相应的面积比电阻中起关键作用，低电子电导率可以引起界面中急剧的电位变化，从而通过薄界面的形成阻止电解质与活性物质之间进一步的副反应 [图4.10(c)]。正因为如此，SEI 厚度可以通过 SEI 电子导电性来控制。根据面积比电阻的定义，界面面积比电阻与电子电导率与锂离子电导率之比呈正相关，如式（4-6）所示：

$$\mathrm{ASR}_{\mathrm{Li\text{-}ion}} = \frac{d}{\sigma_{\mathrm{Li\text{-}ion}}} \propto \frac{\sigma_{\mathrm{e}}}{\sigma_{\mathrm{Li\text{-}ion}}} \tag{4-6}$$

式中，$\mathrm{ASR}_{\mathrm{Li\text{-}ion}}$ 为面积比电阻；d 为厚度；σ_{e} 和 $\sigma_{\mathrm{Li\text{-}ion}}$ 分别为电子电导率和锂离子电导率。理论和实验结果都很好地支持了这一观点。例如，虽然 LiF 具有较低的锂离子电导率，但由于其极低的电子电导率，它是一种良好的 SEI 成分。

众所周知，LiPON 具有理想的固体电解质界面（SEI）和正极电解质界面（CEI），可以使 $Li\|LiNi_{0.5}Mn_{1.5}O_4$ 全固态锂金属电池在 $3.5\sim5.1$ V 之间实现超高循环稳定性。结构表征明确表明，其 SEI 由 Li_3P、Li_2O 和 Li_3N 混合物组成，其中 Li_2O 可以提供低电子电导率，而 Li_3N 可以提供高 Li^+ 电导率。尽管还不清楚 LiPON 的 CEI 组成，但通常认为其是一种基于 Li_3PO_4 的混合物，具有电子绝缘性和离子导电性。但遗憾的是，目前 LiPON 是唯一能够表现出如此优异性能的固体电解质。

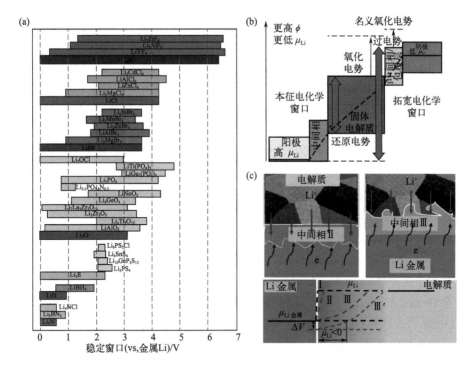

图 4.10　（a）使用第一性原理计算预测各种电解质材料的电化学窗口稳定性[108]；（b）全固态锂金属电池中的电化学窗口稳定性和电势分布[110]；（c）电子绝缘体 SEI 层的反应和形成（左）；反应并形成具有高电子传导性的劣化层（右）；不同锂金属电池的 SEI 和电解质之间的锂电位（底）[111]

　　至于硫化物电解质，LPS 在低电位时的还原主要归因于 P^{5+}，并会形成作为 SEI 的 Li_2S 和 Li_3P。由于 Li_3P 是一种带隙（0.70 eV）与 Ge（0.66 eV）相当的半导体，而且 LPS 的 SEI 中 Li_3P 含量高于 LiPON 的 SEI，因此电子传导性更高。在 LPS 中添加 Ge、Sn 或 Si 元素可显著提高锂离子电导率，但会导致较差的 SEI，因为 Ge^{4+}、Sn^{4+} 和 Si^{4+} 很容易与锂发生反应，形成电子导电合金，从而导致电解质持续锂化和电阻增加。硫化物电解质对钴酸锂也有反应。就 LPS 而言，透射电子显微镜（TEM）观察显示，相应的 CEI 含有 Co、P 和 S 元素，其中 Co 扩散到 LPS 中超过 50nm[图 4.11(a)][112]。此外，根据计算，CEI 的主要成分是 Co-S 化合物、Li_3PO_4 和 Li_2SO_4，并且由于 Co-S 化合物的存在而具有电子导电性。LGPS/LCO 界面也会发生类似的反应。另外，通过使用含有 P^{5+} 的 $LiFePO_4$ 正极，也可减轻硫化物电解质中 P 元素的相互扩散。此外，硫化物电解质会自分解，在电子导体（如碳）周围形成 CEIs，从而使整个 Li^+ 通路劣化，并产生较大的电阻。

　　氧化物电解质可以显示更宽的电化学窗口稳定性。例如，LLZO 的原位扫描透射电子显微镜（STEM）表征表明，在 LLZO/Li 界面，随着 Zr^{4+} 的含量略有减少和同时形成超薄（6 nm）的四方 LLZO 层，这两种情况都会导致可忽略不计的面积比电阻[图4.11(b)][113,114]。另外，在LLZO中掺入Ta不会改变SEI的厚度，而掺入Fe和Nb则会导致较厚的SEI和较高的面积比电阻。由于副反应动力学的增强，LLZO/正极界面上CEI的形成主要发生在共烧结过程中。尽管LLZO/LCO界面CEI的确切组成物质仍存在争议，但由于锂的损失和元素的相互扩散，在不同的烧结温度下，La$_2$CoO$_4$、La$_2$ZrO$_7$和Co$_3$O$_4$都是可能的组成物质[图4.11(c)][115-118]。由于这些CEI都是锂耗尽型的，因此限制了Li$^+$的嵌入和脱离。其他氧化物正极在烧结过程中也会出现与LLZO类似的副反应。就LLTO而言，由于Ti^{4+}被还原为低价，它对锂具有很高的反应性。此外，由于SEI中存在金属Ti，在LLTO/Li界面形成的SEI可以表现出很高的电子导电性。虽然LLTO在较高电位下更为稳定，但在700 ℃高温下与钴酸锂烧结会导致检测到作为CEI的La$_2$Ti$_7$O$_2$和Co$_3$O$_4$，从而由于锂耗尽而导致极低的锂离子电导率。与LLTO相似，LATPO和LAGPO中的Ti^{4+}和Ge^{4+}在低电位时极易被还原，根据第一性原理计算预测，还原产物包含具有高电子传导性的Ti-Al、Li-Al和Li-Ge合金。实验结果也验证了这些结果。在掺杂Ge的LATPO/Li界面上，利用X射线光电子能谱（XPS）检测到了GeO[图4.11(d)][119]。尽管LATPO在500 ℃时与钴酸锂的化学性质稳定，但在更高的温度下，相互扩散变得不可避免，并将形成多孔无定形层作为CEI。

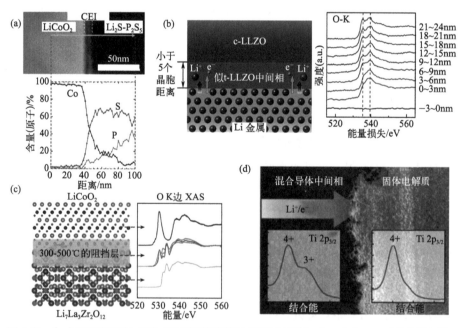

图4.11 （a）初始充电后LPS/LCO界面的横截面STEM图像和Co、P和S元素的能量色散X射线光谱线剖面[112]；（b）LLZO/Li界面上的O K边EELS光谱显示出超薄四方LLZO相的形成[113]；（c）LLZO/LCO界面上的O K边X射线吸收光谱显示出La$_2$Zr$_2$O$_7$、Li$_2$CO$_3$和LaCoO$_3$阻挡相的形成[117]；（d）LAGPO/Li界面上的XPS光谱显示出LAGPO中Ti^{4+}部分还原为Ti^{3+}[119]

在卤化物电解质中，Li_3YCl_6 和 Li_3YBr_6 会被锂还原，形成含有金属 Y 的 SEI，而这些 SEI 无法保持稳定的界面[120]。另外，最近发现 $LiBH_4$ 和 $Li_2B_{12}H_{12}$ 等硼氢化物电解质在低电位时表现出优异的电化学稳定性，根据第一性原理计算，电解质/Li 界面上的相应 SEI 被认为是 LiH 和 B 的混合物，并可能具有较低的电子电导率。然而，实验测试并未证实这一点。此外，包括 $(BH_4)^-$ 或 $(B_{12}H_{12})^{2-}$ 在内的硼氢化物电解质阴离子含有 H^+，容易被氧化。$LiBH_4$ 和钴酸锂的直接接触会在初始充电后形成绝缘的 CoO 和作为 CEI 的界面，从而导致高电阻。虽然 $Li_2B_{12}H_{12}$ 更为稳定，但由于会形成贫锂 CEI，因此仍与钴酸锂和磷酸铁锂正极不相容。

4.3.2.2　空间电荷分布

空间电荷层源于电解质和电极之间锂离子电化学活性的差异。因此，理论上所有电解质/电极界面都应具有空间电荷层。然而，有关电解质与锂之间的界面空间电荷层的研究仍然很少，大多数研究集中于电解质与正极之间的界面空间电荷层。

第一性原理计算表明，由于 Li^+ 化学势的差异，Li^+ 在接触时倾向于从 LPS 转移到钴酸锂 [图 4.12(a)][121]。然而，钴酸锂是一种混合导体，可以通过电子传导平衡 Li^+ 浓度梯度。此外，LPS 上的界面锂原子会大量吸附到钴酸锂表面，导致该亚层上的 Li^+ 浓度较高，并在亚层附近形成 Li^+ 缺乏区，从而引起高电阻。据报道，在 $LGPS/LiMn_2O_4$ 和 LGPS/LCO 界面上，空间电荷层造成的阻抗为 104 Ω。

除了硫化物电解质/氧化物正极界面之外，尽管 Li^+ 吸引电位相似，氧化物电解质和氧化物正极之间也可能存在空间电荷层。例如，Gittleson 等[122]使用 XPS 检测到，由于 Li^+ 从钴酸锂转移到 Li_3PO_4（或 LiPON），导致 Li_3PO_4（或 LiPON）/LCO 界面附近的 Co 价从 +3 上升到 +4，并在循环后，空间电荷层自发增长，从而加剧了界面电荷偏析。Fingerle 等[123]研究表明，Li^+ 从钴酸锂转移到 LiPON 会导致界面电荷重新分布，并形成静电电势梯度，这表现在价带、内部电势曲线和锂离子电化学电势的明显弯曲。最近，Cheng 等[124]利用二维核磁共振交换进一步研究了不同 x 值下 $Li_xV_2O_5$ 和 LAGPO 之间空间电荷层的影响，并提出空间电荷层中的电荷分离（而非 Li^+ 浓度）是面积比电阻显著增加的原因 [图 4.12(b)]。

空间电荷层的厚度一般在纳米到微米之间。研究人员使用 TEM 辅助电子全息技术，结合电子能量损失光谱（EELS）和开尔文探针显微镜，分别精确测量了掺硅 LATPO 和 LCO 之间以及 LATPO 和 $LiCoPO_4$ 之间的空间电荷层厚度，提出相应的空间电荷层为微米级 [图 4.12(c)][125,126]。然而，理论建模表明，考虑到缺陷之间的库仑相互作用以及预测的可忽略界面电阻，LLZO（或 LATPO、LLTO）和钴酸锂之间的空间电荷层厚度被限制在纳米级。然而，这一结果与空间电荷层的传统理解相矛盾，需要进一步的实验研究来揭示其内在特性。

同样值得注意的是，一些关于空间电荷层的研究忽略了电解质/电极界面上存在的SEI现象，这可能会导致不准确的结果。例如，Gao等[127]认为LPS和钴酸锂之间不存在直接界面，但它们之间会形成SEI，因此应重新评估空间电荷层的影响。

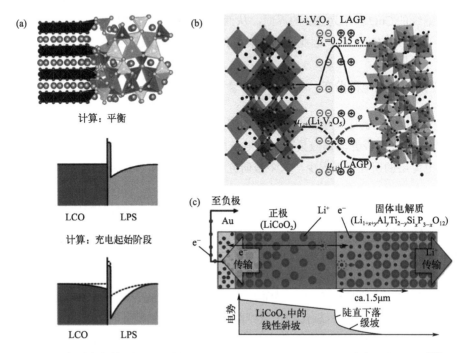

图 4.12　（a）根据第一性原理计算得出的 LPS/LCO 界面上平衡和初始充电时的锂浓度[121]；

（b）LAGPO/Li$_2$V$_2$O$_5$ 界面的空间电荷层效应，空间电荷层导致锂离子扩散势垒增大，

交换电流密度变小[124]；（c）充电状态下 LATPO/LCO 界面附近的锂离子和电子分布

（上面板）以及测量电位的典型分布（下面板）[125, 126]

4.3.3　界面枝晶生长问题

人们最初认为全固态锂金属电池中不存在锂枝晶，因为机械强度高的固体电解质可以抑制锂枝晶的生长。然而，电化学实验和显微观察都清楚地表明，锂枝晶在循环过程中会在固体电解质中生长，甚至直接于内部成核，这不可避免地会导致全固态锂金属电池短路。此外，锂枝晶在大多数固体电解质中形成的临界电流密度远低于有机液态电解质，因此，抑制锂枝晶的形成已成为全固态锂金属电

池最关键的问题之一。而锂枝晶形成的确切机制非常复杂，目前还不完全清楚，其中锂枝晶可能从负极生长并渗透到固体电解质中，也可能直接在固体电解质中成核并生长。

4.3.3.1　电解质界面枝晶生长

理想情况下，锂均匀地沉积在电解质/锂界面上，并导致锂负极均匀增厚。然而，在高电流密度条件下，全固态锂金属电池中的锂枝晶会直接在电解质界面生长。锂枝晶生长的驱动力涉及电解质/锂界面不均匀性导致的局部过电位，其中不可避免地存在突起，突起尖端附近会产生增强电场和高过电位，从而导致锂沉积在突起尖端的自我放大。另外，还有两个因素会阻碍锂枝晶的生长，第一个因素涉及锂枝晶生长导致的电解质变形和额外应变能的产生，第二个因素涉及锂枝晶生长导致的电解质/锂界面面积增大和额外界面能的产生 [图 4.13(a)][111]。这两种阻力可决定电解质的临界过电位，并代表抑制锂枝晶的能力。如果锂枝晶驱动力（过电位）大于电阻力（临界过电位），锂枝晶就会自发地生长到电解质中。因此，电解质应表现出对锂的低面积比电阻和均匀的锂通量（小过电位）以及高机械强度和对锂的高界面能（大临界过电位），以抑制锂枝晶。

就锂负极的不均匀性而言，这通常是由于电解质对锂的润湿性较差造成的。由此造成的接触不良不仅会导致电阻增大，还会在界面上自然形成点接触。电解质润湿性差还会导致充电过程中 Li^+ 脱离不均匀，形成突起，从而导致点接触，使 Li^+ 通量分布显著集中，形成锂枝晶 [图 4.13(b)][128]。这里需要注意的是，电解质/电极界面的界面能主要决定了润湿性，高的界面能会导致润湿性变差。因此，界面能对锂枝晶抑制的影响是矛盾的，界面能与锂枝晶生长的驱动力和阻力都呈正相关。

一般来说，电解质的不均匀性是由缺陷造成的，其中孔隙和裂缝等三维缺陷在锂枝晶通过电解质生长的过程中起着重要作用，因为电解质/锂负极界面附近的相应孔隙和裂缝在充电时很容易被锂枝晶填满，而不会产生任何阻挡作用。因此，新生成的锂枝晶往往会在电场放大作用下迅速向邻近的孔隙和裂缝扩展。例如，Shen 等[129]直接观察到锂沉积到 LLZO 的孔隙和裂缝中，导致孔隙变宽和电池短路 [图 4.13(c)]。晶界是多晶电解质中典型的二维缺陷，也会影响锂枝晶的生长，Cheng 等[130]在掺铝的 LLZO 中直接观察到锂枝晶通过晶界传播（晶粒间锂枝晶的形成）[图 4.13(d)]。因此，锂枝晶通过晶界传播增强与晶界的特性密切相关，其中一个原因可以归结为晶界的低锂离子传导性和缺陷。例如，Yu 等[131]在原子尺度上研究了 3 个低能对称模型 LLZO 晶界的能量、组成和传输特性，这些晶界可以代表相当一部分晶界，他们基于分子动力学模拟，解释了锂离子传输受到晶

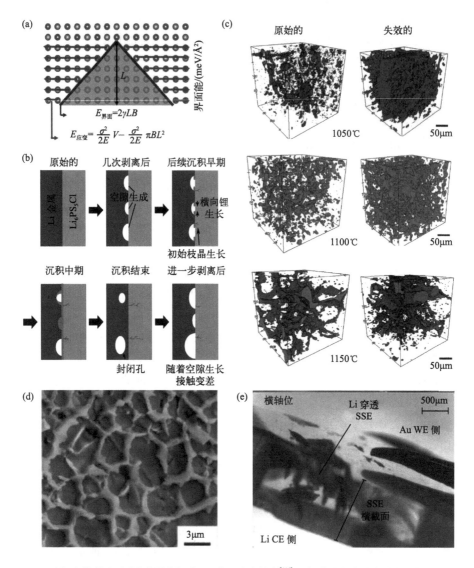

图4.13 （a）锂枝晶形成的能量分析（界面能和应变能）[111]；（b）在总电流密度高于临界电流密度时循环的 LPSCl/Li 界面示意图[128]；（c）1050、1100 和 1150 ℃烧结时 LLZO 内部空洞相的 X 射线层析重建图[129]；（d）循环后 LLZO 中网状结构的 SEM 显微照片[130]；（e）横向视图显示 Li 枝晶的针状形态，已经渗透到单晶 LLZO 中并完全穿透[135]

界较高的扩散障碍和结构的影响。Ma 等[132]利用原子分辨率 STEM/EELS 进一步研究了 LLTO 中晶界导电性差的原因，发现厚度为 2～3 个单元的 Ti-O 二元化合物是晶界的实际组成成分，它是锂耗尽型的，因此锂离子导电性差。在这里，块状晶粒和晶界之间锂离子传导性的显著差异会导致锂离子通量不均匀，从而促进锂枝晶的生长。晶界软化是晶间锂枝晶生长的另一个原因，Yu 等[133]的研究表明在晶界附近的纳米级区域会出现明显的弹性软化。分子动力学模拟显示，晶界附近的剪切模量比块状区域的剪切模量小 50%，因此，在充电过程中，锂枝晶会优先沿着较软的晶界区域发生和传播。元素偏析也会导致晶间枝晶生长。例如，Pesci 等[134]的研究表明与掺镓的 LLZO 相比，掺铝的 LLZO 对锂枝晶的抑制能力要低得多，而且在掺铝的 LLZO 中，锂枝晶主要通过晶界形成，由金属锂和铝组成，而在掺镓的 LLZO 中，没有检测到金属镓。元素分布图显示，在掺铝的 LLZO 中，铝元素倾向于在晶界处偏析，而镓元素分布均匀，晶界处较高浓度的 Al^{3+} 更有可能与锂发生反应，在晶界处形成含有锂和铝的枝晶。

尽管单晶 LLZO 是用于全固态锂金属电池的可行电解质，可以最大限度地减少缺陷，但通过原位表征发现了明显的锂枝晶形成 [图 4.13(e)][135-137]。此外，使用基于简化几何形状的分析模型计算出的锂枝晶尖端最大应力与过电位呈正相关，即使在正常充电速率下，微裂纹尖端压力也很容易达到 1 GPa，从而促进裂纹扩展和枝晶形成，直至短路。Zhang 等[138]利用原位原子力显微镜和环境透射电子显微镜实验直接测得锂枝晶的生长应力达到 130 MPa。在这里，较高的过电位可以在锂枝晶尖端引起较高的应力，这一事实证实了过电位是全固态锂金属电池中锂枝晶生长的主要驱动力。

4.3.3.2　电解质内部的枝晶形核和生长

除了锂枝晶从负极逐渐生长外，最近的研究报道了锂枝晶在电解质内部的直接成核和生长，Aguesse 等[139]检测到镓掺杂 LLZO 内部形成了锂枝晶，并基于电化学分析提出了两种可能的机制，包括①LLZO 中 O^{2-} 还原锂离子和②残余电子电导率的电子转移还原锂离子 [图 4.14(a)]。

Han 等[97]报道了高电子电导率是电解质中锂枝晶成核和生长的原因。这是基于利用时间分辨的原位中子深度剖析技术监测了锂电镀过程中 LiPON、LLZO 和 LPS 中锂浓度分布的动态演变 [图 4.14(b) ～(d)]，该工作中，研究人员发现，对于 LLZO 和 LPS，在负极附近积累的 Li 原子的数量低于转移电子的数量，这表明在电解质深处形成了锂枝晶。这些研究人员还发现，除了负极区域外，Li 原子的累积量与深度无关，这清楚地表明锂枝晶在 LLZO 和 LPS 内部直接成核和生长。相反，LiPON 可以在电解液/负极界面处展现理想的锂沉积，而不会在内部形成树枝状结构。产生这种现象的主要原因是 LLZO 和 LPS 的电子电导率（10^{-9}～10^{-7} S/cm）相对于 LiPON（10^{-15}～10^{-12} S/cm）较高，在充电过程中如果直接接触锂负极，总电势显著降低至负值，促进内部形成锂枝晶。Ping 等[140]利用类似的方法提出了 Li 在 LLZO 内的成核和生长是可逆的，他们发现锂枝晶可以通过与正极或局部

LLZO的化学反应被消耗，从而完全或部分终止短路。

除了实验研究之外，第一性原理计算亦可为我们提供对于电解质中锂枝晶的成核和生长过程的深入认识。Tian 等[141,142]利用密度函数计算和相场模拟提出，由于LLZO孔表面的带隙比体中的带隙小得多，多余的电子可以被困在LLZO孔表面，而被困的多余电子可以加速锂枝晶的形成，并使孔内孤立的Li成核[图4.14(e)]。

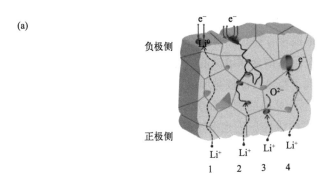

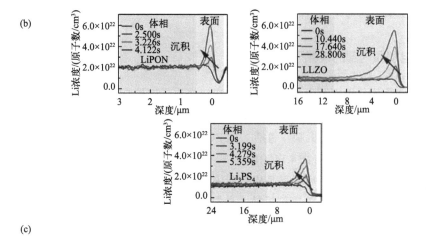

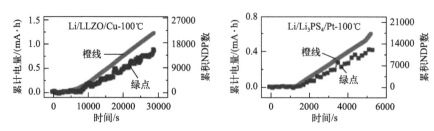

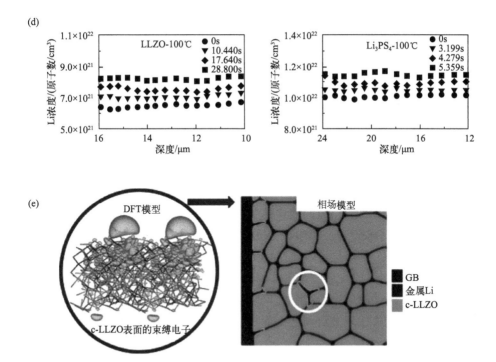

图 4.14 　（a）四种潜在的锂离子还原机制：1 是镀锂，2 为锂枝晶生长，3 和 4 分别是通过与氧网络和传导的电子复合而在 Li 内部成核[139]；（b）LCO|LiPON|Cu、Li|LLZO|Cu 和 Li|LPS|Pt 电池的时间分辨 Li 浓度谱；（c）100 ℃ 时 Li|LLZO|Cu 和 Li|LPS|Pt 电池总区域（表面和体相）累积电荷（橙线）与累积中子深度剖面计数（绿点）之间的相关性；（d）镀锂过程中不同时间 LLZO 和 LPS 中的锂浓度分布图[97]；（e）LLZO 中多余电子的分布（左）和相场模拟结果显示孤立的枝晶成核（右）[141, 142]

4.3.4　界面问题的解决策略

在实际的电解质 / 电极界面上，存在着比实验室中理论研究所预测的更为复杂的情况，这是由于多个问题可能同时存在并相互影响。例如，不良的接触和缓慢的电荷转移也可能在锂枝晶的形成中起关键作用。尽管如此，已经提出了多种成功的方法来克服全固态锂金属电池中电解质 / 电极界面的挑战，并且根据这些方法对相关策略进行了分类和介绍。

4.3.4.1　成分调控

电解质和电极材料的成分修饰可以从本质上改变电解质 / 电极界面的性质，

其中掺杂、复合和涂层是三种成功的方法，可以在不降低电解质锂离子电导率和电极电化学活性的情况下改善电解质/电极界面。就负极而言，大多数研究都集中在电解质/Li界面上，并得出结论，可以通过成分修饰来增加润湿性，来形成理想的SEI层并抑制Li枝晶的生长。例如，引入中间层可以提高LLZO对锂的润湿性，Han等[89]利用原子层沉积（ALD）将超薄Al_2O_3涂覆在掺Ta的LLZO上，通过形成Li-Al合金获得亲锂LLZO[图4.15(a)]。采用类似的策略，在LLZO上引入Si、Ge、Mg、ZnO和碳薄层，成功地提高了润湿性。研究人员还报道，LLZO和Li之间具有高锂离子和电子导电性的夹层，可以在不阻碍电荷转移的情况下增加润湿性。例如，Huo等[143]利用磁溅射将Cu_3N中间层引入LLZO中，与Li发生反应，形成由Li_3N和Cu组成的混合导电层，使LLZO/Li界面表观电阻从1138.5 $\Omega \cdot cm^2$降低到83 $\Omega \cdot cm^2$，临界电流密度为1.2 mA/cm^2。同样，通过$Zn(NO_3)_2$和Li（或SnN_x和Li）的原位反应，在LLZO和Li之间成功地引入了Li_3N-Zn（或SnN_x-Sn）复合中间层。通过电极修饰形成混合导电层也是可行的。如Huang等[144]制备了一种Li-C_3N_4复合负极，旨在降低接触角，抑制锂枝晶生长。并提出了原位形成的Li-C_3N_4复合材料中的Li_3N、LiC_{12}和Li_2CN_2可以作为混合导电组分。

大多数电解质的原生SEI不仅产生高的面积比电阻，而且在一定条件下还产生锂枝晶的积累。这里通过对电解质和/或电极进行改良的SEI工程解决这一问题是一个成功的策略。例如，受LiPON的启发，在硫化物电解质中掺杂O可以有效地形成合适的含Li_2O的SEIs，其中LGPS和Li_6PS_5Br中的O部分取代S可以稳定电解质/Li负极界面，从而在Li‖LCO全固态锂金属电池中诱导更高的循环稳定性和优异的Li枝晶抑制能力。Zn-O共掺杂LPS和Sb-O共掺杂LPS也表现出更好的抗Li稳定性。这里需要注意的是，上述研究中的取代量都比较低，这限制了SEIs中Li_2O的含量。由于低的电子电导率和高的界面能，卤化锂也可以形成合适的SEIs。例如，Han等[145]将LiI引入LPS中，通过球磨形成均匀的I掺杂LPS，并报道了I掺杂LPS（70LPS-30LiI）表现出最佳的枝晶抑制能力，在100 ℃时允许临界电流密度达到3.9 mA/cm^2。研究人员将这种改善归因于含有SEI的LiI的形成。Fan等[111]也制备了一种LiFSI包覆/渗透的LPS，如果与Li负极接触，LiFSI可以很容易地与Li反应形成富LiFSI的SEI，可以抑制Li枝晶的渗透，并在室温时将临界电流密度提高到2 mA/cm^2[图4.15(b)]。Xu等[146]进一步报道了HFE（或I_2）包覆和浸润的LPS可以原位形成富LiF（或LiI）的SEIs，表现出良好的Li枝晶抑制能力。在另一项研究中，Tian等[147]采用熔淬法将Li_3OCl引入LLZTO中，并报道了循环过程中，Li_3OCl在Li负极附近自分解生成Li_2O和LiCl，生成的SEI具有电子绝缘性，可以充分抑制枝晶的形成[图4.15(c)]。

具有低电子电导率与锂离子电导率比的类SEI中间层也得到了广泛的研究，

并且可以表现出低的面积比电阻和优越的锂枝晶抑制能力。例如，Duan等[148]在中等温度下将LLZO表面上的污染物转化为含氟中间层，以实现锂离子表面扩散的高电子隧穿势垒和低能量势垒，其中富LiF中间层可以作为人工SEI来稳定LLZO/Li界面。Deng等[149]也通过ALD向LLZO注入了空气稳定型Li_3PO_4，界面阻力显著降低至$1\ \Omega \cdot cm^2$。由于界面稳定性增强，临界电流密度达到2.2 mA/cm^2。Zhang等[150]进一步提出，Li负极上的LiH_2PO_4可以通过H_3PO_4与Li之间的反应形成稳定的保护性SEI，但由于电子电导率低，该夹层的生成受到限制，而纯LGPS的SEI增长不受控制。在另一项研究中，Hou等[151]通过Li负极与$LiNO_3$和氟乙烯碳酸酯反应，获得了Li_3N和LiF的原位混合物，并报道了坚固的LiF和含有Li_3N的层间使LAGPO中Li沉积均匀而不形成枝晶。

电解质改性进一步降低了残余电子电导率对抑制电解质内枝晶的形成非常重要。在此基础上，Mo等[152]通过掺杂LiF修饰$LiBH_4$的晶界，阻碍电子沿晶界转移，成功降低了整体的电子导电性[图4.15(d)]。Shi等[153]采用类似的策略，通过固态反应原位制备了LiF修饰的$Li_2B_{12}H_{12}$，其中超细的LiF纳米颗粒可以阻止电子转移，使Li^+迁移，从而抑制电解质内部的锂枝晶成核以及电解质与电极之间的副反应。

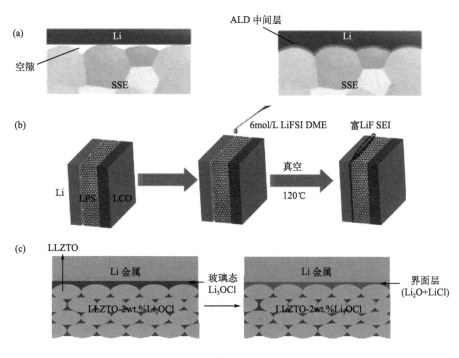

图4.15

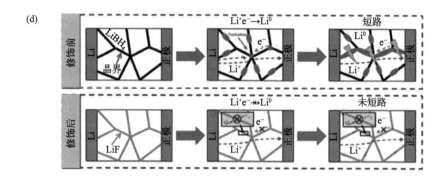

图 4.15 （a）ALD 改性前（左）和后（右）石榴石表面与熔融锂的润湿行为 [89]；（b）LPS 与 Li 之间形成富 LiF SEI 层的预处理过程 [111]；（c）LLZTO 电解质和 LLZTO-2wt% Li₃OCl 复合电解质的 Li 沉积行为，通过 Li₃OCl 的原位分解，在 LLZTO-2wt%、Li₃OCl 和 Li 之间形成夹层 [147]；（d）原始 LiBH₄ 中锂枝晶的形成和 LiF 修饰 LiBH₄ 中锂枝晶的抑制 [152]

正极的成分修饰主要集中在层间涂层上，以防止副反应和减轻空间电荷层。例如，Ohta 等[154]将 LTO 作为 LPS 和 LCO 之间的中间层，成功地防止了副反应，降低了界面电阻。由于 LTO 的电化学稳定窗口为 2.0～3.8 V，LTO 对 LPS 和 LCO 都相对稳定。此外，LTO 具有可接受的锂离子和电子电导率。在这项研究之后，LTO 中间层也被应用于 LGPS 电解质与 $LiNi_{0.8}Co_{0.15}Al_{0.05}O_2$、NCM 和 $LiMn_2O_4$ 正极之间的界面。Ohta 等[155]采用类似的策略开发了一种性能更好的 $LiNbO_3$ 夹层，其中 $LiNbO_3$ 具有 1.7～4.2 V 的宽电化学稳定窗口，非晶相的锂离子电导率为 10^{-5} S/cm，电子电导率为 10～11 S/cm。因此，$LiNbO_3$ 已被广泛用作典型的中间层。Jung 等[156]也合理地设计了 Li-B-C-O 中间层来稳定 Li_6PS_5Cl（LPSCl）/LCO 界面，其中 Li-B-C-O 中间层是由 Li_3BO_3 和 Li_2CO_3（LCO 表面的杂质）之间的反应形成的，可以显著增强 Li^+ 的电导率，并抑制有害的含 Co_3S_4 的 CEIs 的形成。在对 LiPON 的研究中，Li_3PO_4 被证明是合适的 CEI。因此，Li_3PO_4 层间涂层有望有效地提高性能。例如，Ito 等[157]利用脉冲激光在 LCO 上沉积了一层 $Li_{3.5}Si_{0.5}P_{0.5}O_4$ 薄膜，在相应的 In|LPS|LCO 电池中获得了更低的界面电阻，LPS 和 LCO 之间有 45 nm 的 $Li_{3.5}Si_{0.5}P_{0.5}O_4$ 中间层 [图 4.16(a)]。Li_3PO_4 中间层已进一步应用于 LGPS/NCM[图 4.16(b)][158]和 LiBH₄/LCO 界面，并取得了可喜的成果。为了进一步探索具有良好性能的潜在中间层，Xiao 等[159]利用第一性原理计算对电极/正极中间层进行了高通量筛选，并预测了三种新的中间层，包括 LiH_2PO_4、$LiTi_2(PO_4)_3$ 和 $LiPO_3$，它们可能会改善电解质与正极之间的相容性 [图 4.16(c)]。

两种锂离子导体组成双层电解质是提高界面相容性的另一种有效策略。例如，Wan 等[160]提出了一种 O 掺杂 LPS/LGPS 双层电解质，以实现 Li||Cu_2ZnSnS_4 电

池的稳定循环，其中在 Li 负极处使用 O 掺杂 LPS 以防止 LGPS 的还原反应。这种双层电解质也可用于高性能 Li‖S 全固态锂金属电池。在另一项研究中，Lu 等[61]在 Li‖LCO 全固态锂金属电池中应用了 Li₄(BH₄)₃I@SBA-15/LPS 双层电解质，在电解质中添加 LPS 可以导致相对稳定的电解质/电极界面，而不会在循环过程中产生严重的副反应。

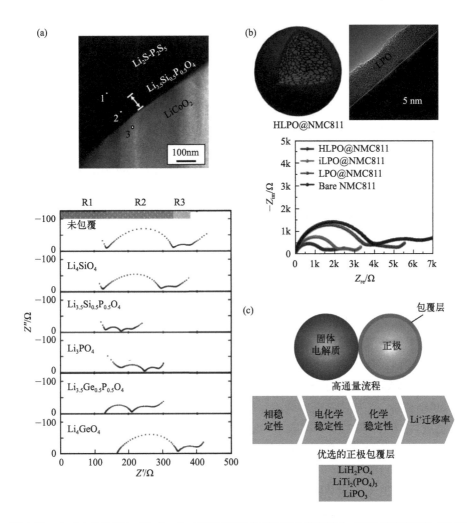

图 4.16　（a）In|LPS|Li₃.₅Si₀.₅P₀.₅O₄ 包覆 LCO 电池的 TEM 横截面图；初始充电后使用 LCO 正极包覆和未包覆的全固态锂金属电池阻抗图[157]；（b）Li₃PO₄@NCM811（上）的层次结构和特征；使用 NCM811 包覆层和未包覆层的全固态锂金属电池在 100 次循环后的阻抗图[158]；（c）高通量筛选获得的包覆材料的具体建议及详细案例研究[159]

4.3.4.2 结构设计

结构设计的主要目标是建立一个三维紧密的电解质/电极界面，以增加有效的相互作用面积和改变容纳体积。这些措施可以降低内阻并有效地抑制由于裂纹引起的短路。

一种有效的方法是使液相凝固（熔化-冷却或溶解-干燥）以改善界面接触。Ohta 等[161]采用熔体冷却策略，引入 Li_3BO_3 来改善 Nb 掺杂 LLZO 和 LCO 之间的接触，在共烧结过程中，Li_3BO_3 可以熔化，增强与 Nb 掺杂 LLZO 和 LCO 的相互作用。Han 等[162]进一步通过 $Li_{2.3}C_{0.7}B_{0.3}O_3$ 和 Li_2CO_3（LLZO 和 LCO 表面的杂质）之间的反应证明了 LLZO 和 LCO 的焊接，其中原位形成的 Li-C-B-O 化合物不仅可以诱导高的相互作用面积，还可以通过去除绝缘体 Li_2CO_3 来提高锂离子的转移[图 4.17(a)]。Kitaura 等[163]也通过热压过冷液态 LPS 到 LTO 和 LCO 上制备了良好的电解质/电极界面。由于软 LPS 的变形，实现了良好接触，这大大降低了界面阻力并实现了稳定的循环。活性材料的熔融冷却也能有效地增强锂离子和电子的转移。Hou 等[164]通过将 S 熔化并渗透到同轴碳纳米管中，合理地设计了 Li‖S 全固态锂金属电池的正极结构，由此形成的电子网络具有高 S 利用率和优异的电化学性能。Kim 等[165]采用溶解-干燥策略，提出了一种新的可扩展方法，将电解质溶液（乙醇中的 LiPSCl 或甲醇中的 $0.4LiI$-$0.6Li_4SnS_4$）渗透到电极中并在真空下固化，以实现电解质与电极之间的良好接触。相应的石墨/LPSCl/LCO 全固态锂金属电池表现出与有机液体电解质电池相当的电化学性能。Li 等[166]进一步设计了一种新的电解质结构，将 LPSCl 注入排列良好的木通道中，以抑制锂枝晶的形成，并报道了这种独特的电解质结构可以调节 Li^+ 通量，促进均匀的 Li 电镀和剥离行为。

多孔电解质或电极具有高比表面积，因此有望显示高相互作用面积。在此基础上，Broek 等[167]开发了一种纳米多孔铝掺杂 LLZO，该 LLZO 通过牺牲有机温度共烧结获得，正极浇铸获得高相互作用面积。Xu 等[168]也开发了一种新型的多孔-致密-多孔三层 LLZO，在整个电池中提供相互连接的 3D Li^+ 通道，使相应的 Li‖S 全固态锂金属电池具有高能量密度（272 W·h/kg）和库仑效率（接近100%）[图4.17(b)]。Li 等[169]进一步设计了一种 3D 多孔集流体，在不引起体积膨胀的情况下沉积锂，其中大部分锂在充电时能够成功聚集到集流体的空隙中。然而研究表明，由于存在界面镀锂，电解质/锂界面的劣化仍然是不可避免的。多孔电极也能表现出更好的电化学性能。例如，Han 等[170]通过对 Li-In 和 Li-Sn 合金的化学脱合金来合成具有连续孔隙度的多孔 In 和 Sn 负极，并报道了这些多孔金属负极能够通过改善体积变化适应性和最小化副反应而展示出更高的容量和循环寿命。

各种新颖的全固态锂金属电池结构能更好地适应循环应力。例如，Han 等[171]展示了一种概念验证性的单材料电池，旨在消除界面电阻，其中 LGPS 扮演着负

极（含 C 的 Ge-S 组件）、电解质（LGPS）和正极（含 C 的 Li-S 组件）的角色。结果显示，这种新颖结构显著改善了固 - 固接触，可应用于其他电池化学成分。Lee等设计了一种无过量锂的 Ag-C|LPSCl|NCM 全固态锂金属电池，并报道了薄的Ag-C 层可以有效调节锂的沉积，从而实现高循环稳定性。这种原型袋式电池显示出高能量密度（＞ 900 W·h/L）。超弹性的锂负极基底也可以适应应力。例如，Zhang 等[175]通过将锂箔与聚二甲基硅氧烷基底相结合，制备了一种应力自适应的LLZO/Li 界面，实现了超过 5000 个循环寿命和小的过电势 [图 4.17(c)]。

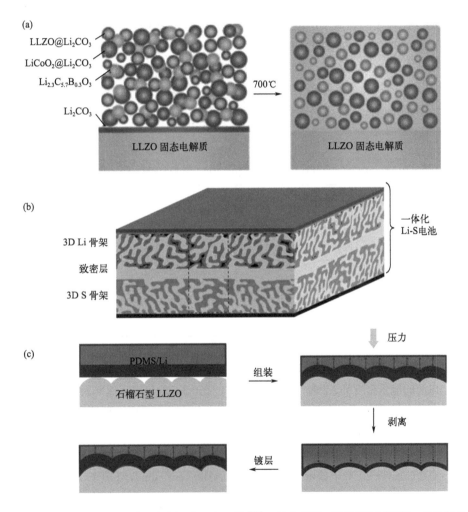

图 4.17　（a）界面设计的全陶瓷电解质 / 正极界面[162]；（b）基于三层石榴石电解质的一体化固态锂电池的工作原理[168]；（c）超弹性衬底 PDMS 使 LLZO 与 Li 紧密接触[175]

4.4 典型全固态电池体系

4.4.1 Li|LiPON|LiCoO$_2$ 薄膜全固态电池

薄膜型全固态锂电池是一种厚度通常小于 20 μm 的薄膜电池，由正负薄膜电极和固体电解质组成。作为固态电池技术的重要类别，薄膜电池充分利用了固态电池的优势，比如不易燃和对极端温度的耐受性，并提供了非常薄的电池外形。最先进的薄膜电池具有多个优势，例如超长的使用寿命、深度放电时非常长的循环寿命（比传统的锂离子电池高一个数量级）、高倍率能力以及非常低的自放电率。此外，薄膜电池能够以各种形状进行加工。

对于 Li|LiPON|LiCoO$_2$ 薄膜全固态电池，氮氧磷锂（LiPON）是薄膜电池中常用的固体电解质，室温离子电导率约为 10^{-6} S/cm，由表 4.1 可知所有界面的黏附能和界面形成能均为正，表明 LCO 电极与 LiPON 基 SSE 之间存在一定程度的亲和力。

表 4.1 LCO 和 LiPON 的（001）、（110）和（104）面界面的黏附能、界面形成能和吸附能

界面	$W_{ad}/$（eV/Å^2）	$\gamma_f/$（eV/nm^2）	$E_{ad}/$（eV）
LiPON/LCO(001)	0.149	1.229	−29.07
LiPON/LCO(110)	−0.074	−0.415	14.1
LiPON/LCO(104)	0.049	−0.12	−7.34

Lee 等[172]通过常规的转移方法制备了 LiCoO$_2$/LiPON/Li 柔性薄膜锂离子电池，电池的能量密度为 2.2×10^3 μW·h/cm^3，在 0.5 C 的倍率下速率为 46.5 μA/cm^2，这是迄今为止柔性电池达到的最高能量密度。谷越等[173]通过调控工艺参数制备正极 LiCoO$_2$ 薄膜和电解质 LiPON 薄膜，并利用真空热蒸发法制备负极金属 Li 薄膜，最终得到 LiCoO$_2$/LiPON/Li 薄膜全固态电池，其在 −20～120 ℃ 宽温域下工作，在 2 C 条件 −20 ℃ 下放电容量为 31.10 μA·h/（cm^2·μm），120 ℃ 下放电容量为 57.70 μA·h/（cm^2·μm）。在 10 C 下循环 350 圈后放电容量为 40.73 μA·h/（cm^2·μm），350 圈循环后容量保持率达到 84.15%。

4.4.2　Li|LiPSCl|LiCoO₂ 高能量密度全固态电池

Li|LiPSCl|LiCoO$_2$ 高能量密度全固态电池采用金属锂作为负极、锂磷硫氯化物（LiPSCl）作为固体电解质以及钴酸锂（LiCoO$_2$）作为正极材料。Liu 等[174]将 Li$_6$PS$_5$Cl 电解质片体致密化烧结，制备了致密且表面平整的 Li$_6$PS$_5$Cl 电解质片，在 25 ℃下具有 6.11 mS/cm 的高离子电导率，并可有效抑制锂枝晶的生长。片体烧结 4 h 的 Li$_6$PS$_5$Cl 电解质在 25 ℃和 100 ℃的测试温度下，临界电流密度分别达到 1.05 mA/cm^2 和 2.45 mA/cm^2。LiCoO$_2$/Li$_6$PS$_5$Cl/Li 全固态锂电池具有优异的电化学性能、倍率性能和高循环稳定性。在 0.35mA/cm^2 的面电流密度下，经过 100 次循环后，仍保持 92.6 mA·h/g 的放电容量，其容量保持率为 80.3%。

这种高能量密度全固态电池相较于传统的液态电池具有更高的能量密度和较好的安全性能。固体电解质的使用消除了电池中液态电解液的存在，减少了电池发生泄漏、挥发或着火的风险。另外，硫化物全固态电池在循环寿命和快速充电方面也具有较好的性能。硫化物固体电解质在室温下的锂离子电导率（10^{-2} S/cm）与传统液态电解质相当，因此很适合用于电动汽车（EV）电池。

4.4.3　Li-S 高能量密度全固态电池

全固态锂硫电池（SSLSB）的正极是硫元素或硫化物，采用固体电解质（SSE）的一类电池，具有高离子电导率、较小的电化学稳定窗口和良好的热稳定性，是一种理想的储能设备。然而，诸如多硫化物锂穿梭效应、错配界面、Li 枝晶生长以及基础研究与实际应用之间的差距等关键挑战阻碍了 SSLSB 的商业化。

金属锂由于其超高的理论容量（3860 mA·h/g）和最低的负电化学电势（相比标准氢电极 -3.040 V），从而使锂硫电池具有 2600 W·h/kg 的能量密度而成为负极的最终选择[184]。由于锂金属/SSE 界面不稳定，在镀锂/剥离过程中，锂金属负极仍然存在锂枝晶问题。选择 Li-M 合金（M=In，Sn，Ge）和金属 In 作为负极，可以避免锂枝晶和副反应[176]。然而，Li-M 合金和金属 In 相对较高的工作电位不可避免地降低了能量密度。

在所有固体电解质中，硫化物基 SSE 的离子电导率最高，能达到 10^{-2} S/cm，基于硫化物的固体电解质根据其不同的晶体结构可进一步分为玻璃、晶体和玻璃-陶瓷硫化物 SSE。xLi$_2$S$_{(1-x)}$P$_2$S$_5$ 和 xLi$_2$S$_{(1-x)}$SiS$_2$ 是玻璃态硫化物 SSE 的两个代表，在室温下显示出超过 10^{-4} S/cm 的电导率[177]。结晶 Li$_{10}$MP$_2$S$_{12}$（M=Ge、Sn、Si）及其衍生物（例如 Li$_{9.54}$Si$_{1.74}$P$_{1.44}$S$_{11.7}$Cl$_{0.3}$，LiSiPSCl）在室温下也表现出超过 10^{-2} S/cm 的电导率[178]。

S/C 复合材料是一种最常见的正极，如以多壁碳纳米管包覆的硫材料

（MWCNT@S）为正极组装的全固态锂硫电池具有优异的循环和倍率性能。其他正极材料，如聚合物-硫材料，包括聚丙烯腈（PAN）-硫、1,3-二异丙基苯（DIB）-硫和三硫氰酸（TTCA）-硫，硫聚合可以作为聚合物骨架，能够降低锂多硫化物（LiPS）的溶解和穿梭效应。其中PAN-S是一种优秀的材料在碳酸盐电解质中可经过上千个稳定循环[179]。

4.4.4 Na|NaBH|NaVPO 钠离子全固态电池

全固态电池面临的巨大挑战是找到一种同时满足高离子电导率和负极/正极界面稳定性要求的固体电解质，尤其是当电池循环超过4V时。氢硼酸盐是一种尚未充分开发的固体电解质，但其具有非常吸引人的材料特性，包括与锂和钠金属负极的高相容性、低质量密度（<1.2 g/cm³）、软力学性能、可冷压、高热稳定性和化学稳定性、溶液加工性和低毒性。

据报道，电池结构为$S|Li(CB_{11}H_{12})_{0.3}(CB_9H_{10})_{0.7}|Li$和$NaCrO_2|Na_4|(B_{12}H_{12})(B_{10}H_{10})|Na$（或Na-Sn合金）等全固态锂钠电池能够稳定循环[180]。$Na_4(CB_{11}H_{12})_2(B_{12}H_{12})$是另一种基于2:1摩尔质量$NaCB_{11}H_{11}$和$Na_2B_{12}H_{12}$混合物的加氢硼酸盐固体电解质。与$Na_4(B_{12}H_{12})(B_{10}H_{10})$类似，它被证明具有高导电性（室温下为1~2 mS/cm），对钠金属稳定[181,182]。

Asakura等[183]采用了一种氢硼酸盐固体电解质$Na_4(CB_{11}H_{12})_2(B_{12}H_{12})$，它具有类似液体电解质的离子导电性、对碱金属负极的稳定性和柔软的力学特性。他们发现正极/固体电解质界面的自钝化可以避免使用人工保护层，如图4.18所示，并且能够实现由钠金属负极和无钴$Na_3(VOPO_4)_2F$正极组成的4V全固态电池的稳定运行。

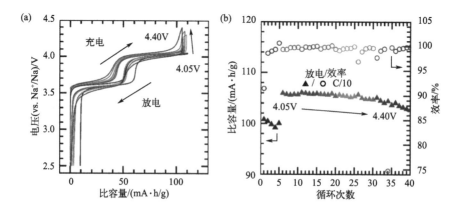

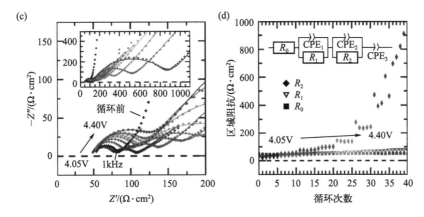

图 4.18 全固态电池的性能 Na|Na$_4$(CB$_{11}$H$_{12}$)$_2$(B$_{12}$H$_{12}$)|Na$_3$(VOPO$_4$)$_2$F

(a) 恒流充放电曲线；(b) 循环性能图；(c) 阻抗谱图；(d) 拟合阻抗谱图

4.5　全固态电池的展望

经过多年的发展，全固态电池获得了越来越多的关注，科研院所和企业都在集中力量攻克全固态电池的科学和技术问题，具体表现为新固体电解质体系和界面作用机制的不断创新以及全固态电池性能的持续突破。

根据现在发展速度判断，全固态电池走进我们的生产生活似乎并不是一件遥不可及的事。但是，一项技术从实验室走进生活一般都要较长的时间，全固态电池也不会是例外。目前全固态电池的实用化进程中还存在诸多挑战，甚至其中一些还比较棘手。

① 实用条件下的性能问题。目前全固态电池的相关性能报道大都基于相对较低的正极面载量、较厚的固体电解质和过量的金属负极，这在科学研究中有利于摸清材料的理论极限，但在实用中会极大降低全固态电池的整体能量密度。可以预期的是，在实用条件下，高的正极面载量会导致电荷交换困难，薄的固体电解质会导致循环过程中的开裂和枝晶刺穿问题，低量的金属负极会无法抵消副反应的消耗从而导致循环容量快速下降。除此之外，实用条件和实验室条件下的全固态电池还有很多区别，如工作压力、温度等，都对全固态电池的性能有显著影响。因此，想要实用条件下的全固态电池性能达到预期水平，还需研究者们的不懈努力。

② 实用条件下的安全问题。全固态电池在理论上具有较高的安全性，这是由固体电解质的本征物理和化学性质决定的。但是，二次电池是复杂的储能器件，其安全性涉及很多因素，需要系统的测试才能真正达到实用标准。即在过充过

放、外短路、高低温、机械破坏、振动等恶劣条件下对全固态电池安全性进行评估，检测其储存的大量能量在不同情况下的释放方式和后果。这些工作需要消耗大量的时间和精力，却是全固态电池实用化过程中不能绕过的重要节点。

③ 规模化生产和成本问题。全固态电池的制备工艺显著不同于目前的商用二次电池，如何在规模化生产中提高生产效率的同时降低成本，如何保持全固态电池单体的性能一致性是关系到全固态电池市场竞争力的关键。如生产效率和成本直接决定了全固态电池的销售价格，如果价格无法降到合理水平，全固态电池无法获得消费者认可；成本部分还受到固体电解质原料的产能影响。全固态电池单体的性能一致性对于串并联组成的电池组意义重大，单体的性能快速衰退会严重影响电池组整体的表现，甚至还可能引发安全事故。

参考文献

[1] Faraday M. Experimental researches in electricity—Nineteenth series[J]. Phil. Trans. R. Soc. Lond., 1846(136): 1-20.

[2] Inaguma Y, Liquan C, Itoh M, et al. High ionic conductivity in lithium lanthanum titanate[J]. Solid State Communications, 1993, 86(10): 689-693.

[3] Zou Y, Inoue N. Structure and lithium ionic conduction mechanism in $La_{4/3-y}Li_{3y}Ti_2O_6$[J]. Ionics, 2005, 11(5/6): 333-342.

[4]Kwon W J, Kim H, Jung K N, et al. Enhanced Li^+ conduction in perovskite $Li_{3x}La_{2/3-x}\square_{1/3-2x}TiO_3$ solid-electrolytes *via* microstructural engineering[J]. J. Mater. Chem. A, 2017, 5(13): 6257-6262.

[5]Redhammer G J, Rettenwander D, Pristat S, et al. A single crystal X-ray and powder neutron diffraction study on NASICON-type $Li_{1+x}Al_xTi_{2-x}(PO_4)_3$ ($0 \leqslant x \leqslant 0.5$) crystals: Implications on ionic conductivity[J]. Solid State Sciences, 2016, 60: 99-107.

[6] Mei A, Wang X L, Lan J L, et al. Role of amorphous boundary layer in enhancing ionic conductivity of lithium-lanthanum-titanate electrolyte[J]. Electrochimica Acta, 2010, 55(8): 2958-2963.

[7] Mei A, Wang X L, Feng Y C, et al. Enhanced ionic transport in lithium lanthanum titanium oxide solid state electrolyte by introducing silica[J]. Solid State Ionics, 2008, 179(39): 2255-2259.

[8] Chen C H, Amine K. Ionic conductivity, lithium insertion and extraction of lanthanum lithium titanate[J]. Solid State Ionics, 2001, 144(1/2): 51-57.

[9] Aono H, Sugimoto E, Sadaoka Y, et al. The electrical properties of ceramic electrolytes for $LiM_xTi_{2x}(PO_4)_{3+y}Li_2O$, M=Ge, Sn, Hf and Zr systems[J]. Journal of the Electrochemical Society, 1993, 140(7): 1827-1833.

[10] Aono H, Sugimoto E, Sadaoka Y, et al. Ionic conductivity of solid electrolytes based on lithium titanium phosphate[J]. Journal of the Electrochemical Society, 1990, 137(4): 1023-1027.

[11] Awaka J, Takashima A, Kataoka K, et al. Crystal structure of fast lithium-ion-conducting cubic $Li_7La_3Zr_2O_{12}$[J]. Chemistry Letters, 2011, 40(1): 60-62.

[12] Murugan R, Thangadurai V, Weppner W. Fast lithium ion conduction in garnet-type $Li_7La_3Zr_2O_{12}$[J]. Angew Chem Int Ed Engl, 2007, 46(41): 7778-7781.

[13] Huang M, Liu T, Deng Y, et al. Effect of sintering temperature on structure and ionic conductivity of $Li_{7-x}La_3Zr_2O_{12-0.5x}(x= 0.5 \sim 0.7)$ceramics[J]. Solid State Ionic, 2011, 204: 41-45.

[14] Wu J, Liu S, Han F, et al. Lithium/sulfide all-solid-state batteries using sulfide electrolytes[J]. Adv. Mater., 2021, 33(6): e2000751.

[15] Ribes M, Barrau B, Souquet J L. Sulfide glasses: Glass forming region, structure and ionic conduction of glasses in Na_2S-XS_2 (X=Si; Ge), $Na_2S-P_2S_5$ and Li_2S-GeS_2 systems[J]. Journal of Non-Crystalline Solids, 1980, 38-39: 271-276.

[16] Annie Pradel M R. Electrical properties of lithium conductive silicon sulfide glasses prepared by twin roller quenching[J]. Solid State Ionics, 1986, 18/19: 351-355.

[17] Kanno R, Murayama M. Lithium ionic conductor thio-LISICON: The $Li_2S-GeS_2-P_2S_5$ system[J]. Journal of The Electrochemical Society, 2001, 148(7). DOI: 10.1149/1.1379028.

[18] Deiseroth H J, Kong S T, Eckert H, et al. Li_6PS_5X: A class of crystalline Li-rich solids with an unusually high Li^+ mobility[J]. Angew Chem Int Ed Engl, 2008, 47(4): 755-762.

[19] Liu H, Liang Y H, Wang C, et al. Priority and prospect of sulfide-based solid-electrolyte membrane[J]. Advanced Materials, 2023: 2206013.

[20] Homma K, Yonemura M, Kobayashi T, et al. Crystal structure and phase transitions of the lithium ionic conductor Li_3PS_4[J]. Solid State Ionics, 2011, 182(1): 53-58.

[21] Mizuno F, Hayashi A, Tadanaga K, et al. New, highly ion-conductive crystals precipitated from $Li_2S-P_2S_5$ glasses[J]. Advanced Materials, 2005, 17(7): 918-921.

[22] Kamaya N, Homma K, Yamakawa Y, et al. A lithium superionic conductor[J]. Nature Materials, 2011, 10: 682.

[23] Richards W D, Tsujimura T, Miara L J, et al. Design and synthesis of the superionic conductor $Na_{10}SnP_2S_{12}$[J]. Nature Communications, 2016, 7: 11009.

[24] Sahu G , Lin Z , Li J ,et al. Air-stable, high-conduction solid electrolytes of arsenic-substituted Li_4SnS_4[J]. Energy & Environmental Science, 2014, 7. DOI:10.1039/C3EE43357A.

[25] Bron P, Johansson S, Zick K, et al. $Li_{10}SnP_2S_{12}$: An affordable lithium superionic conductor[J]. J Am Chem Soc, 2013, 135(42): 15694-15700.

[26] Zhou P, Wang J, Cheng F, et al. A solid lithium superionic conductor $Li_{11}AlP_2S_{12}$ with a thio-LISICON analogous structure[J]. Chem Commun (Camb), 2016, 52(36): 6091-6094.

[27] Whiteley J M, Woo J H, Hu E, et al. Empowering the lithium metal battery through a silicon-based superionic conductor[J]. Journal of the Electrochemical Society, 2014, 161(12): A1812-A1817.

[28] Sun Y, Suzuki K, Hori S, et al. Superionic conductors: $Li_{10+\delta}[Sn_ySi_{1-y}]_{1+\delta}P_{2-\delta}S_{12}$ with a $Li_{10}GeP_2S_{12}$-type structure in the $Li_3PS_4-Li_4SnS_4-Li_4SiS_4$ quasi-ternary system[J]. Chemistry of Materials, 2017, 29(14): 5858-5864.

[29] Kato Y, Hori S, Saito T, et al. High-power all-solid-state batteries using sulfide

superionic conductors[J]. Nature Energy, 2016, 1(4). DOI: 10.1038/nenergy.2016.30.

[30]Morgan B J. Mechanistic origin of superionic lithium diffusion in anion-disordered Li_6PS_5X argyrodites[J]. Chemistry of Materials,2021,33 (6): 2004-2018.

[31] Kong S T, Gun O, Koch B, et al. Structural characterisation of the Li argyrodites Li_7PS_6 and Li_7PSe_6 and their solid solutions: Quantification of site preferences by MAS-NMR spectroscopy[J]. Chemistry, 2010, 16(17): 5138-5147.

[32] Pecher O, Kong S T, Goebel T, et al. Atomistic characterisation of Li^+ mobility and conductivity in $Li_{7-x}PS_{6-x}I_x$ argyrodites from molecular dynamics simulations, solid-state NMR, and impedance spectroscopy[J]. Chemistry, 2010, 16(28): 8347-8354.

[33] Boulineau S, Courty M, Tarascon J M, et al. Mechanochemical synthesis of Li-argyrodite Li_6PS_5X (X=Cl, Br, I)as sulfur-based solid electrolytes for all solid state batteries application[J]. Solid State Ionics, 2012, 221: 1-5.

[34] Jung W D, Kim J S, Choi S, et al. Superionic halogen-rich Li-argyrodites using in situ nanocrystal nucleation and rapid crystal growth[J]. Nano Lett, 2020, 20(4): 2303-2309.

[35] Dietrich C, Weber D A, Sedlmaier S J, et al. Lithium ion conductivity in $Li_2S-P_2S_5$ glasses-building units and local structure evolution during the crystallization of superionic conductors Li_3PS_4, $Li_7P_3S_{11}$ and $Li_4P_2S_7$[J]. Journal of Materials Chemistry A, 2017, 5(34): 18111-18119.

[36] Henseler M J U. Synthesis, structure determination, and ionic conductivity of sodium tetrathiophosphate[J]. ScienceDirect, 1992, 99(1): 110-119.

[37] Nishimura S I, Tanibata N, Hayashi A, et al. The crystal structure and sodium disorder of high-temperature polymorph β -Na_3PS_4[J]. Journal of Materials Chemistry A, 2017, 5(47): 25025-25030.

[38] Hayashi A, Noi K, Sakuda A, et al. Superionic glass-ceramic electrolytes for room-temperature rechargeable sodium batteries[J]. Nat. Commun., 2012, 3: 856.

[39] Hayashi A, Noi K, Tanibata N, et al. High sodium ion conductivity of glass-ceramic electrolytes with cubic Na_3PS_4[J]. Journal of Power Sources, 2014, 258: 420-423.

[40] Ginnings D, Phipps T. Temperature-conductance curves of solid salts. III. Halides of lithium[J]. Journal of the American Chemical Society, 1930, 52(4): 1340-1345.

[41] Yamaguti Y, Sisido S. Studies on the electrolytic conduction of fused salts. II[J]. J. Chem. Soc. Japan, 1941, 62(4): 304-307.

[42] Weppner W, Huggins R. Ionic conductivity of alkali metal chloroaluminates[J]. Physics Letters A, 1976, 58(4): 245-248.

[43] Plichta E, Behl W, Vujic D, et al. The rechargeable Li_xTiS_2/$LiAlC_{l4}$/$Li_{1-x}CoO_2$ solid-state cell[J]. Journal of the Electrochemical Society, 1992, 139(6): 1509.

[44] Asano T, Sakai A, Ouchi S, et al. Solid halide electrolytes with high lithium-ion conductivity for application in 4 V class bulk-type all-solid-state batteries[J]. Advanced Materials, 2018, 30(44): 1803075.

[45] Li X, Liang J, Luo J, et al. Air-stable Li_3InCl_6 electrolyte with high voltage compatibility for all-solid-state batteries[J]. Energy & Environmental Science, 2019, 12(9): 2665-2671.

[46] Wang C, Liang J, Luo J, et al. A universal wet-chemistry synthesis of solid-state halide electrolytes for all-solid-state lithium-metal batteries[J]. Science advances, 2021, 7(37): 1896.

[47] Wang K, Ren Q, Gu Z, et al. A cost-effective and humidity-tolerant chloride solid electrolyte for lithium batteries[J]. Nature Communications, 2021, 12(1): 4410.

[48] Lu Z, Ciucci F. Metal borohydrides as electrolytes for solid-state Li, Na, Mg, and Ca batteries: A first-principles study[J]. Chemistry of Materials, 2017. DOI:10.1021/acs.chemmater.7b03284.

[49] Liu J, Wang S, Kawazoe Y, et al. A new spinel chloride solid electrolyte with high ionic conductivity and stability for Na-ion batteries[J]. ACS Materials Letters, 2023, 5(4): 1009-1017.

[50] Schlem R, Banik A, Eckardt M, et al. $Na_{3-x}Er_{1-x}Zr_xCl_6$—A halide-based fast sodium-ion conductor with vacancy-driven ionic transport[J]. ACS Applied Energy Materials, 2020, 3(10): 10164-10173.

[51] Clark S, Mainar A R, Iruin E, et al. Towards rechargeable zinc air batteries with aqueous chloride electrolytes[J]. Journal of Materials Chemistry A, 2019, 7(18): 11387-11399.

[52] Liang J, Li X, Adair K R, et al. Metal halide superionic conductors for all-solid-state batteries[J]. Accounts of Chemical Research, 2021, 54(4): 1023-1033.

[53] Matsuo M, Nakamori Y, Orimo S I, et al. Lithium superionic conduction in lithium borohydride accompanied by structural transition[J]. Applied Physics Letters, 2007, 91(22): 224103.

[54] Maekawa H, Matsuo M, Takamura H, et al. Halide-stabilized $LiBH_4$, a room-temperature lithium fast-ion conductor[J]. Journal of the American Chemical Society, 2009, 131(3): 894-895.

[55] Matsuo M, Remhof A, Martelli P, et al. Complex hydrides with (BH_4)-and (NH_2)-anions as new lithium fast-ion conductors[J]. Journal of the American Chemical Society, 2009, 131(45): 16389-16391.

[56] Ley M B, Ravnsbæk D B, Filinchuk Y, et al. $LiCe(BH_4)_3Cl$, a new lithium-ion conductor and hydrogen storage material with isolated tetranuclear anionic clusters[J]. Chemistry of Materials, 2012, 24(9): 1654-1663.

[57] Wang H, Cao H, Zhang W, et al. $Li_2NH-LiBH_4$: A complex hydride with near ambient hydrogen adsorption and fast lithium ion conduction[J]. Chemistry-A European Journal, 2018, 24(6): 1342-1347.

[58] Matsuo M, Kuromoto S, Sato T, et al. Sodium ionic conduction in complex hydrides with BH_4-and NH_2-anions[J]. Applied Physics Letters, 2012, 100(20). DOI: 10.1063/1.4716021.

[59] Zhang T, Wang Y, Song T, et al. Ammonia, a switch for controlling high ionic conductivity in lithium borohydride ammoniates[J]. Joule, 2018, 2(8): 1522-1533.

[60] Blanchard D, Nale A, Sveinbjornsson D, et al. Nanoconfined $LiBH_4$ as a fast lithium ion conductor[J]. Advanced Functional Materials, 2015, 25(2): 184-192.

[61] Lu F Q, Pang Y P, Zhu M F, et al. A high-performance Li-B-H electrolyte for all-solid-state Li batteries[J]. Advanced Functional Materials, 2019, 29(15): 7.

[62] Teprovich J A, Colon-Mercado H, Washington A L, et al. Bi-functional $Li_2B_{12}H_{12}$

for energy storage and conversion applications: Solid-state electrolyte and luminescent down-conversion dye[J]. Journal of Materials Chemistry A, 2015, 3(45): 22853-22859.

[63] Udovic T J, Matsuo M, Unemoto A, et al. Sodium superionic conduction in $Na_2B_{12}H_{12}$[J]. Chemical Communications, 2014, 50(28): 3750-3752.

[64] Udovic T J, Matsuo M, Tang W S, et al. Exceptional superionic conductivity in disordered sodium decahydro-closo-decaborate[J]. Advanced Materials, 2014, 26(45): 7622-7626.

[65] Kim S, Toyama N, Oguchi H, et al. Fast lithium-ion conduction in atom-deficient closo-type complex hydride solid electrolytes[J]. Chemistry of Materials, 2018, 30(2): 386-391.

[66] He L, Li H W, Nakajima H, et al. Synthesis of a bimetallic dodecaborate $LiNaB_{12}H_{12}$ with outstanding superionic conductivity[J]. Chemistry of Materials, 2015, 27(16): 5483-5486.

[67] Sadikin Y, Brighi M, Schouwink P, et al. Superionic conduction of sodium and lithium in anion-mixed hydroborates $Na_3BH_4B_{12}H_{12}$ and $(Li_{0.7}Na_{0.3})_3BH_4B_{12}H_{12}$[J]. Advanced Energy Materials, 2015, 5(21): 1501016.

[68] Tang W S, Unemoto A, Zhou W, et al. Unparalleled lithium and sodium superionic conduction in solid electrolytes with large monovalent cage-like anions[J]. Energy & Environmental Science, 2015, 8(12): 3637-3645.

[69] Tang W S, Matsuo M, Wu H, et al. Liquid-like ionic conduction in solid lithium and sodium monocarba-closo-decaborates near or at room temperature[J]. Advanced Energy Materials, 2016, 6(8): 1502237.

[70] Tang W S, Yoshida K, Soloninin A V, et al. Stabilizing superionic-conducting structures via mixed-anion solid solutions of monocarba-closo-borate salts[J]. ACS Energy Letters, 2016, 1(4): 659-664.

[71] Kim S, Kisu K, Takagi S, et al. Complex hydride solid electrolytes of the $Li(CB_9H_{10})$-$Li(CB_{11}H_{12})$quasi-binary system: Relationship between the solid solution and phase transition, and the electrochemical properties[J]. ACS Applied Energy Materials, 2020, 3(5): 4831-4839.

[72] Hansen B R S, Paskevicius M, Jørgensen M, et al. Halogenated sodium-closo-dodecaboranes as solid-state ion conductors[J]. Chemistry of Materials, 2017, 29(8): 3423-3430.

[73] Yan Y, Kühnel R S, Battaglia C, et al. A lithium amide-borohydride solid-state electrolyte with lithium-ion conductivities comparable to liquid electrolytes[J]. Advanced Energy Materials, 2017, 7 (19): 1700294.

[74] Paskevicius M, Pitt M P, Brown D H, et al. First-order phase transition in the $Li_2B_{12}H_{12}$ system[J]. Physical Chemistry Chemical Physics, 2013, 15(38). DOI: 10.1039/c3cp53090f.

[75] Inoishi A, Nojima A, Sakaebe H, et al. Superionic conductivity in sodium zirconium chloride-based compounds[J]. Chemistry – A European Journal, 2023, 29 (52): e202301586.

[76] Kweon K E, Varley J B, Shea P, et al. Structural, chemical, and dynamical frustration: origins of superionic conductivity in closo-borate solid electrolytes[J]. Chemistry of Materials, 2017, 29(21): 9142-9153.

[77] Peter Hartwig, Werner Weppner, Winfried Wichelhaus, et al. Lithium nitride halides-new solid electrolytes with high Li^+ ion conductivity[J]. Angewandte Chemie, 1980. doi.org/10.1002/anie.198000741.

[78] Takahashi K, Hattori K, Yamazaki T, et al. All-solid-state lithium battery with $LiBH_4$ solid electrolyte[J]. Journal of Power Sources, 2013, 226: 61-64.

[79] Quartarone E, Mustarelli P J C S R. Electrolytes for solid-state lithium rechargeable batteries: recent advances and perspectives[J]. Chemical Society Reviews, 2011, 40(5): 2525-2540.

[80] Osada I, De Vries H, Scrosati B, et al. Ionic-liquid-based polymer electrolytes for battery applications[J]. Angewandte Chemie-international Edition, 2016, 55(2): 500-513.

[81] Zhang J Q, Sun B, Huang X D, et al. Honeycomb-like porous gel polymer electrolyte membrane for lithium ion batteries with enhanced safety[J]. Scientific Reports, 2014, 4: 7.

[82] Zhu Y S, Xiao S Y, Shi Y, et al. A composite gel polymer electrolyte with high performance based on poly(vinylidene fluoride)and polyborate for lithium ion batteries[J]. Advanced Energy Materials, 2014, 4(1): 9.

[83] Zhou D, Shanmukaraj D, Tkacheva A, et al. Polymer electrolytes for lithium-based batteries: advances and prospects[J]. Chem, 2019, 5(9): 2326-2352.

[84] Lin D C, Liu W, Liu Y Y, et al. High ionic conductivity of composite solid polymer electrolyte via in situ synthesis of monodispersed SiO_2 nanospheres in poly(ethylene oxide)[J]. Nano Letters, 2016, 16(1): 459-465.

[85] Lim C S, Teoh K H, Liew C W, et al. Capacitive behavior studies on electrical double layer capacitor using poly (vinyl alcohol)-lithium perchlorate based polymer electrolyte incorporated with TiO_2[J]. Materials Chemistry and Physics, 2014, 143(2): 661-667.

[86] Lim C S, Teoh K H, Liew C W, et al. Electric double layer capacitor based on activated carbon electrode and biodegradable composite polymer electrolyte[J]. Ionics, 2014, 20(2): 251-258.

[87] Kaempgen M, Chan C K, Ma J, et al. Printable thin film supercapacitors using single-walled carbon nanotubes[J]. Nano Letters, 2009, 9(5): 1872-1876.

[88] Liu X H, Wu D B, Wang H L, et al. Self-recovering tough gel electrolyte with adjustable supercapacitor performance[J]. Advanced Materials, 2014, 26(25): 4370-4375.

[89] Han X G, Gong Y H, Fu K, et al. Negating interfacial impedance in garnet-based solid-state Li metal batteries[J]. Nature Materials, 2017, 16(5): 572-580.

[90] Sharafi A, Kazyak E, Davis A L, et al. Surface chemistry mechanism of ultra-low interfacial resistance in the solid-state electrolyte $Li_7La_3Zr_2O_{12}$[J]. Chemistry of Materials, 2017, 29(18): 7961-7968.

[91] Wu J F, Pu B W, Wang D, et al. In situ formed shields enabling Li_2CO_3-free solid electrolytes: A new route to uncover the intrinsic lithiophilicity of garnet electrolytes for dendrite-free Li-metal batteries[J]. ACS Applied Materials & Interfaces, 2019, 11(1): 898-905.

[92] Huo H Y, Chen Y, Zhao N, et al. In-situ formed Li_2CO_3-free garnet/Li interface by rapid acid treatment for dendrite-free solid-state batteries[J]. Nano Energy, 2019, 61: 119-125.

[93] Krauskopf T, Hartmann H, Zeier W G, et al. Toward a fundamental understanding of the lithium metal anode in solid-state batteries-an electrochemo-mechanical study on the garnet-type solid electrolyte $Li_{6.25}Al_{0.25}La_3Zr_3O_{12}$[J]. ACS Applied Materials & Interfaces, 2019, 11(15):

14463-14477.

[94] Wang M, Sakamoto J. Correlating the interface resistance and surface adhesion of the Li metal-solid electrolyte interface[J]. Journal of Power Sources, 2018, 377: 7-11.

[95] Wang J Y, Wang H S, Xie J, et al. Fundamental study on the wetting property of liquid lithium[J]. Energy Storage Materials, 2018, 14: 345-350.

[96] Mugele F, Baret J C. Electrowetting: From basics to applications[J]. Journal of Physics-Condensed Matter, 2005, 17(28): R705-R774.

[97] Han F D, Westover A S, Yue J, et al. High electronic conductivity as the origin of lithium dendrite formation within solid electrolytes[J]. Nature Energy, 2019, 4(3): 187-196.

[98] Choi S, Jeon M, Ahn J, et al. Quantitative analysis of microstructures and reaction interfaces on composite cathodes in all-solid-state batteries using a three-dimensional reconstruction technique[J]. ACS Applied Materials & Interfaces, 2018, 10(28): 23740-23747.

[99] Kimura Y, Fakkao M, Nakamura T, et al. Influence of active material loading on electrochemical reactions in composite solid-state battery electrodes revealed by operando 3D CT-XANES imaging[J]. ACS Applied Energy Materials, 2020, 3(8): 7782-7793.

[100] Bielefeld A, Weber D A, Janek J. Microstructural modeling of composite cathodes for all-solid-state batteries[J]. Journal of Physical Chemistry C, 2019, 123(3): 1626-1634.

[101] Persson B N J. Contact mechanics for randomly rough surfaces[J]. Surface Science Reports, 2006, 61(4): 201-227.

[102] Cao D X, Sun X, Li Q, et al. Lithium dendrite in all-solid-state batteries: Growth mechanisms, suppression strategies, and characterizations[J]. Matter, 2020, 3(1): 57-94.

[103] Tian H K, Qi Y. Simulation of the effect of contact area loss in all-solid-state Li-ion batteries[J]. Journal of the Electrochemical Society, 2017, 164(11): E3512-E3521.

[104] McGrogan F P, Swamy T, Bishop S R, et al. Compliant yet brittle mechanical behavior of Li_2S-P_2S_5 lithium-ion-conducting solid electrolyte[J]. Advanced Energy Materials, 2017, 7(12): 5.

[105] Bucci G, Swamy T, Chiang Y M, et al. Modeling of internal mechanical failure of all-solidstate batteries during electrochemical cycling, and implications for battery design[J]. Journal of Materials Chemistry A, 2017, 5(36): 19422-19430.

[106] Deng Z, Wang Z B, Chu I H, et al. Elastic properties of alkali superionic conductor electrolytes from first principles calculations[J]. Journal of the Electrochemical Society, 2016, 163(2): A67-A74.

[107] Zhang W B, Schroder D, Arlt T, et al. (Electro)chemical expansion during cycling: monitoring the pressure changes in operating solid-state lithium batteries[J]. Journal of Materials Chemistry A, 2017, 5(20): 9929-9936.

[108] Richards W D, Miara L J, Wang Y, et al. Interface stability in solid-state batteries[J]. Chemistry of Materials, 2016, 28(1): 266-273.

[109] Han F D, Zhu Y Z, He X F, et al. Electrochemical stability of $Li_{10}GeP_2S_{12}$ and $Li_7La_3Zr_2O_{12}$ solid electrolytes[J]. Advanced Energy Materials, 2016, 6(8): 9.

[110] Zhu Y Z, He X F, Mo Y F. Origin of outstanding stability in the lithium solid electrolyte materials: Insights from thermodynamic analyses based on first-principles

calculations[J]. ACS Applied Materials & Interfaces, 2015, 7(42): 23685-23693.

[111] Fan X L, Ji X, Han F D, et al. Fluorinated solid electrolyte interphase enables highly reversible solid-state Li metal battery[J]. Science Advances, 2018, 4(12): 10.

[112] Sakuda A, Hayashi A, Tatsumisago M. Intefacial observation between $LiCoO_2$ electrode and $Li_2S-P_2S_5$ solid electrolytes of all-solid-state lithium secondary batteries using transmission electron microscopy[J]. Chemistry of Materials, 2010, 22(3): 949-956.

[113] Ma C, Cheng Y Q, Yin K B, et al. Interfacial stability of Li metal-solid electrolyte elucidated via in situ electron microscopy[J]. Nano Letters, 2016, 16(11): 7030-7036.

[114] Wolfenstine J, Rangasamy E, Allen J L, et al. High conductivity of dense tetragonal $Li_7La_3Zr_2O_{12}$[J]. Journal of Power Sources, 2012, 208: 193-196.

[115] Afyon S, Krumeich F, Rupp J L M. A shortcut to garnet-type fast Li-ion conductors for all-solid state batteries[J]. Journal of Materials Chemistry A, 2015, 3(36): 18636-18648.

[116] Kim K H, Iriyama Y, Yamamoto K, et al. Characterization of the interface between $LiCoO_2$ and $Li_7La_3Zr_2O_{12}$ in an all-solid-state rechargeable lithium battery[J]. Journal of Power Sources, 2011, 196(2): 764-767.

[117] Vardar G, Bowman W J, Lu Q Y, et al. Structure, chemistry, and charge transfer resistance of the interface between $Li_7La_3Zr_2O_{12}$ electrolyte and $LiCoO_2$ cathode[J]. Chemistry of Materials, 2018, 30(18): 6259-6276.

[118] Zarabian M, Bartolini M, Pereira-Almao P, et al. X-ray photoelectron spectroscopy and AC impedance spectroscopy studies of Li-La-Zr-O solid electrolyte thin film/$LiCoO_2$ cathode interface for all-solid-state Li batteries[J]. Journal of the Electrochemical Society, 2017, 164(6): A1133-A1139.

[119] Hartmann P, Leichtweiss T, Busche M R, et al. Degradation of NASICON-type materials in contact with lithium metal: Formation of mixed conducting interphases (MCI)on solid electrolytes[J]. Journal of Physical Chemistry C, 2013, 117(41): 21064-21074.

[120] Roman Schlem, Ananya Banik, Saneyuki OhnoEmmanuelle SuardWolfgang G. Zeier. Insights into the lithium sub-structure of superionic conductors Li_3YCl_6 and Li_3YBr_6[J].Chemistry of Materials: A Publication of the American Chemistry Society, 2021, 33(1): 327-337.

[121] Haruyama J, Sodeyama K, Han L Y, et al. Space-charge layer effect at interface between oxide cathode and sulfide electrolyte in all-solid-state lithium-ion battery[J]. Chemistry of Materials, 2014, 26(14): 4248-4255.

[122] Gittleson F S, El Gabaly F. Non-faradaic Li^+ migration and chemical coordination across solid-state battery interfaces[J]. Nano Letters, 2017, 17(11): 6974-6982.

[123] Fingerle M, Buchheit R, Sicolo S, et al. Reaction and space charge layer formation at the $LiCoO_2$-LiPON interface: Insights on defect formation and ion energy level alignment by a combined surface science simulation approach[J]. Chemistry of Materials, 2017, 29(18): 7675-7685.

[124] Cheng Z, Liu M, Ganapathy S, et al. Revealing the impact of space-charge layers on the Li-ion transport in all-solid-state batteries[J]. Joule, 2020, 4(6): 1311-1323.

[125] Yamamoto K, Iriyama Y, Asaka T, et al. Dynamic visualization of the electric potential

in an all-solid-state rechargeable lithium battery[J]. Angewandte Chemie-International Edition, 2010, 49(26): 4414-4417.

[126] Masuda H, Ishida N, Ogata Y, et al. Internal potential mapping of charged solid-state-lithium ion batteries using in situ Kelvin probe force microscopy[J]. Nanoscale, 2017, 9(2): 893-898.

[127] Gao B, Jalem R, Ma Y M, et al. Li$^+$ transport mechanism at the heterogeneous cathode/solid electrolyte interface in an all-solid-state battery via the first-principles structure prediction scheme[J]. Chemistry of Materials, 2020, 32(1): 85-96.

[128] Kasemchainan J, Zekoll S, Jolly D S, et al. Critical stripping current leads to dendrite formation on plating in lithium anode solid electrolyte cells[J]. Nature Materials, 2019, 18(10): 1105-1111.

[129] Shen F Y, Dixit M B, Xiao X H, et al. Effect of pore connectivity on Li dendrite propagation within LLZO electrolytes observed with synchrotron X-ray tomography[J]. ACS Energy Letters, 2018, 3(4): 1056-1061.

[130] Cheng E J, Sharafi A, Sakamoto J. Intergranular Li metal propagation through polycrystalline $Li_{6.25}Al_{0.25}La_3Zr_2O_{12}$ ceramic electrolyte[J]. Electrochimica Acta, 2017, 223: 85-91.

[131] Yu S, Siegel D J. Grain Boundary contributions to Li-ion transport in the solid electrolyte $Li_7La_3Zr_2O_{12}$ (LLZO)[J]. Chemistry of Materials, 2017, 29(22): 9639-9647.

[132] Ma C, Chen K, Liang C D, et al. Atomic-scale origin of the large grain-boundary resistance in perovskite Li-ion-conducting solid electrolytes[J]. Energy & Environmental Science, 2014, 7(5): 1638-1642.

[133] Yu S, Siegel D J. Grain boundary softening: A potential mechanism for lithium metal penetration through stiff solid electrolytes[J]. ACS Applied Materials & Interfaces, 2018, 10(44): 38151-38158.

[134] Pesci F M, Brugge R H, Hekselman A K O, et al. Elucidating the role of dopants in the critical current density for dendrite formation in garnet electrolytes[J]. Journal of Materials Chemistry A, 2018, 6(40): 19817-19827.

[135] Swamy T, Park R, Sheldon B W, et al. Lithium metal penetration induced by electrodeposition through solid electrolytes: Example in single-crystal $Li_6La_3ZrTaO_{12}$ garnet[J]. Journal of the Electrochemical Society, 2018, 165(16): A3648-A3655.

[136] Kazyak E, Garcia-Mendez R, Lepage W S, et al. Li penetration in ceramic solid electrolytes: Operando microscopy analysis of morphology, propagation, and reversibility[J]. Matter, 2020, 2(4): 1025-1048.

[137] Porz L, Swamy T, Sheldon B W, et al. Mechanism of lithium metal penetration through inorganic solid electrolytes[J]. Advanced Energy Materials, 2017, 7(20): 12.

[138] Zhang L Q, Yang T T, Du C C, et al. Lithium whisker growth and stress generation in an in situ atomic force microscope-environmental transmission electron microscope set-up[J]. Nature Nanotechnology, 2020, 15(2): 94-100.

[139] Aguesse F, Manalastas W, Buannic L, et al. Investigating the dendritic growth during full cell cycling of garnet electrolyte in direct contact with Li metal[J]. ACS Applied Materials &

Interfaces, 2017, 9(4): 3808-3816.

[140] Ping W W, Wang C W, Lin Z W, et al. Reversible short-circuit behaviors in garnet-based solid-state batteries[J]. Advanced Energy Materials, 2020, 10(25): 8.

[141] Tian H K, Xu B, Qi Y. Computational study of lithium nucleation tendency in $Li_7La_3Zr_2O_{12}$ (LLZO)and rational design of interlayer materials to prevent lithium dendrites[J]. Journal of Power Sources, 2018, 392: 79-86.

[142] Tian H K, Liu Z, Ji Y Z, et al. Interfacial electronic properties dictate li dendrite growth in solid electrolytes[J]. Chemistry of Materials, 2019, 31(18): 7351-7359.

[143] Huo H Y, Chen Y, Li R Y, et al. Design of a mixed conductive garnet/Li interface for dendrite-free solid lithium metal batteries[J]. Energy & Environmental Science, 2020, 13(1): 127-134.

[144] Huang Y, Chen B, Duan J, et al. Graphitic carbon nitride (g-C_3N_4): An interface enabler for solid-state lithium metal batteries[J]. Angewandte Chemie-International Edition, 2020, 59(9): 3699-3704.

[145] Han F D, Yue J, Zhu X Y, et al. Suppressing Li dendrite formation in Li_2S-P_2S_5 solid electrolyte by LiI incorporation[J]. Advanced Energy Materials, 2018, 8(18): 6.

[146] Xu R C, Han F D, Ji X, et al. Interface engineering of sulfide electrolytes for all-solid-state lithium batteries[J]. Nano Energy, 2018, 53: 958-966.

[147] Tian Y J, Ding F, Zhong H, et al. $Li_{6.75}La_3Zr_{1.75}Ta_{0.25}O_{12}$@amorphous Li_3OCl composite electrolyte for solid state lithium-metal batteries[J]. Energy Storage Materials, 2018, 14: 49-57.

[148] Duan H, Chen W P, Fan M, et al. Building an air stable and lithium deposition regulable garnet interface from moderate-temperature conversion chemistry[J]. Angewandte Chemie-International Edition, 2020, 59(29): 12069-12075.

[149] Deng T, Ji X, Zhao Y, et al. Tuning the anode-electrolyte interface chemistry for garnet-based solid-state Li metal batteries[J]. Advanced Materials, 2020, 32(23): 10.

[150] Zhang Z H, Chen S J, Yang J, et al. Interface Re-engineering of $Li_{10}GeP_2S_{12}$ electrolyte and lithium anode for all-solid-state lithium batteries with ultralong cycle life[J]. ACS Applied Materials & Interfaces, 2018, 10(3): 2556-2565.

[151] Hou G M, Ma X X, Sun Q D, et al. Lithium dendrite suppression and enhanced interfacial compatibility enabled by an ex situ SEI on Li anode for LAGP-based all-solid-state batteries[J]. Acs Applied Materials & Interfaces, 2018, 10(22): 18610-18618.

[152] Mo F J, Ruan, J F, Sun S X, et al. Lithium dendrites: Inside or outside: Origin of lithium dendrite formation of all solid-state electrolytes[J]. Adv. Energy Mater, 2019, 9(40). DOI: 10.1002/aenm.201970155.

[153] Shi X, Pang Y, Wang B, et al. In situ forming LiF nanodecorated electrolyte/electrode interfaces for stable all-solid-state batteries[J]. Materials Today Nano, 2020, 10: 9.

[154] Ohta N, Takada K, Zhang L Q, et al. Enhancement of the high-rate capability of solid-state lithium batteries by nanoscale interfacial modification[J]. Advanced Materials, 2006, 18(17). DOI: 10.1002/adma.200502604.

[155] Ohta N, Takada K, Sakaguchi I, et al. $LiNbO_3$-coated $LiCoO_2$ as cathode material for

all solid-state lithium secondary batteries[J]. Electrochemistry Communications, 2007, 9(7): 1486-1490.

[156] Jung S H, Oh K, Nam Y J, et al. Li_3BO_3-Li_2CO_3: Rationally designed buffering phase for sulfide all solid-state Li-ion batteries[J]. Chemistry of Materials, 2018, 30(22): 8190-8200.

[157] Ito Y, Sakurai Y, Yubuchi S, et al. Application of $LiCoO_2$ particles coated with lithium ortho-oxosalt thin films to sulfide-type all-solid-state lithium batteries[J]. Journal of the Electrochemical Society, 2015, 162(8): A1610-A1616.

[158] Deng S X, Li X, Ren Z H, et al. Dual-functional interfaces for highly stable Ni-rich layered cathodes in sulfide all-solid-state batteries[J]. Energy Storage Materials, 2020, 27: 117-123.

[159] Xiao Y H, Miara L J, Wang Y, et al. Computational screening of cathode coatings for solid-state batteries[J]. Joule, 2019, 3(5): 1252-1275.

[160] Hongli W, Gang P, Xiayin Y, et al. Cu_2ZnSnS_4/graphene nanocomposites for ultrafast, long life all-solid-state lithium batteries using lithium metal anode[J]. Energy Storage Materials, 2016, 4: 59-65.

[161] Ohta S, Komagata S, Seki J, et al. All-solid-state lithium ion battery using garnet-type oxide and Li_3BO_3 solid electrolytes fabricated by screen-printing[J]. Journal of Power Sources, 2013, 238: 53-56.

[162] Han F, Yue J, Chen C, et al. Interphase engineering enabled all-ceramic lithium battery[J]. Joule, 2018, 2(3): 497-508.

[163] Kitaura H, Hayashi A, Ohtomo T, et al. Fabrication of electrode-electrolyte interfaces in all-solid-state rechargeable lithium batteries by using a supercooled liquid state of the glassy electrolytes[J]. Journal of Materials Chemistry, 2011, 21(1): 118-124.

[164] Hou L P, Yuan H, Zhao C Z, et al. Improved interfacial electronic contacts powering high sulfur utilization in all-solid-state lithium-sulfur batteries[J]. Energy Storage Materials, 2020, 25: 436-442.

[165] Kim D H, Oh D Y, Park K H, et al. Infiltration of solution-processable solid electrolytes into conventional Li-ion-battery electrodes for all-solid-state Li-ion batteries[J]. Nano Letters, 2017, 17(5): 3013-3020.

[166] Li Y, Cao D X, Arnold W, et al. Regulated lithium ionic flux through well-aligned channels for lithium dendrite inhibition in solid-state batteries[J]. Energy Storage Materials, 2020, 31: 344-351.

[167] Van Den Broek J, Afyon S, Rupp J L M. Interface-engineered all-solid-state Li-ion batteries based on garnet-type fast Li^+ conductors[J]. Advanced Energy Materials, 2016, 6(19): 11.

[168] Xu S M, Mcowen D W, Zhang L, et al. All-in-one lithium-sulfur battery enabled by a porous-dense-porous garnet architecture[J]. Energy Storage Materials, 2018, 15: 458-464.

[169] Li Q, Yi T C, Wang X L, et al. In-situ visualization of lithium plating in all-solid-state lithium-metal battery[J]. Nano Energy, 2019, 63: 8.

[170] Han S Y, Lewis J A, Shetty P P, et al. Porous metals from chemical dealloying for solid-state battery anodes[J]. Chemistry of Materials, 2020, 32(6): 2461-2469.

[171] Han F D, Gao T, Zhu Y J, et al. A battery made from a single material[J]. Advanced Materials, 2015, 27(23): 3473-3483.

[172] Koo M, Park K I, Lee S H, et al. Bendable inorganic thin-film battery for fully flexible electronic systems[J]. Nano Lett, 2012, 12(9): 4810-4815.

[173] 谷越 . $LiCoO_2$/LiPON/Li 全固态薄膜电池电极材料、工艺及性能研究 [D]. 北京 : 中国矿业大学（北京），2021.

[174] 刘高瞻 . 基于硫化物固体电解质的全固态锂电池 [D]. 北京 : 中国科学院大学（中国科学院宁波材料技术与工程研究所），2021.

[175] Zhang X Y, Xiang Q, Tang S, et al. Long cycling life solid-state Li metal batteries with stress self-adapted Li/garnet interface[J]. Nano Letters, 2020, 20(4): 2871-2878.

[176] Suzuki K, Kato D, Hara K, et al. Composite sulfur electrode for all-solid-state lithium–sulfur battery with Li_2S-GeS_2-P_2S_5 based thio-LISICON solid electrolyte[J]. Electrochemistry, 2018, 86(1): 1-5.

[177] Hayashi A, Hama S, Morimoto H, et al. Preparation of Li_2S-P_2S_5 amorphous solid electrolytes by mechanical milling[J]. Journal of the American Ceramic Society, 2004, 84(2). DOI: 10.1111/j.1151-2916.2001.tb00685.x.

[178] Kuhn A, Gerbig O, Zhu C, et al. A new ultrafast superionic Li-conductor: Ion dynamics in $Li_{11}Si_2PS_{12}$ and comparison with other tetragonal LGPS-type electrolytes[J]. Phys Chem Chem Phys, 2014, 16(28): 14669-14674.

[179] Hu G, Sun Z, Shi C, et al. A sulfur-rich copolymer@CNT hybrid cathode with dual-confinement of polysulfides for high-performance lithium-sulfur batteries[J]. Adv Mater, 2017, 29(11). DOI: 10.1002/adma.201603835.

[180] Duchêne L, Kühnel R S, Stilp E, et al. A stable 3 V all-solid-state sodium-ion battery based on a closo-borate electrolyte[J]. Energy & Environmental Science, 2017, 10(12): 2609-2615.

[181] Brighi M, Murgia F, Łodziana Z, et al. A mixed anion hydroborate/carba-hydroborate as a room temperature Na-ion solid electrolyte[J]. Journal of Power Sources, 2018, 404: 7-12.

[182] Murgia F, Brighi M, Černý R. Room-temperature-operating Na solid-state battery with complex hydride as electrolyte[J]. Electrochemistry Communications, 2019, 106. DOI: 10.1016/j.elecom.2019.106534.

[183] Asakura R, Reber D, Duchêne L, et al. 4 V room-temperature all-solid-state sodium battery enabled by a passivating cathode/hydroborate solid electrolyte interface[J]. Energy & Environmental Science, 2020, 13(12): 5048-5058.

[184] Cheng X B, Yan C, Chen X, et al. Implantable solid electrolyte interphase in lithiummetal batteries[J]. Chem, 2017, 2(2): 258-270.

[17] Jones W D, Blyth R I R, et al. Residual gas in a single-element UV synchrotron. Appl Phys Lett, 2016, 417: 237-242.

[18] Rao N, Jain P K, et al. Studies of oxide nanoparticle material for high energy density storage[J]. Mater Lett, 2016, 260(1): 1565-1570.

第 5 章

水系离子电池

5.1 水系电解液的优势

非水系的可充锂离子电池因其高能量密度、良好的循环寿命及轻便易携带等优势，已成为当今社会应用最为广泛的储能器件之一。然而，目前市面上的大部分商业化锂离子电池都采用有机电解质体系，由此产生以下问题。

① 有机溶剂易燃易挥发，且具有毒性，存在燃烧爆炸等安全隐患。近年来锂离子电池安全事故频发，严重危害人身和社会安全。

② 有机溶剂成本较高，导电性能也较差。

③ 有机溶剂存在一些潜在的环境友好等问题。

水系可充电电池（aqueous rechargeable battery，ARB）通过采用水溶液电解质来替代有机电解质可以解决以上问题。具体而言，以水作为电解液溶剂，具有以下优势。

① 水溶液电解液阻燃性能好，且环境友好，将其代替有机电解液，消除了有机锂离子电池在持续充放电时温度高等造成的安全隐患，解决了电池易燃等问题，大大提升了电池的安全性。

② 水溶液中的电解质具有非常高的离子电导率，约为 10^{-1}（$\Omega \cdot cm^{-1}$）。相比之下，有机电解质的离子电导率只有约为 $10^{-3} \sim 10^{-2}$（$\Omega \cdot cm^{-1}$），相差了两个数量级。高离子电导率在提升电池的倍率性能和可逆性方面起着至关重要的作用，可以使电池的比功率得到显著提升。

③ 水溶液电解液的溶剂和盐的价格相对便宜，水系可充电电池对组装工艺要

求低，制作工艺相对简单，因此可大幅降低电池的生产成本。

综上，水系可充电电池凭借其高安全、环境友好、高离子电导率、低成本等优势，被认为是一种极具前景的下一代大规模储能技术。

5.2　水系电解液面临的问题

与有机电解液相比，水系可充电离子电池的优势被人们广泛提及，但是在能量密度和循环性能方面，水系离子电池仍面临诸多挑战。在实用化上存在以下几个关键问题。

① 水系电解液的电化学窗口窄。水分解反应包括正极侧的析氧反应和负极侧的析氢反应，析氧反应式如下：

中性/碱性溶液中为：$4OH^- \longrightarrow 2H_2O + O_2 + 4e^-$，

酸性溶液中为：$2H_2O \longrightarrow 4H^+ + O_2 + 4e^-$

析氢反应式如下：

中性/碱性溶液中为：$2H_2O + 2e^- \longrightarrow 2OH^- + H_2$

酸性溶液中为：$2H^+ + 2e^- \longrightarrow H_2$

如图 5.1 所示，水分解过程将水系电解液的电化学窗口限制为 1.23 V，否则水将会被电解析出氢气和氧气，受 pH 值、反应动力学等因素的影响，水的实际分解电压可以拓宽至大约 1.8 V。然而，与有机电解质相比，水系电解液的电化学窗口依然较窄，因此限制了水系电池的能量密度。此外，一般情况下，正极材料的工作电位应小于析氧电位，负极材料的工作电位应大于析氢电位，以保证电极材料正常地进行氧化还原反应，狭窄的电化学稳定窗口限制了高电压电极材料的使用。因此，选择合适的水系离子电池正负极材料和水系电解液至关重要。

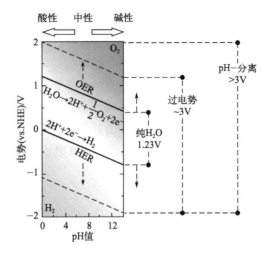

图 5.1　水的倾线图及调节水活度的电化学原理 [1]

② 循环稳定性差。水系电池的循环稳定性差主要有以下因素：水系电池中，水分解等副反应不可避免地在电极和电解质界面处进行。这一现象的发生与电极表面的过电位和水分子吸脱附引起的pH值改变有关。在水系电解质中，弱的水解反应会产生 OH⁻ 和 H⁺，这些离子会促进氧位点形成Lewis碱和氢位点形成Lewis酸。因此，电解液具有较强的腐蚀性，从而导致水系离子电池的循环性能很差。另外，由于在电极上生成的氧气、氢气会破坏其结构，使其与电解质隔绝，引起过电势（极化）增大，同时还会引起体积增大。此外，它们会持续地消耗电解质，从而使电池具有更低的库仑效率和循环稳定性。严重的产气还会导致电池鼓胀，带来一定的安全隐患。与此同时，电解液中的溶剂水和溶解氧会与电极材料发生反应，对循环性能和库仑效率影响很大，电极材料的溶解或副反应也是一个亟待解决的难题。

因此，拓宽电压窗口和提高循环稳定性是实现水系离子电池大规模储能实际应用的关键。以下介绍几种拓宽电化学窗口以及抑制副反应的常用策略，主要目的是拓宽水系离子电池的工作电压区间、减缓电极材料的溶解，以此提高电池的循环稳定性。

5.2.1 电解液调控策略

5.2.1.1 采用高浓度电解液

浓缩的水系电解液可以扩大电压窗口，并抑制副反应的发生，该策略也被称为"盐包水"策略。当含盐量增加、含水率降低时，水分子会与阳、阴离子发生作用。离子倾向于形成接触离子对或者阳-阴离子聚集体，而不是以溶剂分离离子对的形式存在。这种相互作用使得自由水分子的数量减少，甚至消失，从而降低了水分子靠近电极表面的能力，并降低了水的活性。高浓度的无机盐使水分子团簇结构中的氢键断裂，使水分子的裂解活化能增加。与无机盐相比，有机盐因阳离子和阴离子之间的弱相互作用而具有更高的溶解度，高浓度有机盐溶液通过离子间的吸引力形成特殊的阳离子溶剂鞘结构，不仅锁定了自由水分子，显著降低了水的电化学活性，还可以改变电极表面的界面化学性质，展示了独特的物理化学属性。由上可知，"盐包水"策略可以大大拓宽电化学稳定性窗口，提高电池的循环稳定性。

5.2.1.2 电解液添加剂

在水系离子电池中，引入添加剂已被证明能有效地扩大电压窗口，提高循环稳定性。有别于电极表面处理，添加添加剂可改变电解质状态，并通过聚合、物理吸附或电化学分解等方式在电极与电解质间原位生成钝化层。高浓度的水系电解液，甚至是极高浓度的水系电解液，都能显著拓宽电压窗口，抑制水的分解。然而，一旦平衡被破坏，仍不可避免地存在少量的水分解，严重影响循环性能。在电解液中加入添加剂有望改变这种状况。相对于聚合和物理吸附，添加剂在循环过程中发生电化学分解，逐步形成界面层是一种更有效的策略，可以扩大电压窗口，提高循环寿命。添加剂应满足以下特点：①添加剂在水系电解液中应稳定；②添加剂的分解应发生在形成界面层之前；③添加剂的分解应发生在电极反应之前；④界面层应稳定，避免继续开裂和形成。

除此之外，添加剂还具有以下作用：通过消除电解液中的溶解氧，并调节电解液的pH值，可以有效地预防副反应的发生，并确保电极材料的稳定运行。但是，不能通过调节电解液pH值来同步抑制析氢和析氧反应，因此这种策略对于扩大电压窗口有一定的局限性。

5.2.2　电极调控策略

通过对电极材料的优化设计，可有效改善其循环稳定性。例如通过对电极材料中的原子进行掺杂取代，可以调节其结构和性能，从而增强电极材料在电化学反应中的稳定性和活性。特别是在锰基氧化物和多阴离子化合物类电极材料中，这种方法显示出了显著的效果，为改善电极材料的性能提供了一种可行的途径，并且具有广泛的应用前景。

其次，通过对电极材料进行表面改性，可以有效地抑制水分子的渗透，降低电极的腐蚀。大量研究表明，在电极表面构建涂层或对电极材料进行包覆，可以提高其循环稳定性。构建一种界面保护层或人工SEI，能够有效地阻止电极与电解液之间的水分子分解。为了满足这一要求，界面保护层或人工SEI应具备以下特点：首先，它应当具备离子导电性，以确保正常的离子传输过程；其次，它应该作为电子绝缘体，不能具备储存离子的能力；再次，它还应能够有效地阻挡水分子的渗透；最后，对于界面保护层或人工SEI的厚度和均匀性，需要进行精确的控制。需要特别注意的是，人工SEI不仅需要有效地阻止水分子的渗透，还需要具备抑制水分解的高要求。因此，人工SEI的反应机理、稳定性和润湿性在水电解液中都需要引起关注。通过对人工SEI的研究和改进，可以进一步提升电极与电解液之间的界面稳定性，从而为电化学领域的发展带来重要的突破。综上所述，电极材料的优化设计和表面改性对于抑制电极材料的溶解和改善循环稳定性起着重要作用。

目前，市面上的水系电池主要是铅酸电池、镍镉电池、镍氢电池。铅酸电池的电压为2.0 V，能量密度为40 W·h/kg，但铅酸电池中的铅对环境污染严重；镍镉电池的电压为1.2 V，能量密度为27 W·h/kg；镍氢电池的电压为1.2 V，能量密度为70 W·h/kg，均存在各种缺陷。已有多种水系碱金属离子电池、水系多价态金属离子电池和水系非金属离子电池被广泛研究，各种金属载流子和非金属载流子的离子质量、离子半径和水合半径如图5.2所示。本章内容将对这几类水系可充电池分别进行介绍，水系碱金属离子电池包含了水系锂离子电池、水系钠离子电池、水系钾离子电池。水系多价态金属离子电池主要分为水系锌离子电池、水系镁离子电池、水系钙离子电池、水系铝离子电池等。至于水系非金属离子电池部分，我们将对水系非金属阳离子和水系非金属阴离子电池进行介绍。对每一种电池，着重于其电极材料和电解液选择的相关介绍。

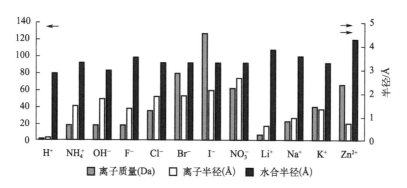

图 5.2　金属载流子和非金属载流子的离子质量、离子半径和水合半径 [2]

5.3　水系锂离子电池

5.3.1　水系锂离子电池概述

传统锂离子电池以有机溶剂为电解质，具有毒性和安全隐患。水系锂离子电池于1994年由Dhan课题组首次提出，采用微碱性的$LiNO_3$水溶液作为电解质，具有低成本、高安全性以及良好的离子电导率等优点。该电池的负极材料和正极材料分别为VO_2和$LiMn_2O_4$（LMO），其工作电压窗口为1.5 V，能量储存能力可与镍镉、铅酸电池竞争 [3]（图5.3）。此外，水系锂离子电池的组装成本较低，具有较好的安全性，且离子电导率高。随着时间的推移，研究者们开始探索使用廉价的硝酸锂、硫酸锂和氢氧化锂等无机盐代替昂贵的锂盐，进一步降低了水系锂离子电池的成本。尽管该电池的循环性能有待改进，但这一方向的探索为水系锂离子电池的发展提供了新的可能性。

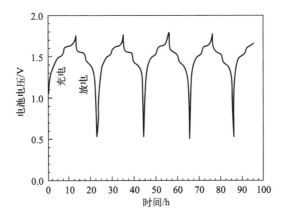

图 5.3　当 LiMn$_2$O$_4$/VO$_2$（B）电池反复充电和放电时，电压随时间的变化[3]（所用电流为 1 mA）

水系锂离子电池的工作原理与摇椅型有机电池相似。通过电解质中 Li$^+$ 的输运，实现其在正负极间的循环嵌脱。在充电过程中，Li$^+$ 从正极脱出，并通过电解质嵌入负极，使得正极活性物质处于贫锂状态，而负极活性物质处于富锂状态。与此同时，外部电路中的电子被传导至负极以存储能量。相反地，在放电过程中，Li$^+$ 又从富锂状态的负极沿着同样的路径返回到正极，从而实现了化学能向电能的转换。以使用石墨作为负极材料和 LiMn$_2$O$_4$ 作为正极材料的水系锂离子电池为例，其充放电过程中的正负极氧化还原反应方程式如下：

充电时，正极反应为：LiMn$_2$O$_4 \longrightarrow$ Li$_{(1-x)}$Mn$_2$O$_4$，负极反应为：C $+ x$Li$^+ +$ $xe^- \longrightarrow$ Li$_x$C$_6$；

放电时，正极反应为：Li$_{(1-x)}$Mn$_2$O$_4 \longrightarrow$ LiMn$_2$O$_4$，负极反应为：Li$_x$C$_6 \longrightarrow$ C $+$ xLi$^+ + xe^-$。

上述电池在充电时，Li$^+$ 从 LiMn$_2$O$_4$ 中脱出，同时释放出一个电子。另外，Li$^+$ 通过玻璃纤维隔膜电解液转移到负极表面，并随后插入到石墨的层状结构中，石墨同时得到一个 e$^-$ 形成化合物 Li$_x$C$_6$，并且分布在锂、碳层间。与之相反，电池放电时从负极化合物 Li$_x$C$_6$ 脱出 Li$^+$，嵌入到正极 LiMn$_2$O$_4$ 中。

5.3.2　水系锂离子电池电解液

电解液是电池最重要的组成部分之一，其中电解质的选择、电解液浓度的确定、电解液的 pH 值以及电解液是否去除溶解氧对电池的性能均具有一定影响。因此，电解液对电池的整体性能，包括实际容量、倍率性能、循环稳定性以及安全性等都有很大的影响。水系锂离子电池通常使用 LiNO$_3$、Li$_2$SO$_4$、LiCl、CH$_3$COOLi、双三氟磺酰亚胺锂（LiTFSI）等锂盐的水溶液作为电解液。然而，这些单一的电解液不能很好地满足人们对电解液的需求。为了提高电解质的性能，研究者们通过添加添加剂、提高电解质浓度等手段，不断开发出新的电解质。

前面已提到，在电解液中加入合适的添加剂，可以有效地扩大电压窗口，提高循环稳定性。电解质添加剂对提高电池的电化学特性有显著的影响，不仅用量少，成本低，而且效果显著。添加剂明显提升了电解液的抗氧化分解能力。添加剂往往会改变电解液的状态，或在充放电过程中，利用助剂的聚合作用、物理吸附作用或电化学分解作用，在电极与电解液间原位生成钝化层。比如添加较少的二价盐，二价金属离子（Mg^{2+} 或 Ca^{2+}）的无机氟化物和碳酸盐在电解液中形成了难溶的SEI膜；添加四乙二醇二甲醚（TEGDME）可以生成一种有利于SEI界面形成的碳质成分，从而有效减缓水的还原分解，并扩展电化学窗口。此外，在锂盐的水溶液中加入添加剂，如二甲基亚砜、乙二醇等，添加剂与水分子的H—O键相互作用形成氢键，抑制冰四面体的形成，从而降低电解液的凝固点，提升水系锂离子电池的低温性能[4]。

此外，电解液的浓度和种类也显著影响水系锂离子电池的性能。低浓度电解液可以减缓副反应，高浓度电解液有利于拓宽电压窗口，当盐类物质的质量分数、体积分数大于溶剂，离子间的吸引力占主导地位时，也可有效抑制电极材料和水分子的副反应。此外，高浓度电解质可在负极上形成保护层，进一步降低了正、负极表面水的活性。例如，在稀溶液中，负极表面的SEI膜成分，如 Li_2CO_3 和 Li_2O 会迅速溶解。水系锂离子电池采用饱和 $LiNO_3$（9 mol/kg）、LiCl（16 mol/kg）、Li_2SO_4（3.5 mol/kg）溶液时，即使采用高浓度电解液，也无法有效形成SEI膜，导致电池的输出电压和能量密度受到一定的限制[5]。然而，在高浓度的LiTFSI溶液中，Li_2O、LiF和 Li_2CO_3 在负极表面沉积并形成稳定的SEI膜，从而使水系电池的循环稳定性得到了更大的提高[6,7]。对于电解质浓度的选择和优化电解液配方，应综合考虑其物理和化学性质以及电化学要求。虽然高浓度电解质能显著提升电池性能，但其高成本是商业化应用的主要障碍。

5.3.3 水系锂离子电池电极材料

水系锂离子电池以含锂盐水溶液为电解液，通过 Li^+ 与正负极之间的氧化-还原作用，实现 Li^+ 在正负极之间的脱嵌，从而实现电池的高效稳定运行。Li^+ 的脱嵌应当在电解液电化学性质稳定的电压范围内进行。由于电解液的电化学窗口有限，水系锂离子电池必须选择合适的正负极材料和水溶液来构建安全稳定的电池体系。在设计水系锂离子电池时，需要考虑正负极之间的电压差能否满足水系锂离子电池电解液的电压范围（图5.4）。在水系锂离子电池中 Li^+ 在正极材料上的嵌入电压应该在 3～4 V（vs. Li$^+$/Li），在负极材料上的还原电压应当在 2～3 V（vs. Li$^+$/Li）。LiCoO$_2$、LiMn$_2$O$_4$ 等对锂电位可以达到 4 V 以上，符合作为正极材料的要求；负极材料的对锂电位理论上应当在 2～3 V 之间，VO$_2$、LiV$_3$O$_8$ 均在这个电位范围内，符合要求。

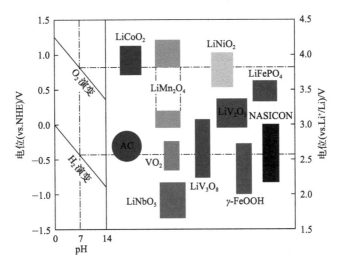

图 5.4 一些可能用于水系锂离子电池的电极材料的插层电位 [8]

5.3.3.1 水系锂离子电池常用正极材料

正极材料作为锂源的提供者，通常而言，在选择时，需要具备良好的 Li$^+$ 嵌入/脱出通道、良好的稳定性、较高的电极电位和能量密度等。对于水系锂离子电池的正极材料，层状结构的锂钴氧化物（LiCoO$_2$）、尖晶石结构的锂锰氧化物（LiMn$_2$O$_4$）和橄榄石型的磷酸铁锂（LiFePO$_4$）是目前常见的三种锂离子电池正极材料。

（1）层状锂钴氧化物

α-NaFeO$_2$ 型层状结构的锂钴氧化物（LiCoO$_2$），具有空间群为 R3m 的晶体结构。该材料具有高的锂离子电导率，Li$^+$ 扩散系数为 10^{-9}～10^{-7} m^2/s，以及较高的电子电导率等优点。其理论比容量可高达 270 mA·h/g，使得它在锂离子电池正极材料中具有广泛的应用。研究表明，LiCoO$_2$ 在水溶液中可发生可逆的 Li$^+$ 脱嵌反应。然而，在循环充放电过程中，Li-Co 氧化物中存在着八面体缺陷，部分八面体结构转变为尖晶石四面体结构，因此，需要进一步提高锂钴氧化物的循环寿命。

（2）尖晶石型锂锰氧化物

$LiMn_2O_4$ 的 Li^+ 嵌锂电位比较高，理论比容量为 148 mA·h/g，这使得它在锂离子电池正极材料中具有广泛的应用。此外我国锰矿资源丰富，尖晶石型锂锰氧化物（$LiMn_2O_4$）具有低成本、低毒性以及高稳定性等优点，因此被认为是最有前景的水系锂离子电池正极材料之一[9]。尖晶石型 $LiMn_2O_4$ 在水溶液中的嵌脱行为与有机溶液中的嵌脱行为相似。但是，与有机电解质相比，水溶液具有更高的离子电导率，所以在充放电过程中，电极上发生的氧化还原反应具有更好的可逆性。

（3）橄榄石型磷酸铁锂

$LiFePO_4$ 理论比容量较高（170 mA·h/g），充放电平台稳定，结构稳定。因而，在新一代锂离子电池中极具发展潜力[10]。研究表明，$LiFePO_4$ 在水溶液中具有更好的倍率性能和更高的比容量[11]。

选择和改性正极材料对于提升水系锂离子电池性能至关重要。在合成正极材料的过程中，已开展大量研究以增强其稳定性。尽管如此，许多适用于水系环境的正极材料由于充放电周期寿命较短，仍未达到商业化应用的要求。因此，优化正极材料的组成并进行改性是提高其综合性能的有效策略。研究人员采取了多种修饰策略，改进通常涉及材料的形貌、包覆、掺杂和结构等方面，以改善材料的循环稳定性。

5.3.3.2　水系锂离子电池常用负极材料

水系锂离子电池的电极反应相比有机电解质锂离子电池更为复杂，电化学窗口相对较窄，必须要考虑水的析氢和析氧反应以及电极材料的电势。因此，选择合适的电极材料对于水系锂离子电池的发展极为关键。通常以金属锂为负极的锂电池是不会考虑水溶液作为电解液的，因为金属锂热力学稳定性差，且易与水反应生成 LiOH，无法形成有效的钝化层来隔离电极和水溶液之间的反应。理论上，如果 Li^+ 能够紧紧地束缚在嵌入型基质材料中（即锂的结合能约为 3.2 eV），则可以防止与水的反应。受限于合适的嵌锂电势，适合于水系锂离子电池的负极材料较少。目前，常用的水系锂离子电池负极材料主要包括钒氧化合物和聚阴离子型化合物。

（1）钒氧化合物

钒是一种多价过渡金属，其化学性质极为活跃，价态从 +2～+5 可变化。这一特性使其能够形成多种不同的钒氧化合物，因而受到了广泛关注。钒氧化合物因其价态多样性和较小的能量差异而展示出良好的反应活性，这些化合物的理论比容量普遍较高。在过去几年中，已成功合成了多种钒氧基纳米电极材料，例如微纳米结构的 VO_2、V_2O_5、LiV_3O_8（LVO）、$H_2V_3O_8$、$Na_2V_6O_{16}$ 等，这些都是用于水系锂离子电池负极的主要材料。

（2）聚阴离子型化合物

聚阴离子型化合物的结构由 MO_6 八面体（M 为过渡金属）和 XO_4 四面体（X为 S、P、As 等）以共顶点或共边的方式连接而成。这种结构在脱嵌锂过程中几乎不发生重排，表现出良好的稳定性。其稳定的框架结构和灵活的充放电电位使其非常适合用作锂离子电池的电极材料。目前，用于水系锂离子电池负极材料的聚阴离子型化合物主要是 NASICON 型的 $LiTi_2(PO_4)_3$ 和 TiP_2O_7 以及它们的改性材料，如纳米结构的 $LiTi_2(PO_4)_{2.88}F_{0.12}$[12]、$TiP_2O_7$/EG[13]（膨胀石墨）纳米复合材料等。NASICON 型化合物是一种新型 Na^+ 导体，其空间群为 R3c，属于菱方晶系。NASICON 型 $LiTi_2(PO_4)_3$ 由 PO_4 四面体和 TiO_6 八面体共顶点形成三维框架，存在利于 Li^+ 扩散的孔道网状结构，在作为锂离子电池电极材料时具有重要的结构优势。当离子填充到这些空隙中时，对于整个晶体结构也没有影响。另外，NASICON 结构化合物在 2.5 V（vs. Li^+/Li）时出现非常平坦的放电平台，这得益于其中的 Ti^{4+}/Ti^{3+} 电对。因此，$LiTi_2(PO_4)_3$ 已经成为一种理想的水系锂离子电池负极材料。

（3）有机电极材料

有机材料用于水系锂离子电池负极时，目前的研究主要集中在有机聚合物和有机小分子化合物上。有机聚合物，如聚吡咯（PPy）[14]、含聚苯胺（PANI）的有机材料[15]、聚酰亚胺（PI）和聚酰亚胺/AC（活性炭）[16] 等，均显示出良好的电化学性能，且可通过化学修饰或改变结构进一步调控，从而实现高容量、长循环寿命和较快的充放电速率。因此这些聚合物和它们的衍生物在锂离子电池中被认为是潜在的候选材料之一。此外，有机小分子化合物，特别是那些含芳香结构或特定功能团（如腈基团）的化合物，也表现出良好的电化学活性和理想的充放电特性，如高容量、高循环稳定性等。尽管有机材料在水系锂离子电池负极领域的研究还处于初级阶段，并面临电化学稳定性和导电性能的挑战，随着对环境友好、可持续性材料需求的增加，对有机材料作为锂离子电池负极材料的研究将继续深入，并有望在未来实现更多突破。

5.4 水系钠离子电池

5.4.1 水系钠离子电池概述

由于锂资源的稀缺性和不均匀的地理分布，导致锂的成本增加，这势必会限制锂离子电池技术的持续发展和应用。钠元素和锂元素同属一个主族，它们的物理化学性质相似。相比而言，钠元素的储量更为丰富，分布广泛，其地壳储量约为锂的1000倍以上，降本潜力大。在锂资源供应紧缺的背景下，钠离子电池作为一种资源丰富的替代选择，具有良好的发展前景。由此，水系钠离子电池具有资源丰富、价格低廉、安全可靠的突出优点，更具有规模化应用的可能性，近些年来受到了广泛而深入的研究。

钠离子电池和锂离子电池在反应机理上具有相似性，均采用"摇椅式"二次电池的工作方式。在充电过程中，Na^+从正极材料中脱出进入电解液，同时，电解液中的Na^+嵌入到负极材料的晶格中。放电过程则相反，通过正负极之间Na^+的迁移，电池实现电荷的存储与释放。Na^+的半径（0.102 nm）相较于Li^+的半径（0.069 nm）大，这导致在充放电循环时，Na^+的嵌入和脱出过程更为困难和缓慢，从而影响电极材料的电化学利用率。Na^+在电极材料中发生脱嵌时，主体材料容易因为膨胀或收缩而产生形变，这进一步增加了电极材料所承受的应力变化。这种应力变化会导致电极材料的结构发生明显变化，甚至导致结构坍塌，进而影响电极材料的循环稳定性。此外，钠离子电池具有严重的电极-电解液界面副反应特性，由于水的高反应活性和溶解性，许多含钠化合物易于溶解或遇水分解，这进一步限制了储钠材料的选择范围。从而导致了水系钠离子电池的发展相对于水系锂离子电池较为缓慢。

5.4.2 水系钠离子电池电解液

当前，无机盐溶液，如Na_2SO_4、$NaNO_3$和$NaClO_4$已被开发用作水系钠离子电池的电解液。在ASIB水系电解液研究中，Na_2SO_4是最早应用的选择之一。近年来，尽管出现了各种新的水系电解质，但由于Na_2SO_4具有价格低廉且易获取的特点，研究人员仍然偏向选择它，并在与不同种类的正负极材料组装成水系钠离子全电池方面取得了良好的效果。与Na_2SO_4相比，$NaNO_3$在水溶液中的溶解度更高，但对比之下，合成困难和价格较高是其劣势所在。

与低浓度盐溶液相比，随着无机盐浓度的增加，水分子将与阴阳离子发生相互作用，形成接触离子对或阴阳离子聚集体。这些结合会部分破坏水簇结构中的氢键，减少水的活性和自由水分子的数量，降低了水分子接近电极表面的可能性，有助于抑制副反应并扩大电压窗口。研究显示，$NaClO_4$ 水溶液的浓度远超过 Na_2SO_4 和 $NaNO_3$，因而在水系钠离子电池研究中，$NaClO_4$ 是最常用的电解液之一。当 $NaClO_4$ 在水中达到高溶解度时，它与水分子形成复杂的离子网络，干扰并破坏水分子间的氢键网络。无机盐阴离子对本体水结构的破坏能力依次为 $ClO_4^- > NO_3^- > SO_4^{2-}$，其中 ClO_4^- 极易破坏水结构。因此，采用高浓度 $NaClO_4$ 无机盐溶液作为电解液是经济且有效的。相比之下，水系锂离子电池普遍采用成本较高的高浓度 LiTFSI 有机盐溶液。因此，水系钠离子电池因成本优势有更大的应用潜力，并可能在未来被广泛推广。

与无机盐相比，有机盐在电解液中显示出更强的离子吸引力。随着有机盐浓度的提升，电化学稳定窗口扩大，电极材料的循环稳定性得到提高。并且，高浓度的有机水溶液包含能促进阴离子还原反应的 Na^+ 溶剂化鞘反应，这促使在阳极表面形成更致密的 SEI 膜[17]。探索超浓缩水性电解质时，需要考虑几个关键因素：首先，要具有高溶解度，使阳离子与水的比例高于 0.3，以去除自由水分子；其次，要具备广泛的适用性和相对较低的成本；最后，要有将阳离子、阴离子和水分子的溶剂化结构转变为离子聚集结构的能力。例如，使用 $NaCF_3SO_3$[18] 和 NaFSI[19] 作为钠盐制备的钠离子"盐包水"电解液（NaWiSE），通过降低水的电化学活性，实现了更宽的电化学稳定窗口。同时，室温水合物作为增强型电解质被研究。该方法充分地利用了盐的高度可溶性，从而大大地减少了水与盐的比例[20]。凝胶电解质是一种新兴的电解质类型，近年来发展迅速。其独特之处在于通过降低水的活性，有效抑制了电极材料的溶解，并能够解决液态电解液存在的蒸发和泄漏等问题。

为解决水分解、电化学稳定窗口窄及抑制电极材料腐蚀等问题，引入特殊功能的添加剂也是一条行之有效的途径。这些添加剂可以通过聚合、物理吸附或电化学分解等方式，在循环过程中改变电解质的状态，或在电极和电解质之间形成原位界面钝化层。从而扩大电化学窗口并提高电池的循环稳定性。具体而言，通过加入电解液添加剂，电解质溶液中游离的水分子数量减少，引起水分子四面体结构的破坏；通过干扰氢键的方式，可有效降低水分子之间的结合程度[21]。此外，通过加入碳酸乙烯等成膜物质，使其在电解质中逐步分解为薄膜，构筑界面保护层，显著提高电池的电压和循环稳定性。

5.4.3　水系钠离子电池电极材料

目前已经研发出多种不同的水系钠离子电池电极材料。其中，正极材料主要包括氧化物、聚阴离子化合物和普鲁士蓝类似物等；而负极材料则主要包括金属氧化物、NASICON 型化合物、普鲁士蓝类似物和有机化合物等。这些材料的开发为水系钠离子电池的研究提供了更多的选择。

5.4.3.1 水系钠离子电池正极材料

（1）过渡金属氧化物

过渡金属氧化物由于其价格低廉、易于制备、电化学活性高、稳定性好等优点而备受关注。其中，二氧化锰具有性能稳定、价格便宜、易于大规模制备等优点，引发了研究者们广泛的关注，并被认为是具有巨大产业化前景的水系电池正极材料之一。二氧化锰（MnO_2）晶胞是由六个氧原子包围锰原子形成的八面体，通过共用顶点位置和边缘的棱形成隧道晶型结构，通过对合成条件的控制，可以得到不同隧道晶型结构的 MnO_2，一般主要包括 α、β、γ、δ、λ 五种晶型结构，是目前研究人员最感兴趣的一种水系钠离子电池材料。根据隧道结构的不同可将 MnO_2 分成 3 类：α、β、γ 三种晶型结构具有一维隧道结构，δ-MnO_2 为二维层状结构，λ-MnO_2 具有三维尖晶石结构。已有研究表明，Na^+ 可以在不同晶型结构的 MnO_2 正极材料中可逆地嵌入和脱出，在水系钠离子电池体系中有很好的应用前景。另外，研究者对其他过渡金属氧化物在水溶液中作为嵌钠电极的性能也进行了研究，例如将 V_2O_5 作为水系钠离子正极材料，但其充放电曲线多表现为多级电压台阶，循环稳定性较差，应用价值并不高。

钠基层状过渡金属氧化物作为一类高能量密度和高稳定性的正极材料，在水系钠离子电池中具有广阔的应用前景。这类材料的化学式通常表示为 Na_xMO_2，其中 M 可以是 Co、Mn、Fe、Cr、Ni 等元素。在不同的 Na_xMO_2 化合物中，钠的比例直接影响晶体的结构和性质。以 Na_xMO_2 为例，当 x 值＜0.45 时，材料通常为 P3 相 - 三维隧道结构；而当 $x \geq 0.45$ 时，则呈现为 P2 相 - 层状结构 [图 5.5(a)]。层状 Na_xMnO_2 具有更高的比容量，但其在充放电时易发生结构变形，引起结构坍塌和无定形化，严重影响了其循环稳定性。在这些材料中，$Na_{0.44}MnO_2$ 具有正交晶系结构，空间群为 Pbam，其独特的隧道结构适合 Na^+ 的嵌入和脱出 [图 5.5(b)]。具体而言，该隧道结构由 MnO_6 和 MnO_5 多面体组成，隧道中有三种不同类型的 Na^+ 位点，其中两个位于 S 形大隧道，而一个位于较小的五角形隧道。$Na_{0.44}MnO_2$ 材料的理论比容量是 121 mA·h/g，主要贡献来自于 S 形大隧道，因此 $Na_{0.44}MnO_2$ 因其较高的比容量和循环稳定性而受到广泛研究。

为了进一步增强层状正极材料的结构稳定性和电化学性能，可以利用元素替代技术进行改进。通过在层状正极材料的晶格中引入新元素，可以改变其物理化学性质，从而提高正极材料的容量、延长其循环寿命，并增加 Li^+ 的扩散速率和储存能力。通过精确控制元素的取代位置和数量，可以调控正极材料的晶体结构和电化学性能，进一步提高电池的能量密度和循环稳定性。例如通过部分 Ti 元素取代 Mn 元素制备 $Na_{0.44}(Mn_{0.44}Ti_{0.56})O_2$ 和 $Na_{0.66}(Mn_{0.66}Ti_{0.34})O_2$ 材料[22,23]，能够有效地抑制 Na_xMnO_2 的相变，表现出较好的结构稳定性，在充放电过程中其结构几乎没有变化，实现了水系钠离子电池倍率性能和循环寿命的明显提升。除了 $Na_{0.44}MnO_2$ 材料外，$Na_{0.21}MnO_2$、$Na_{0.25}MnO_2$、$Na_{0.27}MnO_2$、$Na_{0.35}MnO_2$、$Na_{0.56}MnO_2$、$Na_{0.58}MnO_2$、$NaMnO_2$ 等含钠的锰氧化物也被研究用于水系钠离子电池正极材料[24]。此外，K_xMnO_2 也被探索作为正极材料，由于其高比容量、良好的稳定性及可调的氧化还原电势，K_xMnO_2 成为钠离子电池的研究热点。然而，该类材料在水系电解液中的应用仍面临诸多挑战，如电极材料的溶解、与电解液产生的副反应和低电子电导率等问题，这些问题的解决是当前研究的关键。

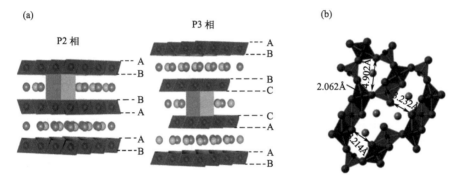

图 5.5　（a）层状含钠氧化物（Na_xMO_2）的分类：P2 型和 P3 型堆叠的晶体结构示意图；（b）$Na_{0.44}MnO_2$ 的晶体结构示意图

（2）普鲁士蓝类似物

Na^+ 在氧化物晶格中具有较高的稳定性，其嵌/脱时可导致材料结构变化。因此，采用无氧化物晶格材料可视为一种有效的解决方案。普鲁士蓝类似物（PBAs）是一类过渡金属铁氰化物，其通用化学式为 $A_xM_I[M_{II}(CN)_6]_{(1-y)} \cdot nH_2O$（其中 A 为 Li、Na、K 等碱金属阳离子，M 为 Fe、Co、Ni 等过渡金属阳离子），展示出面心立方结构。每个过渡金属阳离子在八面体中与六氰基金属盐基团配位，形成开放的三维框架结构。这种结构允许 Na^+ 在较大离子通道中快速地脱嵌，而不引起晶格畸变，有利于 Na^+ 的传输和储存，显示出卓越的循环稳定性。此外，其在约 0.3 V（vs.SCE）下能与 Na 发生可逆氧化还原反应，反应可表示为：$ANiFe^{III}(CN)_6 \Longleftrightarrow A_2NiFe^{II}(CN)_6$（A 为 Na 或 K）。镍基普鲁士蓝 $Na_2Ni[Fe(CN)_6]$ 因为具有单电子氧化还原反应的特点，理论比容量仅有 85 mA·h/g 左右。但没有化学活性的镍元素使其晶格结构十分稳定，因此表现出优异的循环稳定性。而部分普鲁士蓝材料由于具有双电子氧化还原反应的性质，提供了更丰富的活性位点，因此引起研究人员的广泛关注。例如，钴基普鲁士蓝 $Na_2Co[Fe(CN)_6]$ 中存在两个电化学活性氧化还原对（Co^{3+}/Co^{2+} 和 Fe^{3+}/Fe^{2+}），有双电子氧化还原反应能力，每个单元能储存 2 个 Na^+，从而具备较高的理论比容量（169 $mA \cdot h/g$）。但在充放电过程中，Co^{2+} 多次发生氧化还原反应容易使材料的结构发生变化，导致其循环稳定性能较差。

综上所述，普鲁士蓝及其类似物由于其刚性和开放的框架结构以及高理论比容量，在水系钠离子正极材料中展示出竞争优势。然而，存在于普鲁士蓝类似物中的水分子（包括配位水和沸石水）可能会阻碍 Na^+ 进入活性晶格位点，从而降低了普鲁士蓝类似物在水性电解质中的容量利用率。尽管普鲁士蓝的实际比容量远低于理论值，研究仍需继续探索新方法以提升普鲁士蓝类似物的电化学性能。

（3）聚阴离子化合物

聚阴离子化合物的化学式为 $A_xM(XO_4)_3$（A=Li、Na、K 等碱金属阳离子，M=Ti、V、Mn 等，X=P、S 等），是具有四面体或者八面体阴离子结构单元的一类化合物。在这种结构中，四面体和八面体通过共顶点或者共边连接形成开放性骨架。交叉的骨架形成了许多大的空隙，有助于 Na^+ 的扩散。相对于其他钠离子电池正极材料，其储钠机理主要是其插层反应较少发生相转变，且在富钠与贫钠之间有明确的界限。这使得 Na^+ 可以更容易地从负电极脱嵌到正电极，有利于 Na^+ 的快速传导，还能提升过渡金属氧化物的氧化还原电位。同时，它们的热力学和化学性能非常稳定，源于强聚阴离子共价键和坚固的框架结构，这使得电极能够长期循环使用，并提升了电池安全性能。因此，它们被视为理想的正极材料，能够实现长循环寿命、高倍率性能和高安全性。许多聚阴离子化合物已被研究用于水系钠离子电池的正极材料，包括超离子导体（NASICON）、磷酸盐、焦磷酸盐、氟化磷酸盐等材料（图5.6）。

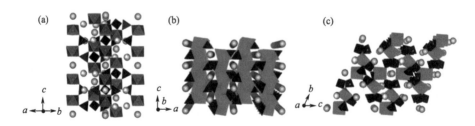

图5.6 几种经典的聚阴离子框架的晶体结构示意图

(a) $Na_3V_2(PO_4)_3$；(b) 橄榄石型 $NaFePO_4$；(c) $NaFeP_2O_7$[24]

超离子导体的结构可表示为 $Na_xM_2(PO_4)_3$（M 为过渡金属），经典的超离子导体结构是由金属与六个氧原子形成八面体结构的空隙以及磷与四个氧原子形成四面体结构的空隙构成。值得一提的是，超离子导体类化合物常含有丰富而无毒的地球元素，其资源储备非常丰富。其中，磷酸钒钠 [$Na_3V_2(PO_4)_3$] 是一种典型的具备钠超离子导体结构的钠离子电池正极材料，具有较大的孔道，可允许2个 Na^+ 嵌入和脱出。它具有稳定的三维框架，且在水的电化学稳态范围内，V^{4+}/V^{3+} 和 Ti^{4+}/Ti^{3+} 能进行氧化还原反应。这种特性使得钠离子具有高速的脱嵌能力，表现出优异的循环寿命、热稳定性和安全性能。此外，通过对磷酸钒钠进行部分元素替换，还可以提高其循环稳定性。例如，通过 Ti 替换 V 制备了 $Na_2VTi(PO_4)_3$，由于 Ti^{4+} 具有不溶性，与水性电解液接触，将产生钝化反应，生成各种水合物。这种钝化现象能够有效减少 $Na_3V_2(PO_4)_3$ 作为电极时产生的副反应，表现出高稳定性。超离子导体结构电极材料在动力学和循环稳定性方面表现良好，但其固有的电子传导率较低，且在水系电解液中容易出现钒离子溶出现象，导致循环稳定性下降。除了超离子导体型材料，磷酸盐型的 $NaFePO_4$ 材料，焦磷酸盐型化合物，如 $Na_2FeP_2O_7$ 和 $Na_4Fe_3(PO_4)_2(P_2O_7)$ 以及氟化磷酸盐型化合物，如 $Na_3V_2(PO_4)_2F_3$、$Na_3(VOPO_4)_2F$、$Na_3V_2O_{2x}(PO_4)_2F_{3-2x}$ 以及 Na_2FePO_4F 等也被广泛应用于水系钠离子电池的正极材料。这些材料为水系钠离子电池的发展提供了新的可能性[25]。

综上，聚阴离子化合物由于其优异的电化学性能，具有高工作电压和良好的循环稳定性，被视为水系钠离子电池正极材料中极有应用前景的一类材料。

5.4.3.2　水系钠离子电池负极材料

目前，水系钠离子电池所使用的负极材料种类主要有聚阴离子化合物、有机材料、普鲁士蓝类似物以及活性炭等。

（1）聚阴离子材料

磷酸钛钠 [$NaTi_2(PO_4)_3$] 是一种具有超离子导体结构的聚阴离子材料，被广泛应用于水系钠离子电池的负极材料中。在它的结构中，$[Ti_2(PO_4)_3]^-$ 由三个 PO_4 四面体和两个 TiO_6 八面体通过共角相连而构成。这个结构框架包含了三个 M（2）空间位点和一个 M（1）空间位点，这种稳定的 Na^+ 嵌入/脱出三维开放的骨架结构，有利于 Na^+ 的快速脱嵌。超离子导体型 $NaTi_2(PO_4)_3$ 被研究作为水电解液中的钠嵌入电极，在 1 mol/L Na_2SO_4 溶液中，$NaTi_2(PO_4)_3$ 在 -0.82 V（vs. Ag/AgCl）处表现出一对非常对称可逆的氧化还原峰，并且峰的平台较长且平坦，在电化学行为上对应于 Na^+ 可逆的嵌脱反应。Ti^{4+}/Ti^{3+} 在发生氧化还原反应过程中，有两个 Na^+ 能够进行可逆的脱嵌。但其电子电导率低，且在水系电解液中进行电化学过程时，可能会出现随之而来的一些副反应。这些副反应可能涉及与水和氧气的反应，从而导致其展现出了较差的循环性能和倍率性能。因此需要通过碳包覆等方法进行改性。根据最新研究结果，引入其他元素的掺杂方法可以有效提升磷酸钛钠材料的循环稳定性。此外，与碳材料进行复合也是改善磷酸钛钠材料循环稳定性的一种有效途径。研究者们通过对磷酸钛钠材料进行分层碳包覆来增强其循环稳定性。在这种方法中，他们首先在磷酸钛钠材料表面涂覆纳米级碳涂层，然后再通过包裹具备三维多孔结构的微米尺度碳网络来加固材料。这种独特的结构不仅能够保证磷酸钛钠材料的结构稳定性，还能提供一个双连续导电网络，有利于电子的快速传输。此外，具有超离子导体结构的 $NaV_3(PO_4)_3$、$Na_2VTi(PO_4)_3$、$Na_3MnTi(PO_4)_3$ 也被证明可以用作负极材料。通过以上方法，可以显著改善磷酸钛钠材料的循环稳定性，为其在水系钠离子电池负极材料领域的应用提供了更广阔的前景。

（2）有机材料

一些有机电极材料也被视为水系钠离子电池负极材料的理想选择之一。这些有机电极材料具有较低的价格，并且拥有很强的设计可塑性。与无机刚性晶体相比，有机电极材料能够提供更广泛的选择范围。近年来，研究人员积极探索有机储钠负极材料的潜力，聚酰亚胺、聚吡咯、醌类和咯嗪等有机材料已被用作水系钠离子电池的负极材料。例如，聚酰亚胺中的羰基在 Na^+ 的嵌入和脱出过程中可以发生可逆的双电子烯醇化反应，实现电荷储存。已有研究将聚醌基芘-4,5,9,10-四酮（PPTO）[26]、1,4,5,8-萘四羧酸二酐（NTCDA）衍生物-聚酰亚胺、蒽醌结构聚合物[poly(2-vinylanthraquinone)，PVAQ]等作为水系钠离子电池负极材料。

（3）其他材料

除上述有机材料以外，还有其他无机材料被研究用于水系钠离子电池的负极。活性炭作为负极通常与含钠的正极材料搭配来构筑水系钠离子全电池[25]。此外，TiS_2、WO_3、$Na_2V_6O_{16}$ 和 $FePO_4 \cdot 2H_2O$ 等无机材料也被应用于水系钠离子电池的负极。MoO_3 是一种具有层状结构的氧化物，其结构特性使其在离子嵌入和脱出方面表现出色，并具有较高的理论容量，适合作为负极材料。然而其电子电导率较低，且结构稳定性有待改进。

电极材料对水系钠离子电池性能的影响巨大，它直接决定了电池的工作电压和循环寿命。如何构筑长寿命水系钠离子电池电极材料是当前研究的热点和难点。首先，电极材料极易溶于水；这也是造成一些水溶液钠离子电池循环稳定性差的主要原因。即使有些电极材料在水中不易溶解，长期浸泡在电解液中也难免受到腐蚀。其次，电极材料与水或氧气会发生反应。溶解在水系电解液中的氧气会降低电极材料的化学稳定性。这也是影响水系钠离子电池稳定性的因素之一。另外，质子可能会与 Na^+ 一起共嵌入电极材料中。尽管部分正极材料在水溶液中具有较好的稳定性，但是在水系钠离子电池中，由于质子的嵌入，电极材料的结构会被破坏，进而影响其循环稳定性。上述问题的解决，将是构建长寿命水系钠离子电池电极材料的关键。科研人员需要针对这些问题开展深入的研究，以提高电极材料的结构稳定性，从而增强电池的循环稳定性和使用寿命。

5.5　水系钾离子电池

5.5.1　水系钾离子电池概述

钾和锂处于同一主族，物化性质相似，且资源储量丰富。K/K^+ 的标准电极电位为 -2.93 V vs. SHE，接近 Li/Li^+ [-3.04 V vs. SHE]，因此，钾离子电池具备出色的电池电压窗口和高能量密度，从而引起了广泛的关注。同时，钾离子电池成本低廉、环境友好等特性进一步增加了其吸引力。相较于水系锂离子电池，水系钾离子电池独特的优势可总结如下。

① 钾在地壳中的含量比锂高。自然界中的 K 元素丰富无毒，可从海洋中大量提取；

② 与 Li^+/Na^+ 相比，K^+ 具有较弱的路易斯酸性，这使得它能够形成较小的溶剂化离子，从而使其具有较优的离子导电性和溶剂化传输能力，进而赋予其良好的动力学性能。

由于 K^+ 具有较低的去溶剂化能力，其去溶剂化过程相对较慢。这一特性使得 K^+ 在电极/电解液界面上的扩散速度更快。然而，与 Li^+ 和 Na^+ 相比，K^+ 的原子量（39.10）和半径（1.38 Å，1 Å=0.1 nm）较大，这显著降低了其质量能量密度和体积能量密度。此外，钾的高反应性增加了钾离子电池在储存、电池组装及废钾处理过程中的安全风险。钾一旦暴露于空气中极易引发爆炸，因此钾离子电池的安全性能要求更为严格。这些因素共同限制了钾离子电池研究的广泛推广。

钾离子电池是一种与锂离子电池和钠离子电池类似的能量存储设备，基于 K^+ 在正负极间的可逆嵌脱过程产生电位变化，从而实现储能和能量释放，这种机制通常被称为"摇椅式"能量存储机制。在充电过程中，钾原子在正极失去电子释放至外部电路，形成 K^+。这些 K^+ 穿过隔膜和电解液，与负极和外部电路中的电子结合。放电过程则与充电过程相反，K^+ 从负极移向正极，同时电池释放存储的能量。

5.5.2　水系钾离子电池电解液

水系钾离子电池电解液分为两种类型：常规水系电解液和盐包水电解液。常规水系电解液包括KOH、KCl、K_2SO_4和KNO_3盐溶液，它们通过提供较高的离子浓度来支持电池反应，因此在水系钾离子电池中被广泛使用，具有良好的导电性和化学稳定性。而盐包水电解液则是另一种选择，例如高浓度的CH_3CO_2K和KFSI溶液。两种电解液都对水系钾离子电池的性能和效率具有重要影响。虽然常规水系电解液已取得一定程度的优化，但其较窄的电压窗口（＜2 V）限制了电极材料的选择，并抑制了电池能量密度的提升。对于盐包水电解液，其在高盐浓度下表现出多个优势：由于K^+的强溶剂化作用，限制了水分子的反应活性，从而显著拓宽了电压窗口，并降低阳极和阴极的溶解。特别是，基于CH_3CO_2K的盐包水电解液，在价格低廉、宽电压范围、与铝集流体的兼容性及环境友好性等方面具有显著优势。研究表明，通过使用高浓度的CH_3CO_2K，水系钾离子电池的电压窗口得到了成功扩展[27]。进一步地，通过在高浓度CH_3CO_2K水系电解液中添加添加剂$Fe(CF_3SO_3)_3$，可实现$PBAsK_{1.82}Mn[Fe(CN)_6] \cdot 0.47H_2O$正极的原位改性（Fe取代Mn），这种表面屏蔽层有效地抑制了锰的溶解，使得该材料展现出极佳的循环稳定性[28]。虽然高浓度电解液显著提升了电化学性能，但其较高的成本限制了水系钾离子电池在实际应用中的广泛推广。因此，急需开发既具有宽电位窗口，又保持低成本和高稳定性的水系钾离子电池电解液。一种可能的策略是通过引入不可燃的有机添加剂和设计具有氢键给体和受体特性的新材料，这样可以在不增加成本的前提下，进一步拓宽电池的电压窗口。

5.5.3　水系钾离子电池正极材料

钾离子的电离半径约为1.38 Å。然而，由于其较大的离子半径，钾离子电池在循环期间可能会出现结构畸变和破坏，限制了适用于水系钾离子电池的高性能电极材料的选择。为应对这些挑战，近年来，研究者们通过调控 pH值和引入高浓度电解质等策略，拓展了水系钾离子电池的电化学窗口。同时，研究者开发了一些新型电极材料，例如普鲁士蓝类似物、钒基氧化物和有机晶体等。这些材料具有较大的离子传输通道和刚性骨架结构，有助于提高钾离子电池的性能。因此，这些研究为水系钾离子电池的电化学性能的提高和实际应用带来了新的希望。

普鲁士蓝类似物由于其三维开放骨架结构和相对较高的氧化还原电位，是水系钾离子电池理想的正极材料之一。例如，具有超低应变、开放框架结构的铜基普鲁士蓝CuHCF，依赖于单电子$Fe^{III/II}$氧化还原过程，因而具有较低的容量。另外，具有双电子氧化还原反应能力的普鲁士蓝类似物被制备研究用于水系钾离子电池，如亚铁（Ⅱ）氰化钾$K_2Fe^{II}[Fe^{II}(CN)_6] \cdot 2H_2O$[29]，每个单元可以允许2个$K^+$的储存，研究表明可提供高达120 mA·h/g的容量。且在K^+插入/脱出过程中，

$K_2Fe^{II}[Fe^{II}(CN)_6] \cdot 2H_2O$ 纳米立方体能保持低应变的开放框架结构，具有良好的循环稳定性。

除了普鲁士蓝类似物之外，以多价钒为基元构筑的高容量、大层间距的氧化钒也被广泛应用于水系钾离子电池。为了解决嵌 K^+ 结构不稳定的问题，需要制备得到大层间距的氧化钒电极材料。研究者使用了一系列调控策略，如经过结构水诱导钒氧八面体结构的重排，钾插层钒氧化物纳米片的稳定性得到了显著增强[30]，这样改性后的氧化钒纳米片具备高容量和出色的循环性能；又如，通过将商业氧化钒（α-V_2O_5）重构为 δ-$K_{0.5}V_2O_5$（KVO）纳米带，这种材料具有大空间的层状结构以及各向异性的路径，能够有效地储存 K^+，从而解决了嵌体 K^+ 结构不稳定的问题[31]。

5.5.4　水系钾离子电池负极材料

超离子导体（NASICON）型 $KTi_2(PO_4)_3$ 因其开放的三维结构被视为有前景的钾电池负极材料。$KTi_2(PO_4)_3$[32] 和与碳复合的 $KTi_2(PO_4)_3$ 均已被开发应用于水系钾离子电池负极，在与碳材料复合后，水系钾离子电池的稳定性得以提升。同时，在水系锂/钠电池研究中取得突破的有机负极材料也开始应用于水系钾离子电池。这些有机材料与水系电解液的相容性使它们成为水系钾离子电池的理想候选者。研究表明，有机材料因其高的 K^+ 电导率和较差的溶解度而更适合于水系电解液，并在水系电解液中表现出优异的储钾性能。

例如，聚蒽醌基硫化物作为负极材料，在 1 mol/L KOH 水溶液中在 2 A/g 的电流密度下，表现出 128 mA·h/g 的高比容量，高于在相同电流下用有机电解液 0.5 mol/L KTFSI 在二氧六环（DOL）和乙二醇二甲醚（DME）中得到的比容量（106 mA·h/g）[33]。但目前，应用于水系钾离子电池的有机材料还很少。

综上所述，当前实现高性能水系钾离子电池仍然具有相当大的挑战和难度。首先，需要进一步开发大通道电极材料和硫族转化型材料，以提高水系钾离子电池的性能。其次，在水系钾离子电池界面上，SEI（固体电解质界面）的研究还很不完善，需要进行更深入的探索和研究。此外，如何充分发掘钾离子本身的优势，并将其应用于低温、快充和大规模储能领域，也是一个需要探索的问题。因此，要实现高性能水系钾离子电池，仍然需要进行大量的科学研究和技术创新。

5.6　水系多价金属离子电池

水系多价金属离子电池利用锌、镁、钙、铝等多价金属离子作为电荷载体。这些多价金属元素在自然界中的丰度较高，且其生产成本较低。因此，水系多价金属离子电池具备满足大规模储能需求的潜力。水系电解液的使用使得水系多价金属离子电池具有水系电池的共有优势，包括安全性好、免除复杂的电池组装和制造要求、生产成本低、功率密度高等。此外，多价金属离子电池具有以下显著的优势。

① 与单价离子相比，多价金属阳离子可以传输多个电荷当量。这意味着每摩尔多价金属离子能够存储更多的电能。此外，多价金属离子的密度普遍较高，使得其具备更大的理论体积比容量优势。

② 多价金属阳离子因其高电荷密度而具有强烈的与水分子和材料晶格相互作用的能力。在含水电解质中，它们以水合离子的形式存在。对于许多电极反应而言，高价金属离子以水合（或部分水合）形式嵌入到电极材料中。这种水分子的屏蔽作用有效地克服了静电作用，并促进了界面扩散。因此，多价金属离子具有更快的充放电速率和更高的功率密度。

然而，水系多价金属离子电池面临一系列挑战。正极方面，相比于已成熟的水系单价金属离子电池，其储能机制更加复杂。目前，对于某些正极的具体反应过程还有待深入研究。因为高价金属离子与晶格之间存在着很强的相互作用，所以传统的一价阳离子插层型正极材料通常不能实现高价金属离子的可逆脱嵌，这也是制约水系高价金属离子电池发展的一个重要因素。负极方面，多价金属离子电池是一种以多价金属为负电极的电池，其中包括 Zn、Mg、Al 等金属。然而，除了 Mg 外，大部分金属负极在溶解和沉积过程中会遇到一个共同的问题，即枝晶的生长。这种枝晶不断生长，可能刺破隔膜，造成电池短路。这不仅会影响电池的使用寿命，而且还会带来安全问题。电解液方面，除了电化学窗口窄这一问题，高价离子可与水分子形成紧密的溶解性结构，这种结构极易于在极化势下进行电荷转移，从而生成质子和氢氧根离子。值得注意的是，质子的电化学嵌入也会在反应过程中产生干扰。总而言之，水系多价金属离子电池由于其反应过程复杂、电化学窗口窄、实际能量密度较低以及副反应严重等一系列问题，导致其在实际应用中受到限制。

尽管存在挑战，近年来，国内外研究人员针对这些问题进行了大量的研究，并取得了一系列重要的进展。例如，通过调节水溶液组分（如溶剂、盐类等），改变溶液结构，调控多价金属离子在水溶液中的体相迁移动力学，调控正、负极界面层的组成与性能。此外，优化设计的电解液还可以有效拓宽电化学窗口，提高正极材料的循环稳定性能，并抑制金属负极的枝晶产生。除了电解液的优化设计，科研工作者还针对金属负极进行了结构设计和表面修饰研究，以提高其循环性能，并抑制枝晶的生长。这些策略的采用可以有效地改善水系多价金属离子电池的性能，并推动其在实际应用中的发展和应用。

综上所述，通过对水系多价金属离子电池存在的问题进行科学研究和努力，研究人员已取得一系列进展，为克服电池中的限制问题提供了新的思路和方法。相信在不久的将来，水系多价金属离子电池将在实际应用中发挥更重要的作用。而有关锌、镁、钙、铝离子电池的详细介绍，包括水系和非水系的研究将在第6章进行详细阐述。为避免重复，本小节不再对这些内容做过多展开。

5.7　非金属离子电池

随着水系金属离子电池的迅猛发展，越来越多的关注被集中在基于非金属离子作为载流子的水系电池上。一般来说，不同电荷载流子的性质会导致其化学键类型和电化学存储行为的差异。当金属离子充当载流子时，它们与主体晶格结构形成离子键，而非金属离子则有所不同。在最新的研究中发现，非金属离子在存储过程中存在着Grothuss拓扑化学、化学吸附等新型反应机理，其多种反应机理如图5.7所示，这些丰富的电化学过程以及出色的性能展现了水系非金属离子电池极大的研究价值。载流子的不同将会决定化学电池的本质特性，非金属离子水系电池的不断发展，极大地拓宽了水系二次电池的研究领域，并以其应用范围广、成本低等特点，成为未来规模储能应用的有力候选者之一。

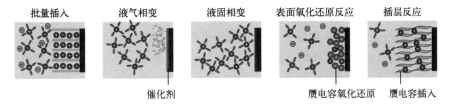

图 5.7　非金属载流子的电荷存储机制包括固相和固相之间的离子插入、液 - 气和液 - 固相变、赝电容氧化还原和赝电容插入反应[2]

与金属离子相比，非金属离子属于可再生的电荷载流子，环境友好，价格低廉。非金属电荷载流子根据其电荷可分为阳离子和阴离子两种，由此，本节内容将分别介绍水系非金属阳离子电池和水系非金属阴离子电池。目前关于非金属离子电池的报道相对较少。因此，本节内容主要是对非金属离子电池研究做一个简单总结。

5.7.1　非金属阳离子电池

非金属阳离子电池包括质子水系电池、水合离子水系电池和铵根离子水系电池。质子是最小的、最轻的载流子离子，利用介子和电子光谱法，测得其半径分别约为 0.89 fm 和 2.1 fm。质子作为电荷载流子有较长的研究历史。以质子作为水系电池的电荷载流子，最早由 Planté 在铅酸电池中提出，在此过程中，电池系统将进行一系列的化学反应。一个重要的转化反应是质子与 PbO_2 的反应，生成了 $PbSO_4$。同时，在镍-氢电池中出现了另一种有趣的反应，即 NiOOH 与质子的反应形成了 $Ni(OH)_2$。由于质子在水系电解质中独特的输运机制，该类电池具有优异的高倍率、长循环稳定性以及优异的低温性能，因此备受关注。

然而，在特定条件下，由于在 Brønsted-Lowry 酸性电解液中，水合氢离子的脱水能较高（11.66 eV），单独的质子不能充当载流子。因此，可以考虑将质子嵌入宿主材料的离子来替代，如 H_3O^+、$H_{2x+1}O_x^+$ 或其他形式的水合物。在 1 mol/L H_2SO_4 水系酸性电解液条件下，通过对菲四甲酸二酐（PTCDA）在充放电过程中的结构表征和理论分析表明，当离子嵌入到晶格中时，晶格发生了一种可逆的膨胀，这种膨胀达到 7.3%。首先我们要明确一点，单纯的质子嵌入不会引起如此大的结构膨胀。也就是说，被嵌入的离子必须是水合氢离子，而不是质子。更重要的是，它们的储能机制是基于水合氢离子的可逆嵌入脱出。这个发现首次证实了水合氢离子可以在菲四甲酸二酐中得到可逆的储存[33]。该项研究也激发了人们对水合氢离子电池的研究兴趣。

铵根离子是由地壳中的氢和氮这两种基本组成元素构成的，铵根离子的水合离子半径也非常小，只有 0.331 nm，且其质量很轻，最小摩尔质量为 18 g/mol。因此其表现出出色的扩散能力和优异的倍率性能。且相对于金属离子，在成本、储备等方面具有显著的优势。NH_4^+ 为可再生电荷载流子，可以通过氢气和氮气这样资源丰富的物质制备得到。此外，采用 NH_4^+ 作为电荷载流子时，具有较高的电化学反应电位，能够有效地避免金属离子水系电池中常见的电化学腐蚀问题。因此，这种新型电荷载流子正在逐渐引起人们的关注。

目前，缺乏合适的电极材料是非金属阳离子水系电池实用化的关键。对于正极材料的研究主要集中在普鲁士蓝类似物、过渡金属氧化物和有机聚合物等方面。然而，与水系金属离子电池相比，非金属阳离子水系电池还处在理论研究的初级阶段，距离实用化尚有很大距离，其电化学性能也有待提高。总之，要开发出适合于规模储能应用、同时具备高能量密度和高功率密度的水系非金属离子电池，应该从以下两个方面着手：首先，对电解质水溶液进行工作电压范围的扩展，使其可供选用的电极材料更加广泛；其次，通过设计合成结构稳定、多电子传递性能优异的正极材料，实现对电池性能的提升。

普鲁士蓝及其类似物（PBAs）是一种具有特殊特性的金属-有机骨架结构材料。与其他材料相比，PBAs 的层间距可达到 1 nm，这样的间距对离子的传输非常有利。即使在离子进行了反复的嵌入和脱出后，PBAs 仍能保持稳定的结构。正因为如此，它们被视为一种非常适合用作非金属阳离子存储的电极材料。普鲁士蓝类化合物因其高的单晶常数和优良的结构稳定性而被认为是目前研究最多的一类非金属阳离子水系电池正极材料。然而，需要指出的是，普鲁士蓝类似物也存在容量有限的缺点。在 CuFe-TBA 的质子存储性质研究中，CuFe-TBA 展现出了超快的离子传输能力，建立了 Grothuss 质子传导与电化学氧化还原反应之间的联系[34]。Grothuss 质子传导于 1806 年首次被提出，它的传导过程是这样的：当一个质子接近水链的一端时，另一端将另一个质子踢出，从而完成全部质子的传导[35]（图 5.8）。Grothuss 质子传导技术可以极大地提高氧化还原反应的速率，因此，质子电池具有较高的输出功率和较长的循环寿命。通过采用同步辐射 X 射线和中子衍射技术，并结合第一性原理计算等方法，研究人员确认了 CuFe-TBA 材料出色的电化学性能是由晶格水分子组成的连续网络结构赋予的，这一结构非常有利于 Grothuss 质子传导过程的进行。此外，利用铵根普鲁士蓝 $(NH_4)_{1.47}Ni[Fe(CN)_6]_{0.88}$ 作为正极材料、苝酰二亚胺（PTCDI）作为负极材料，以 1.0 mol/L $(NH_4)_2SO_4$ 水溶液作为电解液，成功实现了首个"摇椅式"水系铵根离子全电池的构建。这一研究开创了基于铵根离子的新能源存储领域的研究先河[36]。

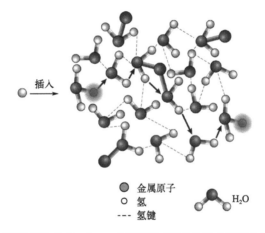

　　● 金属原子
　　○ 氢
　　--- 氢键

H_2O

图 5.8　氢离子插入的 Grothuss 转移机理（晶体的 H_2O 网络由氢键连接，
H^+ 被插入并吸收到 H_2O 分子网络中，箭头表示 H^+ 的迁移路径）

　　过渡金属氧化物作为一种有前景的正极材料，具备适用于非金属阳离子存储的潜力。然而，其电化学性能尚不尽如人意。因此，开发适用于实际应用的正极材料仍然面临许多挑战。其中最关键的问题是由于电荷载流子的尺寸较大（例如 H_3O^+、NH_4^+），这导致了宿主材料的选择受到限制。此外，为了实现载流子的可逆嵌入与分离，还需要进一步增大宿主材料的层间间距。例如，在层状质子化钇酸盐相材料 $H_{3+x}IrO_4$ 中，每个 Ir 可对应 1.7 个 H^+ 存储[37]。以 MoO_3 作为负极、石墨

毡包覆的 MnO_2 为正极、2 mol/L H_2SO_4+2 mol/L $MnSO_4$ 为电解液的水合氢离子全电池被成功构建[38]。类似地，石墨毡包覆的 MnO_2 为正极，以PTO作为负极的水合氢离子全电池也被成功构建[39]。充电时，电解液中正极一侧的 Mn^{2+} 被氧化为 MnO_2，沉积在石墨毡电极上，同时还会产生水合氢离子。值得一提的是，目前，大部分电池系统在低温运行时都存在容量衰减过快这一关键问题，限制了其在低温环境中的实际应用。造成这个问题的根源在于低温环境下离子迁移速率的降低，其原因是低温下流体中的离子无法快速脱溶剂化。然而，水合氢离子在酸性溶液中可快速脱溶，且具有较高的酸度和较低的凝固点，使其可在极低温度下正常工作。因此，以上构建的水合氢离子电池，低温状态下电解液变成固态，但却仍可保持高电导率，较高的容量和极佳的循环稳定性，为低温电池的发展提供了新思路。

对于铵根离子电池，$NH_4V_4O_{10}$[40]和 V_2O_5[41]正极材料展现出良好的铵根离子存储能力。此外，通过对比双层 V_2O_5 电极的 NH_4^+ 和 K^+ 存储行为可知，非金属离子以载流子的形式存在时，其与宿主材料之间会形成较强的化学键，这种作用属于离子键。这可能导致电池的动力学性能下降。因此，深入研究非金属离子与正极材料之间的相互作用对于改善能量存储和开发性能优异的正极材料具有重要意义。只有通过理解和控制这种相互作用，才能进一步提高电池的效率和可靠性。为此，有必要进行更多的科学实验和研究，以寻找可行的方法来最大程度地优化非金属离子与正极材料之间的配合。

有机材料以其独特的大孔洞结构和柔性特点而闻名。该材料能够为大尺寸、高电荷数的阳离子的输运提供方便，并且在氧化还原反应过程中，不会出现体积变化问题，因此被广泛认为是一种理想的水系电池正极材料。与大部分无机材料的嵌入-脱出储存机理相比，有机电极材料更倾向于利用可逆的离子配位机理来进行电荷的存储。例如，当发生电化学还原反应时，阳离子和带负电的烯醇化物形成一个稳定的配位结构；而在氧化反应时，它们会解离，恢复到原来的状态。然而，由于聚合物本身是电子绝缘体，在制作电极时，必须加入导电添加剂，以确保电子的有效传递。过多地应用导电添加剂会导致电池的能量密度下降，这是一个需要解决的难题。因此，科研人员需要开发新的方法和技术，以克服这些问题，从而进一步提高有机材料在电池领域的应用前景。针对这一问题，一项新型的基于导电聚合物的水系质子全电池已经取得了突破性的研究成果。该电池使用的是一种基于醌的导电氧化还原聚合物，它是一种新型的水性质子电池，并以0.5 mol/L H_2SO_4 水溶液为电解液。值得注意的是，这种电池正负极的氧化还原反应为两个电子和两个质子的氧化还原反应。在充电过程中，正极的醌基被转化为苯醌（Q），而负极的醌基则转化为二羟基萘（NQH_2）；而在放电过程中，正极材料转化为对苯二酚（QH_2），负极则转化为萘醌（NQ）[42]。

5.7.2　非金属阴离子电池

通常认为水系电解质不适合高压卤素离子电池，因为它们的电化学稳定窗口（ESW）有限，仅约1.23 V。然而，2019年的研究通过卤素转化-插层反应机制实现了具有优异可逆性和高电压的卤素水系电池，从而为室温氟离子电池的研究奠定了基础[43]，使其成为近几年的研究热点，并为非金属离子电池的进一步研究指明了方向。

与锂、钠和钾等金属相比，卤素资源丰富且成本低，同时卤化物对环境的损害也较小。此外，卤素载离子因其具有较高的理论比容量和能量密度，在多种电池中被广泛应用，例如锂碘电池、钠碘电池、钾碘电池、锌碘电池、镁溴电池、锌溴电池等。在上述离子电池中，卤素离子大多依靠氧化还原反应来提升电池性能。然而，迄今为止，基于单一卤素离子的电池研究还比较少见，对非金属电荷载流子及其相应电极材料之间的关系的理解仍然有限，水系卤素离子电池的发展仍存在以下挑战：首先，纯水的热力学窗口非常窄（1.23 V），在此条件下析氧反应（OER）限制了高电位卤素阴离子正极材料的使用，降低了电池的能量密度，并缩短了循环寿命。此外，卤素离子的"穿梭效应"导致水系卤素电池自放电严重。以溴为例，电池在充电时，Br^-向正极移动被氧化成Br_2存储在正极材料中，然而氧化产物易溶于水，并以 Br_3^- 的形式溶解在水溶液中，氧化剂 Br_3^- 快速扩散，与还原态负极反应（交叉现象），导致自放电现象和电极腐蚀，进而降低电池容量和寿命，这通常被称为"穿梭效应"。其次，卤素离子电池的副反应较为严重，具体而言，溴和碘的氧化还原化学主要基于 Br_2/Br^- 和 I_2/I^- 的单电子电化学反应，较高价态的 Br^+、I^+ 存在严重的副反应。此外，受限于其固有的电绝缘性，卤素的氧化还原反应必须依赖外部导电载体（通常是多孔碳）来支持和提供电子。导电载体和卤化物客体之间产生的电子穿梭效率决定了整个转化动力学。针对以上问题，主要采用了以下策略。

① 高浓度盐水系电解质。通过增加盐的浓度，降低自由水分子含量，进而拓宽电化学稳定窗口，有效缓解氧化产物的溶解问题，并防止与负极的副反应以及枝晶的生成。Yang等[43]采用高浓度盐包水电解质（27 mol/L LiTFSI＋7 mol/L LiOTF）拓宽电解液的电化学窗口，通过利用卤素阴离子（比如溴离子和氯离子）的氧化还原性质，设计出一种创新的复合正极材料$(LiBr)_{0.5}(LiCl)_{0.5}$-石墨。该材料在4.1 V（vs. Li/Li⁺）的平均电位下，表现出高达243 mA·h/g的容量，有效提升了插层机制的可逆性。在稀释条件下，充电过程中产生的溴离子倾向于溶解在水溶液中，而非嵌入到石墨晶格内。这个现象对于负极的锌金属沉积效率不利，因为溴分子会进一步腐蚀负极。采用熔融水合物作为电解质，可以将溴离子限制在石墨电极的插层中，从而减少多溴离子的扩散和自放电问题。此外，熔融水合电解

质还能有效阻止溴离子和氯离子进入锌负极，从而在高库仑效率下持续长时间的锌沉积和溶解过程。这种熔融水合物电解质不仅提供了高能量密度的可能性，也为高效能源存储技术开辟了新的方向[44]。超溶性电解质的制备，突破了物理溶解度极限，大大提高了水系电池的能量密度。在浓电解质条件下，氧化态的溴在电解质中的溶解度大幅度降低，由于绝大多数 Br⁻ 在高浓度锌基电解液中以卤化锌络合物（$ZnBr_n^{2-n}$）的形式存在，因此在正极表面氧化形成的 Br^+ 或 Br_2 难以通过与 Br⁻ 配位形成具有穿梭效应的多溴化物（Br_3^- 和 Br_5^- 等），从而有效地抑制了充电过程中卤素在电解质溶液内的溶解和穿梭效应，有利于溴在石墨烯正极上的氧化嵌入，进而提升了电极反应的可逆性[45]。

② 采用化学吸附或引入络合剂固定。多孔宿主在水系卤素电池中常被用于容纳电中性的卤素，主要依靠物理吸附作用，这一机制相对于化学吸附来说吸附强度较弱。例如，使用具有强化学吸附作用的双铵盐作为电极材料，其对卤化物离子的强化学吸附能力是保证电池良好氧化还原动力学及长期循环稳定性的关键因素。这种强化学吸附显著提升了电子的穿梭效率，并有效抑制了多卤化物的交叉扩散。此外，卤素铵盐的引入有效消除了卤素单质型正极的不稳定性与腐蚀性，同时优化了反应的动力学特性[46]。由于卤素离子在水中具有较高的溶解度，容易引发多种副反应，其氧化产物的快速扩散可能腐蚀金属负极，并导致严重的自放电现象。为了应对这些挑战，开发了功能化电解质 TFE，由 1 mol/L 的四丙基溴化铵（TPABr）和 9.1 mol/L 的溴化锂（LiBr）组成。该电解质利用 TPABr 出色的溴固定性，稳定了溴的氧化形式，使得 Br_2/Br^- 的氧化还原对能够在-60 ℃至室温之间快速进行氧化还原反应，从而提供了较高的可逆容量[47]。此种策略为卤素电池提供了一种提升性能和稳定性的有效方式。

③ 通过卤素转化形成更稳定的卤间化合物。在对称的溴分子和碘分子中，电子密度分布是不均匀的，具有更多正静电势的区域被称为 σ 孔，它可以与电负性更强的卤素建立强大的卤素键。因此，可以采用卤素相互作用的方法来稳定 Br⁻和 I⁺，这种方法可以归结为卤素键的形成。使用电负性更强的卤素，如 Cl⁻，可以诱导溴和碘的价位升高。因为 Br—Cl 在水电解质中易发生严重的水解反应：$Cl^- + Br^- \rightleftharpoons BrCl + 2e^-$；$BrCl + H_2O \rightleftharpoons HBrO + HCl$；$5HBrO \rightleftharpoons HBrO_3 + 2Br_2 + H_2O$。随着 Cl⁻ 的过量，能形成更稳定的卤化物，如 $BrCl_2^-$，同时通过增加盐的浓度，减少自由水的比例可以抑制卤化物的水解。通过诱导 Cl⁻ 和 Br_2 或 I_2 进入石墨，可以形成石墨交互化合物。"盐包水"电解质或熔融水合物电解质使得 Br—Cl 或 I—Cl 化合物可以稳定在石墨中[48]。例如，在酸性环境中引入 Cl⁻ 使其与双电子转移产物 Br^+ 反应，生成稳定的卤素化合物 $BrCl_2^-$，一方面抑制了 Br^+ 的副反应，另一方面补偿了 Br_2/Br^- 氧化还原对的能量密度[49]。类似地，引入 Cl⁻，通过水系电解质的强溶剂化作用生成稳定的 I—Cl 卤间化合物，抑制了氧化产物的水解，从而

可以稳定高价态的碘离子。一方面实现了基于碘的四电子连续氧化还原对（$I/I_2/I^+$）的四电子转化，提升了电池容量，使得该电池容量是传统锌碘电池的一倍以上；另一方面，I_2/I^+氧化还原对具有更高的电压平台，进一步提升了卤素电池的能量密度[50]。

5.8　小结

本章概述了当前水系离子电池的研究进展。首先，介绍了水系电解液相比于有机电解液的优势。随后，分析了水系电池面临的挑战，并概述了针对这些问题采取的主要改善措施，包括电解液的开发及电极材料的选择和设计。本章进一步详细介绍了不同水系离子电池的电极材料和电解液的选择，涵盖了金属离子电池和非金属离子电池的分类。对于水系金属离子电池，本章包括了水系锂离子电池、钠离子电池、钾离子电池以及高价金属离子电池的介绍。特别指出，由于第6章将详细介绍水系高价离子电池，本章未赘述。目前，水系金属离子电池在能量密度和循环寿命方面存在挑战。为此，科研人员正致力于开发具有更高能量密度和更长循环寿命的金属离子电极材料，并通过优化材料组分和结构来提升电池的性能与稳定性。在非金属离子电池方面，本章将其分为水系非金属阳离子电池（包括氢离子、水合离子、铵根离子电池）和阴离子电池（卤素离子电池）。未来，研究人员将进一步探索非金属离子电池的基础科学和工程技术问题，例如设计具有高离子导电性和良好机械稳定性的非金属储能材料，以解决高容量循环中的容量衰减和界面问题。

参考文献

[1] Chao D, Qiao S Z. Toward high-voltage aqueous batteries: Super-or low-concentrated electrolyte?[J]. Joule, 2020, 4(9): 1846-1851.

[2] Liang G, Mo F, Ji X, et al. Non-metallic charge carriers for aqueous batteries[J]. Nature Reviews Materials, 2021, 6(2): 109-123.

[3] Li W, Dahn J R, Wainwright D S. Rechargeable lithium batteries with aqueous electrolytes[J]. Science, 1994, 264(5162): 1115-1118.

[4] Nian Q, Wang J, Liu S, et al. Aqueous batteries operated at −50℃ [J]. Angewandte Chemie International Edition, 2019, 58(47): 16994-16999.

[5] Ramanujapuram A, Yushin G. Understanding the exceptional performance of lithium-ion battery cathodes in aqueous electrolytes at subzero temperatures[J]. Advanced Energy Materials, 2018, 8(35): 1802624.

[6] Suo L, Oh D, Lin Y, et al. How solid-electrolyte interphase forms in aqueous

electrolytes[J]. Journal of the American Chemical Society, 2017, 139(51): 18670-18680.

[7] Lim J, Park K, Lee H, et al. Nanometric water channels in water-in-salt lithium ion battery electrolyte[J]. Journal of the American Chemical Society, 2018, 140(46): 15661-15667.

[8] Luo J Y, Cui W J, He P, et al. Raising the cycling stability of aqueous lithium-ion batteries by eliminating oxygen in the electrolyte[J]. Nature Chemistry, 2010, 2(9): 760-765.

[9] Hosono E, Kudo T, Honma I, et al. Synthesis of single crystalline spinel $LiMn_2O_4$ nanowires for a lithium ion battery with high power density[J]. Nano Letters, 2009, 9(3): 1045-1051.

[10] Delmas C, Maccario M, Croguennec L, et al. Lithium deintercalation in $LiFePO_4$ nanoparticles via a domino-cascade model[J]. Nature Materials, 2008, 7(8): 665-671.

[11] He P, Zhang X, Wang Y G, et al. Lithium-ion intercalation behavior of $LiFePO_4$ in aqueous and nonaqueous electrolyte solutions[J]. Journal of the Electrochemical Society, 2007, 155(2): A144.

[12] Wang H, Zhang H, Cheng Y, et al. Rational design and synthesis of $LiTi_2(PO_4)_{3-x}F_x$ anode materials for high-performance aqueous lithium ion batteries[J]. Journal of Materials Chemistry A, 2017, 5(2): 593-599.

[13] Wen Y, Chen L, Pang Y, et al. TiP_2O_7 and expanded graphite nanocomposite as anode material for aqueous lithium-ion batteries[J]. ACS Applied Materials & Interfaces, 2017, 9(9): 8075-8082.

[14] Wang G, Qu Q, Wang B, et al. An aqueous electrochemical energy storage system based on doping and intercalation: $PPy//LiMn_2O_4$[J]. ChemPhysChem, 2008, 9(16): 2299-2301.

[15] Liu L, Tian F, Zhou M, et al. Aqueous rechargeable lithium battery based on polyaniline and $LiMn_2O_4$ with good cycling performance[J]. Electrochimica Acta, 2012, 70: 360-364.

[16] Qin H, Song Z, Zhan H, et al. Aqueous rechargeable alkali-ion batteries with polyimide anode[J]. Journal of Power Sources, 2014, 249: 367-372.

[17] Wang F, Borodin O, Ding M S, et al. Hybrid aqueous/non-aqueous electrolyte for safe and high-energy Li-ion batteries[J]. Joule, 2018, 2(5): 927-937.

[18] Suo L, Borodin O, Wang Y, et al. "Water-in-salt" electrolyte makes aqueous sodium-ion battery safe, green, and long-lasting[J]. Advanced Energy Materials, 2017, 7(21): 1701189.

[19] Kühnel R S, Reber D, Battaglia C. Corrections to "a high-voltage aqueous electrolyte for sodium-ion batteries" [J]. ACS Energy Letters, 2020, 5(2): 346-346.

[20] Yamada Y, Usui K, Sodeyama K, et al. Hydrate-melt electrolytes for high-energy-density aqueous batteries[J]. Nature Energy, 2016, 1(10): 16129.

[21] Bi H, Wang X, Liu H, et al. A universal approach to aqueous energy storage via ultralow-cost electrolyte with super-concentrated sugar as hydrogen-bond-regulated solute[J]. Advanced Materials, 2020, 32(16): 2000074.

[22] Wang Y, Liu J, Lee B, et al. Ti-substituted tunnel-type $Na_{0.44}MnO_2$ oxide as a negative electrode for aqueous sodium-ion batteries[J]. Nature Communications, 2015, 6(1): 6401.

[23] Wang Y, Mu L, Liu J, et al. A novel high capacity positive electrode material with tunnel-type structure for aqueous sodium-ion batteries[J]. Advanced Energy Materials, 2015,

5(22): 1501005.

[24] Guo S, Yi J, Sun Y, et al. Recent advances in titanium-based electrode materials for stationary sodium-ion batteries[J]. Energy & Environmental Science, 2016, 9(10): 2978-3006.

[25] Lee M H, Kim S J, Chang D, et al. Toward a low-cost high-voltage sodium aqueous rechargeable battery[J]. Materials Today, 2019, 29: 26-36.

[26] Liang Y, Jing Y, Gheytani S, et al. Universal quinone electrodes for long cycle life aqueous rechargeable batteries[J]. Nature Materials, 2017, 16(8): 841-848.

[27] Jiang L, Lu Y, Zhao C, et al. Building aqueous K-ion batteries for energy storage[J]. Nature Energy, 2019, 4(6): 495-503.

[28] Ge J, Fan L, Rao A M, et al. Surface-substituted Prussian blue analogue cathode for sustainable potassium-ion batteries[J]. Nature Sustainability, 2022, 5(3): 225-234.

[29] Su D, Mcdonagh A, Qiao S Z, et al. High-capacity aqueous potassium-ion batteries for large-scale energy storage[J]. Advanced Materials, 2017, 29(1): 1604007.

[30] Charles D S, Feygenson M, Page K, et al. Structural water engaged disordered vanadium oxide nanosheets for high capacity aqueous potassium-ion storage[J]. Nature Communications, 2017, 8(1): 15520.

[31] Liang G, Gan Z, Wang X, et al. Reconstructing vanadium oxide with anisotropic pathways for a durable and fast aqueous K-ion battery[J]. ACS Nano, 2021, 15(11): 17717-17728.

[32] Wang X, Bommier C, Jian Z, et al. Hydronium-ion batteries with perylenetetracarboxylic dianhydride crystals as an electrode[J]. Angewandte Chemie International Edition, 2017, 56(11): 2909-2913.

[33] Masese T, Yoshii K, Yamaguchi Y, et al. Rechargeable potassium-ion batteries with honeycomb-layered tellurates as high voltage cathodes and fast potassium-ion conductors[J]. Nature Communications, 2018, 9(1): 3823.

[34] Wu X, Hong J J, Shin W, et al. Diffusion-free grotthuss topochemistry for high-rate and long-life proton batteries[J]. Nature Energy, 2019, 4(2): 123-130.

[35] Marx D, Tuckerman M E, Hutter J, et al. The nature of the hydrated excess proton in water[J]. Nature, 1999, 397(6720): 601-604.

[36] Wu X, Qi Y, Hong J J, et al. Rocking-chair ammonium-ion battery: A highly reversible aqueous energy storage system[J]. Angewandte Chemie International Edition, 2017, 56(42): 13026-13030.

[37] Perez A J, Beer R, Lin Z, et al. Proton ion exchange reaction in Li_3IrO_4: A way to new $H_{3+x}IrO_4$ phases electrochemically active in both aqueous and nonaqueous electrolytes[J]. Advanced Energy Materials, 2018, 8(13): 1702855.

[38] Yan L, Huang J, Guo Z, et al. Solid-state proton battery operated at ultralow temperature[J]. ACS Energy Letters, 2020, 5(2): 685-691.

[39] Guo Z, Huang J, Dong X, et al. An organic/inorganic electrode-based hydronium-ion battery[J]. Nature Communications, 2020, 11(1): 959.

[40] Jiang H, Hong J J, Wu X, et al. Insights on the proton insertion mechanism in the electrode of hexagonal tungsten oxide hydrate[J]. Journal of the American Chemical Society,

2018, 140(37): 11556-11559.

[41] Dong S, Shin W, Jiang H, et al. Ultra-fast NH_4^+ storage: Strong H bonding between NH_4^+ and bi-layered V_2O_5[J]. Chem, 2019, 5(6): 1537-1551.

[42] Strietzel C, Sterby M, Huang H, et al. An aqueous conducting redox-polymer-based proton battery that can withstand rapid constant-voltage charging and sub-zero temperatures[J]. Angewandte Chemie International Edition, 2020, 59(24): 9631-9638.

[43] Yang C, Chen J, Ji X, et al. Aqueous Li-ion battery enabled by halogen conversion–intercalation chemistry in graphite[J]. Nature, 2019, 569(7755): 245-250.

[44] Liu H, Chen C Y, Yang H, et al. A zinc-dual-halogen battery with a molten hydrate electrolyte[J]. Advanced Materials, 2020, 32(46): 2004553.

[45] Cai S, Chu X, Liu C, et al. Water-salt oligomers enable supersoluble electrolytes for high-performance aqueous batteries[J]. Advanced Materials, 2021, 33(13): 2007470.

[46] Li X, Wang S, Wang T, et al. Bis-ammonium salts with strong chemisorption to halide ions for fast and durable aqueous redox Zn ion batteries[J]. Nano Energy, 2022, 98: 107278.

[47] Wang M, Li T, Yin Y, et al. A−60°C Low-temperature aqueous lithium ion-bromine battery with high power density enabled by electrolyte design[J]. Advanced Energy Materials, 2022, 12(25): 2200728.

[48] Guo Q, Kim K I, Li S, et al. Reversible insertion of I-Cl interhalogen in a graphite cathode for aqueous dual-ion batteries[J]. ACS Energy Letters, 2021, 6(2): 459-467.

[49] Xu Y, Xie C, Li T, et al. A high energy density bromine-based flow battery with two-electron transfer[J]. ACS Energy Letters, 2022, 7(3): 1034-1039.

[50] Zou Y, Liu T, Du Q, et al. A four-electron Zn-I_2 aqueous battery enabled by reversible I^-/I_2/I^+ conversion[J]. Nature Communications, 2021, 12(1): 170.

第6章

多价金属离子电池

▲▲▲▲▲▲▲

多价金属元素（如锌、镁、钙、铝），由于其丰度高且生产成本低，成为电池技术中具有潜力的选择。与一价金属离子（如锂、钠、钾离子）相比，多价金属阳离子能传输多个电荷当量，使得多价金属离子电池具有更高的能量密度和更优越的容量特性，这为满足未来储能需求提供了可能。图6.1展示了不同金属离子在标准电位、理论容量和离子半径方面的比较。

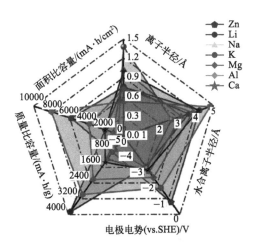

图 6.1　金属离子在标准电位、理论容量和离子半径方面的比较 [1]

然而，多价金属离子电池的工作机理相较于成熟的单价金属离子电池更为复杂，仍需深入研究。另外，多价金属离子与晶格的强相互作用使得传统的单价阳离子插层型正极材料难以实现多价金属离子的可逆脱嵌，这限制了多价金属离子电池技术的发展。在负极材料方面，虽然可以使用 Zn、Mg、Al 等金属作为水系多价金属离子电池的负极，但多数金属负极面临枝晶生长问题，可能引发隔膜破裂、短路及安全风险，从而降低电池的循环寿命。近年来，研究人员已在解决这些问题方面取得了重要进展。

　　本章将详细介绍锌离子电池、镁离子电池、钙离子电池和铝离子电池的相关技术。特别地，由于非水系锌离子电池的研究相对较少，我们将主要介绍水系锌离子电池；同时，也将讨论镁离子电池、钙离子电池和铝离子电池在非水系和水系环境中的应用。

6.1　锌离子电池

6.1.1　锌离子电池概述

　　锌离子电池作为一种新兴二次电池，因其安全性能高、价格低廉、环境友好等优势，在储能系统中受到广泛关注。相比于其他电池，它具有相对较低的氧化还原电位（-0.76 V vs. SHE），高质量比容量（820 mA·h/g），且能兼具高能量密度和高功率密度。因其所具备的优异性能，在许多便携电子设备行业展示出广泛的应用前景，并且有望成为今后大规模储能技术的有力竞争者。

　　相较于活性较高的碱金属（锂、钠和钾），锌更为稳定且安全，适合直接用作电极材料。早期对锌电池的研究主要集中在碱性锌-二氧化锰电池上。2012年，Xu 等[2]引入弱酸性 $ZnSO_4$ 和 $Zn(NO_3)_2$ 水系电解液，其中大量的 Zn^{2+} 能够在负极快速沉积并溶解，并且 Zn^{2+} 可在正极 α-MnO_2 中实现可逆嵌入和脱出，标志着可充电水性锌电池的首次提出（图6.2）。

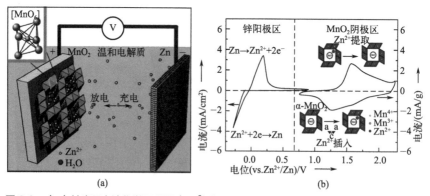

图6.2　（a）锌离子电池化学原理图（Zn^{2+} 在 α-MnO_2 阴极和 Zn 阳极的通道间迁移）；（b）锌阳极和 α-MnO_2 阴极在 0.1 mol/L $Zn(NO_3)_2$ 水溶液（pH=5.2）中 2 mV/s 的循环伏安图[2]

水系锌离子电池结合了水系电解液优良的离子电导率和快速的反应动力学特性，表现出高比容量、高功率、高安全性和低成本等诸多优点，逐渐成为研究的焦点。以 MnO_2 作为正极、金属锌作为负极和广泛使用的弱酸性电解质 [如硫酸锌（$ZnSO_4$）] 组成的锌离子电池，其工作原理如图 6.2 所示。在充电过程中，Zn^{2+} 从 MnO_2 的隧道结构中脱离，穿过隔膜移动到负极，并在那里接收电子后沉积在锌电极表面。放电过程中，锌失去电子转化为 Zn^{2+}，随后嵌入 MnO_2 结构中。锌离子电池中的负极反应被认为是锌原子和锌离子之间的化学转化，即在电池充放电过程中锌金属的沉积和剥离。正极反应方面，研究还发现基于 Zn^{2+}/H^+ 脱嵌和电化学转化的反应机制，但其具体反应机理尚存争议，需要进一步的研究。近年来，研究人员在水系锌电池领域已取得显著进展。

6.1.2　锌离子电池电解液

水系电解质具有成本低、离子电导率高、安全性高、环境友好等优点。在锌离子电池系统中，常用的锌盐包括 $ZnSO_4$、$Zn(CF_3SO_3)_2$、$ZnCl_2$、ZnF_2、$Zn(NO_3)_2$、$Zn(TFSI)_2$、$Zn(CH_3COO)_2$ 和 $Zn(ClO_4)_2$。这些电解质通常为中性或弱酸性，因为强酸性电解质可能会加速锌电极的腐蚀。Zn^{2+} 在不同电解质中的行为会显著影响电池的反应机理和性能。尽管上述电解质具有各自的优点，但它们也面临一些挑战。例如，ZnF_2 在水溶液中溶解度低；$ZnCl_2$ 由于 Cl^- 的不稳定性而存在大规模生产难题，且电化学反应窗口狭窄；$Zn(NO_3)_2$ 由于 NO_3^- 的强氧化性，易在锌片表面导致钝化；$ZnSO_4$ 虽价格低廉且溶解度高，但反应过程中可能产生副产物 $Zn_4(OH)_6SO_4 \cdot nH_2O$，影响初期循环容量；$Zn(CF_3SO_3)_2$ 能够减轻溶剂化作用，提高电池的循环可逆性、容量和高倍率性能，但其副反应机制类似于 $ZnSO_4$，价格也较高。

针对以上问题，研究者正在探索解决方案。一方面，开发具有更宽电压窗口的新型水系电解液，以提升电池的能量密度；另一方面，开发新的电解质添加剂，适配不同类型的正极材料。例如，"盐包水"策略有助于扩展水系电解液的有效电压区间，并抑制锌枝晶的形成[3]。特定添加剂的使用，比如在 2 mol/L $ZnSO_4$ 电解液中加入 0.1 mol/L $MnSO_4$ 电解液添加剂，能够显著地抑制 John-Teller 效应引起的 Mn^{2+} 溶解导致正极材料结构发生不可逆破坏的问题，从而提升材料循环性能[4]。此外，水凝胶电解质也被应用于锌离子电池。水凝胶作为电解质的电池不仅具有良好的机械强度，还具备优异的柔性，适用于开发安全、可穿戴的电子产品。

6.1.3 锌离子电池正极材料

锌离子电池的正极材料需要具备结构稳定和较高的容量特性。由于Zn^{2+}在脱嵌过程中表现出较强的静电相互作用，这对正极材料提出了更高的要求。目前主要包括锰基化合物、钒基化合物和普鲁士蓝类似物等几类。

6.1.3.1 锰基正极材料

研究主要关注锰氧化物作为锌离子电池正极材料，锰氧化物因多种优势而受到重视：高电压平台、高比容量、成本低廉、资源丰富和低毒性。常见的锰氧化物包括MnO_2、Mn_2O_3和Mn_3O_4等。此外，也已研究了通过掺杂其他元素改性的锰氧化物，如$ZnMnO_3$（ZMO）和$Na_{0.55}Mn_2O_4 \cdot 0.57H_2O$（NMOH）等。以$MnO_2$为例，它的基本结构单元是由一个$Mn^{4+}$和六个$O^{2-}$紧密配位形成的$MnO_6$八面体，通过不同的连接方式，可以形成不同的晶体构型。如图6.3所示，MnO_2存在多种晶体形态，包括α-MnO_2、β-MnO_2、ε-MnO_2、γ-MnO_2、δ-MnO_2和钙锰矿型MnO_2。在单电子转移的反应过程中，MnO_2的理论比容量为308 mA·h/g。然而，锰基化合物作为水系锌离子电池的正极，在H^+/Zn^{2+}反复脱嵌过程中，普遍存在结构坍塌和不可逆相变问题，并且Mn^{2+}会从氧化锰阴极溶解到电解液中，导致电池性能衰减；此外，锰氧化物的导电性通常较差。为了提高锌离子电池的性能，研究者们采用了多种策略，包括构建纳米结构、与导电基底复合、表面涂覆与包覆、引入缺陷、调整层间距和优化电解质等。另外，在针对解决锰溶解问题上，除了在电

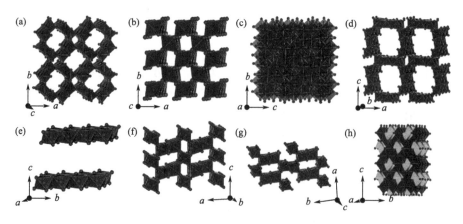

图6.3 锰基材料的各种晶体结构示意图

(a)α-MnO_2；(b)β-MnO_2；(c)λ-MnO_2；(d)todorokite MnO_2；(e)δ-MnO_2；
(f)γ-MnO_2；(g)R-MnO_2；(h)$ZnMn_2O_4$[5]

解液中加入适量的无机锰盐，高浓度电解液也可以有效抑制锰的溶解，并提升离子/电子的输运动力学。然而，实际反应过程的复杂性和不同合成方法造成的差异导致对于不同晶型的 MnO_2 以及不同体系中的储锌机制，目前仍存在争议。针对 Zn^{2+} 的嵌入/脱出、转化反应、H^+/Zn^{2+} 嵌入/脱出和 Mn^{4+}/Mn^{2+} 沉积-溶解等各种反应机制，还需要进一步深入研究。尽管存在争议，锰基材料在水系锌离子电池中的电化学行为仍是研究热点，需要进一步利用其他先进的表征手段对反应过程进行实时监测和深入分析。

6.1.3.2　普鲁士蓝类似物正极材料

普鲁士蓝类似物（PBAs）是一种由过渡金属 M（如 Fe、Co、Ni、Cu、Mn 等）和 CN 配体组成的结构。它是由 MC_6 八面体和 MN_6 八面体通过 $C\equiv N$ 键连接而成的开放三维框架构成。这种结构具有较大的间隙和特殊的隧道，适于各种阳离子在电化学过程中的可逆嵌入与脱出，在电化学反应中具有较高的活性。普鲁士蓝类似物通常含有吸附水和结合水。这些水分子在充放电过程中可能影响离子迁移，但不会稀释电解液。目前在水系锌离子电池中已报道了多种普鲁士蓝类材料，如 $Zn_3[Fe(CN)_6]_2$、$NiFe(CN)_6$、$Na_2MnFe(CN)_6$、$KCoFe(CN)_6$ 等。不同普鲁士蓝材料的过渡金属化合价和电负性差异导致电压平台不同，从而影响能量密度。因此，选择合适的过渡金属并研究其储锌机制，对改善普鲁士蓝材料的性能至关重要。此外，减少晶格缺陷对提高电池性能也很重要，因为随机分布的 $Fe(CN)_6$ 空位会破坏电子传导路径，影响倍率性能。大量缺陷还可能引起结构坍塌和容量严重衰减。普鲁士蓝类似物的主要优势在于较高的工作电压平台，有些甚至可达 1.7 V，但其比容量相对较低，并且可能在反应过程中发生复杂的相变，导致结构不稳定。

6.1.3.3　钒基化合物材料的研究进展

钒基化合物正极材料具有丰富的氧化态，在 V^{2+} 到 V^{5+} 之间可以相互转化。相对于单电子转移反应，钒基正极材料通常具有较高的比容量。钒氧化物中 V—O 之间的多面体层具有较大的层间距，这有利于 Zn^{2+} 的可逆嵌入和脱出（图6.4）[5]。钒基化合物被广泛应用于可充电水系锌离子电池，其工作原理基于 V—O 配位多面体化学价态的变化和畸变，使其具有更宽的变化范围、较稳定的晶体结构和较高的容量。然而，容量衰减主要源自层状结构的破坏、钒的溶解以及放电副产物的形成。为了提高电化学循环稳定性，已提出多种策略，包括本征晶体结构设计、纳米结构优化和预嵌入等。本征晶体结构设计可以改善材料的循环性能，纳米结构优化可以提高电池的倍率性能，预嵌入策略通过在钒氧化物层间预先嵌入金属离子或溶剂分子来稳定材料的晶格结构，从而提高循环稳定性[6]。例如，通过在钒氧化物层间用 Ca^{2+} 和 K^+ 进行插层，从而在 V_2O_5 层间形成化学键而形成稳定的晶体结构，层间相互连接的化学键充当"支柱"，将 V_2O_5 层牢牢地固定在一起，防止溶解[7]。通过在 V_2O_5 层间预嵌入 Zn^{2+} 和 H_2O 分子作为支柱，在电池"摇椅式"反应过程中钒氧化物层保持相对稳定，同时展现出高可逆容量。层间结晶水的嵌入不仅可以作为支柱稳固层间距，还有利于提升电荷输运动力学，如 $V_2O_5 \cdot nH_2O$ 中结构水的引入可作为电荷屏蔽介质，降低 Zn^{2+} 的有效电荷，从而获得更快的离子扩散动力学，实现离子输运"自润滑"效应[8]。通过这些策略，研究者开发了一系列新型钒基电极材料，显示出高比功率、优良的倍率性能和良好的循环特性。但依然存在放电电压过低的问题，且附加基团会导致分子质量增加，并降低钒电极的比容量。因此，提高钒基材料的工作电压和比容量，仍是未来材料设计的重点。

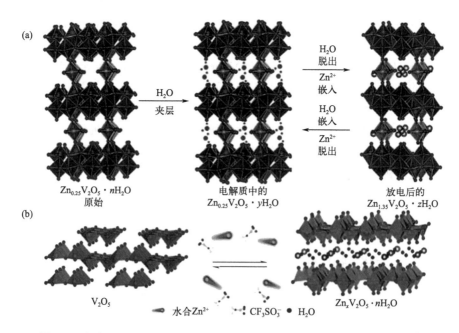

图6.4　（a）$Zn_{0.25}V_2O_5 \cdot nH_2O$ 和（b）V_2O_5 中 Zn 和 H_2O 的插层机理示意图[5]

6.1.4　锌离子电池负极材料

负极材料是水系锌离子电池的关键组成部分，对电池的电化学性能有显著影响。锌以其丰富的储量、低廉的成本、环保特性、低氧化还原电位和高可逆性，成为理想的选择。研究人员倾向于使用锌片而非锌粉作为负极材料，因为锌片展现出更佳的抗腐蚀性和容量保持率。尽管如此，使用锌片的负极材料仍面临两大挑战：锌枝晶的形成和水/氧相关的副反应，如图 6.5 所示，下面将分别对其进行阐述。

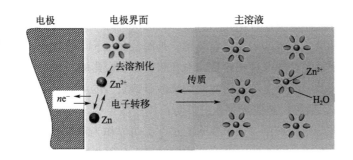

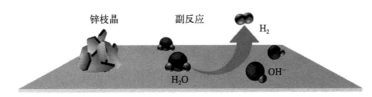

图 6.5　锌阳极在 ZIBs 中的沉积/剥离过程示意图和锌枝晶和锌阳极界面副反应示意图 [9]

锌枝晶是由于锌负极上不均匀的 Zn^{2+} 剥离/沉积反应引起的。在充放电过程中，Zn^{2+} 的沉积/溶解过程会形成具有不规则结构的锌枝晶。锌枝晶对锌离子电池有以下影响：①锌枝晶的生长会消耗电解液，导致金属锌的不可逆沉积，从而降低电池的库仑效率和容量；②Zn^{2+} 容易沉积在已有的枝晶区域，导致锌枝晶不断生长，严重时甚至会刺穿隔膜，导致正负极材料直接接触并短路，最终导致电池失效。锌枝晶的生长与电极界面电子和离子的不均匀分布有关，因此为了抑制锌枝晶的生长，需要通过改性来实现电场的均匀分布、控制界面 Zn^{2+} 的扩散和分布、调节成核屏障和成核位置等，从而实现 Zn^{2+} 的均匀成核。

此外，锌在水系电解质中的稳定性较差。在碱性溶液中，锌在放电过程中最先形成 $Zn(OH)_4^{2-}$ 络合物。$Zn(OH)_4^{2-}$ 络合物继续形成氢氧化物或氧化物，导致锌表面生长树枝状晶体。因此，弱酸性电解质（如 $ZnSO_4$）目前被广泛使用。在弱酸性溶液中，锌在放电过程中直接反应形成 Zn^{2+}，避免了不溶性氢氧化物和氧化物的形成，从而确保了锌负极的可逆性。然而，酸性电解质中氢离子活性高，并且具有高热力学趋势。强化析氢反应（HER）的风险依旧存在，HER 可能导致电池爆炸、膨胀、撕裂，最终导致电解质泄漏。此外，HER消耗氢离子会增加OH⁻的浓度，导致局部pH变化，并产生局部碱性环境，进而产生电化学惰性的腐蚀副产物，这些副产物沉积在负极表面，加剧电极钝化和枝晶形成。因此，抑制这些副反应的策略包括在负极表面形成保护层或控制负极界面处的水/氧含量。

为了改善锌负极电化学性能，设计策略主要包括锌负极表面涂层改性、新型锌负极的结构设计以及电解质的优化。

锌负极的表面涂层改性可以充当一种多功能层，避免锌金属与电解质的直接接触，保护或调节负极表面的电化学环境，抑制枝晶生长，延缓副反应，有效提高锌电极的界面稳定性和循环稳定性，对负极具有积极影响。无机涂层通常通过均匀的界面电荷效应或特定的孔引导效应来改善锌负极的界面性质。导电保护层（如氧化石墨烯、烟灰、活性炭等）可以防止锌枝晶穿透，促使电流在电极表面均匀流动[10]。非导电保护层（如 TiO_2 和 $CaCO_3$）可以作为稳定的钝化层，避免暴露的锌金属和电解质直接接触，并有效抑制锌腐蚀和氢生成反应。有机涂层通常基于其优异的成膜性能和丰富的分子官能团，可以与金属离子相互作用以改善锌负极界面。

新型锌负极的结构设计通常被认为是抑制锌枝晶生长和减少副产物形成的另一种有效策略。例如，使用高导电性三维多孔纳米网络作为载体基底，如碳材料、有机金属框架材料（MOFs）和金属材料，构建锌负极复合电极。这些具有高导电性和开放结构的三维多孔支架一方面可以加速电化学动力学并减少极化，另一方面可以提高与电解质接触的材料的活性，从而实现均匀的电流分布，避免枝晶生长的临界电流密度，从而延长电池寿命，并提高库仑效率[11]。

此外，优化电解质是一种常见的方法。向电解质中添加添加剂可以通过吸附在锌电极表面、屏蔽电荷或与金属离子络合来改变锌电极的表面性质，有效地抑制锌枝晶的生长，从而提高锌电极的可逆性和稳定性。例如，向 $ZnSO_4$ 电解质中添加 Na^+，具有较低还原电势的 Na^+ 可以在锌电极表面形成静电屏蔽层，从而避免了锌枝晶的沉积，从而增强电池性能。此外，降低电解质中游离水含量也是解决水引发副反应的有效途径。

6.2　镁离子电池

6.2.1　镁离子电池概述

近年来，镁离子电池（MIBs）作为多价离子电池代表之一，被认为是一种极具潜力的绿色储能电池。相比于其他后锂离子电池技术，MIBs具有以下优势：①镁在地壳中的储量丰富（2.3%）、经济成本低，价格约为锂价格的 1/24，大大降低了电池的材料成本；②镁具有更小的离子半径（0.072 nm）、较低的还原电位（-2.356 V vs. SHE）、良好的空气稳定性，并且不易生长镁枝晶；③镁金属作为镁离子电池负极材料，具有高的理论比容量（2205 mA·h/g）和理论体积比容量（3833 mA·h/cm^3）；④镁及镁化合物一般无毒或低毒，且对环境友好。因此，有望发展高性能 MIBs 大规模绿色储能技术。

镁离子电池的工作原理与锂离子电池相似，也是利用活性离子往返迁移的"摇椅式电池"。在镁离子电池进行充电时，正极中的 Mg^{2+} 脱离出来，经过电解液传输到负极，同时 Mg^{2+} 嵌入到负极中。在镁离子电池放电过程中，镁金属负极上的 Mg^{2+} 脱出，经过电解液传输到正极。镁离子电池的循环过程就是 Mg^{2+} 在两极间的嵌入与脱出过程，也是 Mg^{2+} 从正极到负极或从负极到正极的定向迁移过程。放电过程中嵌入正极的 Mg^{2+} 越多，放电容量越高，电池容量也就越大。

6.2.2　非水系镁离子电池

6.2.2.1　非水系镁离子电池电解液

理想的电解液必须具有高离子电导率和宽的电化学稳定性窗口，确保 Mg^{2+} 的可逆分解和沉积，从而提高 Mg^{2+} 的扩散和迁移效率。在类质子溶剂中，由于镁的活性，镁金属表面容易形成钝化膜。传统的 MgCl$_2$、Mg(ClO$_4$)$_2$、Mg(CF$_3$SO$_3$)$_2$（三氟甲基磺酸镁）不能实现镁的可逆沉积。此外，传统电解液的窄电压窗口严重阻碍了镁离子电池的发展。目前正在研究的镁离子电池电解质主要包括有机电解质和聚合物电解质。研究表明，格氏试剂基电解质、硼基复合电解质、磺酸基电解质等具有良好的性能，具有很大的研究价值和应用前景。格林试剂是一种有机电解质，最早应用于镁离子电池。它是由化学家格氏在 20 世纪开发的，是一种含有卤化镁的有机金属化学品。其化学式为 Mg(AlX$_{4-n}$R$_n$)$_2$（X=Cl、Br、R 代表烷基，n=0~4），但其电化学窗口较窄（约 2.2 V），这限制了具有高氧化还原电位的阴极材料的使用。Aurbach 等[12]通过苯基取代 Mg(AlX$_{4-n}$R$_n$)$_2$ 中烷基铝卤化络合物有机基团的方法成功合成了全苯基镁铝化合物的四氢呋喃溶液，并称为第二代电解液"MgPhCl-AlCl$_3$/THF"（APC）。其电导率得到了提高，电化学窗口可以达到 3 V。由于它在提高电解液电导率、稳定性、比容量、电压窗口和 Mg^{2+} 的可逆沉积/分解方面发挥着重要作用，目前已成为相对经典的格氏基镁离子电池电解质。近年来，许多研究人员在第二代电解质的基础上开发了各种新型电解质。此外，Mg(BH$_4$)$_2$ 是一种相对简单的无机镁盐，可在醚溶剂中用作 Mg^{2+} 电解质，库仑效率高达 94%[13]。与 Mg(BH$_4$)$_2$ 电解液相比，非亲核基硼簇合物 (C$_2$B$_{10}$H$_{11}$)MgCl 在 Mg 的可逆剥离/沉积过程中表现出更高的氧化稳定性（3.6 V vs. Mg）[14]。然而，这种电解质在充电和放电过程中，会在镁金属负极上形成一定程度的钝化层。因此，未来还需要更多的工作来研究这种钝化层的弱化和消除。

6.2.2.2 非水系镁离子电池正极材料

正极材料是镁离子电池的关键材料，它直接影响着电池的工作电压和充放电比容量。Mg^{2+} 具有小的离子半径和高的电荷密度，与电极材料之间存在着强烈的库仑相互作用。这种相互作用会导致 Mg^{2+} 在嵌入/脱出及在主体材料中扩散的过程中出现迟滞动力学特性，影响了 Mg^{2+} 的迁移速度，导致 Mg^{2+} 在正极材料中的扩散系数较低。在这些因素的影响下，可供选择的镁离子电池正极材料非常有限，并且面临着低容量、电压平台低以及稳定性能差等一系列问题。研究人员近年也在进一步探讨如何克服这些挑战，提出很多新的正极材料设计和开发方法，以提高镁离子电池的性能和应用潜力。例如，从晶体结构优化、离子传输机制改进、界面工程以及电化学性能调控等方面展开研究，并结合实验和模拟方法来验证所提出的思路，为镁离子电池的进一步发展和实际应用提供了重要的指导和支持。

（1）Chevrel 相化合物

Chevrel 相化合物被证明是一种具有可逆 Mg^{2+} 储存能力的嵌入式正极材料。它具有较高的电子电导率、出色的 Mg^{2+} 扩散能力和可逆的 Mg^{2+} 嵌入/脱出性能，在目前的镁离子电池正极材料中属于综合性能最好的电极材料之一。Chevrel 相化合物的通式为 Mo_6T_8（T = S、Se 和 Te）。Chevrel 相硫化物的晶体结构图（图6.6）显示了 Mo_6S_8 的独特结构。在每个 Mo_6S_8 单元内部，6 个 Mo 原子位于立方体的面心，形成一个八面体，而 S 阴离子占据立方体的各个顶点。距离 Mo 原子较远的位点 1 和与 Mo_6S_8 共享边形成的位点 2 能够容纳 Mg^{2+}。这样形成了三维的扩散通道，可用于 Mg^{2+} 的传输。因此，每个 Mo_6S_8 单元最多可以容纳两个 Mg^{2+}。这种独特的晶体结构使得 Chevrel 相硫化物具有可逆的 Mg^{2+} 嵌入/脱出能力，并且有助于 Mg^{2+} 的快速扩散。在 2000 年，Aurbach 等[12]首次将 Mo_6S_8 应用于镁离子电池中，该正极材料在室温下展现出优异的循环性能，经过 2000 余次循环后，其容量保持率高达 85%，但放电比容量仅为 75 mA·h/g（图6.7）。室温下的低放电容量是由于材料主体的硫阴离子与 Mg^{2+} 之间存在着较强的库仑相互作用，使得 Mg^{2+} 在材料内扩散的能量障碍较高，只有部分 Mg^{2+} 可以实现可逆地嵌入/脱出。为了提高 Chevrel 相硫化物 Mo_6S_8 的 Mg^{2+} 动力学性能，目前已提出两种有效的方法：一种方法是通过减小 Mo_6S_8 的粒子尺寸，缩短离子扩散路径，并增加材料与电解液的接触面积，从而促进界面电荷转移，改善 Mg^{2+} 的动力学特性；另一种有效的方法是在原子级别上通过 Se 或 Te 原子部分取代硫原子, 改善 Chevrel 相硫化物 Mo_6S_8 的结构。例如, 通过部分 Se 取代 S 原子, 生成的 $Mo_6S_ySe_{8-y}$ 材料晶格常数增大, Se 阴离子和 Mg^{2+} 间的相互作用减弱, 可以促进 Mg^{2+} 在晶体中的扩散, 提高材料的可逆容量, 且在循环过程中没有明显的损失。

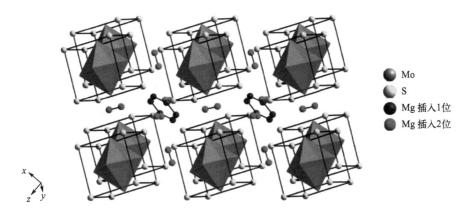

图 6.6　Mo_6S_8 的晶体结构示意图[15]

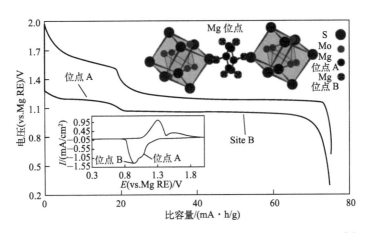

图 6.7　$Mg_xMo_3S_4$ (0 < x < 1) 阴极的典型电化学行为和基本结构[12]

（2）硫化物

低离化度的硫化物可以减少 Mg^{2+} 与负电荷之间的静电相互作用, 进而促进 Mg^{2+} 的迁移。金属硫化物和硒化物, 因其高理论容量而引起广泛关注。在镁离子正极材料方面, MoS_2 受到深入研究, 其高度剥离的 MoS_2 纳米片具有较大的层间距, 为反应提供了丰富的活性位点, 并增强了反应动力学特性[16]。VS_4 也具备较大的链间距, 能够实现 Mg^{2+} 的可逆脱嵌[17]。通过调整硫化物的层间距, 可以提高

Mg^{2+} 的扩散速率[18]。通过原子替代法，例如将 S 替换为 Se，由于键长增加，弱化了 Mg^{2+} 与正极材料之间的相互作用，增加了 Mg^{2+} 的扩散通道，降低了其扩散能垒，从而提升 Mg^{2+} 储存性能。然而，目前硫化物正极材料在能量密度方面存在不足。与硫化物相比，氧化物具有较高的氧化还原反应电位和稳定的化学性质。过渡金属氧化物，如钒、钼、钛、锰等，一直是可充镁电池正极材料研究的重要方向之一。

（3）过渡金属氧化物

过渡金属氧化物具备易制备、成本低、稳定性好和高阳极氧化电位等优点。目前，氧化钒、氧化锰、氧化钼和 AB_2O_4 尖晶石结构化合物等过渡金属氧化物受到广泛研究。这类材料中过渡金属与氧原子间的键具有较强的离子特性，使得这些材料具有较高的阳极氧化电位。我们将重点介绍几种具有潜力的层状氧化物，这些氧化物能够实现 Mg^{2+} 的可逆嵌脱。

作为最典型的钒基氧化物，V_2O_5 具有层状斜方晶体结构。其由交替排列的边和角共享的 VO_5 棱锥体组成，而 α 型和 δ 型两种结构的主要区别在于层的堆叠方式不同。Mg^{2+} 可以插入 V_2O_5 的层间空位，1 mol 的 V_2O_5 可以插入 2 mol 的 Mg^{2+}。当 Mg^{2+} 插入 V_2O_5 时，它们占据了沿正交晶格方向延伸的四个 VO_5 多面体的中心位置。作为镁电池的正极材料，理论上 V_2O_5 的开路电压可达到 3.06 V。在 Mg^{2+} 的可逆脱嵌过程中，发生了 α 相和 ε 相之间的相变，但由于本征电导率较差，V_2O_5 的实际容量发挥受到一定的制约。然而，目前尚未实现 Mg^{2+} 在 δ 相 V_2O_5 材料中的可逆脱嵌。由于 Mg^{2+} 在 V_2O_5 正极材料中的迁移动力学较慢，可逆性较差，目前仍在探索其他方法促进 Mg^{2+} 的迁移。通过制备不同纳米结构的氧化钒正极材料可以改善其储镁性能。在层状结构的氧化钒中，适当预嵌入碱金属离子可以提高电极材料的 Mg^{2+} 插入容量和循环性能，这对于进一步优化层状钒基材料的 Mg^{2+} 储存具有重要指导意义。除了以 V_2O_5 为基材的镁离子电池正极材料外，研究发现一些含钒的化合物也具有出色的储镁性能。例如，$H_2V_3O_8$ 由层状结构的 V_3O_7 与氢键相连形成，氢键的存在能够有效缓解材料结构的变化。此外，具有较大层间距（1.42 nm）的二维 $VOPO_4$ 纳米片在镁电池中显示出较高的可逆容量和良好的循环稳定性[19]。

与 V_2O_5 相似，α-MoO_3 是一种常见的可嵌入材料，因其特殊的层状结构而受到关注。具有较高的理论容量（372.3 mA·h/g）。图中展示了 α-MoO_3 晶体结构，由具有共有边缘和角的 MoO_6 八面体双层构成，层与层之间通过范德华力进行结合。Mg^{2+} 能够轻松进入层与层之间的空隙，在嵌入/脱出的循环过程中，能够保持 MoO_3 层状结构不变。然而，粉末压制的 MoO_3 电极通常会出现容量衰减和循环性能较差的问题。为了解决这个问题，可以对 MoO_3 进行掺杂改性，例如引入氟原子来部分替换氧原子，这样引起的晶格畸变有助于 Mg^{2+} 的嵌入和脱出。二氧化锰（MnO_2）由于其成本低、含量丰富且环境友好的特性，已广泛研究作为镁离子电池的正极材料。纳米级的 MnO_2 能够减少离子扩散路径，促进 Mg^{2+} 的脱嵌。其中，具有纳米级隧道结构的 α-MnO_2 和层状结构的 δ-MnO_2 正极材料具有良好的储镁性能。例如，Hou 等[20]制备的 $Mg_{0.15}MnO_2$ 通过搭配改进的 $Mg(TFSI)_2$/DME 电解液，在常温下实现了高电压 3.3 V 的充放电循环，并获得了比容量 200 mA·h/g 的性能。此外，锐钛矿型 TiO_2 是一种典型的 Li^+ 嵌入电极，在储镁正极材料的研究中引起了广泛关注。当应用于镁离子电池的正极材料时，通过共掺杂氢氧根离子和氟离子，可以使 TiO_2 形成高浓度的缺陷，并丰富 Mg^{2+} 存储的活性位点，从而提高 Mg^{2+} 的可逆脱嵌性能。通过这种改进，TiO_2 表现出了高的可逆容量和长的循环稳定性[21]。

尖晶石型氧化物的正极材料，属于 Fd3m 空间群，其通式为 MgT_2X_4，T 通常为过渡金属阳离子，如 Ti、V 和 Mn 等，阴离子 X 可以是 O、S 或 Se。MgT_2X_4 晶体结构属于尖晶石结构，具有四方对称性。其中，Mg^{2+} 占据四面体的 8a 位置，而阳离子 T^{3+}/T^{4+} 则位于八面体的 16 d 位置。这种排列使得晶体中的 Mg 和 T 两种阳离子可以与 X 阴离子分别结合形成一个有利于离子扩散的三维网络结构，该结构由四面体和八面体共面构成。例如，$MgMn_2O_4$ 纳米材料采用尖晶石结构，具备如高电压平台和三维离子扩散通道等显著优势，被广泛视为具有潜力的镁离子电池正极材料。然而，$MgMn_2O_4$ 纳米材料的导电性较差，这限制了 Mg^{2+} 在电极材料中的输运能力，进而对电池的倍率性能产生负面影响。此外，由于 Mg^{2+} 本身的极化作用很强，Mg^{2+} 在材料内的扩散能垒较高，难以在这些材料中快速扩散。这些问题严重制约了该类材料在镁离子电池领域的进一步发展与应用。

（4）聚阴离子化合物

聚阴离子型化合物是以过渡金属和聚阴离子为基础构建的三维骨架结构，其内部存在强共价键连接。其具有一维扩散通道以及优良的稳定性和安全性，在离子电池体系中展现了巨大的应用潜力。同时由于聚阴离子基团的诱导效应，这类材料通常还具有较高的工作电压能力。目前，研究人员主要关注橄榄石结构的硅酸盐和钠超离子导体（NASICON）结构的磷酸盐，以探索聚阴离子化合物的性能和应用潜力。Mg^{2+} 在橄榄石结构的硅酸盐晶体中沿八面体位置到四面体位置的一维通道扩散，且循环过程中可以保持橄榄石型的稳定结构。一系列橄榄石结构的硅酸盐作为潜在的储镁正极材料被研究，包括 $MgMnSiO_4$、$Mg_{1.03}Mn_{0.97}SiO_4$、$MgFeSiO_4$、$MgCoSiO_4$ 等。但由于过高的离子扩散能垒，这类硅酸盐材料不易于 Mg^{2+} 的扩散。此外，NASICON 结构也具有稳定的三维开放骨架，为 Mg^{2+} 提供了充足的晶格间隙。然而，这类材料在全电池研究中仍存在一些不足之处，主要是由于聚阴离子型正极的特殊结构导致其自身的电导率较低。尽管如此，考虑到其优异的能量密度和安全性能，作为促进Mg^{2+}嵌入/脱出动力学的方法，仍然值得进一步的研究和探索。

（5）其他正极材料

有机材料由于其较大的比表面积和广泛的空间分布，为Mg^{2+}提供了高效的迁移途径，有望成为具有潜力的镁电池正极材料。有机电极材料具备多电子氧化还原活性，其储存Mg^{2+}的能力优于无机材料，因而逐渐引起人们的关注。其中，羰基化合物（2R—C≡O，R可代表H、CH_2或苯环等基团）因其理论容量高、分子结构灵活性好且原料丰富，被广泛研究。以羰基化合物为例，其储存Mg^{2+}的机制基于羰基官能团上的氧原子进行氧化还原反应：

$$Mg^{2+} + 2e^- + 2(O=C-2R) \longrightarrow (2R-C-O)Mg(O-C-2R)$$

在电池放电过程中，发生了一种重要的氧化还原反应。具体来说，两个含有羰基（C=O）的分子中的氧原子（O）分别接收电子，形成了C—O⁻离子，然后与一个Mg^{2+}形成镁盐。这个反应在电池循环过程中是可逆的，发生了烯醇共振转变。这个反应的可逆性是因为羰基位于聚合物链的同侧，导致相邻羰基可以很好地与Mg^{2+}结合，从而稳定了Mg^{2+}。此外，有机材料的主体与Mg^{2+}之间的相互作用较弱，从而有助于Mg^{2+}在有机正极内的快速扩散。这一特性对于实现电池高效的离子传输非常重要。基于苯醌的羰基化合物被认为是一种具有巨大应用潜力的有机正极材料。然而，有机正极在放电过程中容易溶解，这限制了电池的循环寿命。因此，在研究和开发新型材料时，需要注意解决这一问题，解决有机材料的溶解问题是提高其循环寿命的关键，从而推动可再充电镁离子电池的应用。搭配合适的电解液，如$Mg(CB_{11}H_{12})_2$，对有机正极的稳定性能有至关重要的作用[22,23]。通过隔膜修饰，如可以在正极PTO和隔膜之间添加一层氧化石墨烯膜，以捕获可溶性中间体Mg1PTO，使其保持在正极侧。这种隔膜修饰的方法可以有效地防止有机材料的溶解，并提高电池的循环稳定性。同时通过调整氧化石墨烯膜的厚度和性质，还可以进一步优化隔膜的性能，使其具有更好的阻止溶解的能力[23]。通过采用有机小分子转变为聚合物的方法，可以有效防止其溶解。例如，通过聚合反应制备聚蒽醌（26PAQ和14PAQ）开发了一种新型镁电池正极材料，该材料具有更高的稳定性和倍率性能[24]。

随着新型材料的发展，人们对电极材料的研究内容也越来越多样化，目前有研究人员在原有电极材料的基础上进行纳米管、纳米棒的结构调控，或是对层状化合物进行剥离、重组，以寻找更优的镁离子电池电极材料，或者进行掺杂等改性研究，如引入氟元素，减小Mg^{2+}与阴离子间的相互作用，从而增加这类材料的导电性。除此之外，研究发现水分子的引入能促进Mg^{2+}的嵌入/脱出，大大提升一些正极材料的储镁性能。水分子在电化学反应中起重要作用，其存在大大降低了 Mg^{2+} 的扩散势垒；10^{-2} 以上水活度的电解液能确保 Mg^{2+} 和水分子稳定共嵌入电极，嵌入过程发生稳定的相变反应，离子在电极和电解液界面或者内部去溶剂化的扩散能垒大大降低，增强了电化学反应。

6.2.2.3 非水系镁离子电池负极材料

金属镁具有极高的体积容量（3833 mA·h/cm³）、低的标准电势（-2.37 V vs. SHE）、无枝晶等优点，是可充镁电池最具前景的负极材料之一。目前镁离子电池的电解液基本上使用的是醚类体系，这类电解液可以避免镁负极表面形成钝化膜，从而实现镁的可逆沉积。但是，在诸如含有双(三氟甲基磺酰)亚胺镁 [Mg(TFSI)]、$Mg(ClO_4)_2$ 等常用盐的质子惰性溶剂的电解液中，由于镁会生成表面钝化膜，导致 Mg^{2+} 不能很好地在其表面进行可逆沉积。解决 Mg 负极钝化问题的策略之一是设计一种 Mg^{2+} 导电和电子绝缘的人工界面，该界面可以负极改性并限制 Mg 和电解质之间的进一步寄生反应，从而使 Mg 在大多数传统电解质中具有高度可逆的行为。近年来报道了两种主要的用人工界面相修饰负极的方法：一种是通过各种反应在阳极表面预先构筑一层人工保护涂层[25]；另一种方法是在电解质中加入前驱体，原位建立人工 Mg^{2+} 传导间相[26]。

此外，设计合适的合金负极是解决 Mg 负极钝化问题的另一有效策略。以元素周期表的 ⅣA 和 ⅤA 族元素为基础的金属合金是目前镁离子电池的备选负极材料。因为铋、锡、锑的高存储容量以及与电池电解液的可兼容性，使其成为一类潜在的高比能可充镁电池负极材料。Bi 用作储镁负极材料具有较高的理论储镁容量（385 mA·h/g）和优异的 Mg^{2+} 导电性。且根据合金反应（$2Bi+3Mg^{2+}+6e^- \longrightarrow Mg_3Bi_2$），Bi-Mg 合金除 Mg_3Bi_2 外无中间化合物。锡和锑是具有潜力的合金负极元素，当形成 Mg_2Sn 和 Mg_3Sb_2 时，它们具有高达 768 mA·h/g 的理论储能容量。实验证明，Sn 和 Sb 合金负极能够提供较高的可逆储能容量，并具有良好的倍率性能和循环稳定性。研究者通过设计微纳结构，进一步改善了储镁性能。此外，纳米结构的锗和锡作为镁离子电池负极材料也展现出优异的电化学性能。碳基材料的引入扩宽了负极材料的选择范围。Er 等[27]在理论上，对具有缺陷的石墨烯和石墨烯异构体中 Mg^{2+} 的吸附行为进行了预测，表明 Mg^{2+} 吸附行为的研究具有重要的理论和实践意义。然而，有关镁离子电池的负极材料的研究并不多，且大部分的负极材料性能一般，基于镁合金反应的负极材料面临着合金化过程中结构稳定性差导致的电极粉碎以及嵌入型负极材料存在 Mg^{2+} 嵌入/脱出动力学缓慢所带来的问题。面对镁离子电池电极材料存在的问题，要改善电极材料的综合性能，实现镁离子电池的大规模使用，还有一段很长的路要走。

6.2.3 水系镁离子电池

6.2.3.1 水系镁离子电池电解液

水系镁离子电池的电解液常使用不同种类的无机镁盐，例如 $MgCl_2$、$MgSO_4$、$Mg(NO_3)_2$ 和双 (三氟甲基磺酰) 亚胺镁 $[Mg(TFSI)_2]$。电解质盐中阴离子的类型对电池性能具有一定的影响。通常情况下，含氯盐的电解液来源充足且获取简单，然而，其具有较强的腐蚀性，从而对电池的比容量和循环性能产生不利影响。与之相比，$Mg(TFSI)_2$ 作为电解质盐具有较小的腐蚀性。此外，在水系电解液中，某些阴离子会对水分子间形成的氢键网络产生影响，进而影响电解液的凝固点。

电解液浓度对水系镁离子电池的电化学性能有重大影响。一般而言，电解液浓度越高，游离水含量就越少，从而可以有效地抑制水的活性，获得更宽的电化学稳定窗口，使得金属离子在嵌入和脱出过程中更加稳定。"盐包水"体系中几乎没有游离水，因此能够有效地抑制水的活性。同时，在负极表面形成稳定的固体-电解液界面（SEI）膜，可以避免水的分解，进一步拓宽水系电解液的电化学稳定窗口，达到 $2\sim5$ V 的范围，这明显优于一般低浓度水系电解液的 1.23 V。高浓度电解液体系，如水合共晶电解液已成为研究热点，并取得了许多成果。例如，由 $Mg(NO_3)_2 \cdot 6H_2O$ 和乙酰胺直接混合形成的水合共晶电解液，无需额外添加水溶剂，避免了直接使用有机物作为溶剂所带来的动力学速度缓慢和离子电导率低以及直接使用水溶液所带来的电化学稳定窗口较窄的缺点。但是，高浓度电解质带来的温度敏感性是一个不能被忽视的问题。对于大多数电解质盐而言，随着温度的升高，溶解度也会增加。然而，在较低温度下，电解质盐很容易析出，从而破坏了电解液的稳定性，进而恶化了电池体系的电化学性能。除此之外，高浓度电解质盐对电池成本的提高会限制该体系的商业应用。

基于此，未来有望通过采用改变离子溶剂化结构的电解液添加剂以及采用混合阳离子补强等策略，来提升常规浓度电解液的性能。电解液添加剂的引入可以降低水分子的活性，拓宽电化学稳定窗口，并改善电池的电化学特性。目前，大多数电解液添加剂的原理是在电极材料表面形成一层保护层，以缓解电化学过程中对材料带来的不可逆负面影响。然而，这些保护层在水溶液中经常被逐渐侵蚀，并最终失去作用。因此，对于水系电解液添加剂的研究仍然具有巨大的发展潜力。聚乙二醇（PEG）[28]作为添加剂引入低浓度水系电解液 [0.8 mol/L $Mg(TFSI)_2$] 中，PEG 可与水分子形成氢键，降低水分子之间氢键数量及强度，同时 PEG 分子可部分替代水分子进入 Mg^{2+} 溶剂化壳层中，改变了 Mg^{2+} 溶剂化壳层结构，增强了 Mg^{2+} 和 $TFSI^-$ 间的配位键强度，使低浓度电解液中形成"盐包水"效果，抑制电化学过程中水分子的分解，并将电解液电化学稳定窗口拓宽至

3.7 V。混合阳离子电解液可弥补单一阳离子电解液的缺陷，比如将钠盐与镁盐溶解于水和乙腈混合溶剂组成的混合阳离子电解液时，由于 Na^+ 嵌入电位显著高于 Mg^{2+}，可弥补单一 Mg^{2+} 电解液造成的电池体系工作电压较低的问题[29]。

6.2.3.2 水系镁离子电池电极材料

传统水系电解液的电化学窗口较窄，导致电池性能受到溶解、质子共嵌入以及正负极材料的腐蚀和钝化等的影响，从而导致电池容量严重衰减并失效。与传统水系电解液相比，水系镁离子电池除了面临相同的问题之外，还需要应对镁元素自身带来的问题。首先，Mg^{2+} 具有较高的电荷密度，具有强烈的极化性，在许多插层材料中扩散速率缓慢，迁移速率低，并且难以形成嵌入式化合物，这对电池性能产生不利影响。其次，镁电池存在电压滞后现象，即使用镁或其合金作为电极时，在水系电解液中会形成由氧化镁和氢氧化镁组成的致密钝化膜。在电池初始放电阶段，Mg^{2+} 难以通过钝化膜迁移到电解液中，因此需要一段时间才能达到正常输出电压，这段时间被称为滞后时间，并且是衡量滞后现象影响程度的参数之一。

水系镁离子电池的电极材料需要具有合适的工作电位，能够在电解液电化学稳定窗口内工作，并且在电解液体系中表现出稳定的理化性质。目前，过渡金属氧化物是一种适用的正极材料，其中锰氧化物被广泛应用。锰氧化物具有多种类型和结构形式，成本较低且制备相对容易。近年来，还发展了一些新的材料，如 $MgMn_2O_4$、$MgFe_xMn_{2-x}O_4$ 和 $Li_{0.21}MnO_2 \cdot H_2O$ 等。通过一系列改性策略可进一步提升氧化物电极材料的性能。例如，通过改变锰氧化物（$MgMn_2O_4$）的形貌结构，可使其具有丰富的孔结构和大的比表面积，从而形成"纳米流体通道"。此外，这些材料还可以与碳纳米管、石墨等材料制成复合材料，或经过电化学方法进行转化后应用。将活性材料与碳材料复合可以显著提高材料的电导率，并提供丰富的活性材料/电解液反应界面，缩短离子迁移路径，提高离子传导速率和电极材料的电化学活性。研究发现，在电池的活化过程中，水分子能够进入材料晶体结构中，增大晶体层间距，有利于 Mg^{2+} 的可逆脱嵌。

当前水系镁离子电池常用的负极材料主要有镁金属、镁合金和层状结构的钒氧化物。然而，这些负极材料存在一些问题，如腐蚀、自腐蚀枝晶和块效应。腐蚀是指镁负极在放电过程中发生的析氢反应（HER）和氧还原（ORR）反应；自腐蚀是指电池在放电过程中电子在镁负极侧与电解液中的水分子发生异常的还原析氢反应。为了解决这些问题，在水系电解液中添加添加剂可以形成 SEI 界面层，从而保护镁电极。块效应是指电化学过程中负极表面形成的枝晶或颗粒脱落至电解液中，导致失去活性，无法继续参与后续的充放电反应。引入镁合金可以在很大程度上解决自腐蚀和块效应问题，因为合金中的不同金属具有不同的电化学性能，导致腐蚀优先级不同，从而更容易使金属颗粒脱离负极基体。另外，钒氧化物也被广泛用作水系镁离子电池的负极材料，如 VO_2、V_2O_5 和 $FeVO_4$ 等。同时，使用有机聚合物作为负极材料可以避免金属镁直接作为电极所产生的析氢、腐蚀等复杂副反应，并提高电池的倍率性能。然而，在制备工艺成本和低电流密度下的电化学性能方面，有机聚合物负极仍需要进一步改进与提升。另一种被证实能作为水系镁离子电池负极材料的是聚酰亚胺类材料。Mg^{2+} 在这种负极材料中的可逆嵌入和脱出类似于赝电容过程，即 Mg^{2+} 可以被聚合物基体中含氧官能团吸附在材料表面，并进行快速的电化学氧化还原反应。这个过程不受离子扩散速率的限制，有利于提高电池体系的高倍率循环性能。目前，针对水系镁离子电池负极材料与电解液不兼容的问题，研究人员正在努力解决腐蚀、自腐蚀枝晶和块效应等负面问题，以提高电池的性能和循环稳定性。在负极材料的选择和设计上，包括引入镁合金、钒氧化物以及有机聚合物和聚酰亚胺类材料等，将有助于推动水系镁离子电池的发展。但同时也需要进一步研究和优化制备工艺，以满足实际应用需求。

6.3 钙离子电池

6.3.1 钙离子电池概述

近些年，钙离子电池以其诸多优势，逐渐走进人们的研究视野。首先，钙作为地壳中储量丰度第五的元素（4.15%），具有储量丰富、价格低廉、无毒性和良好的热稳定性等优势。其次，钙的还原电位为 -2.87 V vs. 标准氢电势（SHE），较低的还原电位能够为钙离子电池提供更高的工作电压，从而获得高的能量密度。再者，钙的离子半径与钠离子相似（钙离子半径为 1 Å，钠离子半径为 1.02 Å），为二次电池中离子传输提供了可能性。钙离子为二价，相比于单价离子（锂，钠，钾），当转移相同数目离子时可以转移二倍的电子，这使得钙离子电池具有更高的体积比容量，而相比于其他多价离子（锌，镁，铝），钙离子具有更低的电荷密度以及低极化强度，使其表现出更加优异的扩散动力学，从而可获得更高的倍率性能。然而，由于电解液及高性能电极材料的开发尚不成熟，目前钙离子电池领域还处于发展初期，研究进展还较为缓慢。

钙离子电池具有与锂离子电池相似的工作原理，均属"摇椅式电池"。Ca^{2+} 在正负极之间可逆穿梭，实现能量的存储与释放。以嵌入脱出类材料为正极，金属钙为负极，在充放电过程中，钙离子电池的正负极发生如下反应[30]：

正极反应：$Ca_xHost \rightleftharpoons xCa^{2+} + 2xe^- + Host$

负极反应：$xCa^{2+} + 2xe^- \rightleftharpoons xCa$

电池总反应：$Ca_xHost \rightleftharpoons xCa + Host$

需要注意的是，具体的反应方程式会根据所使用的负极材料的不同而有所差异。图6.8为钙离子在钙离子电池系统中扩散、迁移过程示意图[31]。

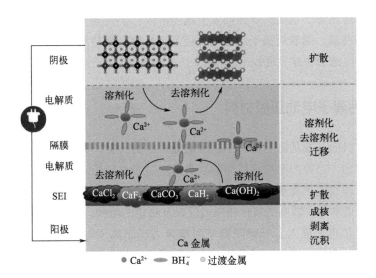

图 6.8 Ca^{2+} 在钙离子电池系统中的扩散、迁移过程[31]

6.3.2 钙离子电池电解液

电解液作为电池的重要组成部分，起在电极之间高效传输离子载流子的作用。电解液作为载流子在正负极之间来回穿梭的介质，需要具有良好的离子电导率和电子绝缘性。Mg^{2+} 和 Al^{3+} 具有硬酸的性质，对于有机体系，其多价电池体系对电解液成分有特殊要求，以实现阳离子在电极与电解液界面间的去溶剂化反应。相比之下，Ca^{2+} 的性质更加柔和，类似于锂/钠离子电池，钙离子电池的电解液通常只需将盐溶解于标准电池溶剂中，制备过程相对简单。电解液主要分为有机和水系两种电解液。

当前有机体系中的钙电池通常使用以下五种钙盐：$Ca(ClO_4)_2$、$Ca(BF_4)_2$、$Ca(TFSI)_2$、$Ca(NO_3)_2$ 和 $Ca(BH_4)_2$。然而，Ca^{2+} 形成的SEI膜与锂的情况不同，其致密性过高，阻碍了 Ca^{2+} 的传导及其可逆沉积。此外，尽管有机电解液具有宽的电压窗口，但它较低的离子电导率限制了 Ca^{2+} 的动力学性能。最近报道了通过在

$Ca(ClO_4)_2$ 溶于乙腈的有机电解液中加入一定量水，可达到提升氧化还原活性的目的。由此可见水分对于提升离子动力学性能是有一定帮助的[32]。Ca^{2+} 在水系电解液中离子电导率更高，因此通常显示出更优异的动力学性能。同时，因为在纯水体系下不能采用金属钙作为负极，因而不涉及界面稳定性问题，对于水系电解液，主要使用 $Ca(NO_3)_2$ 电解液，但关于不同类型盐对二价阳离子水电池影响的系统性研究尚缺。

虽然目前钙离子电池的研究尚处于起步阶段，但其固有的多种优势为其研究提供了广阔前景。随着钙离子电池电解液及高性能电极材料开发的不断突破，将促进钙离子电池的快速发展。

6.3.3 钙离子电池正极材料

正极材料的开发是影响钙离子电池能量密度的关键，其性能对电池的发展至关重要。然而，当前的研究仍然面临着高性能电极材料的缺乏和新型电解液的开发等挑战。理想的钙离子电池正极应具备高钙含量、大的离子传输路径、优秀的电子和离子电导率、较高的氧化还原电位以及稳定的结构。

由于多价离子嵌入后导致阳离子间排斥力和阳离子与阴离子间吸引力的增强，离子传输变得更缓慢。因此，在选择材料时应优先考虑那些具有较强 Ca^{2+} 扩散能力的材料。层状材料目前主要集中在对 V_2O_5 和它的同质多形体储钙性能的研究上。通过对不同 V_2O_5 的同质多形体的稳定性以及 Ca^{2+} 在其中的扩散能垒进行密度泛函理论（DFT）计算发现，$\delta\text{-}V_2O_5$ 的倍率性能优于 $\alpha\text{-}V_2O_5$。然而，通常的层状材料在储存大尺寸、多电荷的 Ca^{2+} 方面表现不佳。通常通过预嵌入离子或结晶水拓宽层间距，并利用水分子的静电屏蔽效应来改善储钙性能。此外，对 V_2O_5 进行扩层改性（$Mg_{0.25}V_2O_5 \cdot H_2O$），也有助于提供更佳的 Ca^{2+} 传输通道，其层间的结晶水起到静电屏蔽作用，使得 Ca^{2+} 在嵌入脱出过程中结构更加稳定。

普鲁士蓝类似物作为一种金属有机框架结构，在电池领域作为插入式电极材料被广泛研究。由于其内部具有较大的离子扩散通道，在各种电池系统中显示出较好的电化学活性。其在非水系钙离子电解液和 $Ca(NO_3)_2$ 水系电解液体系下均得到研究应用，实现了可逆循环。尽管普鲁士蓝类似物具有成本低廉和合成简便的优点，适合作为实用材料体系，但其低容量和低密度特性限制了其在高能量密度电池系统中的应用。

三维隧道结构材料主要分为尖晶石结构材料和钙钛矿结构材料等，目前对于这类材料的研究大多是基于理论计算来预测材料的电化学储钙性能，为材料选择的方向提供理论依据。通过对一系列尖晶石结构材料进行理论计算，发现 $CaMn_2O_4$ 是一个潜在的稳定储钙材料，并计算出其反应电位为 3.1 V vs. Li/Li^+，具有 250 mA·h/g 的比容量。同时计算还发现该材料在 Ca^{2+} 嵌入脱出时体积变化率高达 25%，材料在嵌入脱出时存在不稳定问题。钙钛矿 $CaMO_3$（M=Mo、Cr、Mn、Fe、Co 和 Ni）化合物作为钙离子电池电极的可能性亦被模拟研究[33]。结果显示，Ca^{2+} 嵌入脱出过程中体积变化约 20%，Mo 为例外，其体积变化率为 10%，预测电压为 2.5 V，并具有良好的电子电导性和中间相稳定性。然而，在该结构下 Ca^{2+} 迁移势垒较高（2eV），不利于电化学活性，这一预测已经在实验中得到验证。此外两种具有代表性的聚阴离子磷酸盐 $NaV_2(PO_4)_3$ 和 $FePO_4$ 作为新型高电压钙离子电池正极材料也被报道。虽然报道的聚阴离子结构材料具有较高的反应电位，但需要在非常小的电流密度下才能展现出电化学活性。这反映出 Ca^{2+} 在聚阴离子结构材料中缓慢的动力学性质。

总结来说，虽然目前研究的材料都具备一定的储钙能力，但 Ca^{2+} 缓慢的动力学特性成为限制其性能的主要因素。为了开发出适用于大规模商业应用的高性能电极材料，还需从改善 Ca^{2+} 动力学性能出发，致力于开发高电压、高比容量的正极材料，这是构建高能量密度钙离子电池的必经之路。

6.3.4 钙离子电池负极材料

负极材料应具有良好的储钙能力和较低的嵌钙电压。此外还需要良好的离子/电子电导率和长循环寿命。目前负极材料的研究主要集中在金属钙、合金化材料、嵌入脱出型材料和有机材料等。但还存在界面稳定性、体积膨胀和材料溶解等问题需要解决，因此实现高性能电池体系，还需进一步开发高稳定性的负极材料。

（1）金属钙

近年来，为了实现金属钙作为负极的二次可充电电池技术，人们对于钙的电化学沉积行为进行了大量研究。金属钙负极的使用需要满足可逆剥离和沉积的条件，在电池充电过程中，钙盐或溶剂会在电极表面被还原或氧化，产生的不溶产物将沉积在金属钙表面生成 SEI 膜。理想情况下，SEI 膜是一个纯阳离子导体，可以允许离子传输但阻碍电子传输，有效阻止电解液与金属进一步反应。然而钙的 SEI 膜与锂的情况不同，钙形成的致密 SEI 膜过于致密，导致 Ca^{2+} 不能通过，并阻断了后续钙的可逆沉积。Saboya 等[34]探究了钙金属的钝化机制，并在钙金属表面构建交联聚合物形式的硼酸盐化合物，实现 Ca^{2+} 传导。虽然随着后续电解液的研究发展，通过改变电解液成分已成功实现将金属钙的可逆沉积从高温[35]转向了室温[36]，但目前的沉积效率还不足以满足实际应用。电解液的成分决定了金属钙表面形成的 SEI 膜的成分，因此，对于金属钙作为负极的钙离子电池的研究，其关键在于稳定且高效率电解液的开发，从而实现金属钙沉积效率的进一步提升。目前已报道的可能的 Ca^{2+} 导电层和 Ca^{2+} 阻断层如图6.9所示。

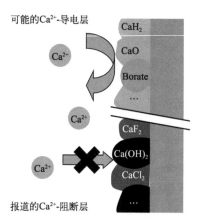

可能的 Ca^{2+}-导电层

报道的 Ca^{2+}-阻断层

图6.9　已报道的可能的 Ca^{2+} 导电层和 Ca^{2+} 阻断层 [31]

　　在目前的研究中，由于金属钙负极产生的SEI膜不稳定这一主要问题尚未得到解决，不能获得理想的库仑效率 [37]，因此，目前负极多采用发生合金化和嵌入脱出反应的材料为主。

（2）合金化材料

　　一些金属或非金属可以通过与钙形成 Ca-Me 合金来储存 Ca^{2+}，发生如下反应：$Me + xCa^{2+} + 2xe^- \Longrightarrow Ca_xMe$（Me= Si、Sn、Bi、Al等）。合金材料具有高比容量、低反应电位的优势，被认为是开发高性能碱金属离子电池的可能途径，也是替代金属钙负极的一类可行材料。针对钙离子电池，已经通过高通量计算研究了众多有前景的 M-Ca 体系候选材料 [38]。实验结果确认了合金负极在钙离子电池中的应用可行性，例如，形成的合金间相（如钙锡合金）可以保护钙金属负极免受电解液的腐蚀和钝化。特别是金属锡（Sn）可能是合金家族中最有效的钙离子电池负极材料之一，一些研究人员已将其用作构建钙离子电池负极 [39]。尽管合金材料展示了较高的比容量，但也存在体积膨胀较大的常见问题，这导致材料粉化和循环性能衰减。因此，缓解或抑制合金材料的体积膨胀是改善这类材料循环稳定性的关键。解决这些问题的方法包括：与碳材料复合以减轻体积膨胀，优化材料的形貌和颗粒尺寸，引入具有不同反应电位的其他元素，通过复杂化反应步骤来缓冲体积膨胀，以及改善黏结剂以增强材料在集流体上的附着力，从而防止材料粉化脱落。

（3）嵌入脱出材料

嵌入脱出机制是指在充放电反应过程中，Ca^{2+}仅嵌入/脱出电极材料的晶体结构，并不会造成材料的相变。一般具有如下反应式：

$$A_xB_yC_z+\gamma Ca^{2+}+2\gamma e^-\Longrightarrow Ca_\gamma A_xB_yC_z$$

嵌入脱出型材料也在钙离子电池体系中被广泛研究。与合金机制相比，嵌入脱出机制电极材料具有稳定的晶体结构、有序的离子扩散路径和固定的离子存储位点。但这类材料通常具有较大的相对分子质量以及较低的电子转移数，导致其理论比容量较低。石墨是最具代表性的负极材料，由于其优异的化学稳定性、导电性和导热性，主要用于商业锂离子电池。最近，研究人员也将石墨用于钙离子电池领域，并进行了测试。也证实其在钙离子电池中具有应用的可能性。已有报道表明，Ca^{2+}可以在二甲基乙酰胺（DMAC）基电解液中可逆地嵌入/脱出石墨层，但过程中伴随着DMAC溶剂的共嵌入[40]。共价有机框架材料（covalent organic frameworks，COFs）是一类晶体多孔聚合物，以原子级精确地将构件集成到二维或三维拓扑结构中，其特点是元素质量轻，共价键强。相比于无机材料和其他有机材料，COFs材料具有独特的性质，包括不易溶于电解液、可调节的孔道尺寸、有序开放的离子传输路径和有利于电子传输的π共轭结构框架等，这一系列优点吸引了越来越多的科研人员对COFs作为电池的电极材料进行研究。最近，COFs材料也被应用于钙离子电池领域，例如，以2,5-二氨基氢醌二盐酸盐（Hq）和三醛基间苯三酚（Tp）为单体聚合而成的HqTp-COF，被首次报道COFs可应用于水系钙离子电池的负极材料。虽然HqTp-COF表现出非常良好的倍率性能，但由于结构中活性位点有限，因此材料的比容量还有待进一步提高[41]。此外，MXenes材料也被考虑认为是钙离子电池的负极材料。

虽然无机材料表现出一定的储钙能力，但由于钙离子与无机材料晶格中阴离子的强静电相互作用，导致Ca^{2+}表现出缓慢的动力学性质，使得无机材料的倍率性能较差，或仅能在小电流密度下才展现出电化学活性。相比于无机材料，有机材料具有高电化学活性、快速反应动力学、分子多样性和结构可调性的优势。因此，当存储大尺寸、高电荷密度的多价离子时，有机电极材料或许是更好的选择。有机材料的反应机制也属于嵌入脱出型材料。有机材料通常具有有序的堆叠排列结构或无序的扭曲分布。在反应过程中，Ca^{2+}在材料结构的空隙中穿梭，扩散至材料结构中电负性较低的区域，并结合电负性原子（如N，O等）进行电化学反应。目前为止，已报道的有机电极材料的反应类型主要有以下三种：C=O键的反应、掺杂反应、C=N键的反应。其中，以C=O键为活性位点的3,4,9,10-四羧酸酐（PTCDA）是一种广为报道的有机小分子电极材料。芳香族的分子晶体PTCDA作为负极展现出用于水系钙离子电池可逆的电化学活性，但由于Ca^{2+}较大的离子尺寸和二价电荷，导致材料的结构会快速转变为非晶化[42]。5,7,12,14-并五苯四酮（PT）也表现出了作为水系钙离子电池负极材料的可能性[43]。PT分子的弱π-π堆叠层呈现出适合Ca^{2+}存储的灵活和稳定的结构。此外，PT晶体内的通道为快速离子扩散提供了有效的途径。PTCDA在非水系电解液中同样表现出储钙性能[44]。虽然有机小分子材料在储钙能力上展现出较高的电化学活性，但其严重的溶解现象经常导致材料的容量快速衰减。通常来说，聚合物材料可以一定程度上抑制有机物的溶解，从而提高循环稳定性。聚酰亚胺（PNDIE）材料作为水系钙离子电池的负极材料，通过机理研究证明，Ca^{2+}分两步结合PNDIE中C＝O活性位点。此外，PNDIE在长循环测试中表现出优异的循环稳定性[45]。虽然有机小分子的聚合可以提高电极的循环稳定性，但由于活性基团利用率较低，得到的聚合物普遍放电电压较低，实际容量较低。此外，聚合物通常的表现为长链状扭曲结构，缺少π共轭结构，导致电子电导率较低。因此，聚合物材料还需进一步改善电子电导率，从而提高材料的比容量。

综上所述，在钙离子电池系统中，尤其是金属钙负极面临多重挑战，因此开发集高容量与高稳定性于一体的新型负极材料是钙离子电池研究的重点。

6.4　铝离子电池

6.4.1　铝离子电池概述

铝离子电池被视为后锂技术的有力竞争者，金属铝因其资源丰富、金属铝负极的高理论容量以及整个电池系统的高安全性等优势，具备广阔的发展前景，具体如下。

① 金属铝具有储量丰富（地壳中含量位列第三）、价格低廉、安全性好等优点，可以显著降低生产成本。

② 铝电池体系具备良好的安全性。金属铝具有良好的延展性和空气稳定性，使其安全易处理，且电解质体系不易燃。

③ 金属铝负极采用三电子转移机制，具有更高的理论体积比容量和质量比容量，其质量比容量为2.98 A·h/g，仅次于锂（3.86 A·h/g），但体积比容量为8.06 A·h/cm³，远远超过锂（2.06 A·h/cm³），在所有金属元素中名列前茅。

1984年，研究人员首次将室温离子液体应用于铝的电化学反应中，成功去除铝金属表面的氧化层，并实现了铝的沉积和溶解。2015年，Lin等采用通过热解石墨和气相沉积制备的石墨烯作为正极材料，并将其应用于$AlCl_3$/[EMIM]Cl电解液中，成功实现了稳定的铝-石墨电池，这一成果标志着铝离子电池领域的重大突破。此后，铝离子电池得到了广泛的研究报道，无论是能量密度还是循环稳定性，都得到了显著的提升。然而，由于高电荷密度的三价铝离子作为客体离子存在，其嵌入晶格受到强烈排斥力的影响，导致离子扩散变得困难，并且与主体材料晶格中的阴离子之间形成强大的静电作用力，进一步引起了正极材料的晶格畸变和结构坍塌等问题，从而导致循环稳定性较差。因此，解决这些问题对于进一步提高铝离子电池的性能至关重要。

铝离子电池在非水系体系中主要为插层反应，这种机制适用于大多数正极材料。非水系AIBs的嵌入反应是指铝离子可逆脱嵌于层状材料晶格中。在铝离子电池的各种正极材料中，根据嵌入层中客体离子的不同可分为两种类型。目前铝离子电池充放电反应机理主要分为氯铝酸根阴离子脱嵌和Al^{3+}阳离子脱嵌。

（1）氯铝酸根阴离子的脱嵌

以碳材料为例，碳（石墨，石墨烯或非晶碳）在充放电过程中作为嵌入式宿主化合物，具有嵌入、脱出作用，其中n是每个嵌入层阴离子的碳原子数。在充放电过程中，正负极反应如下：

正极：$C_n + AlCl_4^- \Longleftrightarrow C_n[AlCl_4] + e^-$

负极：$4Al_2Cl_7^- + 3e^- \Longleftrightarrow Al + 7AlCl_4^-$

需要注意的是，在实际情况中，嵌入和脱出过程可能涉及更复杂的电化学过程和中间产物的形成。然而，单价离子脱嵌反应阻碍了高能量密度AIBs的开发，目前研究的材料容量都较低。此外，由于氯铝酸根阴离子的体积较大，它的脱嵌会导致电极材料体积变化较大，这必将会对电池循环性能造成影响。

（2）铝离子或其他阳离子的脱嵌

除了氯铝酸根阴离子，Al^{3+}也可以作为电荷载体用于嵌入电极材料中，如氧化钒（V_2O_5、VO_2、Li_3VO_4、$Mo_{2.48}VO_{9.93}$）、Chevrel相，层状二硫化物（TiS_2）等都含有Al^{3+}嵌入的晶格位点。对于Al^{3+}或其他阳离子的嵌入反应机理，具体取决于不同的电极材料和嵌入的晶格结构。

以下是一些可能的嵌入反应机理的示例：

① 对于氧化钒（V_2O_5）等材料，Al^{3+}可以替代其中的钒原子，形成$Al_xV_2O_5$化合物。这种嵌入过程通常涉及钒离子的氧化态变化和Al^{3+}的还原态变化。

② 对于Chevrel相型化合物，Al^{3+}可以替代金属离子位点。这种嵌入机制可能涉及某些金属离子的氧化还原反应。

③ 对于层状二硫化物（如TiS_2），Al^{3+}可以替代其中的钛原子形成Al_xTiS_2化合物。这种嵌入过程可能伴随着涉及硫与钛或铝之间的化学键的形成和断裂。

此外，对于每种材料和嵌入机制，具体的反应机理可能还会受到温度、电势和电荷平衡等因素的影响。因此，详细的反应机理研究需要进一步的实验和理论研究来探索。

6.4.2　非水系铝离子电池

6.4.2.1　非水系铝离子电池电解质

非水系电解液比水系电解液更适用于铝离子电池是由于铝相当低的标准电极电势（-1.662 V vs. SHE），这使得铝的沉积还没完成就发生了水的析氢反应，导致了极低的负极效率。电解质作为电池的重要组成部分，无论在液态还是固态铝离子电池中，对电池的电化学性能及安全性都具有重要作用。

（1）离子液体

有机铝离子电池体系中，通常采用无水 $AlCl_3$ 与 M^+X^-（如吡咯烷盐或咪唑盐等）混合形成离子液体电解质。其中，M^+ 代表有机阳离子，X^- 代表卤素阴离子（如 Cl^-、Br^- 或 I^-）。离子液体作为电解质具备以下特点：低毒性、不易燃烧、电化学窗口较大以及良好的导电性。通过调配合适的成分和浓度，离子液体电解质可优化有机铝离子电池的性能，提高其循环稳定性和能量密度。此外，离子液体还具有良好的溶解性和扩散性，能促进阴阳离子之间的快速转移，从而实现高效的电池反应。值得注意的是，离子液体的选择需要综合考虑其物化性质和安全性，以确保电池系统的稳定性和可靠性。因此，离子液体电解质在有机铝离子电池领域具有重要意义，并有望为其进一步发展提供支持，它们能够保证有机铝离子电池内部电化学反应的可逆性，尤其是金属铝在负极表面沉积/溶解的可逆性。研究得最深入的是由无水 $AlCl_3$ 与咪唑盐 [EMIm]Cl、[BMIm]Cl 配制成的离子液体电解液。在该类离子液体中，铝以 $AlCl_4^-$ 和 $Al_2Cl_7^-$ 的形式存在。通过调节 $AlCl_3$ 与 EMIC/BMIC 的摩尔比，可以影响此体系的路易斯酸度。当 $AlCl_3$ 与咪唑盐的摩尔比＞1 时，离子液体呈现路易斯酸性，并且电解液中主要存在 $Al_2Cl_7^-$ 阴离子。这种情况有助于消除铝负极表面的致密且不具有活性的氧化铝层，从而实现铝的沉积和溶解。当 $AlCl_3$ 与咪唑盐的摩尔比＝1 时，离子液体呈现中性，电解液中主要存在 $AlCl_4^-$ 阴离子，这种条件下的路易斯酸度较低。当 $AlCl_3$ 与咪唑盐的摩尔比＜1 时，离子液体主要呈现碱性，只有 $AlCl_4^-$ 和 Cl^- 共存于电解液中。值得注意的是，Al 的沉积溶解只能在酸性条件下发生，并基于以下可逆反应。

$$4Al_2Cl_7^- + 3e^- \rightleftharpoons Al + 7AlCl_4^-$$

2015 年，Lin 等[46]以 $AlCl_3$/ [EMIm]Cl 离子液体为电解质，石墨及 CVD 石墨烯为正极材料，铝为负极，组装成铝离子电池，实现了超长循环和超快充电铝离子电池，成为铝离子电池领域的一大突破。然而，离子液体作为铝离子电池的电解质，咪唑盐的价格昂贵，增加了电池的生产成本。离子液体在存储环境中对水含量的要求非常严格，同时对氧气也很敏感。此外，离子液体与正极材料的反应动力学通常不理想，并且正极材料容易溶解于离子液体电解质中，导致电池容量损失。这些问题成为阻碍铝离子电池商业化发展的障碍。为了解决这些问题，需要优化改进离子液体，开发出成本低廉且能够高效沉积和溶解铝的高价咪唑盐的替代品，以及具有高离子电导率的离子液体电解液。目前，已有研究报道采用无水 $AlCl_3$ 和尿素混合的离子液体作为电解液，并取得了一定的进展。然而，选择离子液体时不能仅考虑成本问题。虽然尿素电解液相对原料成本较低，但由于纯尿素和无水氯化铝混合而成的离子液体在室温下黏度较高，导致组装的铝离子电池在室温下动力学性能缓慢且倍率性能较差。因此，为降低离子液体的黏度，可以考虑采用添加剂等方法来增加体系的离子电导率。例如，苯作为添加剂能够降低离子液体电解液的黏度，从生产成本和铝沉积溶解性能等多角度改善电解液成分，使得铝离子电池获得优越的储铝电化学性能[47]。

（2）无机熔盐

无机熔盐由无机金属氯化物组成，具有低成本、高安全性和良好的稳定性等特点。作为铝离子电池电解质的选择，无机熔盐凭借其高离子电导率和循环稳定性表现出极大的潜力。例如，铝-石墨熔盐电池的储能机制与离子液体相似，主要涉及 $AlCl_4^-$ 和 $Al_2Cl_7^-$ 在石墨中的嵌入和脱出。然而，单一组分熔盐的熔点过高，需要在较高温度下运行，增加了电池的运行成本，并限制了其实际应用。相比之下，二元或三元熔盐可以显著降低熔点温度，尤其是三元熔盐电解液，其进一步降低的熔点可以扩大无机熔盐电解质在更广泛温度范围内的适用性，降低运行成本，并推动其在实际应用中的发展。

（3）聚合物电解质

聚合物电解质的制备方法通常是将离子液体电解液浸渍到事先制备好的聚合物中，或者在增塑剂条件下进行单体共聚。这种方法不仅能充分利用离子液体的优势，还能通过固态基质的屏蔽作用保护离子液体，减少其对湿度和腐蚀的敏感性。此外，聚合物电解质的应用能减少铝离子电池系统中离子液体的使用量，从而降低电解液的生产成本。在制备聚合物凝胶电解质时，选择合适的溶剂至关重要。溶剂需能同时溶解离子液体和单体，且与凝胶电解质成分无相互作用。因此，丙酮、乙腈、四氢呋喃（THF）、甲苯和二氯甲烷（DCM）等低沸点溶剂被视为优选。聚合物电解质的关键能力是溶剂化离子，这在铝离子电池中可以增强盐的解离和阴离子的转移，提高离子转移数和电解质的离子电导性。例如，将离子液体与丙烯酰胺及 $AlCl_3$ 的配合物溶液混合，并通过 AIBN 引发剂引发聚合反应，可以制得自支撑的凝胶聚合物电解质。这种电解质具备电子绝缘和离子导体的双重特性。与传统的液态电池系统相比，固态铝离子电池能有效抑制充放电过程中的气体产生，并适应机械弯曲带来的电极-电解质界面压力。即便在火灾等极端条件下，固态电池也能保持正常运转。因此，固态铝离子电池为实现高稳定性、高安全性的柔性高性能铝离子电池提供了一种新的解决方案。

6.4.2.2 非水系铝离子电池正极

铝离子电池的电化学性能在很大程度上取决于其正极材料。在铝离子电池体系中，正极材料的比容量通常低于金属铝负极，且正极材料的充放电性能对电池的能量密度有显著影响。因此，优化正极材料的性能是提升铝离子电池整体性能的关键环节。为了达到更高的能量密度和更长的循环寿命，科学家们专注于开发具有高容量、高稳定性及快速响应性的正极材料。通过结构调控、表面改性和添加功能性材料等手段，可以进一步优化铝离子电池的充放电过程，提升能量密度，并延长电池寿命。这些努力预期将促进铝离子电池技术的进步，并为可持续能源存储领域带来突破。为了提升铝离子电池的电化学性能，正极材料应具备高电化学活性、良好的热力学和化学稳定性以及优异的导电性。由于 $AlCl_4^-$、$Al_2Cl_7^-$ 等团簇离子具有较大尺寸，因此通常需要具有层状结构的正极材料。目前报道的非水系铝离子正极材料主要可以分为过渡金属氧化物、金属硫化物、碳基材料以及其他材料。

（1）过渡金属氧化物

对于过渡金属氧化物正极材料，其受到关注是因为具有较高的初始比容量。目前，研究以钒的氧化物为主导，而对 TiO_2、Co_3O_4、WO_3 等其他氧化物的研究相对较少。尽管金属氧化物作为正极材料具有较高的放电比容量，但由于 Al^{3+} 的电荷密度大、离子半径较小 [$r(Li^+)$=0.069 nm，$r(Al^{3+})$=0.057 nm]，其嵌入/脱出阻力较大。此外，氧化物由于层间结合力较强，很难满足 Al^{3+} 的快速嵌入/脱出，从而导致氧化物电极的循环性能和倍率性能普遍较差。为了改善过渡金属氧化物正极材料的可逆性，可以采取以下措施：一是通过设计特殊的纳米结构或微/纳米组合结构减弱 Al^{3+} 与基体材料之间的静电相互作用，从而减小充放电过程中活性材料体积的膨胀/收缩，改善电化学性能；二是对氧化物进行晶体结构调控，例如在层内结构中引入金属阳离子（如 Ag^+、Cu^{2+}、Mn^{2+}、Co^{2+}、Al^{3+} 等）对钒离子进行取代，或者利用阴离子（如 F^-、S^{2-} 等）对氧离子进行取代。通过层内离子掺杂，可以提高层状钒氧化物的电子电导率，稳定其晶体结构。采用这些方法可以有效防止充放电过程中因 Al^{3+} 嵌脱而导致的结构坍塌，改善循环可逆性，并削弱电化学反应对 Al^{3+} 的静电作用，使得 Al^{3+} 在层间的脱嵌更容易发生。综上所述，通过减弱静电相互作用和晶体结构调控，可以改善铝离子电池的循环性能和倍率性能，推动其在能源存储领域的应用。

（2）金属硫化物

金属硫化物被认为是铝离子电池正极材料的有力候选者，因其具有较多活性位点、良好的导电性以及较低的电负性。金属硫化物的低电负性有助于降低库仑离子在晶格中的相互作用，从而促进离子在电极材料中的嵌入与脱出。研究显示，使用硫化物材料，如 CuS 和 SnS_2 作为正极材料时，铝离子电池展现出较高的初次充放电容量。然而，这些材料的容量衰减速度相对较快。因此，大多数硫化物材料与碳材料复合，旨在提高离子和电子的传输速率，并防止硫化物材料在电解液中溶解。这种复合设计能够有效抵抗充放电过程中由体积变化引起的电极结构破坏，从而提高电池的循环稳定性。金属硒化物也是常见的铝离子电池正极材料，相比于硫化物，硒化物材料具有更高的放电平台。与过渡金属氧化物相比，金属硫化物通常具有较低的比容量和电压。金属硫/硒化物虽具有较高的初始放电比容量，但该容量仅在前几个充放电周期中能够保持稳定，随后会快速衰减。因此，未来研究的重点是有效避免由体积变化引起的结构破坏，以延缓活性材料容量的衰减。

（3）碳基材料

在铝离子电池中，碳材料由于其低成本和良好的稳定性被广泛研究，主要包括石墨基和石墨烯基材料。石墨基材料具有层状和多孔结构，适合于 $AlCl_4^-$ 脱嵌；而石墨烯基材料具有高比表面积和优异的电子传输能力，也有助于促进 $AlCl_4^-$ 的扩散。然而，未经改性的碳材料的比容量较低，大约在 $60 \sim 120$ mA·h/g 范围内。研究者们主要通过调节碳材料的各种性质来提高其比容量，并改善倍率性能[46,48]。采用三维结构增加碳材料的比表面积、掺杂非金属元素、提高层间距、降低石墨材料的插层阶数是目前研究的有效途径，有助于有效提高碳基材料在铝离子电池中的比容量和倍率性能。

6.4.2.3　非水系铝离子电池负极

在负极方面，目前大多数研究人员都选择金属铝箔作为负极。金属铝在铝离子电池中作为负极具有显著的优点，例如安全性高、成本低、体积比容量大等。然而，金属铝负极也存在一些挑战，其中包括钝化膜生成和铝枝晶生长等。目前，对于铝金属负极的研究主要集中在金属铝表面氧化膜上。由于氧化铝具有化学惰性，氧化铝薄膜的存在可以减缓铝负极枝晶的生长，而适当减少氧化铝膜的厚度也可以改善铝负极的导电性，提升铝离子电池的电化学性能。因此，调控铝负极表面的氧化膜成为负极研究的主要方向。修饰界面和体相多孔化是优化铝负极的两种策略。首先，可以在铝金属表面涂覆保护层，如石墨烯，一方面防止铝的氧化层过厚影响反应进行，另一方面限制铝离子电池循环过程中铝枝晶的生长。其次，可以使用三维多孔金属铝，例如泡沫铝，其中的三维多孔通道有利于改善铝金属在铝离子电池中的反应动力学，降低反应的极化电位。

6.4.3 水系铝离子电池

过去几十年来，铝基储能电池的材料开发主要基于非水系电解液，从安全性、价格、是否适用于大规模应用等方面出发，近几年关于水系铝基储能电池相关材料的开发与电化学反应机理逐渐成为研究热点。目前水系铝离子电池的开发还处于起步阶段。电解质是水系铝离子电池中的重要组成部分，其制备通常使用廉价易得的铝盐。这种选择既降低了原料成本，又方便在空气环境下进行制备。水系铝离子电池的电解质主要由强酸性铝盐水溶液组成。铝在水溶液中的存在形式受溶液pH值影响，只有当pH＜2.6时，Al^{3+}才能稳定存在。目前，在水系铝离子电池中广泛应用的电解液包括$AlCl_3$、$Al(NO_3)_3$、$Al_2(SO_4)_3$、$Al(OTF)_3$等金属铝盐的水溶液。通过选择合适的铝盐以及控制溶液的酸碱性，可以实现铝离子电池正常运行时电解质所必需的离子传导和稳定性。这样的特性使得水系铝离子电池成为一种具有潜力的电化学储能技术。

在负极方面，金属铝负极具有较低的还原电位，在电化学还原过程中很可能会发生析氢副反应。而且在空气条件下，铝会瞬间形成一层非常薄（厚度约为2～10 nm）且致密的Al_2O_3薄膜。它会阻隔铝负极与电解液的接触，并降低电池电压和反应效率。可通过人工SEI策略解决上述问题。除此之外，铜铝合金、锌铝合金等合金材料也可用作水系铝离子电池负极，但是制备比较复杂，且成本较高，反应机制更为复杂。

在正极方面，适应于水系铝离子电池的正极材料应满足以下特点：主体结构稳定且不易溶解、反应过程具有良好的可逆性、较高的氧化还原电位和良好的电子/离子导电性。迄今为止，应用于水系铝离子电池的正极材料主要包括过渡金属氧化物、普鲁士蓝类似物、聚阴离子型化合物等。层状的过渡金属氧化物是重要的多价离子电池正极材料。以β相二氧化钒（VO_2-β）为正极材料的水系铝离子电池为例，在酸性铝盐水溶液电解液中，Al^{3+}会发生水解反应，生成H^+。在放电过程中，H^+和Al^{3+}会共同嵌入到VO_2-B的隧道结构中。在随后的充电过程中，H^+和Al^{3+}从VO_2-B中可逆地脱出。但对于不同的材料，其反应机理还不是十分明确。通过原位电化学转化，将水分子和Al^{3+}引入尖晶石结构Mn_3O_4中，使Mn_3O_4转化

为层状 $Al_xMnO_2 \cdot nH_2O$ 正极材料。$Al_xMnO_2 \cdot nH_2O$ 分子中的结晶水屏蔽了 Al^{3+} 与主体材料之间的静电相互作用，从而实现了可逆的三价反应。此外，在水系电解液中，$TiO_2^{[49]}$、$V_2O_5^{[50]}$ 等正极材料也可以实现 Al^{3+} 的可逆脱嵌。然而过渡金属氧化物内的原子与 Al^{3+} 之间具有很强的静电相互作用，使 Al^{3+} 在正极材料结构中移动缓慢，这很容易引起电极材料的体积变化和结构坍塌，因此过渡金属氧化物的结构和性能优化需要进一步深究。普鲁士蓝类似物是具有较大间隙位点的三维开放框架结构材料，这种具有大间隙空间的晶体都可以实现客体离子的快速插入。$K_2CoFe(CN)_6$ 正极材料具有高度堆叠结构，在一定程度上减少了离子的传输距离，加速了离子的传输速率，提高了电化学活性[51]。但其比容量较低，仍有很大的改进空间。除上述正极材料外，以超薄石墨纳米片为正极材料时，水系铝离子电池表现出良好的倍率性能和稳定性[52]。研究发现，Al^{3+} 也可以成功嵌入到聚阴离子型正极材料 $Na_3V_2(PO_4)_3$ 骨架中，但是倍率性能很差，原因可能是 Al^{3+} 的嵌入和脱出动力学缓慢，导致在高倍率下材料结构容易塌陷[53]。

参考文献

[1] Chen X, Zhang H, Liu J H, et al. Vanadium-based cathodes for aqueous zinc-ion batteries: Mechanism, design strategies and challenges[J]. Energy Storage Materials, 2022, 50: 21-46.

[2] Xu C, Li B, Du H, et al. Energetic zinc ion chemistry: The rechargeable zinc ion battery[J]. Angewandte Chemie International Edition, 2012, 51(4): 933-935.

[3] Wang F, Borodin O, Gao T, et al. Highly reversible zinc metal anode for aqueous batteries[J]. Nature Materials, 2018, 17(6): 543-549.

[4] Pan H, Shao Y, Yan P, et al. Reversible aqueous zinc/manganese oxide energy storage from conversion reactions[J]. Nature Energy, 2016, 1(5): 1-7.

[5] Tang B, Shan L, Liang S, et al. Issues and opportunities facing aqueous zinc-ion batteries[J]. Energy & Environmental Science, 2019, 12(11): 3288-3304.

[6] Xia C, Guo J, Li P, et al. Highly stable aqueous zinc-ion storage using a layered calcium vanadium oxide bronze cathode[J]. Angewandte Chemie, 2018, 130(15): 4007-4012.

[7] Zhang Y, Wan F, Huang S, et al. A chemically self-charging aqueous zinc-ion battery[J]. Nature Communications, 2020, 11(1): 2199.

[8] Kundu D, Adams B D, Duffort V, et al. A high-capacity and long-life aqueous rechargeable zinc battery using a metal oxide intercalation cathode[J]. Nature Energy, 2016, 1(10): 1-8.

[9] Du W, Ang E H, Yang Y, et al. Challenges in the material and structural design of zinc anode towards high-performance aqueous zinc-ion batteries[J]. Energy & Environmental Science, 2020, 13(10): 3330-3360.

[10] Zheng J, Zhao Q, Tang T, et al. Reversible epitaxial electrodeposition of metals in battery anodes[J]. Science, 2019, 366(6465): 645-648.

[11] Parker J F, Chervin C N, Pala I R, et al. Rechargeable nickel-3D zinc batteries: An energy-dense, safer alternative to lithium-ion[J]. Science, 2017, 356(6336): 415-418.

[12] Aurbach D, Lu Z, Schechter A, et al. Prototype systems for rechargeable magnesium batteries[J]. Nature, 2000, 407(6805): 724-727.

[13] Mohtadi R, Matsui M, Arthur T S, et al. Magnesium borohydride: From hydrogen storage to magnesium battery[J]. Angewandte Chemie, 2012, 124(39): 9918-9921.

[14] Tutusaus O, Mohtadi R, Arthur T S, et al. An efficient halogen-free electrolyte for use in rechargeable magnesium batteries[J]. Angewandte Chemie, 2015, 127(27): 8011-8015.

[15] Huie M M, Bock D C, Takeuchi E S, et al. Cathode materials for magnesium and magnesium-ion based batteries[J]. Coordination Chemistry Reviews, 2015, 287: 15-27.

[16] Liang Y, Feng R, Yang S, et al. Rechargeable Mg batteries with graphene-like MoS_2 cathode and ultrasmall Mg nanoparticle anode[J]. Advanced Materials, 2011, 23(5): 640-643.

[17] Dey S, Lee J, Britto S, et al. Exploring cation-anion redox processes in one-dimensional linear chain vanadium tetrasulfide rechargeable magnesium ion cathodes[J]. Journal of the American Chemical Society, 2020, 142(46): 19588-19601.

[18] Yoo H D, Liang Y, Dong H, et al. Fast kinetics of magnesium monochloride cations in interlayer-expanded titanium disulfide for magnesium rechargeable batteries[J]. Nature Communications, 2017, 8(1): 339.

[19] Zhou L, Liu Q, Zhang Z, et al. Interlayer-spacing-regulated $VOPO_4$ nanosheets with fast kinetics for high-capacity and durable rechargeable magnesium batteries[J]. Advanced Materials, 2018, 30(32): 1801984.

[20] Hou S, Ji X, Gaskell K, et al. Solvation sheath reorganization enables divalent metal batteries with fast interfacial charge transfer kinetics[J]. Science, 2021, 374(6564): 172-178.

[21] Koketsu T, Ma J, Morgan B J, et al. Reversible magnesium and aluminium ions insertion in cation-deficient anatase TiO_2[J]. Nature Materials, 2017, 16(11): 1142-1148.

[22] Dong H, Liang Y, Tutusaus O, et al. Directing Mg-storage chemistry in organic polymers toward high-energy Mg batteries[J]. Joule, 2019, 3(3): 782-793.

[23] Dong H, Tutusaus O, Liang Y, et al. High-power Mg batteries enabled by heterogeneous enolization redox chemistry and weakly coordinating electrolytes[J]. Nature Energy, 2020, 5(12): 1043-1050.

[24] Pan B, Huang J, Feng Z, et al. Polyanthraquinone-based organic cathode for high-performance rechargeable magnesium-ion batteries[J]. Advanced Energy Materials, 2016, 6(14): 1600140.

[25] Son S B, Gao T, Harvey S P, et al. An artificial interphase enables reversible magnesium chemistry in carbonate electrolytes[J]. Nature Chemistry, 2018, 10(5): 532-539.

[26] Li B, Masse R, Liu C, et al. Kinetic surface control for improved magnesium-electrolyte interfaces for magnesium ion batteries[J]. Energy Storage Materials, 2019, 22: 96-104.

[27] Er D, Detsi E, Kumar H, et al. Defective graphene and graphene allotropes as high-

capacity anode materials for Mg ion batteries[J]. ACS Energy Letters, 2016, 1(3): 638-645.

[28] Fu Q, Wu X, Luo X, et al. High-voltage aqueous Mg-ion batteries enabled by solvation structure reorganization[J]. Advanced Functional Materials, 2022, 32(16): 2110674.

[29] Tang Y, Li X, Lv H, et al. High-energy aqueous magnesium hybrid full batteries enabled by carrier-hosting potential compensation[J]. Angewandte Chemie, 2021, 133(10): 5503-5512.

[30] Arroyo-De Dompablo M E, Ponrouch A, Johansson P, et al. Achievements, challenges, and prospects of calcium batteries[J]. Chemical Reviews, 2019, 120(14): 6331-6357.

[31] Deng X, Li L, Zhang G, et al. Anode chemistry in calcium ion batteries: A review[J]. Energy Storage Materials, 2022, 53: 467-481.

[32] Padigi P, Goncher G, Evans D, et al. Potassium barium hexacyanoferrate-A potential cathode material for rechargeable calcium ion batteries[J]. Journal of Power Sources, 2015, 273: 460-464.

[33] Arroyo-De Dompablo M E, Krich C, Nava-Avendaño J, et al. In quest of cathode materials for Ca ion batteries: the $CaMO_3$ perovskites (M= Mo, Cr, Mn, Fe, Co, and Ni)[J]. Physical Chemistry Chemical Physics, 2016, 18(29): 19966-19972.

[34] Saboya F J, Davoisne C, Dedryvère R, et al. Understanding the nature of the passivation layer enabling reversible calcium plating[J]. Energy & Environmental Science, 2020, 13(10): 3423-3431.

[35] Ponrouch A, Frontera C, Bardé F, et al. Towards a calcium-based rechargeable battery[J]. Nature Materials, 2016, 15(2): 169-172.

[36] Wang D, Gao X, Chen Y, et al. Plating and stripping calcium in an organic electrolyte[J]. Nature Materials, 2018, 17(1): 16-20.

[37] Gummow R J, Vamvounis G, Kannan M B, et al. Calcium-ion batteries: Current state-of-the-art and future perspectives[J]. Advanced Materials, 2018, 30(39): 1801702.

[38] Yao Z, Hegde V I, Aspuru-Guzik A, et al. Discovery of calcium-metal alloy anodes for reversible Ca-ion batteries[J]. Advanced Energy Materials, 2019, 9(9): 1802994.

[39] Wang M, Jiang C, Zhang S, et al. Reversible calcium alloying enables a practical room-temperature rechargeable calcium-ion battery with a high discharge voltage[J]. Nature Chemistry, 2018, 10(6): 667-672.

[40] Park J, Xu Z L, Yoon G, et al. Stable and high-power calcium-ion batteries enabled by calcium intercalation into graphite[J]. Advanced Materials, 2020, 32(4): 1904411.

[41] Li L, Zhang G, Deng X, et al. A covalent organic framework for high-rate aqueous calcium-ion batteries[J]. Journal of Materials Chemistry A, 2022, 10(39): 20827-20836.

[42] Rodríguez-Pérez I A, Yuan Y, Bommier C, et al. Mg-ion battery electrode: An organic solid's herringbone structure squeezed upon Mg-ion insertion[J]. Journal of the American Chemical Society, 2017, 139(37): 13031-13037.

[43] Han C, Li H, Li Y, et al. Proton-assisted calcium-ion storage in aromatic organic molecular crystal with coplanar stacked structure[J]. Nature Communications, 2021, 12(1): 2400.

[44] Li J, Han C, Ou X, et al. Concentrated electrolyte for high-performance Ca-ion battery based on organic anode and graphite cathode[J]. Angewandte Chemie, 2022, 134(14):

e202116668.

[45] Gheytani S, Liang Y, Wu F, et al. An aqueous Ca-ion battery[J]. Advanced Science, 2017, 4(12): 1700465.

[46] Lin M C, Gong M, Lu B, et al. An ultrafast rechargeable aluminium-ion battery[J]. Nature, 2015, 520(7547): 324-328.

[47] Park Y, Lee D, Kim J, et al. Fast charging with high capacity for aluminum rechargeable batteries using organic additive in an ionic liquid electrolyte[J]. Physical Chemistry Chemical Physics, 2020, 22(47): 27525-27528.

[48] Wang D Y, Wei C Y, Lin M C, et al. Advanced rechargeable aluminium ion battery with a high-quality natural graphite cathode[J]. Nature Communications, 2017, 8(1): 14283.

[49] Liu S, Hu J, Yan N, et al. Aluminum storage behavior of anatase TiO_2 nanotube arrays in aqueous solution for aluminum ion batteries[J]. Energy & Environmental Science, 2012, 5(12): 9743-9746.

[50] Wu C, Gu S, Zhang Q, et al. Electrochemically activated spinel manganese oxide for rechargeable aqueous aluminum battery[J]. Nature Communications, 2019, 10(1): 73.

[51] Ru Y, Zheng S, Xue H, et al. Potassium cobalt hexacyanoferrate nanocubic assemblies for high-performance aqueous aluminum ion batteries[J]. Chemical Engineering Journal, 2020, 382: 122853.

[52] Wang F, Yu F, Wang X, et al. Aqueous rechargeable zinc/aluminum ion battery with good cycling performance[J]. ACS Applied Materials & Interfaces, 2016, 8(14): 9022-9029.

[53] Nacimiento F, Cabello M, Alcántara R, et al. NASICON-type $Na_3V_2(PO_4)_3$ as a new positive electrode material for rechargeable aluminium battery[J]. Electrochimica Acta, 2018, 260: 798-804.

第 7 章

钠离子电池和钾离子电池

钠离子电池和钾离子电池在能源存储和应用上各具特色和优势。它们均为可充电电池，具有长循环寿命和高能量密度。这两种电池通过离子在正负极之间的迁移来储存和释放能量，因此能量转化效率高。钠的离子半径相比钾离子小，能够利用较小的离子嵌入空间电极材料实现高能量密度和功率输出，适合电动汽车和大规模能源存储。相比之下，K^+ 因半径较大，需要更大的离子嵌入空间电极材料来容纳 K^+ 迁移，因此体积和重量较大，但在可穿戴设备和移动电源领域有潜力。目前，钠离子电池的研究较为成熟，已有商业化产品，而钾离子电池仍处于实验室阶段，需要进一步技术突破和商业化推广。随着技术的进步，这两种电池技术有望在未来的能源领域发挥重要作用。

7.1 钠离子电池

7.1.1 钠离子电池的发展历史

钠离子电池是一种新兴的可再充电电池技术，其起源可以追溯到20世纪60年代。然而，由于锂离子电池的迅速商业化和锂金属资源的广泛应用，钠离子电池在开始阶段并未得到广泛发展。近年来，随着能源需求的增长和锂电池价格上涨，钠离子电池再次成为人们关注的焦点，被认为是潜在的替代技术。其高能量密度和长循环寿命使其在能源存储领域具备显著的优势。随着全球能源需求的持续增长，钠离子电池技术有望在未来，特别是在大规模能源存储和电动汽车应用中，扮演重要角色。

最初，Warburg 在1884年发现了玻璃对 Na^+ 的离子导电性[1]。20世纪60年代，Yao 和 Kummer[2] 发现了 Na^+ 在 β-Al_2O_3 熔融盐中与一价和二价的离子发生了大量的交换。这一发现在福特公司开发的电动汽车钠硫电池中得到了应用，这种电池是通过将装有金属钠的 β-Al_2O_3 管插入另一个含有液态硫的 β-Al_2O_3 管中实现的。在 β-Al_2O_3 被发现可以作为钠硫电池的电解质之后，人们开始优化这种材料和电池，并掀起了寻找离子导电性更好的电解质的热潮，所有具有隧道结构和层状结构的材料都被纳入到考虑范围内。1976年 Goodenough 等[3] 通过实验探索了用于 Na^+ 快速传输的骨架结构，发现了 $Na_{1+x}Zr_2P_{3-x}Si_xO_{12}$ 材料，在 $NaZr_2P_3O_{12}$ 的结构中每个 Zr^{4+} 八面体和四面体共享六个角，另一个四面体与八面体共享四个角，其晶体结构如图7.1所示。该结构形成了连通的三维间隙空间，为 Na^+ 的传输提供了通道。为了提高结构中与 Na^+ 结合的位点数量，用硅酸盐取代部分磷酸基团，这种材料在200 ℃时的离子电导率接近 β-Al_2O_3，但其性能并没有超过 β-Al_2O_3。由于锂与钠的相似性，该类材料被扩展到锂离子电池中，并且锂离子电池开始了迅速的发展和商业化，而钠离子电池由于电极材料和电解液设计更为复杂，因此钠离子电池的研究在很长一段时间内停滞不前。

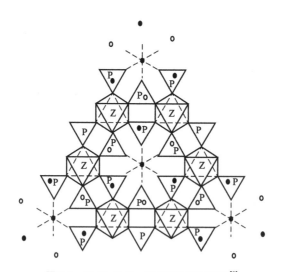

图 7.1 $NaZr_2P_3O_{12}$ 的晶体结构示意图 [3]

随着锂离子电池的迅速发展，大多数研究都集中于富锂相正极材料、硅负极材料、锂硫电池和锂空气电池，几乎所有可能成为电极的材料都被测试过，锂离子电池的发展放缓，想要构建新的锂离子电池材料体系是非常困难的事情，钠离子电池逐渐重回研究者的视野。与此同时，由于电池产量的快速增长和电动汽车的出现，人们对全球锂资源储量的担忧加剧，电动汽车需要高比容量的电池，对可再生能源系统的快速发展有着特殊的需求，这也有助于研究人员探索锂以外元素的新领域。从 21 世纪初开始，参与钠离子电池研究的实验室数量不断增加，与钠离子电池相关的论文数量也迅速增长。2011 年，法国国家科学研究中心（CNRS）的科学家取得了重要突破，他们发现了一种新型电解液，可以显著提高 Na^+ 在电解液中的迁移速度，从而提高了钠离子电池的充放电效率和循环寿命。2015 年，美国斯坦福大学的研究人员进一步改进了钠离子电池的正极材料，用钒氧化物替代了传统的钛酸钠，大大提高了电池的能量密度和循环寿命。近年来，随着对可再生能源需求的不断增加，钠离子电池的研究和开发进入了快速发展阶段。许多国际知名企业和科研机构正积极投入钠离子电池的研究和商业化应用中，期望实现更高的能量密度、更长的循环寿命和更低的成本。总体而言，钠离子电池的发展经历了几十年的研究和探索，目前正处于快速发展阶段，有望成为未来能源存储领域的重要技术之一。

7.1.2　钠离子电池的组成及工作原理

钠离子电池由正极、负极、电解质和隔膜组成，还包括集流体和电池壳等附属部件。钠离子电池的结构如图 7.2 所示。

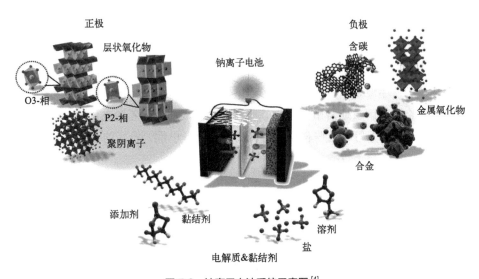

图 7.2　钠离子电池系统示意图[4]

① 正极材料。正极材料是钠离子电池中的关键组成部分，也是研究钠离子电池的重要领域之一。在充放电过程中，正极材料需要经历 Na^+ 的脱嵌过程，因

此必须维持材料的结构稳定性和可逆性，以确保钠离子电池的循环稳定性。这就要求正极材料必须具备较高的充放电电势和结构稳定性，并具备快速传输Na^+的能力。

② 负极材料。负极材料为钠离子电池中的电化学反应提供低电位的氧化还原电子对。为了提高电池的性能，负极材料需要有效提升Na^+的扩散速率和充放电容量。此外，在反应过程中，负极材料还需保持良好的结构稳定性。

③ 电解质。钠离子电池的电解质是电池内部用于传递Na^+的关键组分，它可以是溶液态或固态材料。在充放电过程中，电解质发挥着至关重要的作用，即将Na^+从正极传递到负极，或从负极传递到正极。根据形态不同，钠离子电池的电解质可分为液态电解质和固体电解质两大类。

a. 液态电解质。液态电解质是钠离子电池中最常见的电解质类型。它通常由溶解在有机溶剂中的钠盐组成，常用的有机溶剂包括碳酸酯、聚碳酸酯、醚类和酮类等。常用的钠盐有氟硼酸钠（$NaBF_4$）、六氟磷酸钠（$NaPF_6$）和四氟硼酸钠[$NaB(CF_3)_4$]等。液态电解质具有较高的离子导电性和优良的Na^+传输能力，从而能够实现较高的电池性能。然而，它们也存在挥发性、燃烧性和腐蚀性等问题，这些因素限制了钠离子电池的安全性和稳定性。

b. 固体电解质。为了解决液态电解质的安全性和稳定性问题，研究人员开始开发固体电解质。固体电解质是指以固体材料形式存在的电解质，可大致分为无机固体电解质、有机固体电解质和聚合物电解质三种类型。无机固体电解质包括氧化物、磷酸盐和硫化物等，这些材料具有较高的离子导电性和较好的化学稳定性。常用的无机固体电解质材料有氧化钠（Na_2O）、氧化锆（ZrO_2）和硫化钠（Na_2S）等。然而，这些材料的离子传输速度较慢，限制了电池的功率密度。有机固体电解质主要是指具有较高离子导电性的有机材料，如聚合物电解质和有机盐等。聚合物电解质通常由聚合物基质和钠盐组成，如聚乙烯氧化物（PEO）和聚丙烯腈（PAN）等。这些材料具有较高的离子导电性、较好的机械柔韧性和较低的熔点，但其离子传输速度较慢，需要进一步优化。

④ 隔膜。钠离子电池的隔膜，与锂离子电池的隔膜在结构和功能上颇为相似，都是位于正极和负极之间的一层关键薄膜。它的主要作用是隔离正负极之间的电荷和离子，从而防止短路和电池内部不必要的反应，扮演着保障安全和优化性能的重要角色。钠离子电池的隔膜需具备以下几个核心特性。

a.离子传输能力。与锂离子电池隔膜类似，钠离子电池的隔膜也应拥有较高的离子传输速率，确保Na^+能够快速且有效地穿过隔膜，从而实现电池的高功率密度充放电。同时，隔膜应保持较低的电阻，以减小电池的内阻，提升整体性能。

b.电荷隔离能力。隔膜必须具备良好的电荷隔离效果，防止正负极材料直接接触，避免电池短路和损坏。

　　c.化学稳定性。在电池的工作环境下，隔膜需要保持长期的化学稳定性，不被电池中的活性物质损坏或溶解。

　　d.机械强度。为了承受电池充放电过程中的各种应力和变形，隔膜必须具备足够的机械强度，以保持其结构的完整性和功能正常。

　　目前，商用钠离子电池的隔膜主要有聚合物隔膜和陶瓷隔膜两种类型。聚合物隔膜因其良好的离子传输能力和化学稳定性而得到广泛应用，其材质和特性与锂离子电池中的聚合物隔膜相似。而陶瓷隔膜则以其高化学稳定性和机械强度著称，但离子传输速率相对较慢，这在一定程度上限制了电池的功率密度。

7.1.3　钠离子电池的正极材料

　　钠离子电池的正极材料是决定电池性能的关键因素之一，直接影响电池的能量密度、功率密度和循环寿命。不同类型的正极材料具有各自独特的优缺点，主要包括过渡金属氧化物、聚阴离子类、普鲁士蓝类和有机物类。这些材料的选择和优化对于提升钠离子电池的整体性能具有重要意义。

7.1.3.1　过渡金属氧化物正极（Na_xMO_2）

（1）层状过渡金属氧化物

　　过渡金属氧化物是钠离子电池中最重要的一类正极材料，特别是层状过渡金属氧化物。在商业化的高能量密度锂离子电池中已占据主导地位，这也表明了其在钠离子电池中的潜力。尽管钠离子电池和锂离子电池在电极材料的选择上有相似之处，但由于 Na^+ 的尺寸较大，相比于 Li^+，导致了结构上的细微差异。例如，Na^+ 无法完全占据四面体位置，这会影响到材料的电化学性能。层状过渡金属氧化物可以根据氧原子层的堆叠方式分为几种不同的晶型，包括 P2 型、O2 型、P3型和 O3 型，如图 7.3 所示。每种晶型都有其独特的结构特征和电化学性能。例如，在 P2 型氧化物中，氧原子按照 ABBAABBA 的方式堆叠，而 Na^+ 则位于 Na 层的三棱柱位置 [图 7.3(a)]。这种结构具有较高的电导率和较好的结构稳定性，适用于高功率密度的钠离子电池。而在 O3 型氧化物中，氧原子以 ABCABC 的方式紧密堆积，Na^+ 和过渡金属离子分别位于 Na 层和 M 层的八面体位置 [图 7.3(c)]。O3型材料通常具有较高的能量密度，适合于高能量钠离子电池的应用[5,6]。

　　钴酸钠（Na_xCoO_2）是第一个被研究的层状过渡金属氧化物材料，起源于锂离子电池中的 Li_xCoO_2。然而，由于 Na^+ 半径较大，Na_xCoO_2 的充放电性能不尽如

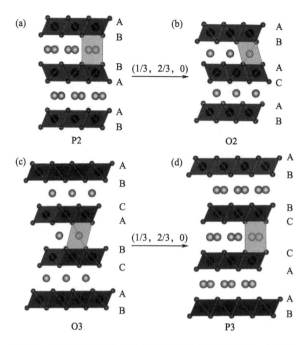

图7.3 P2型、O2型、P3型和O3型层状过渡金属氧化物的晶体结构示意图[6]

人意，其可逆容量仅为70～100 mA·h/g [7]。相比之下，锰酸钠（Na$_x$MnO$_2$）显示出更强的竞争力，其理论容量高达243 mA·h/g，且锰的成本低。此外，锰酸钠除了O3相和P2相，还存在O2相和水钠石相结构，这些结构均表现出优异的电化学活性。铁酸钠（NaFeO$_2$）则是另一种低成本的正极材料，由于铁资源丰富，且Fe^{3+}/Fe^{4+}氧化还原对具有较高的电化学活性[8]。NaFeO$_2$的电化学性能和截止电压密切相关。在截止电压低于3.4V时，NaFeO$_2$能提供80～100 mA·h/g的可逆容量；但当充电电压超过3.5V时，由于不可逆的结构变化，其可逆容量显著下降。此外，还有NaCrO$_2$、NaNiO$_2$和NaV$_x$O$_y$等材料被研究，其中NaCrO$_2$基于Cr^{6+}/Cr^{3+}的氧化还原反应，表现出优于其他材料的电化学性能，其可逆容量为120 mA·h/g，电压范围为2.0～3.6 V，50次循环后容量保持率高达83%[9]。

为提升电化学性能，可以通过制备多种金属氧化物来发挥不同金属的协同作用。例如，O3-NaNi$_{0.5}$Mn$_{0.5}$O$_2$由活性Ni^{2+}和非活性Mn^{4+}组成[10]，既提高了可逆容量，又改善了循环稳定性，其在2.2～3.8 V的电压范围内容量为125 mA·h/g，50次循环后容量保持率为75%。适当的Fe取代有助于抑制由于M层中的八面体位点迁移至Na层中的四面体或八面体位点引起的膨胀，从而提高材料的循环性能[11]，例如，Na(Ni$_{0.4}$Mn$_{0.4}$Fe$_{0.2}$)O$_2$在2.0～4.0 V范围内提供了131 mA·h/g的初始放电容量，并在30次循环后保持了95%的容量[12]。Na(Ni$_{0.25}$Mn$_{0.25}$Fe$_{0.5}$)O$_2$在0.1C和

10C下，在2.1～3.9 V范围内表现出140 mA·h/g的可逆容量，50次循环后容量保持率为90.4%[13]。此外，由于各种金属离子的协同作用，Co取代对Na(Ni$_{0.5}$Mn$_{0.5}$)O$_2$的电化学性能也有积极影响，Na(Ni$_{1/3}$Mn$_{1/3}$Co$_{1/3}$)O$_2$在2.0～3.75V范围内表现出120 mA·h/g的可逆容量。P2-Na$_{2/3}$(Fe$_{1/2}$Mn$_{1/2}$)O$_2$由于其基于Fe^{4+}/Fe^{3+}氧化还原对的电化学活性，在1.5～4.3V范围内提供190 mA·h/g的可逆容量，但其循环性能较差，在30个循环后容量衰减了20%。此外，还有许多新型多金属氧化物正在用于高性能钠离子电池中，如Na$_{2/3}$(Ni$_{2/3}$Mn$_{1/3}$)O$_2$、Na(Ni$_{2/3}$Sb$_{1/3}$)O$_2$和Na$_{0.6}$(Cr$_{0.6}$Ti$_{0.4}$)O$_2$等。

（2）隧道过渡金属氧化物

隧道Na$_x$MO$_2$晶体具有正交结构，其中所有的M^{4+}和一半的M^{3+}占据八面体位置（MO$_6$），而其余的M^{3+}则位于方形金字塔位置（MO$_5$）。这些MO$_5$单元通过边缘共享连接，形成三重链和双八面体链，构建出大的S形隧道（半填充）和小的隧道（填充）。这种隧道结构使得Na$^+$主要沿c轴方向扩散[14]。以Na$_{0.44}$MnO$_2$为例，通过固相法制备的Na$_{0.44}$MnO$_2$颗粒因极化效应表现出较低的可逆容量（在0.1C下约为80 mA·h/g）和较差的循环寿命（50次循环后容量保持率仅为50%）[14]。优化合成方法和材料形态可以显著提升电化学性能。Hosono等[15]通过水热法制备的单晶Na$_{0.44}$MnO$_2$纳米线在0.42 C下可实现115 mA·h/g的可逆容量，在8.3 C下仍能保持103 mA·h/g的可逆容量，显示出良好的循环稳定性。采用反相微乳液法合成的Na$_{0.44}$MnO$_2$单晶纳米棒在电流密度为100 mA/g时具有85.14 mA·h/g的可逆容量，50次循环后容量保持率达到94.4%[16]。此外，还有一种隧道形过渡金属氧化物Na$_{0.61}$Ti$_{0.48}$Mn$_{0.52}$O$_2$，其可逆容量为86 mA·h/g，平均电位为2.9 V[17]。

7.1.3.2　聚阴离子化合物

聚阴离子化合物由于其结构多样性、稳定性以及阴离子的强诱导作用，被广泛应用于钠离子电池的正极材料。它们通常具有较高的工作电位和优异的循环性能。目前，常报道的聚阴离子化合物主要包括磷酸盐[NaFePO$_4$和Na$_3$V$_2$(PO$_4$)$_3$]、焦磷酸盐[Na$_2$MP$_2$O$_7$和Na$_4$M$_3$(PO$_4$)$_2$P$_2$O$_7$]、氟磷酸盐[Na$_2$MPO$_4$F，Na$_3$(VO$_x$)$_2$(PO$_4$)$_2$F$_{3-2x}$（M=Fe、Co、Mn）]和硫酸盐[Na$_2$Fe$_2$(SO$_4$)$_3$、Na$_2$Fe(SO$_4$)$_2$·2H$_2$O]。图7.4展示了几种代表性的聚阴离子正极材料的晶体结构[18]。

（1）磷酸盐

在锂离子电池中，LiFePO$_4$是代表性的磷酸盐正极材料。然而，对于钠离子电池，NaFePO$_4$由于缺乏有效的阳离子传输通道，通常被认为是电化学无效正极材料。不过，纳米尺寸的NaFePO$_4$颗粒可以通过无定形相的结构转变来提高Na$^+$的

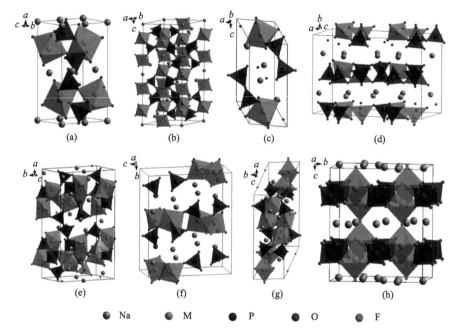

图 7.4 (a) 橄榄石 NaMPO$_4$；(b)NASICON Na$_3$V$_2$(PO$_4$)$_3$；(c) 三斜晶系 Na$_2$MP$_2$O$_7$；
(d) 正交晶系 Na$_2$MP$_2$O$_7$；(e) 正交晶系 Na$_4$M$_3$(PO$_4$)$_2$P$_2$O$_7$；(f) 正交晶系 Na$_2$MPO$_4$F；
(g) 单斜晶系 Na$_2$MPO$_4$F 和 (h) 四方晶系 Na$_3$M$_2$(PO$_4$)$_2$F$_3$（M 表示过渡金属）的晶体结构 [18]

迁移率。例如，50 nm 的 NaFePO$_4$ 颗粒在 1.5～4.5 V 的电压范围内具有 142 mA·h/g 的可逆容量，经过 200 次循环后的容量保持率为 95%。NASICON 型 Na$_3$V$_2$(PO$_4$)$_3$ 被广泛认为是一种有前景的正极材料，因为它提供了在 3.4 V 电压下可逆的 V^{4+}/V^{3+} 氧化还原反应及良好的离子扩散通道。然而，早期的研究表明，它的电化学性能并不理想[19]。通过碳载体、涂层或包覆的方法，可以显著改善 Na$_3$V$_2$(PO$_4$)$_3$ 的电化学性能，因为碳促进了材料的反应动力学。例如，嵌入多孔碳基体中的 Na$_3$V$_2$(PO$_4$)$_3$ 在 100 C 下表现出 74 mA·h/g 的高容量，并在 1000 次循环后保持了 70% 的容量[20]。此外，通过阳离子取代的方法也能提升 Na$_3$V$_2$(PO$_4$)$_3$ 的电化学性能，如 Na$_3$V$_{2-x}$Fe$_x$(PO$_4$)$_3$/C 和 Na$_3$V$_{2-x}$Mg$_x$(PO$_4$)$_3$/C 等材料均表现出较好的电化学性能。

（2）焦磷酸盐

焦磷酸盐 Na$_2$MP$_2$O$_7$（M=Fe、Mn、Co）因其结构多样性、稳定性以及良好的 Na$^+$ 迁移率，成为钠离子电池中具有吸引力的正极材料[21]。根据过渡金属的类型和合成条件，Na$_2$MP$_2$O$_7$ 可以结晶为不同的多晶型，如三斜、斜方和四方结构。对于 Na$_2$FeP$_2$O$_7$ 和 Na$_2$MnP$_2$O$_7$，三斜相是热力学最稳定的相，而对于 Na$_2$CoP$_2$O$_7$，正交相最容易获得，这类材料的容量在 80～90 mA·h/g 之间。Na$_4$M$_3$(PO$_4$)$_2$P$_2$O$_7$

（M=Co，Fe）是一个包含混合磷酸盐和焦磷酸盐基团的多阴离子化合物家族。具有代表性的 $Na_4Co_3(PO_4)_2P_2O_7$ 晶体具有正交结构（Pn2$_1$a 空间群），其 CoO_6 八面体、PO_4 四面体和 P_2O_7 二磷酸盐的多面体连接，沿着三个主要结晶方向（100）、（010）和（001）形成大隧道[22]，该材料展现出优异的循环寿命。

（3）氟磷酸盐

正交的 Na_2FePO_4F 和 Na_2CoPO_4F 是氟磷酸盐（Na_2MPO_4F）家族的两个重要成员，其结构特征包括 Na 位点的 [6+1] 伪八面几何结构和 M 八面体的面共享二聚体，允许在 a-c 平面中进行二维的 Na^+ 迁移。经过碳包覆后，这些材料的容量可达到 100 mA·h/g。微/纳结构的 Na_2MnPO_4F/C 复合材料在 1.5～4.5 V 的电压范围内可提供 120.7 mA·h/g 的可逆容量，性能的提高主要归因于纳米颗粒、介孔结构和碳包覆[23]。在 $Na_3(VO_x)_2(PO_4)_2F_{3-2x}$（$0 \leq x \leq 1$）类材料中，$Na_3V_2(PO_4)_2F_3$ 由 $[V_2O_8F_3]$ 双八面体和 $[PO_4]$ 四面体组成。这些双八面体和 PO_4 四面体的氧共享形成沿着 a 和 b 方向的隧道，Na^+ 位于这些隧道位置[24]。在从 2.0 V 充电到 4.5 V 的过程中，该材料在 3.7 V 和 4.2 V 出现两个充电平台，这两个平台被认为是 V^{4+}/V^{3+} 的两步电化学反应。

（4）硫酸盐

除了上述聚阴离子化合物外，某些硫酸盐也被认为是钠离子电池潜在的正极材料，如铝石型 $Na_2Fe_2(SO_4)_3$ 和 krőhnkite 型 $Na_2Fe(SO_4)_2·2H_2O$。$Na_2Fe_2(SO_4)_3$ 提供了超过 100 mA·h/g 的可逆容量，平均工作电位为 3.8 V（vs. Na^+/Na）。此外，在没有额外优化的情况下，该材料表现出良好的倍率性能和循环稳定性。相比之下，$Na_2Fe(SO_4)_2·2H_2O$ 具有准层状单斜结构，提供了回旋的 Na^+ 扩散通道，并允许 Na^+ 可逆脱嵌。由于分子量大，该化合物的放电容量较低，只有 70 mA·h/g，平均工作电位为 3.25 V[25,26]。

7.1.3.3　普鲁士蓝类似物（PBAs）

近些年，PBAs 因其优良的电化学性能和相对低廉的造价，在电池领域引起了广泛关注。PBAs 是金属铁氰化合物的统称，其化学式可表示为 $A_xM[M'(CN)_6]_y·zH_2O$，其中 A 代表碱金属离子，M（或 M'）代表过渡金属离子（例如 Ni，Fe，Mn），x 的值取决于 M 和 Fe 在 $M[Fe(CN)_6]$ 中的化合价。在 M 和 M' 处，过渡金属离子分别与氰基（CN）的氮和碳配位，形成桥连结构。PBAs 的每个晶胞有 8 个亚晶胞，含有 8 个可用的间隙位点，丰富的开放通道和间隙位置可容纳中性分子和过渡金属离子。PBAs 的开放框架能够实现离子的快速脱嵌和扩散，从而提供优异的储能性能。当碱金属离子嵌入PBAs中时，其框架依然保持电中性。水分子也可以进入PBAs晶体的间隙部位，虽然不会明显改变晶体结构，但会影响其电化学性能。在各类PBAs中，六氰铁酸盐（即M′为Fe）最受关注，主要由于其较高的氧化还原电位、低成本前驱体和环境友好的合成路线[27, 28]。PBAs具有典型的面心立方结构，空间群为Fm$_3$m，其中MN$_6$和FeC$_6$由氰化物配体交替连接，形成包含开放离子通道和宽敞间隙位点的独特三维刚性结构，如图7.5所示[36]，这种结构可以容纳半径比较大的Na$^+$、K$^+$和结晶水分子。PBAs结构中M和Fe均为电化学活性，可以实现两电子转移反应。当Li$^+$、Na$^+$、K$^+$嵌入A$_2$M[Fe(CN)$_6$]晶格时，分别对应190 mA·h/g、170 mA·h/g和155 mA·h/g的理论容量。

研究表明，这些普鲁士蓝类材料在Ag/AgCl参比电极的可充电水系电池中表现出良好的循环稳定性和倍率性能[29,30]。开放的M[M′(CN)$_6$]骨架可以容纳多于或少于一个Na$^+$，同时金属离子价态可以降低或增加，从而形成Na$_x$M[M′(CN)$_6$]（0 ≤ x ≤ 2）系列材料。具体而言，Na$_{1.32}$Mn[Fe(CN)$_6$]$_{0.83}$·3.5H$_2$O表现出109 mA·h/g的可逆容量，工作电压为3.4 V，并且在充放电过程中没有发生任何结构转变[31]。Na$_{1.72}$Mn[Fe(CN)$_6$]的可逆容量为134 mA·h/g，工作电位为3.4 V[32]。Na$_{1.6}$Co[Fe(CN)$_6$]$_{0.902}$·9H$_2$O的容量为135 mA·h/g，平均工作电位为3.6 V[33]。单晶Fe[Fe(CN)$_6$]纳米颗粒的容量为120 mA·h/g，并在500次循环中保持87%的容量[34]。Na$_2$Mn[Mn(CN)$_6$]提供了209 mA·h/g的高容量和2.65 V的平均工作电位，但在经过100次循环后，因严重的结构畸变或Mn溶解，容量下降了25%[35]。

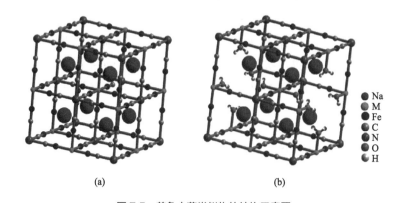

(a)　　　　　　　　　(b)

图7.5　普鲁士蓝类似物的结构示意图

(a) 完整的 Na$_2$M[Fe(CN)$_6$] 骨架；(b) 有缺陷的 NaM[Fe(CN)$_6$]$_{0.75}$·□$_{0.25}$ **骨架**[36]

7.1.3.4　有机化合物

由于其廉价、可设计和可回收性，有机化合物被广泛应用于绿色二次电池的制造中。目前，已经开发出多种有机硫化合物、自由基化合物、羰基化合物以及功能性聚合物作为二次电池的正极材料。适用于钠离子电池的有机正极材料主要包括芳香羰基衍生物、蝶啶衍生物和聚合物。其中，具有高比容量或高平均工作电位的几种代表性有机物正极材料如图7.6所示。根据嵌入机理，这些正极材料可分为阳离子嵌入型和阴离子嵌入型。阳离子嵌入机制指有机化合物在可逆的 Na^+ 脱嵌过程中，伴随有官能团的电化学反应；而阴离子嵌入机制则表明，聚合物的充放电过程依赖于电解质阴离子在基质中的吸附和释放，而不受阳离子性质的影响。

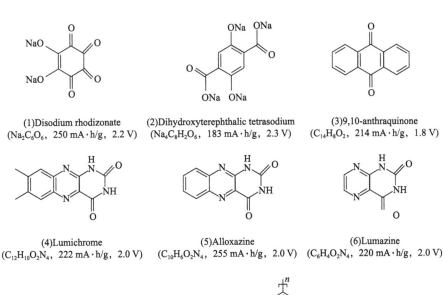

(1)Disodium rhodizonate
($Na_2C_6O_6$, 250 mA·h/g, 2.2 V)

(2)Dihydroxyterephthalic tetrasodium
($Na_4C_8H_2O_6$, 183 mA·h/g, 2.3 V)

(3)9,10-anthraquinone
($C_{14}H_8O_2$, 214 mA·h/g, 1.8 V)

(4)Lumichrome
($C_{12}H_{10}O_2N_4$, 222 mA·h/g, 2.0 V)

(5)Alloxazine
($C_{10}H_6O_2N_4$, 255 mA·h/g, 2.0 V)

(6)Lumazine
($C_6H_4O_2N_4$, 220 mA·h/g, 2.0 V)

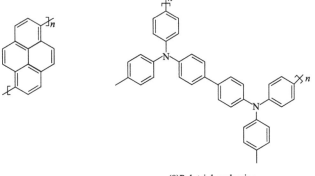

(7)Oligopyrene
($[C_{16}H_8]_n$, 121 mA·h/g, 3.5 V)

(8)Polytriphenylamine
($[C_{38}H_{30}N_2]_n$, 98 mA·h/g, 3.6 V)

图 7.6　几种具有代表性的有机物正极材料[18]

（1）阳离子嵌入型有机物

芳香羰基衍生物是一类重要的阳离子嵌入型有机材料，其基于羰基的氧化还原中心可以可逆地吸收和释放 Na^+。根据分子量的不同，这类材料的比容量有所差异。蝶啶衍生物是一种新型的阳离子嵌入型正极材料，其氧化还原中心为异噁唑嗪环系统，受生物学启发开发，模拟了生物能量传导中黄素辅酶的氧化还原中心。此外，聚合物磺酸盐也是一种阳离子嵌入型有机材料，由于其大分子量和低钠含量，该材料的可逆容量较低。

（2）阴离子嵌入型有机物

阴离子嵌入型有机物主要包括各种聚合物和掺杂聚合物，这些材料通常提供相对较高的工作电势（高于3.0 V）。在 $NaPF_6$/EC-DEC-DMC 电解质中，苯胺-硝基苯胺共聚物[P(AN-NA)]展现了 180 mA·h/g 的可逆容量、3.2 V 的工作电位，并且基于 $(PF_6)^-$ 阴离子的可逆插入/脱插，容量保持率为96%（经过50次循环）[37]。在 $NaPF_6$/DME-DOL 电解质中，聚三苯胺（PTPAn）显示了可逆的氧化还原反应，$(PF_6)^-$ 阴离子同时嵌入/脱嵌获得了 98 mA·h/g 的可逆容量和约 3.6 V 的工作电位[38]。值得注意的是，Sakaushi 等[39]发现芳香多孔蜂窝电极（APH）能够通过阴离子嵌入机制（4.1~2.8 V）和阳离子嵌入机制（2.8~1.3 V）运行，达到 10 W/g 的高比功率和 500 mW·h/g 的能量密度。

7.1.4　钠离子电池的负极材料

在钠离子电池中，通过选择适当的碳质材料、过渡金属氧化物（或硫化物）、金属间化合物以及有机化合物作为负极，推动了负极材料的最新发展。Na^+ 在负极的脱嵌过程中反应机制主要分为嵌入反应、转换反应和合金化反应三类，对应的钠离子电池负极材料也可以分为这三类：嵌入型材料、转换型材料和合金化型材料。

7.1.4.1　嵌入型材料

基于嵌入反应的碳基和钛基氧化物已被广泛研究作为钠离子电池的负极材料。目前，已有多种碳基材料得到广泛关注，如石墨和非石墨碳，这些碳材料能够有效地吸附 Na^+。尤其是硬碳，其可逆容量达到 300 mA·h/g，且工作电位较低（接近零）。尽管如此，无序碳结构中 Na^+ 的存储机制仍存在争议。此外，钛基氧化物因其低工作电压和低成本受到广泛研究，包括各种多晶型二氧化钛（TiO_2）、尖晶石钛酸锂（$Li_4Ti_5O_{12}$）和钛酸钠（$Na_xTi_yO_z$），这些材料都是极具潜力的负极选择。

7.1.4.2 转换型材料

某些过渡金属氧化物（TMO）、过渡金属硫化物（TMS）和过渡金属磷化物（TMP）可以通过转换反应吸收 Na^+。与金属原子在主体晶格中可逆地插入或合金化不同，转换反应涉及将一种或多种原子物种化学转化为新的化合物。根据过渡金属的不同，嵌入反应或合金化反应通常与转换反应结合进行。虽然这些材料的理论比容量较高，但在 Na^+ 脱嵌过程中，材料的体积变化会加速负极材料结构的坍塌，导致容量迅速下降。此外，Na^+ 的尺寸较大，其在负极材料中的迁移速率较慢，因此充分利用这些材料的理论比容量仍然是一个挑战。

（1）过渡金属氧化物

Alcantara 等[40]首次使用 $NiCo_2O_4$ 尖晶石氧化物作为钠离子电池的负极材料，引入了转换材料的概念。他们描述了钠与金属氧化物之间的可逆转换反应，生成 Na_2O 和金属：$NiCo_2O_4+8Na \longrightarrow Ni+2Co+4Na_2O$。此研究之后，许多研究提出了各种过渡金属氧化物（TMO），如氧化铁（Fe_3O_4、Fe_2O_3）、氧化钴（Co_3O_4）、氧化锡（SnO、SnO_2）、氧化铜（CuO）、氧化钼（MoO_2）、氧化镍（NiO、NiO/Ni）以及氧化锰（Mn_3O_4）。

（2）过渡金属硫化物

与过渡金属氧化物相比，过渡金属硫化物在 Na^+ 脱嵌过程中具有明显优势，金属硫化物中的 M—S 键较金属氧化物中的 M—O 键更弱，这在动力学上有利于与 Na^+ 发生转换反应。因此，过渡金属硫化物由于其较小的体积变化和 Na^+ 脱嵌过程中 Na_2S 比 Na_2O 具有更好的可逆性，表现出较高的初始库仑效率和良好的机械稳定性。因此，各种金属硫化物成为了钠离子电池中高容量负极材料的研究热点，包括硫化钴（CoS、CoS_2）、硫化钼（Mo_2S、MoS_2）、硫化铁（FeS、FeS_2）、硫化锡（SnS、SnS_2）、硫化铜（CuS）、硫化锰（MnS）、硫化镍（NiS）、硫化钛（TiS_2）、硫化钨（WS_2）和硫化锌（ZnS）。

（3）过渡金属磷化物

过渡金属磷化物作为负极材料时容量衰减较快，主要原因是 Na^+ 脱嵌过程中结构的连续坍塌。为解决这一问题，一种策略是通过使用二元金属（M-P，M=Ni、Fe、Co、Cu 和 Sn）来制造二元金属 - 磷化物。这是因为这些元素在充放电过程中能够形成中间化合物（Na_xM 或 Na_xP，$x \geqslant 0$），从而部分修复坍塌结构，并减缓结构的进一步崩溃。

7.1.4.3 合金化型材料

尽管嵌入型材料的循环稳定性已显著提高，但由于其固有的结构限制，这些材料的容量利用率仍然受到限制，从而影响了钠离子电池的比能量密度。因此，另一类合金化型材料成为了更具有吸引力的钠离子电池负极材料。这类材料能够在较低的工作电位（低于 1.0 V）下存储大量的 Na^+，在合金化 - 去合金化的多重反应过程中，每个 Na 原子能提供较高的比容量。金属（Sn、Bi）、准金属（Si、Ge、As、Sb）和多原子非金属化合物（P）等都是研究的重点。然而，在合金化 - 去合金化反应过程中，由于 Na^+ 的半径较大，材料会经历显著的体积变化。这种体积的反复变化会产生复杂的机械应力，最终可能导致材料断裂或粉碎。

7.1.5 钠离子电池的特点

在过去十几年中，钠离子电池材料的研究取得了显著进展，现在已经具备了与锂离子电池材料竞争的能力。许多针对锂离子电池材料的研究成果也成功地转化应用于钠离子电池，并且解释锂离子电池机制的大部分理论也适用于钠离子电池，尽管一些机制存在差异。通常情况下，由于 Na^+ 的尺寸较大，相较于 Li^+，Na^+ 的电化学行为更复杂。Na^+ 的离子电导率与 Li^+ 相似，甚至可能更高。

钠离子电池作为一种新兴的电池技术，相较于传统的锂离子电池，具有以下几个显著特点。

资源丰富。钠是地壳中第六丰富的元素，相较于锂，钠的储量更加充裕。这使得钠离子电池的原材料供应更加稳定，不易受到供应瓶颈的制约。

成本低廉。由于钠资源丰富，钠离子电池的生产成本相对较低。这有助于降低电动汽车、储能系统等领域的应用成本，推动可持续能源的发展。

能量密度高。钠离子电池具有较高的能量密度，意味着它可以储存更多的电能。尽管其能量密度略低于锂离子电池，但仍能够满足许多应用的需求。

寿命长。钠离子电池的循环寿命较长，能够进行多次充放电循环，使用寿命相对较长。这对于需要长时间稳定供电的应用而言，是一个重要的优点

总之，钠离子电池凭借其资源丰富、成本低廉、能量密度高和寿命长等特点，展现了其在电池领域广阔的应用前景。

7.1.6 钠离子电池的挑战

从成本上看，钠离子电池相较于锂离子电池并没有显著优势，这主要是因为尽管钠在地壳中的储量更丰富，且可以使用相对便宜的铝箔集流体代替铜箔集流

体，但是其相对较低的能量密度仍然是一个主要问题。低能量密度意味着需要消耗更多的辅材和制造成本来达到等同的能量水平。实际应用中，锂在锂离子电池成本中所占的比例并不大，即使用铝箔替代铜箔，总材料成本也仅降低约12%。因此，在主材成本没有显著优势的情况下，这些辅材和制造成本会拉高电池每瓦时的价格。因此，只有当钠离子电池的比能量提高到与锂离子电池相当的水平时，才能在成本上具备竞争优势。目前，钠离子电池的研究主要集中在活性材料上，但电池中的电解质、黏合剂以及管理SEI形成的添加剂等其他组分也需进行优化。电解质的优化尤为复杂，必须考虑其在全电池系统中的表现，同时电解质通常是几种化合物的混合物，这些化合物相对于电极材料和电池电压具有特定的性质，因此还需考虑电解质的分解及其分解产物的作用。

钠离子电池中的界面行为也需要深入研究。每种电极材料的特性及其电催化活性都是特定的，不仅涉及电极材料的种类，电极材料颗粒的大小和表面的局部结构对电化学反应也非常重要。研究钠离子电池中各种界面行为的机理是一个复杂且困难的过程。

此外，钠离子电池存在类似锂离子电池的安全性问题。钠是一种高反应活性的金属，在氧气和水分存在的环境下，金属钠会发生剧烈的化学反应。如果钠离子电池密封出现问题，可能导致电池内部产生大量热量和气体，有引发火灾或爆炸的风险。钠离子电池通常使用高浓度的有机溶剂作为电解液，这些溶剂在过充或过放电时可能会产生不稳定的化学物质，增加火灾和爆炸的风险。为了解决这些安全性问题，钠离子电池的研究需要改进电解液的稳定性、研发新的电极材料以提高循环寿命、设计更安全的电池组件等，这些都是实现钠离子电池商业化应用的重要挑战。

7.2　钾离子电池

7.2.1　钾离子电池的发展历史

钾-石墨层间化合物（K-GICs）可以追溯到1932年，当时研究人员在真空加热条件下通过将钾与石墨反应得到KC_8（钾的最低聚集态形式）[41]。在2009年，Yang等在高温下将石墨与氟化钾熔融盐相互作用，实现了K^+插层反应。2004年，Ali Eftekari首次使用钾金属作为负极，普鲁士蓝作为正极，构建了钾离子电池。这种电池模型已经展示出较为稳定的电化学性能，在经历了500个充放电循环后，电池容量仅减少了12%，充放电比容量保持在约70 mA·h/g。然而，锂离子电池的研究近年来得到了广泛关注，使得钾离子电池和钠离子电池的发展相对被忽视，仍待进一步探索。

2013年，Kunihiro Nobuhara等利用第一性原理计算比较了碱金属（锂、钠、钾）与石墨层间化合物的特性。他们计算了形成碱金属-石墨化合物的能量，结果表明在低钠密度（NaC_{16}、NaC_{12}）和高钠密度（NaC_8、NaC_6）下，钠与石墨都不稳定，导致钠难以提供容量；而即使在高钾密度（KC_8）下，钾仍然具有较好的能量稳定性；锂则能够在形成LiC_6时保持稳定。这一结果与其他实验结果相一致。2015年，Ji等首次报道了在非水电解液中采用电化学方法将K^+嵌入石墨，并实现了273 mA·h/g的可逆容量，接近理论值。通过原位XRD技术，他们验证了钾化过程中石墨经历了KC_{36}到KC_{24}再到KC_8的相转换产物，并且这个过程是可逆的。这些研究结果表明，尽管钠离子电池面临稳定性挑战，但钾离子电池在实现高容量和稳定性方面具备潜力。因此，深入研究钾离子电池的发展前景和挑战具有重要意义。通过进一步的实验和理论研究，我们可以寻找更好的电极和电解质材料，并优化电池结构，以实现高性能的钾离子电池，这将有助于推动能源存储领域技术的发展，促进可再生能源的广泛应用。同年，Shinichi Komaba等发现，钾离子在石墨负极的钾化过程中形成KC_8化合物，具有可逆容量，并指出钾的密度较大可能带来的不利因素。这一发现激发了人们对K^+在商业石墨负极应用的兴趣，因为相比之下，Na^+在商业石墨中难以脱嵌，限制了钠离子电池的商业化进程。2017年，Shinichi Komaba和Masaki Okoshi等的研究结果显示，K^+的电导率相对于Li^+和Na^+来说是最高的。这是因为K^+的路易斯酸性是最弱的，溶剂化后的斯托克斯半径最小，导致其去溶剂活化能最低，从而使得其界面反应电阻最低。

尽管钾离子电池在研究方面取得了一些进展，其商业化发展仍然相对滞后。早在2007年，中国星程电子公司便生产了首款附带商业化钾离子电池的便携式播放器，但随后商业化进程停滞不前。这可能与技术难题、成本问题以及市场需求等因素有关。综上所述，钾离子电池作为一种新型能量储存技术，在学术界具有一定的研究价值。通过广泛的文献阅读和研究，我们可以更好地了解钾离子电池的特性，发展出更高效、经济实用的商业化产品。然而，要实现钾离子电池的商业化，还需解决技术难题，并适应市场需求的变化。

7.2.2 钾离子电池的组成及工作原理

钾离子电池主要由正极材料、负极材料、隔膜、集流体等几个关键部分组成。首先，正极材料需要具备能够提供自由脱出和嵌入的K^+、高能量密度和良好的化学稳定性。常用的正极材料包括普鲁士蓝及类似物、聚阴离子化合物、过渡金属氧化物等。其次，负极材料需要能够嵌入和脱出K^+，并保持稳定。常见的负极材料包括石墨碳材料（如石墨）、金属合金型材料以及可变价态的转化类电极材料。第三，隔膜是钾离子电池中的重要组成部分，其作用是防止正、负极直接接触，从而避免短路。理想的隔膜材料应具备低电阻、不导电、高孔隙率、高离子迁移率和良好的化学稳定性。常见的隔膜材料包括玻璃纤维和聚丙烯等。第四，集流体用于收集充放电过程中正、负极材料释放的电子，并导出这些电子形成电流。因此，集流体需要具备高的电导率和良好的化学稳定性，且不易与碱金属形成合金。常用的集流体材料包括铜箔、铝箔和碳材料等。除了上述关键组成部分，电池组装过程中还涉及一些其他重要组件，如电池包装等，这对保护和支撑电极结构起着重要作用。此外，电解液也是钾离子电池中不可忽视的部分。电解液不仅提供K^+和平衡的阴离子，还为离子迁移提供溶剂分子。理想的电解液应具备高离子迁移率和良好的化学稳定性。常见的电解液溶质盐包括KPF_6、KFSI和KSO_3CF_3等，而电解液溶剂主要有醚类和酯类溶剂。此外，近年来也有离子液体电解液受到关注。

　　钾离子电池的工作原理类似于"摇椅式"电池，与锂离子电池有相似之处。在充电过程中，正极释放K^+，通过电解液和隔膜传输至负极，同时释放的电子流入外电路，负极接收这些电子。在放电过程中，负极将K^+嵌入电池中，正极则接收电子，从而形成一个闭合循环。例如，以钒酸钾（$K_{0.51}V_2O_5$）为正极材料的钾离子电池，负极材料通常选用石墨。在具体的反应机理中，正极释放的K^+经过电解液和隔膜移动至负极，并被嵌入其中。此过程中，负极失去电子，正极接收电子。通过这样的充放电循环，钾离子电池能够持续提供电力。然而，钾离子电池仍面临许多挑战，例如提高电池的循环寿命和能量密度以及提升电池材料的可持续性。因此，需要深入研究钾离子电池的工作原理，并探索改进和优化的方法，以推动其进一步发展。

7.2.3　钾离子电池的正极材料

　　对K^+嵌入反应的开创性研究可以追溯到2004年[42]，但由于很难找到电化学性能优异的匹配材料，钾离子电池的发展缓慢。其中一个很重要的原因是钾的离子半径比较大（1.38Å，1Å = 0.1nm），相比于广泛应用的锂离子电池和钠离子电池，要求钾离子电池的正极材料必须具备较大的离子扩散通道，以便K^+顺利嵌入和脱出。

7.2.3.1　普鲁士蓝类似物（PBAs）正极

　　该类材料的结构在7.1.3.3中有较为详细的介绍。虽然PBAs正极材料早在18世纪就已被报道，但直到2004年才开始应用于非水性钾离子电池的研究。2013年Ling等通过第一性原理计算证实K^+嵌入体心8 c位点时能量最低，K^+的尺寸与PBAs的扩散通道较为匹配，从而降低了吉布斯自由能，提高了反应电位。自2004年Eftekhari首次使用PBAs设计钾离子电池以来，金属铁氰化物仍是钾离子电池主要的正极材料，但研究进展缓慢。近年来，研究者们对$K_xMn[Fe(CN)_6]$和$K_xFe[Fe(CN)_6]$材料的研究取得了一定进展。2017年初，Goodenough等首次报道了以$K_2Mn[Fe(CN)_6]$作为钾离子电池正极能提供约140 mA·h/g的比容量，且在约3.6 V存在两个放电平台，电解液浓度较低时，充放电过程会产生较大的极化。随后，Komaba等证实该材料采用KPF_6溶于EC/DEC溶剂作为电解液时极化程度较低，在3.97 V和3.89 V有两个放电平台。此外，$K_2Mn[Fe(CN)_6]$材料具有良好的循环保持率，循环100个周期后仍能保持90%的初始容量。此外，2017年多个课题组几乎同时报道了$K_xFe[Fe(CN)_6]$材料作为钾离子电池正极可以提供110～140 mA·h/g的比容量，在3.9 V和3.2 V存在两个放电平台。3.9 V的高电位平台归因于Fe^{3+}/Fe^{2+}电子对为低自旋态，在氰离子碳端作用下会还原为能量较低的Fe^{2+}。与此同时，高电位下的平台也可以补偿其相对较低的理论容量。另外，Nazar等还证实纳米尺寸的材料可以实现最大的容量。

与锂/钠PBAs相比，钾PBAs在混合水系电解液中仍表现出优良的电化学性能，其结构兼容性、嵌入电位和可逆性均优于前两者。钾PBAs电极在水系电解液中展现出极好的循环性能，能够稳定进行约106周CV循环。2012年，Cui等将KMHCF（M=Ni，Cu）作为钾离子电池正极，在水系电解液中实现了超过5000周的恒电流循环。而对于钠PBAs电极，由于充放电过程中结构缺陷，特别是结晶水分子的分解和结构扭曲，严重影响了材料的电化学性能。相较而言，钾PBAs电极能够更好地保存结构完整性。此外，由于K^+与水系电解液的水合作用较弱，结构中的结晶水含量较低。目前的研究表明，相似的制备条件下，钾PBAs含水量为5%～8%，而钠PBAs为15%～20%。较少的结晶水含量确保了钾PBAs正极优异的电化学性能。

对PBAs正极改性的方法有许多种，其中使用不同过渡金属对M位点进行取代，可进一步优化PBAs正极材料的钾电性能。例如Jiang等研究表明，对PBAs中的M位进行Mn的修饰，可以有效减小PBAs材料的带隙，从而降低K^+的迁移能垒，改善电子导电性和K^+扩散速率，提高倍率性能和循环可逆性。Bie等制备富钾$K_{1.75}Mn[Fe(CN)_6]_{0.93}$·$0.16H_2O$用作钾电正极时，放电比容量达到137 mA·h/g，同时展现出高的平均工作电压（3.8 V）和能量密度（520.6 W·h/g），均优于非富钾态的$K_{1.64}Fe[Fe(CN)_6]_{0.89}$·$0.15H_2O$（130 mA·h/g、3.4 V、442 W·h/g）。原位XRD测量结果显示，$K_{1.75}Mn[Fe(CN)_6]_{0.93}$·$0.16H_2O$在初始充放电循环中表现出高度的可逆相变过程（图7.7）[43]。

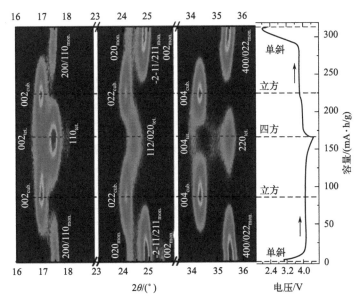

图 7.7　K-MnHCFe 的结构演变：钾离子半电池首个循环期间 K-MnHCFe 的原位 XRD 等值线图

[图中展示了样品经历了单斜（S.G.P21/n）、立方（S.G.Fm3m）和

四方（S.G.I4m2）相结构演变][43]

此外，颗粒形貌的改变也有助于促进 K⁺ 在电极材料中的输运，缓解 K⁺ 脱嵌的缓慢动力学行为。He 等系统地研究了铁基普鲁士蓝的粒径尺寸效应。对比实验表明，纳米级晶粒在电化学性能上具有明显的优势。另外，普鲁士蓝化合物中易存在结晶水，这会影响材料的储钾能力。去除结晶水有助于提高 PBAs 的比容量和循环稳定性。

PBAs 在材料制备、比容量、操作电位和可逆性等方面表现出优异的性能。其相对较低的含水量、优异的化学计量和良好的热力学稳定性使其成为钾离子电池大规模储能技术中最具竞争力的正极材料。然而，由于其相对较低的密度（约 2.0 g/cm³），体积容量较低，这限制了其在便携电子设备和电动汽车等领域的应用。然而，PBAs 有望应用于对能量密度要求不高的大型储能器件中。

7.2.3.2　层状过渡金属氧化物正极

层状氧化物正极是另一种研究较为广泛的钾离子电池正极材料。由于具有可调控的化学计量比和高比容量，层状金属氧化物受到了广泛关注。钾离子电池层状过渡金属氧化物通常用通式 K_xMO_2（$0 < x < 1$）表示，其中 M 为一种或多种处于不同氧化状态的过渡金属离子。这些氧化物的结构由交替堆叠的边缘共享的

MO_6八面体层和K^+层组成，紧密的堆积结构形成了二维的离子扩散路径，有助于实现K^+的快速传输。根据K^+的配位环境和MO_6八面体堆叠方式，这些氧化物可以分为O3型、P2型和P3型。其中，"O"和"P"分别代表K^+的八面体和棱柱体配位环境，数字则表示每单元晶胞中包含的氧化层数量，其中2和3代表氧原子的堆叠方式分别为ABBAABBA…和ABCABC…，图7.8为K_xMO_2的结构示意图[44]。在锂离子电池中，最早商品化的正极材料是$LiCoO_2$，因此，K_xCoO_2可以看作是研究K^+在层状金属氧化物中脱嵌的模型。在充放电过程中，K^+在层状过渡金属氧化物中可逆地脱出和嵌入，展现出多个电压平台和较大的结构变化，这主要与K^+的大尺寸有关。较大的K^+增加了氧化物层间距，减少了相邻氧层对K^+-K^+排斥的屏蔽效应。强的K^+-K^+相互作用可诱发K^+/空位和过渡金属电荷的有序化，导致复杂的相变过程，并形成阶梯式充放电曲线。例如，在1975年Delmas等制备了两种典型的层状结构晶体$K_{0.5}CoO_2$和$K_{0.67}CoO_2$。2017年Komaba等研究K^+嵌入P2型$K_{0.41}CoO_2$和P3型$K_{0.67}CoO_2$材料的电化学性能和结构变化，这两种材料在2.0~3.9 V电压范围内有相似的阶梯式充放电曲线，比容量均约为60 mA·h/g。通过对P2型$K_{0.41}CoO_2$的原位XRD分析，发现K^+在第二周脱嵌过程中存在6个单相区域。同时，晶体内层间距也会影响充放电过程中的电离度和电压降。随后，Ceder等将P2型$K_{0.6}CoO_2$作为钾离子电池正极，提供了约80 mA·h/g的可逆容量，并可实现约2.7 V的平均氧化还原电位，同时指出K^+/空位有序可能是导致脱嵌过程中多步相转变的原因。

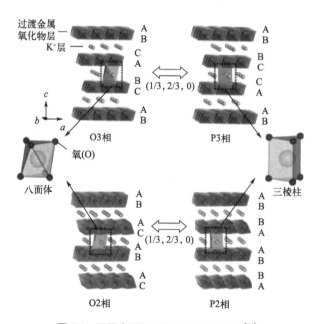

图7.8　层状金属氧化物正极结构示意图[44]

由于钴的成本及毒性等问题，发展锰基或铁基金属氧化物材料或许更加现实。2016 年，Passerini 等报道水钠锰矿型 $K_{0.3}MnO_2$ 正极材料，能够实现 136 mA·h/g 的比容量，但其循环性能较差。基于 $K_{0.3}MnO_2$ 正极和硬碳负极组装的全电池可以实现约 2.0 V 的放电电位，经过 100 圈循环后，容量保持率约为 50%。2017 年，Ceder 等制备出 P3 型 $K_{0.5}MnO_2$ 正极材料，实现了约 100 mA·h/g 的可逆容量，通过原位 XRD 分析得知该材料在 1.5～3.9 V 电压范围内经历了 P3-O3-X 的相转变。层状材料在循环过程中存在复杂的相变，这会导致结构坍塌，从而影响循环性能。经过多年发展，已经出现了许多不同的改性方法，其中体相元素掺杂被认为是一种有效的策略，可以显著提升材料的稳定性。2016 年，Mai 等制备了层状金属氧化物内部相通的纳米线 $K_{0.7}Fe_{0.5}Mn_{0.5}O_2$ 材料，实现了 178 mA·h/g 的首圈放电容量和较好的循环稳定性。原位 XRD 测试进一步证实，该材料在 K^+ 脱嵌过程中可以提供稳定的框架结构、快速的 K^+ 扩散通道和三维电子传输网络。Nathan 等通过固相反应制备了 Sb^{5+} 取代 Cr^{3+} 的 $P2-K_{0.70}Cr_{0.85}Sb_{0.15}O_2$ 正极材料。相对于未掺杂的 $O3-KCrO_2$ 和 $P'3-K_{0.8}CrO_2$（2.7 V），Sb^{5+} 的诱导效应增加了该材料的平均电压（2.9 V），从而提升了能量密度。Choi 等在 $K_{0.54}MnO_2$ 中引入了 Co，得到的 $P3-K_{0.54}(Co_{0.5}Mn_{0.5})O_2$ 表现出更平滑的充放电曲线和明显提升的倍率性能。这可能是由于 Co 的加入减少了结构的扭曲，从而降低了 K^+ 扩散的障碍。Ramasamy 等报道了一种二元过渡金属的层状 $K_{0.45}Mn_{0.5}Co_{0.5}O_2$ 正极材料。与单一过渡金属 K_xMnO_2 和 K_xCoO_2 相比，该材料有效抑制了阶梯式电压平台，展现出更平滑的充放电曲线，显著提高了整体能量密度。除了上述阳离子掺杂策略，Xiao 等通过调节化合物中的 K^+ 含量，开发了 K^+/空位无序的层状正极材料。当 $x > 0.6$ 时，形成了稳定的 K^+/空位无序的 $K_xMn_{0.7}Ni_{0.3}O_2$ 化合物。研究结果表明，K^+/空位无序的 $K_{0.7}Mn_{0.7}Ni_{0.3}O_2$，表现出明显优于 K^+/空位有序 $K_{0.4}Mn_{0.7}Ni_{0.3}O_2$ 的可逆容量和倍率性能。

尽管层状金属氧化物具有较大的理论容量和体积密度，但其相对紧凑的晶格结构难以容纳体积较大的 K^+，这也是导致材料嵌入电位低以及充放电过程中出现复杂相转变的主要原因。此外，钾离子电池的层状金属氧化物正极具有较大的层间距，使其更容易嵌入水分子和被氧气氧化。而对于 Na_xTMO_2（TM=过渡金属）材料，主要问题是不可逆相变、储存困难以及电化学性能较差。大多数材料暴露在空气中时，会发生 Na^+/H^+ 交换或者与空气中的 O_2 或 CO_2 发生反应。目前，阳离子掺杂被认为是有效提升电化学性能并提高空气稳定性的解决方案。P2 相和 P3 相 K_xMO_2 也存在类似问题，即使在干燥后也无法恢复其初始结构，因此可以进行阳离子掺杂，并尽快将材料转移至手套箱中保存，以保持其电化学性能。然而，这样高的要求对材料储存和电池装配提出了更高的要求。

7.2.3.3 聚阴离子化合物正极

为了解决传统层状氧化物正极材料工作电压较低和相变反应复杂的问题，各类聚阴离子型正极材料（例如，$KFeSO_4F$、$KVOPO_4$、$KVPO_4F$ 等）得到蓬勃发展。这些聚阴离子型化合物的晶体结构 [如 $K_xM_y(XO_4)_z$，M=Fe，V，Ti 等；X=P，S 等] 中，MO_6 八面体和 XO_4 四面体通过共用氧原子形成了开放的框架结构，提供了三维的 K^+ 扩散通道。此外，聚阴离子基团的诱导效应使得在使用同种过渡金属的情况下，聚阴离子型材料通常具有比氧化物材料更高的工作电压，从而有利于进一步提升电池的能量密度。聚阴离子化合物作为钾离子电池正极中的关键材料，具有结构多样且稳定、X—O 共价键使材料工作电位更高等独特优势，因此可以提高能量密度。然而，它们也存在不可避免的问题，例如电导率和离子扩散速率较低，导致容量衰减严重且倍率性能较差。

根据活性过渡金属中心原子不同，钾离子电池聚阴离子正极材料主要分为铁基和钒基两大类。其中，钒基材料由于其丰富的价态和多电子反应能力，能够实现更高的比容量。在早期的研究中，$KVOPO_4$ 和 $KVPO_4F$ 用作钾离子电池正极，在 2.0～5.0 V 的宽电化学窗口下，两种材料的平均工作电压均超过了 4 V，但其可逆比容量分别为 84 mA·h/g 和 92 mA·h/g，相较于其他几类钾离子电池正极材料，其电化学性能仍有提升空间。

为了进一步提升聚阴离子型正极材料的电化学性能，一系列改进策略（包括碳包覆和体相掺杂等）被提出和实施。如图 7.9 所示，Liao 等[45] 提出了一种 $KVPO_4F$（KVPF）的合成方法，以含钾钒-草酸-亚磷酸盐/磷酸盐框架作为前驱体和模板，并使用氟化聚合物作为氟化物和碳源，通过简单的一步烧结工艺合成。所得的多孔 KVPF/C 复合材料保持单晶的板状结构。含氟聚合物衍生的碳提供了丰富的氟气氛，并促进 V—F—C 键的形成，减少了 KVPF 中氟的损失。重构的界面提高了 K^+ 的迁移能力和电子电导率。此外，Liu 等基于梅子布丁模型，将 $KVPO_4F$ 颗粒均匀地分布于三维无定形碳网络中，构筑了一个导电碳网络修饰的 $KVPO_4F$ 基复合正极材料。原位构建的碳层保护了电极材料免受在高电压和高温下电解液分解产物的侵蚀。同时，三维导电碳网络为颗粒间提供了快速的电荷转移通道，促进了大电流密度下的频繁氧化还原反应。因此，该复合正极能够提供 102.9mA·h/g 的高放电比容量、优异的循环稳定性（在 500 mA/g 电流密度下循环 550 圈后容量保持率仍为 85.4%）以及 389.2 W·h/kg 的高能量密度（基于电极活性材料质量）。相比之下，铁基材料通常具有更低的成本和毒性等优势。例如，用石墨烯包覆的 $KFeSO_4F$ 复合正极材料因石墨烯特有的导电网络，显著提高了材料的电子电导率和电化学反应动力学性能。结果显示，该正极材料展示出 111.51 mA·h/g 的放电比容量和 3.55 V 的平均工作电压，并具有优异的倍率和循环性能。

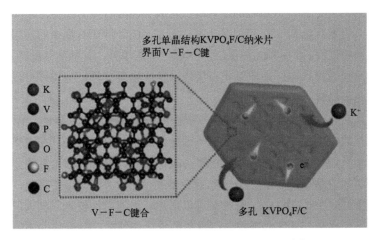

图 7.9 KVPF@3DC 复合材料的结构示意图[45]

总体而言，聚阴离子型正极材料通常表现出比传统层状氧化物正极更高的工作电压（或能量密度）和结构稳定性。然而，其固有的大分子量和低电子电导率使其在充放电过程中表现出较低的比容量。因此，进一步开发兼具高容量和高工作电压的新型聚阴离子正极材料，对实现高比能钾离子电池具有重要研究价值和意义。

7.2.3.4 有机化合物正极

有机类正极材料因其结构相对灵活，能够嵌入较大的 K$^+$ 而受到关注。然而，大多数有机材料本身不含 K$^+$，因此在全电池装配过程中要特别注意负极材料的选择。在已报道的有机化合物正极材料中，3,4,9,10- 二萘嵌苯 - 四羧酸 - 二酐（PTCDA）作为钾离子电池正极材料，展现出 130 mA·h/g 的比容量和良好的循环性能。此外，聚蒽醌基硫化物（PAQS）作为钾离子电池正极材料，可实现高达 200 mA·h/g 的可逆容量，是目前已报道的有机正极材料中容量最高的一种。

7.2.4 钾离子电池的负极材料

负极材料是钾离子电池的关键，目前已经探索了多种钾离子电池负极材料，如碳基材料、合金类材料、过渡金属化合物和有机材料等。

7.2.4.1 碳基材料

碳基材料以其优异的稳定性和导电性，成为钾离子电池负极材料的重要选择。早在1920年，科研人员就通过钾蒸气合成了钾与石墨的插层化合物——KC_8，由于石墨具有层状结构，K^+可以插入其中形成KC_8。钾在石墨中的插层机制可分为三个连续的过程：$C \rightarrow KC_{24} \rightarrow KC_{16} \rightarrow KC_8$。除石墨外，其他碳基材料，如软碳、硬碳、异质元素掺杂碳、还原氧化石墨烯以及生物质碳等，也同样可以作为钾离子电池的负极材料。

石墨作为一种常见的负极材料，在能源存储领域具有重要的应用价值。然而，它在充放电过程中会发生高达61%的体积膨胀，这限制了其在电化学性能方面的进一步发展。因此，对石墨进行掺杂改性已成为提升其理论容量和循环稳定性的一种有效方法。Pint等在2016年对石墨进行了N（氮）掺杂研究，成功将其理论容量提升到350 mA·h/g。N掺杂可以增加石墨的活性位点，扩大层间距，并激活KC_8反应路径，从而显著提高碳材料的电化学性能。鞠治成课题组对石墨进行了氟掺杂，并在500 mA/g的电流密度下循环了200周，结果显示其比容量仍达到165.5 mA·h/g。氟掺杂赋予石墨更高的比表面积和介孔膜结构，促进了电极中电子和离子的快速传递，从而有效提高了循环稳定性。最近，他们还对石墨烯进行了磷和氧双掺杂研究（PODG），并实现了474 mA·h/g的可逆容量。这是因为P、O双掺杂可以增大石墨烯的层间距，促进K^+的脱嵌，同时超薄和褶皱的结构有利于持续产生空位和缺陷，从而进一步提升了材料的电化学性能。

7.2.4.2　合金类材料

合金类材料通常具有较高的理论比容量，且在锂离子电池和钠离子电池中已得到广泛研究。这些材料通过合金化反应储存能量，常见的合金类材料包括Sn、Bi、Sb、Si、P、Ge等。合金化材料与碱性金属的最终反应产物对其在电池中的体积膨胀率和理论比容量等关键因素至关重要。此外，同一合金材料与不同的碱性金属反应形成的最终产物会有所不同，理论比容量也随之变化。一般来讲，同样的合金材料在钾离子电池中的容量通常低于在钠离子电池中的容量，而钠离子电池中的容量又低于在锂离子电池中的容量。

近年来，研究者们开始关注合金化材料在钾离子电池中的应用，其中Sn、Bi、Sb和P合金化材料成为研究热点。研究发现，Sn基合金化材料在钾离子电池负极中经历两步合金反应，先后形成K_4Sn_9和KSn，其理论比容量为197mA·h/g。然而，由于Sn纳米颗粒在循环过程中发生了体积膨胀，导致粉化和脱落，从而使其循环性能较差。为解决这一问题，Huang等首次合成了三维多级多孔碳/Sn复合材料。尽管该材料在50mA/g的电流密度下具有276.4mA·h/g的容量，但Sn合金材料在钾离子电池中的性能不及其在锂/钠离子电池中的表现。

与Sn材料不同，Sb在钾离子电池中具有与锂/钠离子电池中相似的理论比容量。为缓解 Sb 在充放电过程中的体积变化，研究人员利用真空蒸馏的方法合成了纳米多孔结构的 Sb 材料。该材料在钾离子电池中在 50 mA/g 的电流密度下显示出 560 mA·h/mg 高容量以及优异的倍率性能（500 mA/g 电流密度下保持 265 mA·h/g 放电比容量），但其循环寿命仍有待提高。最近，Zheng 等报道了一种 Sb@SCN 复合材料，该材料在钾离子电池中经过 200 圈循环后的放电容量仍保持在 504 mA·h/g。这一优异性能与 Sb 纳米粒子被均匀限制在异质元素掺杂的碳球中的独特结构密切相关，这表明 Sb 是一种有潜力的钾离子电池合金类负极材料。

Bi 在锂离子电池和钠离子电池中均表现出良好的电化学性能，因此科研人员开始研究其在钾离子电池中的应用。研究表明，Bi 在钾离子电池中主要发生金属 Bi 和 KBi_2 之间的合金化反应，其理论容量为 385 mA·h/g。Yuan 等通过多种技术观察到循环过程中形成薄的固体电解质界面（SEI）以及 Bi 在合金化过程中存在独特的 Bi-KBi_2-K_3Bi 两步合金化转化反应，这不同于之前报道的传统三步反应。

综上所述，钾离子电池中的 Sn、Bi、Sb 和 P 合金化材料的应用研究具有重要的学术意义和研究价值。然而，对于其中的一些材料，如 Sn 和 Sb，尚存在循环性能欠佳的问题，需要进一步研究和改进。对于 Bi 材料，其在钾离子电池中的应用仍在探索阶段。未来的研究可以深入探讨这些材料的合金化机理和性能优化，以推动钾离子电池技术的发展。

7.2.4.3　转化类材料

转化类材料在能源领域具有重要的研究价值，包括金属氧化物、金属硫族化合物和磷化物等。这些材料不仅具有较高的理论比容量，还能通过多电子转化反应机制储存能量，因此受到广泛关注。然而，这些材料在实际应用中面临诸多挑战。其中一个主要的问题是 K^+ 半径较大，在嵌入过程中容易导致极片粉化，从而降低首次库仑效率和导电性。此外，这类材料的循环寿命也不理想，工作电压较高且价格昂贵。许多材料的储钾机理仍需进一步研究和明确。为了解决这些问题，将转化类材料与碳基材料复合是一种有效的策略。碳材料的引入可以解决 K^+ 嵌入过程中的粉化问题，并提高材料的电化学性能。然而，相比纯碳材料，这些复合材料的循环寿命仍有待改善，且工作电压偏高，成本较高。

因此，开发适用于能量储存领域的转化类材料与碳材料复合材料仍面临许多挑战。未来的研究需要进一步探索这些材料的储钾机理，并寻找改进其循环寿命、工作电压和经济性的方法。这将有助于推动这类材料的实际应用和商业化进程。

7.2.4.4　其他类材料

由于K^+具有较大的离子半径，选择电极材料时需要考虑使用一些三维开放的网状结构材料，以确保K^+的可逆扩散和脱嵌。钒基材料如$KVOPO_4$和$KVOPO_4F$以及钛基材料如$KTi_2(PO_4)_3$和$KTiOPO_4$是研究人员常用的选择之一。尽管这些材料的比容量相对较低，但由于其结构变化较小，循环稳定性有所改善，因此近年来受到广泛关注。

另一类受到重点关注的材料是有机电极材料。由于有机电极材料具有柔性结构、价格低廉且可再生等优点，因此在钾离子电池中展现出巨大的应用潜力。目前，已有报道显示苯二甲酸钾（K_2TP）和2,5-吡啶二甲酸钾可用作钾离子电池负极材料，其比容量约为200 mA·h/g。此外，研究人员通过设计分子结构优化有机材料在钾离子电池中的应用。例如，Chen等设计了一种共价有机框架和碳纳米管材料的复合物（COF-10/CNT），该电极在1 A/g的电流密度下经过4000次循环后仍然具有约290 mA·h/g的放电比容量。这是因为复合物中的π电子云能够与K^+相互作用形成K^+-π键，从而有利于K^+的储存。尽管聚阴离子复合物和有机电极材料在钾离子电池中具有潜力，但目前仍然存在一些需要解决的问题，如提高比容量和首次库仑效率等。总之，对于这些研究相对较少的材料，如聚阴离子复合物和有机电极材料，仍需进一步研究以解决相关问题。我们相信，这类材料在未来的研究中将继续发挥重要作用。

7.2.5　钾离子电池的特点

钾离子电池因其独特的特性在电池技术中备受关注。K^+较小的电负性和较快的迁移速度提升了电解液的电导率和电池的动力学性能，而钾离子电池较高的开路电压和输出功率，满足了工业生产的需求，展现了广阔的应用前景。具体特点如下。

首先，相较于钠和锂，钾具有更小的电负性，这意味着K^+具有更低的路易斯酸性，K^+与电解液溶剂的作用力也更小，导致K^+的斯托克斯半径更小（为3.6 Å），其在电解液中的迁移速度更快。此外，K^+的电荷密度和路易斯酸性较低，电极/电解液界面容易脱去溶剂分子，钾离子电池的电解液具有更高的电导率，进而提升了电池的动力学性能和电池稳定性。

其次，K^+通过与石墨形成插层化合物来储存钾，形成KC_8离子型插层化合物时可产生的电池比容量为273 mA·h/g，接近理论比容量（278 mA·h/g）。相比之下，Na^+嵌入石墨形成的石墨插层化合物在热力学上不稳定，形成NaC_{186}化合物仅有12 mA·h/g的比容量，形成NaC_{64}的比容量也只有35 mA·h/g。考虑到石墨是目前商业化应用最广泛的离子电池负极材料，钾离子电池在商业化应用上具有更大的潜力，适合大规模生产。

再次，在碳酸酯类电解液中，钾离子电池相较于锂离子电池具有更高的工作电压。例如，以碳酸丙烯酯（PC）为例，钾的还原电极电势为−2.88 V，而钠和锂分别为−2.53 V 和−2.79 V。这意味着钾离子电池中产生钾枝晶的电位更低，更不易生成，从而赋予钾离子电池更高的能量密度和广泛的应用前景。

最后，与包含丰富元素的钠离子电池相比，钾离子电池的标准还原电极电位为−2.93 V（相对标准氢电极，SHE），这使其拥有更高的开路电压，能够广泛应用于各种电子设备。由于钾离子电池具有更高的开路电压，在相同输出电流条件下，其提供的输出功率也更高，能够更好地满足工业生产的需求。因此，钾离子电池作为一种新型电池技术，展现出了巨大的潜力，并在学术界引起了广泛关注。研究钾离子电池的性能和应用，对于推动能源存储技术的发展和优化电子设备的性能具有重要意义。

7.2.6　钾离子电池的挑战

第一，固相电极中的离子电导率较低以及 K^+ 的反应动力学较弱是钾离子电池面临的主要挑战。尽管钾离子的路易斯酸性较弱且斯托克斯半径较小，这些特性有助于提高电解液中离子传导速率，但由于 K^+ 半径较大，其在固相中的扩散仍然受到限制，这对电池的动力学性能造成了限制。

第二，钾化和去钾化过程中伴随的显著体积变化也是一大难题。实验表明，石墨在 K^+ 嵌入后体积膨胀约61%，是锂化所产生体积膨胀的6倍。而一些合金类或转化类负极材料在 K^+ 嵌入和脱出过程中体积膨胀率可高达约680%（如 Sn_4P_3）。这种巨大的体积变化在循环过程中会导致电极材料粉化，形成"死区域"，从而引起电池容量的下降。

第三，电解液的副反应和消耗问题也不容忽视。由于 K^+/K 还原电极电势较低，电极界面的电解液溶剂容易被消耗。研究表明，当电池循环到低截止电压时，副反应增多，导致电解液消耗加快，极化急剧增加，从而导致电池容量降低。

第四，钾枝晶的生长是另一个严重的制约因素。即使在以钾金属为负极的钾电池系统中，如钾氧电池和钾硒电池，钾枝晶的生长也会严重影响电池性能。钾金属的电化学沉积/溶解、不均匀的离子流和电子分布可能导致钾枝晶的生成，这不仅影响电池性能，还可能引发电池内部短路，带来安全隐患。

第五，电池的安全性问题。钾离子电池的热量散发能力较弱，影响了电池的安全性能。钾的熔点较低，进一步威胁到电池的安全性。研究显示，钾−石墨体系的钾离子电池在低温下的热量散发为395 J/g，相比之下，商业锂-石墨电池的散热量为1048 J/g，钾离子电池的散热能力较差。钾离子电池安全性问题复杂，需要从电极材料、电解液以及电池结构等方面加以改进。

以上五个主要问题是钾离子电池高性能应用的主要挑战。固态电极中缓慢的离子扩散和动力学迟滞会引发一系列影响电池性能的连锁反应。钾金属电池中不均匀的电子分布可能引发副反应，导致枝晶生成并压裂SEI膜。持续生成SEI膜会消耗电解液，增加电极粉化，最终导致容量衰减。总之，枝晶生长、副反应、不稳定的SEI膜、低离子传输效率和大的体积变化都是导致钾离子电池容量衰减和损坏的关键因素。

参考文献

[1] Delmas C. Sodium and sodium-ion batteries: 50 years of research[J]. Advanced Energy Materials, 2018, 8(17). DOI: 10.1002/aenm.201703137.

[2] Yao Y F Y, Kummer J T. Ion exchange properties of and rates of ionic diffusion in beta-alumina[J]. Journal of Inorganic and Nuclear Chemistry, 1967, 29(9): 2453-2475.

[3] Goodenough J B, Hong H Y P. Fast Na-ion transport in skeleton structures[J]. Mater Rese Bull, 1976, 11(2): 203-220.

[4] Hwang J Y, Myung S T, Sun Y K. Sodium-ion batteries: Present and future[J]. Chem. Soc. Rev., 2017, 46(12): 3529-3614.

[5] Delmas C, Fouassier C, Hagenmuller P. Structural classification and properties of the layered oxides[J]. Physica B, 1980, 99: 81-85.

[6] Wang P F, You Y, Yin Y X, et al. Layered oxide cathodes for sodium-ion batteries: Phase transition, air stability, and performance[J]. Advanced Energy Materials, 2018, 8(8). DOI: 10.1002/aenm.201701912.

[7] Rai A K, Anh L T, Gim J, et al. Electrochemical properties of Na_xCoO_2 (x ～ 0.71) cathode for rechargeable sodium-ion batteries[J]. Ceramics International, 2014, 40(1): 2411-2417.

[8] Yabuuchi N, Yoshida H, Komaba S. Crystal structures and electrode performance of α-$NaFeO_2$ for rechargeable sodium batteries[J]. Electrochemistry, 2012, 80(10): 716-719.

[9] Komaba S, Takei C, Nakayama T, et al. Electrochemical intercalation activity of layered $NaCrO_2$ vs. $LiCrO_2$[J]. Electrochemistry Communications, 2010, 12(3): 355-358.

[10] Komaba S, Yabuuchi N, Nakayama T, et al. Study on the reversible electrode reaction of $Na_{(1-x)}Ni_{0.5}Mn_{0.5}O_2$ for a rechargeable sodium-ion battery[J]. Inorg Chem, 2012, 51(11): 6211-6220.

[11] Yabuuchi N, Yano M, Yoshida H, et al. Synthesis and electrode performance of O3-Type $NaFeO_2$-$NaNi_{1/2}Mn_{1/2}O_2$ solid solution for rechargeable sodium batteries[J]. Journal of the Electrochemical Society, 2013, 160(5): A3131-A3137.

[12] Yuan D D, Wang Y X, Cao Y L, et al. Improved electrochemical performance of Fe-substituted $NaNi_{0.5}Mn_{0.5}O_2$ cathode materials for sodium-ion batteries[J]. ACS Appl Mater Interfaces, 2015, 7(16): 8585-8591.

[13] Oh S M, Myung S T, Yoon C S, et al. Advanced $Na[Ni_{0.25}Fe_{0.5}Mn_{0.25}]O_2/C-Fe_3O_4$ sodium-ion batteries using EMS electrolyte for energy storage[J]. Nano Letters, 2014, 14(3): 1620-1626.

[14] Sauvage F, Laffont L, Tarascon J M, et al. Study of the insertiondeinsertion mechanism of sodium into $Na_{0.44}MnO_2$ [J]. Inorganic chemistry, 2010. DOI: 10.1002/chin.200728013.

[15] Hosono E, Saito T, Hoshino J, et al. High power Na-ion rechargeable battery with single-crystalline $Na_{0.44}MnO_2$ nanowire electrode[J]. Journal of Power Sources, 2012, 217: 43-46.

[16] Zhan P, Wang S, Yuan Y, et al. Facile synthesis of nanorod-like single crystalline $Na_{0.44}MnO_2$ for high performance sodium-ion batteries[J]. Journal of the Electrochemical Society, 2015, 162(6): A1028-A1032.

[17] Guo S, Yu H, Liu D, et al. A novel tunnel $Na_{0.61}Ti_{0.48}Mn_{0.52}O_2$ cathode material for sodium-ion batteries[J]. Chem Commun (Camb), 2014, 50(59): 7998-8001.

[18] Xiang X, Zhang K, Chen J. Recent advances and prospects of cathode materials for sodium-ion batteries[J]. Adv. Mater., 2015, 27(36): 5343-64.

[19] Plashnitsa L S , Kobayashi E , Noguchi Y , et al. Performance of NASICON symmetric cell with ionic liquid electrolyte[J]. Journal of the Electrochemical Society, 2010(4).DOI: 10.1149/1.3298903.

[20] Zhu C, Song K, Van Aken P A, et al. Carbon-coated $Na_3V_2(PO4)_3$ embedded in porous carbon matrix: an ultrafast Na-storage cathode with the potential of outperforming Li cathodes[J]. Nano Lett, 2014, 14(4): 2175-2180.

[21] Barpanda P, Nishimura S I, Yamada A. High-voltage pyrophosphate cathodes[J]. Advanced Energy Materials, 2012, 2(7): 841-859.

[22] Sanz F, Parada C, Amador U, et al. $Na_4Co_3 (PO_4)_2P_2O_7$, a new sodium cobalt phosphate containing a three-dimensional system of large intersecting tunnels [J]. Journal of Solid State Chemistry, 1996, 123(1): 129-139.

[23] Zhong Y, Wu Z, Tang Y, et al. Micro-nano structure Na_2MnPO_4F/C as cathode material with excellent sodium storage properties[J]. Materials Letters, 2015, 145: 269-272.

[24]Zhuang S H,Yang C C,Zheng M,et al. A combined first principles and experimental study on Al-doped $Na_3V_2(PO_4)_2F_3$ cathode for rechargeable Na batteries[J]. Surface and Coatings Technology 2022,434: 128184.

[25] Barpanda P, Oyama G, Nishimura S, et al. A 3.8V earth-abundant sodium battery electrode[J]. Nat. Commun., 2014, 5: 4358.

[26] Barpanda P, Oyama G, Ling C D, et al. Kröhnkite-type $Na_2Fe(SO_4)_2 \cdot 2H_2O$ as a novel 3.25 V insertion compound for Na-ion batteries[J]. Chemistry of Materials, 2014, 26(3): 1297-1299.

[27] Hwang J Y, Myung S T, Sun Y K. Recent progress in rechargeable potassium batteries[J]. Advanced Functional Materials, 2018, 28(43). DOI: 10.1002/adfm.201802938.

[28] Eftekhari A, Jian Z, Ji X. Potassium secondary batteries[J]. ACS Applied Materials & Interfaces, 2017, 9(5): 4404-4419.

[29] Wessells C D, Huggins R A, Cui Y. Copper hexacyanoferrate battery electrodes with long cycle life and high power[J]. Nat. Commun., 2011, 2: 550.

[30] Wessells C D, Peddada S V, Huggins R A, et al. Nickel hexacyanoferrate nanoparticle electrodes for aqueous sodium and potassium ion batteries[J]. Nano Lett, 2011, 11(12): 5421-5.

[31] Matsuda T, Takachi M, Moritomo Y. A sodium manganese ferrocyanide thin film for Na-ion batteries[J]. Chem Commun (Camb), 2013, 49(27): 2750-2752.

[32] Wang L, Lu Y, Liu J, et al. A superior low-cost cathode for a Na-ion battery[J]. Angew Chem Int Ed Engl, 2013, 52(7): 1964-1970.

[33] Masamitsu T, Tomoyuki M, Yutaka M. Cobalt hexacyanoferrate as cathode material for Na+ secondary battery[J]. Applied Physics Express, 2013, 6(2).DOI: 10.7567/apex.6.025802.

[34] Wu X, Deng W, Qian J, et al. Single-crystal $FeFe(CN)_6$ nanoparticles: A high capacity and high rate cathode for Na-ion batteries[J]. Journal of Materials Chemistry A, 2013, 1(35): 10130-10134.

[35] Lee H W, Wang R Y, Pasta M, et al. Manganese hexacyanomanganate open framework as a high-capacity positive electrode material for sodium-ion batteries[J]. Nat. Commun., 2014, 5: 5280.

[36] Qian J, Wu C, Cao Y, et al. Prussian blue cathode materials for sodium-ion batteries and other ion batteries[J]. Advanced Energy Materials, 2018, 8(17). DOI: 10.1002/aenm.201702619.

[37] Zhao R, Zhu L, Cao Y, et al. An aniline-nitroaniline copolymer as a high capacity cathode for Na-ion batteries[J]. Electrochemistry Communications, 2012, 21: 36-38.

[38] Deng W, Liang X, Wu X, et al. A low cost, all-organic Na-ion battery based on polymeric cathode and anode[J]. Sci. Rep., 2013, 3: 2671.

[39] Sakaushi K, Hosono E, Nickerl G, et al. Aromatic porous-honeycomb electrodes for a sodium-organic energy storage device[J]. Nat. Commun., 2013, 4: 1485.

[40] Alcantara R, Jaraba M, Lavela P, et al. $NiCo_2O_4$ spinel first report on a transition metal oxide for the negative electrode of sodium-ion batteries[J]. Chemistry of Materials, 2002.DOI: 10.1021/cm025556v.

[41]Schleede A, Wellmann M. Notiz über die herstellung eines lindemannglases für kapillaren zwecks aufnahme von luftempfindlichen substanzen mit langwelliger röntgenstrahlung[J]. Zeitschrift für Kristallographie - Crystalline Materials, 1932, 83(1): 148-149.

[42] Eftekhari A. Potassium secondary cell based on prussian blue cathode[J]. Journal of Power Sources, 2004, 126(1/2): 221-228.

[43] Bie X, Kubota K, Hosaka T, et al. A novel K-ion battery: Hexacyanoferrate(II)/graphite cell[J]. Journal of Materials Chemistry A, 2017, 5(9): 4325-4330.

[44]Yabuuchi N, Komaba S. Recent research progress on iron- and manganese-based positive electrode materials for rechargeable sodium batteries[J]. Science and Technology of Advanced Materials, 2014, 15(4): 043501.

[45] Liao J, Zhang X, Zhang Q, et al. Synthesis of $KVPO_4F$/carbon porous single crystalline nanoplates for high-rate potassium-ion batteries[J]. Nano Letters, 2022, 22(12): 4933-4940.

第 8 章

锂离子电池回收与再利用

8.1 回收与再利用概述

能源是人类社会正常运转和发展的基本因素之一，人类社会的发展一直伴随着创新和有效的能源利用。然而，随着文明和科学技术的发展，化石燃料的储量正在迅速枯竭。煤和石油等化石燃料的使用，推动了人类文明的进步，但燃料燃烧所产生的含碳废气也带来了诸如温室效应等一系列环境问题[1]。环境灾难是全人类的责任，它威胁到人类生活的各个方面和全球生态系统的可持续性。因此，在能源和环境危机并存的情况下，寻找新的可替代能源已成为当务之急。风能、水能、潮汐能、地热能等可再生能源是未来能源可持续发展的重要方向。这些能源来源丰富，对环境无害，且能够提供可再生的电力供应。其中，风能和太阳能已经在全球范围内得到广泛应用，而水能、潮汐能和地热能等也正在得到越来越多的关注和开发。但是大多数新能源不能直接利用，需要转化为电能并存储在储能设备中，例如化学储能设备，以满足可逆充放电、体积控制、便携性等使用要求。锂离子电池具有许多优点，如高能量密度[2]、长寿命、快速充电能力等。此外，锂离子电池还具有环保、无记忆效应等特性，被广泛应用于移动电子产品、航空航天、新能源汽车、医疗等领域。随着人们环保意识的提高和政策的推动，新能源汽车正逐渐在全球范围内普及。它们使用锂离子电池作为主要动力源，减少了燃油消耗和温室气体排放，对实现可持续发展具有重要意义[3]。2022年，新能源汽车在全球累计销量超过1000万辆，仅在中国销量就超过680万辆，这已经是中国新能源汽车销量第八年位居全球第一[4]。国际能源署预测，全球电动汽车数量将在 2030 年达到 1.45 亿辆,如图 8.1 所示。随着可再生能源的广泛应用和新能源汽车的普及,储能系统也将变得至关重要。锂离子电池可以作为储能系统的一部分,将可再生能源储存起来并在需要时释放,从而确保电力供应的稳定性和可靠性。为了支持新能源汽车的发展,充电基础设施的建设也正在全球范围内加速进行。随着充电网络的扩大和完善,电动汽车的充电需求将进一步推动锂离子电池的应用和发展。随着全球对可持续发展的关注和努力,新能源和锂离子电池将在未来的能源领域发挥越来越重要的作用。

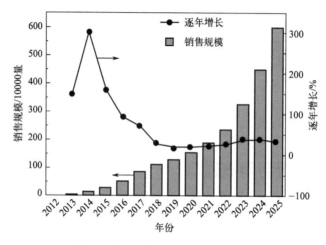

图 8.1 中国新能源汽车销售及未来预测

然而 LIBs 的循环寿命有限,通常只有 5~8 年[5,6]。随着第一批投入使用的动力汽车电池的寿命接近尾声,锂离子电池的退役高峰期即将到来。废旧 LIBs 的数量将在未来几十年里呈指数型增长,预计 2025 年我国废旧动力锂离子电池数量将超过 50 万吨[7],根据 Ref. 预测,即使在最乐观的情况下,也将有 3400 万吨的锂离子电动汽车电池在 2040 年成为废物。

废旧锂离子电池的回收利用对于应对资源危机和保护环境具有重要意义。一方面,由于废 LIBs 中存在有毒金属和电解质,如果不经过妥善处理,其中含有的有毒物质和挥发性物质可能被释放到环境中,对人类和生态系统造成影响[8,9]。另一方面,LIBs 中含有许多有价值的金属,如锂、钴、铜[10]等。随着这些金属需求的增加,矿产资源的供应压力也在增大。通过回收废旧锂离子电池,我们可以重新利用这些金属,减轻对矿产资源的需求压力。回收废旧锂离子电池具有显著的经济效益:一方面,回收利用其中有价值的金属,可以降低生产成本;另一方面,随着电池需求的增长,相应的回收产业也将得到发展,为经济带来新的增长点。通过回收废旧锂离子电池,并对其进行再利用或再制造,可以延长电池的寿命，提高其利用率，从而实现更可持续的储能方式。各国也在政策层面积极支持锂离子电池回收产业，刺激锂产业积极回收再利用废旧电池，支持国家层面的经济战略。根据英国分析公司 ID TechEx 的预测，到 2040 年，全球锂离子电池回收的市场规模将增长至 310 亿美元，中国将成为全球最大的锂离子电池回收市场，全球将有超过 50% 的废旧 LIBs 在中国得到回收。此外，储能电池的开发和应用既需要延长循环寿命，又需要关键材料的可持续性。前者依赖于电池材料优异的电化学性能，而后者则依赖于其可回收性。资源回收利用的目的是将废弃物回收处理成可再利用的材料，因此根据废弃物内在能量的保留程度和产品能否高价值利用，将现有的回收利用技术分为两个部分：梯次利用和再制造。对于一些仍具有较好性能的旧电池，可以进行二次利用，例如作为储能设备或低功耗设备的备用电源。同时，通过再制造，可以将旧电池进行修复和升级，延长其使用寿命。

退役动力电池的回收利用过程主要包括以下几个步骤。

① 回收。通过各个回收服务网点回收动力电池，将其集中到处理中心或工厂。

② 预处理。经预处理后将电池模组拆分成一个个的电池单体，以便后续处理。

③ 电池参数检测。检测这些电池单体容量等相关电池参数，以确定是否能够重新利用。

④ 分类重组。合格的电池单体可以重新分类组装，根据组装的电池容量和电压进行二次利用。

⑤ 二次利用。根据电池参数和相关标准，将合格的电池单体重新组装成电池模组，二次利用，比如用于低速电动车、电力储能系统等。

⑥ 再生处理。不合格的电池单体需要进行再生处理，包括拆解、破碎、资源回收等环节，以实现金属资源的回收和再利用。

⑦ 金属资源回收。通过拆解、破碎、分离等工艺，将电池中的金属元素和其他物质分离，回收金属资源，比如锂、镍、钴等。

整个回收利用过程的目标是实现资源的最大化利用，同时减少对环境的影响。未来，随着技术的进步和政策的推动，退役动力电池的回收利用将会更加成熟和高效。

8.2　锂离子电池的结构组成

动力电池是新能源汽车的核心部件，其类型和构成对于新能源汽车的性能、续航里程、安全性等方面都具有重要的影响。目前，新能源汽车动力电池的主要类型包括锂离子电池、镍氢电池、铅酸电池等，其中锂离子电池是最常用的动力电池。锂离子电池的构成主要包括正极材料、负极材料、电解液和隔膜等，如图8.2所示。其中，正极材料是锂离子电池的核心部件，决定了电池的能量密度、安全性、循环寿命等性能指标。常用的正极材料包括$LiCoO_2$、$LiMn_2O_4$、$LiFePO_4$等[6]，其中$LiFePO_4$因其较好的循环性能和良好的安全性被广泛采用。负极材料主要是石墨或类似石墨结构的碳材料，其作用是储存和释放Li^+。电解液是一种可燃性液体，由电解质锂盐、高浓度有机溶剂按一定比例配制而成，其作用是传递Li^+。隔膜是一种高分子薄膜，分为干法薄膜聚丙烯（PP）和湿法薄膜聚乙烯（PE），其作用是将正极和负极隔开，防止电子直接接触，同时允许Li^+自由通过。外壳主要是根据电池的用途来进行包装，一般有钢壳、铝壳、圆柱电池的镀镍铁壳和软包装的铝塑膜等。

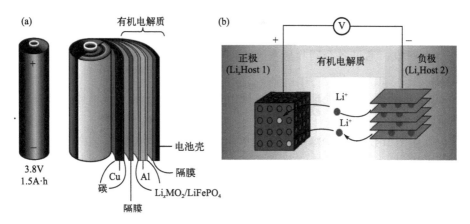

图8.2　（a）圆柱形锂离子电池形状和部件示意图；（b）锂离子电池在放电过程中的示意图和工作原理[11]

　　三元锂电池（$LiNi_xCo_yMn_zO_2$，$x+y+z=1$）的正极材料是三元复合材料，主要由锰盐、钴盐和镍盐按一定比例配制前驱液，再与锂盐混合而成。其中，镍元素可以提供更多的电化学活性物质，提高电池的能量密度，从而提高电池的容量。钴元素可以提高材料的导电性和结构稳定性，从而稳定电池的电化学性能，降低电池的容量衰减和安全风险。锰元素则可以提高材料的结构完整性和耐腐蚀性，增加材料的稳定性，从而延长电池的寿命。磷酸铁（锰）锂电池的正极材料通常为$LiFePO_4$材料（LFP）或$LiFe_xMn_{1-x}PO_4$材料（LMFP）。这些材料中，铁（锰）和磷形成稳定的铁（锰）氧八面体和磷氧四面体，通过共用顶点和共用边形成三维空间骨架，具有更好的热力学和动力学稳定性。这种结构限制了晶格体积的变化，使得Li^+的嵌入脱出被约束，从而限制了$LiFePO_4$（LMFP）材料的电子迁移率和离子扩散速率。这些材料具有较高的安全性和较低的成本，因此在动力电池等领域得到了广泛应用。镍钴锰三元材料$LiNi_xCo_yMn_zO_2$中，Ni^+的存在可以优化

Ni^+/Li^+ 晶胞比例，提高电池的能量密度。然而，过度添加 Ni^+ 容易导致阳离子混排，降低材料的稳定性。因此，在三元锂电池的制备过程中，需要控制 Ni^+ 的含量，以获得高性能、高稳定性的电池材料。

负极活性物质大多数是电位接近 Li 电位的天然石墨，或者类似石墨结构的人工石墨、碳纤维和金属氧化物 SnO 等。其中，石墨作为负极材料的主要原因是其独特的层状结构和高稳定性。这种结构可以不断地接收和释放来自阴极的 Li^+，从而克服了 Li^+ 的高活性，解决了传统锂电池的安全性问题。

电解液是一种可燃性液体，由电解质 Li^+ 盐和高浓度有机溶剂按一定比例配制而成，它在正负极之间起到传导 Li^+ 的作用。常用的电解液包括碳酸丙烯酯（PC）、碳酸乙烯酯（EC）和二甲基碳酸酯（DMC）等。电解液对锂电池的能量密度、循环倍率、储存和安全等性能有重要影响。为了提高电解液的安全性，许多研究机构正在研发添加阻燃剂或开发难燃电解液。然而，这些改进的电化学性能仍然无法完全满足市场的实际应用需求。因此，在选择电解液时，需要综合考虑其电化学性能和安全性等因素，并根据具体应用需求进行选择。

隔膜是一种经特殊工艺成型的高分子薄膜，用于将正极和负极隔开，防止电子直接接触，同时允许 Li^+ 自由通过。隔膜分为干法薄膜聚丙烯（PP）和湿法薄膜聚乙烯（PE），常用的材料是 PP/PE、PP/PE/PE 等复合薄膜。PE 薄膜因其较低的熔点在温度较低时能起到闭孔的作用，而 PP 薄膜的成型性好，能够提高隔膜的物理强度，降低破损概率，防止正负极直接接触。然而，PP 薄膜的收缩率较大，机械强度和支撑性有待提高，且在环境中难以自然降解。因此，将 PP 和 PE 结合使用可以有效地综合两者的优势。隔膜的微孔结构允许 Li^+ 自由通过，而电子不能通过，这为锂电池提供了离子通道和安全屏障。隔膜的品质和稳定性对锂电池的性能和安全性至关重要。

外壳是电池的重要组成部分，根据电池的用途可以选择不同的外壳类型进行包装。一般可用的外壳材料包括钢壳、铝壳、镀镍铁壳和软包装的铝塑膜等。其中，圆柱电池通常采用镀镍铁壳，而软包装电池则使用铝塑膜。外壳不仅起到保护电池内部结构的作用，还可以增强电池的机械强度和稳定性，保证电池在使用过程中的安全性和可靠性。

8.3　锂离子电池的梯次利用与再制造

车载动力电池的充放电过程会导致 SEI 膜的形成，降低 Li^+ 的脱、嵌效率，最终导致电池容量下降。当电池容量衰减至初始容量的 80% 以下时，难以满足车载动力的日常运行标准，因此需要退役。退役的动力电池可以进行梯次利用，即在更低的电容需求和电池性能领域进行二次利用。经过筛选、测试评估和重组等环节的退役电池可以按照"先梯次利用，后拆解回收"的原则回收利用。当电池容量衰减至30%时，需要使用干法回收或湿法回收等方法进行拆解回收，整合稀缺金属资源。预计到2025年，中国退役电池量能达到80万吨，2030年预期达到237.3万吨。回收的动力电池经过预处理后，将电池模组拆分成电池单体，然后检测这些单体的容量等相关参数。合格的电池单体可以重新分类组装，根据组装的电池容量和电压进行二次利用，而不合格的单体则需要进行再生处理。

电池梯次利用的具体过程包括电池筛选、检测、处理和重新使用，如图8.3所示。首先，需要筛选出仍有使用价值的电池，进行必要的检测和修复，然后根据不同应用的需求对电池进行分类处理。在这个过程中，可能需要重新充电、放电或调整电池的参数。最后，处理过的电池可以重新利用，实现资源的最大化利用。

筛分重组后的电池主要应用于电网系统、低速电动车和通信基站。在电网系统，筛分重组后的电池可用于备用电源、削峰填谷和微电网，降低储能成本。在低速电动车领域，筛分重组后的电池被大量应用，如电动三轮车和电动自行车。此外，随着5G技术的快速发展，需要建设更多的5G通信基站，截至2023年5月，中国的5G通信基站已累计建设完成284.4万个，未来一段时间所建设的基站总数还会持续上升，如此庞大的基站数量为退役电池进行梯次利用提供了一个十分庞大的市场。值得注意的是，电池的梯次利用并不是没有限制的。在实践中，梯次利用可能会导致电池的容量和性能下降，增加电池的安全风险，并且可能涉及较高的成本。因此，在进行梯次利用时，需要考虑电池的性能、成本和安全等因素，以实现最佳的经济和环境效益。

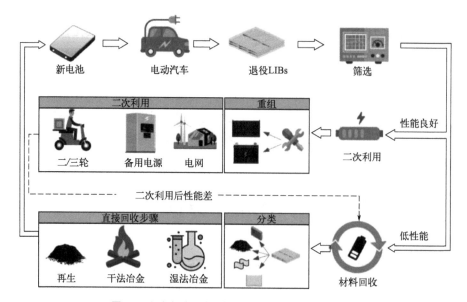

图8.3 退役锂离子电池综合回收利用技术路线示意图

8.3.1　梯次利用电池筛选

新能源汽车动力电池的退役会对电池包的物理化学性质产生影响，包括电池容量的不一致性和衰减程度的增加。因此，在梯次利用之前，对退役电池包进行拆解和筛选是非常必要的。初步筛选主要通过来自外界应力的物理损伤来进行鉴别，例如破损、鼓胀和漏液等不良现象。而化学损伤则是由电池包内部发生电解液漏液、分解，锂离子组分发生枝晶生长或电极结构坍塌等引起的。为了全面了解电池包的整体状态和老化程度，除了外观检查外，还需要使用各种性能检测手段进行分析，例如测量电池容量、内阻以及电化学性能等。

8.3.2　退役动力电池性能测试

退役动力电池的性能测试主要包括三个方面：一是退役电池健康状态评估。主要是评估电池的容量衰减程度，通常以电池容量的衰减程度与出厂标称容量的比例来衡量，一般以百分比表示。二是退役电池内部材料评估。主要是对电池内部材料的变化进行评估，包括对正负极、隔膜和电解液等固液相的分析，以了解电池内部材料的变化情况。三是热失控评估。主要是模拟电池运行内部真实发热场景，通过样品和环境传感器记录温度和压力等反应动力学参数，以检测电池在运行过程中是否会发生热失控。这些测试评估可以帮助我们了解退役动力电池的性能和状态，从而更好地进行梯次利用或回收处理，也是确保退役动力电池安全、可靠、高效利用的重要手段。

8.3.2.1　退役电池健康状态评估

电池健康状态（SOH）是表征电池老化程度与健康状况的关键参数，反映了当前电池整体性能及储存电能的能力。SOH 的评估预测方法包括直接测量法、模型预测法和基于数据驱动的方法[12]。直接测量法是一种较早的传统方法，根据电池容量、内阻、阻抗图谱（EIS）、容量增量和微分电压等特征参数在电池老化过程中的变化，反映特征参量与 SOH 之间的函数关系，从而对 SOH 进行估算。为了保持梯次利用过程中电池状态的一致性，在退役电池筛选分类中要进行电池容量、内阻和自放电测试。

电池容量测试的目的是测量电池的实际容量，通常采用电池额定容量 1/3 的电流对电池进行多次充放电，直至容量稳定，最后一次的容量数值即为电池的实际容量。以容量相差 10% 为标准对退役电池进行分类是目前业界公认的标准。电池内阻是指在电池充放电时，电子在电解液中定向流动所受的阻力。锂电池内阻测试一般采用混合脉冲法（HPPC）和电化学阻抗谱（EIS）2种无损测试方法。HPPC更简单、速度更快，在研究多重内阻方面具有优势，但只能进行简单的物性电阻计算和分析，无法实现电池内部阻抗成分分析。因此，还需要进行电化学阻抗谱分析。通过施加小振幅的正弦波电位（电流）到电池，观察和记录不同频率下的响应阻抗，由此分析锂离子电池的内部电极在电池反应过程中的分子动力学过程，进而获取固液界面结构。

8.3.2.2 退役电池内部材料评估

除了退役电池的健康状态，内部材料组分的变化也是影响电池梯次利用和研究电池衰退机制的重要环节。电池容量的衰减和热失控发生的根本原因都来源于内部组分材料在长时间的运行和环境影响中造成的物理化学性质的变化。退役电池内部材料评估需要对电池单体进行完全拆解，对电池正负极、隔膜和电解液不同固液相进行分析。常见的晶体结构表征、扫描电子显微镜（SEM）和透射电镜（TEM）分析可以帮助观察材料的组分和样貌的变化对其性能的影响。这些分析方法可以揭示电池内部材料的结构和性质，从而评估其性能和状态。结合第一性原理等计算方法，可以从原子的角度剖析失效机理，为后续梯次回收利用提供参考。这有助于更好地理解电池材料的物理化学性质，为开发更高效、更可靠的电池提供指导。

8.3.2.3 热失控评估

电池热失控是指电池内部温度上升导致的链式反应现象，可能导致大量有害气体和热量的产生，从而引发火灾和爆炸。由于退役电池的长期使用、运行场景的复杂化以及内部线路短路、过度充放电和机械碰撞等问题，电池内部温度可能会升高，从而引发热失控等异常现象。电池热失控的过程包括SEI膜的溶解、自生热阶段、热失控阶段（正负极与电解液反应发生短路）和热失控终止阶段（电池反应物几乎燃尽）。目前已经基本了解了热失控发生的机理，未来将重点关注热失控监测和热管理系统预警，以确保电池的安全使用。

为了安全地进行动力电池的梯次利用，需要对退役动力电池进行热失控检查，排除潜在威胁。从汽车电子架构检测的角度来看，基于压力和气体传感器对汽车实时运行热失控进行预警是一种常见手段。

此外，材料热分析可以基于潜在物理化学变化对动力电池进行更全面的分析。检测锂电池及相关材料热稳定性的方法主要有差示扫描量热法（DSC）、热重分析法（TGA）和绝热加速量热法（ARC）。DSC主要研究材料在不同温度下的热性能和相变过程，通过对比样品与参照物的多种热力学和动力学参数关系，评估材料的热稳定性。TGA 则更侧重于研究材料质量与温度随时间的变化关系，通过加热样品来模拟电池运行内部发热的真实场景。而 ARC 则是在绝热环境下，通过热电偶直接接触样品加热，模拟电池运行内部发热的真实场景，并记录样品和环境传感器的温度和压力等反应动力学参数。这些方法对于研究当前动力电池热失控行为具有重要意义。

8.3.3　锂离子电池拆解预处理技术

　　废旧锂离子电池的回收再生产是实现锂离子电池高效利用的重要途径。然而回收过程中也面临一些问题，如电池组结构和组成复杂、电芯的正负极材料体系复杂、回收过程存在安全隐患等。为了解决这些问题，引入了预处理工艺。预处理工艺是对废旧锂离子电池进行初步处理的重要步骤，包括放电与拆解、材料剥离和固体废弃物处理等方法。放电与拆解能够消除电池内的剩余电量，避免在回收过程中出现事故。同时，通过拆解将电池组复杂器件分离出来，以实现安全、高效的处理。材料剥离能够将物理性质相同或相似的材料分离出来，以便后续的回收处理。通过剥离，可以减少能耗，提高回收效率[13]。而回收过程中产生的固体废弃物的处理能够确保环境安全和人身健康。这些步骤的目的是将电池中的各种材料初步分离回收，以便进一步处理。随后，深处理工艺被用于进一步提取有价值的组分。深处理工艺包括湿法冶金、火法冶金和直接再生等方法。这些工艺能够将初步分离的材料进一步处理，提取出有价值的组分，如金属锂、电极材料等。最终，提取的有价值组分可以用于重新制备动力锂离子电池。这样不仅可以减少对原始资源的依赖，提高资源的利用率，也有助于减少环境污染，实现可持续发展。

8.3.3.1　放电与拆解

　　预处理工艺中的放电与拆解步骤是实现安全、高效处理废旧锂离子电池的重要步骤。这个过程能够将电池内部的各个部分分离出来，以便后续的回收处理。同时，通过放电与拆解也能够消耗电池内的剩余电量，确保在回收过程中的安全。

　　采用放电处理来释放废旧电池中的剩余电量，可以降低拆解和粉碎过程中电池短路引起自燃爆炸的风险，常用的方法包括溶液放电和电路放电。溶液放电是将废旧电池浸没于水溶液中进行放电，常用 NaCl、MnSO₄ 及 FeSO₄ 等溶液[14]，溶液放电方法的优点是成本低廉，简单高效，适合大规模使用。但是，这种方法存在一些问题。首先，荷电态较高或者破损的电池一旦接触到水，可能会发生剧烈反应。其次，放电过程中可能会产生大量氢气、氯气和氧气，具有一定的风险。最后，阳极腐蚀会破坏电池外壳，使电池中的组分和反应副产物进入溶液，引起电解液泄漏和有机废水产生，造成二次污染。电路放电是将废旧电池置于电路中，通过电阻或者能量回收的方式放出剩余电量[15]。这种方法的优点是对环境友好，避免产生危险气体和副产物，且放电程度可控，能将废电池放电至SOC为0%的状态，避免过放电造成铜集流体分解。但是，如果通过电阻放电，剩余电量将以热的形式散失，无法回收。此外，如果进行能量回收，则需要拆除电池保护电路，再重新连接电池，这个过程需要大量的人力及设备，成本过高。

除了这两种方法外，也可以采用惰性气氛或冷冻处理实现绿色安全放电，更适合工业化应用。在进行拆解和粉碎之前，还要对废旧电池进行热处理，包括低温处理[16]和高温处理[17]。低温处理可以凝固电解液，降低金属锂的反应速度，从而使拆解和粉碎过程更安全。低温处理成本较高，难以大规模应用，但能提升废旧电池的运输、拆解和粉碎过程的安全性。高温处理可以降解黏结剂和易挥发组分，便于后续材料回收，但会导致电解液无法回收，同时产生HF等有害气体。尤其在处理一些高SOC废旧电池时，有可能发生热失控，造成起火爆炸。因此从安全性和环保角度出发，应慎重采用这种处理方式。

综上所述，选择适合的放电和拆解方法对于废旧电池的回收和处理至关重要。需要根据实际情况进行选择，同时注意安全性和环保性。对于低温处理和高温处理方法，虽然各有优点，但也需要谨慎应用。

拆解是废旧电池回收过程中的重要步骤之一，通常分为两个层级[18]。第一层级的拆解是将电池组或模块拆解成单体电池，这个过程通常只能通过人力和手工设备完成。对于电芯没有破损的电池组，主要应注意电气方面的潜在危险；而对于电芯有破损的电池组，还需另外避免有害物质泄漏，以防对人身和环境造成危害。第二层级的拆解针对电芯本身，由手工或自动化设备将电芯的外壳打开，然后将外壳、正极片、负极片、隔膜及电解液等分开[19]。如果使用自动化设备，需要提前确定好所拆解电芯的结构和组成信息。为避免产生危险，可以在惰性气体氛围内进行拆解。由于LIBs的结构复杂，几种金属、有机物和无机物之间会相互渗透，很难将组件完全分离，因此这一层级的拆解集中在实验室研究，未形成大规模应用。

粉碎适用于单体电芯或小型模组，该过程主要由旋转式破碎设备完成。粉碎方式包括锤磨[20]、切割[21]及粒化[22]等。目前，粉碎过程没有统一的标准，电芯种类的差异及粉碎工艺的不同会产生不同成分、尺寸和形状的混合物料，并影响后续分离步骤的难易程度。因此，如果工业化可行的话，可以先对电芯进行拆解，再进行粉碎，使物料更易分离和回收。

8.3.3.2　材料分离

在废旧锂离子电池回收过程中，分离是对经过拆解和粉碎的物料进行进一步处理的重要步骤。通过粒径筛分[21]、磁力分离[23]、密度分离[24]、浮选分离[25]等方法，可以将物料中的不同成分分离出来。这些分离方法的应用取决于不同的物料特性和分离要求。

粒径筛分是根据粉碎颗粒的大小进行物料分离的一种常用方法，通过不同孔径的筛子将物料分成不同的粒径区间。在废旧电池回收中，经过粒径筛分之后，可以得到纯度较高的铜箔、铝箔、外壳、隔膜等颗粒以及多种材料混合的杂料。杂料的成分包含正负极活性物质、导电剂、黏结剂及少量的铜和铝等，需要进一步分离和回收。磁力分离技术是根据原料颗粒间的磁导率差异，在施加外部磁场时，具有不同磁化率的颗粒会被磁力吸引而分离。在废旧电池回收中，磁力分离技术主要用于电芯钢外壳的分离以及钴铁化合物和其他钴盐的回收。密度分离可以将物料中不同密度的材料分开。在废旧电池回收中，密度分离方法包括振动台、振动筛、中密度流体分离及空气分离等。浮选分离是一种基于不同材料表面亲水性差异进行分离的技术。在废旧锂离子电极材料混合浆料中，可以使用浮选技术来进行正负极材料的分离。其主要工艺是向待分离浆料中充入细密丰富的气泡并加入一定量的泡沫稳定剂，疏水材料浮于浆料表面并保存在泡沫内，再进行气泡收集完成疏水材料的分离。

除了上述分离方法外，还有一些其他方法，如静电分离法和涡流分离法等。但这些方法主要集中在实验室研究，并未进入大规模应用。

杂料是经过分离之后剩余的多种材料的混合物。在 LIBs 中，正极活性材料通过黏结剂附着在集流体上，杂料分离主要是除去其中的黏结剂，如聚偏氟乙烯（PVDF）、丁苯橡胶（SBR）及水溶性羧甲基纤维素（CMC）等，从而使电极材料更易回收[26]。杂料分离的主要处理方法包括热处理和化学处理。热处理广泛用于去除或降解电极材料上的黏结剂，比如利用厌氧热解法使材料恢复其本身的疏水性或亲水性，再利用浮选技术进行分离[27]。此外，还可以使用热溶剂来溶解黏结剂，比如乙醇、二甲基亚砜（DMSO）、N-甲基吡咯烷酮（NMP）、N, N-二甲基甲酰胺（DMF）等[28]。化学处理可以使用有机酸将正负极片中的铝和铜集流体分离出来。还可以使用还原浸出法，使用硫酸及过氧化氢来回收正极材料[29]。NaOH 常用于溶解铝集流体，但会产生一些 Li 及 Co 的共溶物。另一种化学处理方法是机械化学法，这种方法将电极材料与试剂及一些研磨介质混合，长时间研磨产生水或酸的可溶性化合物，从而溶解正极材料。比如，有人采用乙二胺四乙酸（EDTA）与电极材料球磨，得到稳定的水溶性金属螯合物 Li-EDTA 和 Co-EDTA[30]；也可以利用 PVC、NaCl、$ZnCl_2$、$FeCl_3$ 及 NH_4Cl 等与电极材料进行研磨，

得到水溶性的 $CoCl_2$ 及 $LiCl$。

8.3.3.3　固体废弃物处理

电池预处理过程中产生的固态废弃物，可以进行以下处理。

① 回收再利用。通过物理手段对拆分下来的电极活性物质、集流体和电池外壳等组分进行破碎、过筛、磁选分离、精细粉碎和分类等一系列操作，从而将高价值金属材料与其他物质分离，实现资源的回收再利用。

② 焚烧。将固态废弃物进行焚烧，可以回收其中的金属，同时焚烧产生的热量也可以加以利用。

③ 填埋。将固态废弃物进行填埋，是一种较常见的处理方式。在填埋之前，需要将固态废弃物进行压缩，以减小填埋体积。

以上处理方式需遵循国家环保法规以及其他相关规定，确保不会对环境和人体健康造成不良影响。同时，在处理过程中可能还会产生其他新的固态废弃物，这些新产生的固态废弃物也需要按照同样的方式进行处理。

8.3.4　正极材料回收

正极材料回收是指将报废的锂电池正极材料进行回收处理，以提取其中有价值的金属元素，主要包括金属的回收、分离和提纯等过程。目前按照处理过程可将回收方法主要分为三种：火法、湿法和直接再生法。火法回收主要是通过高温熔融的方式将正极材料中的金属分离出来。该方法主要是将正极材料加热至高温状态，使其中的金属熔融，最终通过物理分离的方法提取出有价值的金属。火法回收具有较低的成本，但需要消耗大量的能源，并且容易产生有害气体和固体废弃物。湿法回收是一种较为常见的回收方法，其主要过程包括化学溶解、浸出、分离和提纯等步骤。该方法主要是通过使用化学溶剂将正极材料中的金属溶解出来，然后通过化学或物理方法将不同金属离子分离，最终提取出有价值的金属。湿法回收具有较高的回收率，但需要使用大量的化学试剂和设备，因此成本较高。直接再生法是一种较为环保的回收方法，其主要过程是将报废的正极材料直接进行充电和放电处理，以恢复其电化学性能。该方法主要是通过循环利用报废的正极材料，延长其使用寿命，减少对环境的影响。直接再生法具有较低的成本和较少的能源消耗，但需要消耗大量的电力，并且需要严格控制处理过程，以避免安全隐患和环境污染。

在实际应用中，可以根据不同的需求和条件选择不同的回收方法。例如，对于一些含有较高价值金属元素的锂电池正极材料，可以采用湿法或火法回收方法进行回收处理；对于一些需要循环利用的正极材料，可以采用直接再生法进行回收处理。同时，在回收过程中需要严格控制处理过程，以避免产生安全隐患和环境污染。

8.3.4.1 火法回收

火法回收利用高温环境，将废弃锂离子电池中有价值的金属离子转化为合金化合物，以便进一步回收利用。回收过程包括低温加热、高温熔化和金属离子分离等步骤。通常将废弃 LIBs 在 150～500 ℃的低温下加热以蒸发电解质，然后在 1400～1700 ℃的高温下熔化，通过物理方法将熔融的金属离子分离出来，再通过物理或化学方法提取出有价值的 Co、Ni、Cu 和 Fe，在此期间，Li、Mn 和 Al 会损失在炉渣中。在熔化期间，铝箔集流体、阳极石墨以及添加的木炭充当还原剂以还原阴极材料，同时有机材料燃烧提供额外的能量。冶炼允许用不同的化学物质回收，无需分类或处理。因为废 LIBs 直接进料到炉中，操作简单，成本较低，回收过程中，只需要进行高温加热和熔化，所以更适用于大规模生产。

HagelÜkenc[31]采用高温冶炼法，直接将电池放入高温冶炼炉。铜、铝集流体在高温下熔融形成合金化合物，分离出的正极活性物质再通过后续工序分离提纯。此方式冶炼过程温度较高，炉温通常要大于 1500 ℃，能耗和资源浪费较大。Zhang 等[32]采用还原焙烧法，研究了从废旧锂离子电池正极材料中回收有价值金属的组合工艺。该方法首先用从负极材料中回收的石墨还原焙烧正极材料，然后进行无还原剂硫酸浸出，以回收有价金属。结果表明，在 600 ℃、3 h 实验条件下，不需要额外加还原剂，镍、钴、锂的浸出率可达 99% 以上，锰的浸出率可达 97% 以上。该工艺不仅可以利用废负极石墨，节约能耗，而且在后续有价金属的浸出过程中避免了大量氢气的产生。以上两种方法相比，高温冶炼法工艺操作简单、流程短、处理量大，是较为成熟的回收工艺，但是存在能耗高、产生二次污染气体等缺点；还原焙烧法所需的温度较低，能耗也较低，且在后续有价金属的浸出过程中避免了大量氢气的产生，但工艺相对较为复杂。

火法回收在锂离子电池回收过程中存在一些问题，例如回收过程需要消耗大量能源。在高温熔融过程中，容易产生有害气体和固体废弃物，对环境造成污染。高温操作风险较高，需要严格的安全措施来保障操作人员的安全。锂元素容易损失在炉渣中，降低回收率，火法回收更适合大规模生产，不适用于小规模或特殊类型的锂电池。因此，在选择回收方法时，需要考虑具体情况，包括能源依赖性、环境保护、操作安全以及适用范围等因素。

8.3.4.2 湿法冶金

湿法冶金回收是指使用特定的化学试剂将电池正极材料固态金属转化为离子态的金属离子浸出液，然后通过沉淀、萃取等方式分离回收浸出液中金属的方法。湿法冶金回收技术包括化学浸出法和生物浸出法。

化学浸出法是利用特定的化学试剂将电池正极材料中的金属离子提取出来。在这个过程中，需要选择合适的化学试剂，以确保高效率地提取出有价值的金属。湿法回收所用浸出剂包括无机酸、有机酸及其他溶剂。常见的无机酸（如 H_2SO_4、HCl 和 HNO_3）是无机酸浸出的常用试剂。在正极金属材料中，钴和锰的化合物处于高价态 +3 价和 +4 价，不易溶于水，很难以离子的形式溶解浸出，因此需要通过还原剂将高价态的钴和锰还原为更低价态的元素使其易溶于水。高浓度 HCl 中的 Cl^- 相对于 SO_4^{2-}、NO_3^- 具有强还原性，使得 HCl 作为浸出剂具有更高的浸出率。但浸出过程中产生的 Cl_2 会对环境造成二次污染，同时对设备耐腐蚀性要求更高。现阶段我国常采用 "H_2SO_4 补充还原剂 H_2O_2" 的方式进行工业回收。常见的有机酸如抗坏血酸、甘氨酸和甲酸等相较于无机酸大多属于弱酸，腐蚀性较弱，对环境更加友好。但弱酸在水溶液中不容易完全电离，使得浸出液中自由基 H^+ 浓度更低，有机酸相较无机酸更难与正极有价金属充分反应，浸出速率较慢。有机酸法具有无刺激气味且可重复利用的优点，成为正极材料回收的研究热点。但在实际的工业生产中，考虑到成本问题，无机酸的应用更加广泛。氨浸法[33]对镍、钴等有价值金属离子具有较好的络合能力，但难以络合铁、铝等金属离子。

生物浸出法是利用微生物为生物基浸出电池中有价值的金属离子。这种方法最为环保，可以省去前序的预处理步骤而回收整块电池，但微生物培养过程复杂、金属回收时间较长等问题，也限制了其产业化发展。虽然湿法冶金具有许多优点，但在预处理、废水处理等方面仍存在一些挑战。此外，不同的电池类型和材料可能需要不同的回收方法，因此需要针对具体的情况进行选择和优化。

分离和纯化是湿法冶金的最后一步，通常采用溶剂提取、化学沉淀和电化学沉积等方法。溶剂提取是一种利用不同金属离子在溶剂中的不同溶解度来实现分离的方法。这种方法的优点是选择性高，提取效率高。然而，在大规模应用时，前期投入的提取剂成本和后期的废物处理成本较高。化学沉淀法利用浸出液中不同金属离子化合物之间的溶解度差异来实现分离。常用的沉淀剂包括氢氧化物和碳酸盐，这些沉淀剂的成本较低，因此具有较好的应用前景。然而，沉淀过程对浸出液的 pH 值较为敏感。电化学沉积是利用不同的电极电位对浸出液中的金属离子进行有效分离的方法。

对于分离和回收得到的金属成分，有些会以金属盐的形式加入到材料生产的前驱体中，如 Ni、Co、Fe、Al 和 Mn 等。这些金属可以用于生产锂电池的集流体、极耳、外壳等部件。同时，也可以通过还原反应，使含有 Ni、Fe、Al 和 Cu 的金属化合物转化为各自的金属单质，再用于生产锂电池的集流体、极耳、外壳等部件。

一般认为湿法冶金比火法冶金更实用，因为它具有更高的回收效率、更低的能源需求和更低的碳排放。与传统的冶金工艺中电极材料被破坏的情况不同，湿法冶金可以直接再循环回收活性材料，保留原始的化合物结构，这样可以减少能源消耗和废物产生。然而，代替浸出以化学分解化合物结构，活性材料需要经过再锂化过程进行纯化和修复。再锂化过程可以显著降低成本，但也需要对原材料进行严格的分选。

尽管湿法冶金具有经济性、节能和减少消耗和废物的优点，但它尚未在大规模应用中被广泛接受。实验室规模的回收过程可能无法直接转化为商业规模的应用。因此，需要进一步研究和发展适合大规模应用的回收技术。此外，已发表的综述主要集中在回收方法的差异或阴极材料的再生上，但限制废电池回收的因素尚未以综合的方式被进行严格评估。了解电池劣化的原因以及其对回收利用的影响是非常重要的，这有助于优化回收过程并开发出新的回收技术。

综合来看，湿法冶金是一种具有潜力的 LIBs 再循环技术。然而，需要进一步研究和改进预处理、提取和分离等关键步骤，并解决大规模应用中可能遇到的问题。此外，还需要评估不同回收技术的环境影响和经济效益，以制定可持续的 LIBs 回收策略。

8.3.4.3　直接再生

直接再生工艺是一种原位修复回收技术，主要针对电池在充放电过程中因 Li^+ 脱嵌不完全而导致的缺锂现象。这种技术通过施加锂源，在不破坏材料原有结构的情况下实现正极活性材料的再生。直接再生工艺一般包括固态烧结法和水热法等。

在高温热处理过程中，熔化的材料内部会产生气体通道，使 Li^+ 高效扩散到锂空位中，从而完成晶体结构和成分的修复。Chen 等[34]在不经过浸出处理的情况下，通过检测分析 Li^+ 使用情况，锂源选择碳酸锂，碳源选择葡萄糖进行碳包覆，最后采用固态烧结恢复锂离子电池正极材料的晶体结构，使其重新获得电化学活性，展现出与商用磷酸铁锂相似的电化学性能。Song 等[35]在反应釜中加入废旧磷酸铁锂粉末、氢氧化锂、抗坏血酸、十二烷基苯磺酸钠和水等搅拌后进行水热处理，然后加入氧化石墨烯，在 160 ℃下水热反应 6 h 得到石墨烯、磷酸铁锂复合材料。这种材料以 0.2 C 倍率在 2.5～4.2 V 充放电时具有 99% 的库仑效率和

162.6 mA·h/g 的可逆容量。并且，在充放电循环 300 次后仍能保持稳定。通过对比发现，水热法制备的再生磷酸铁锂材料在电化学性能和经济性方面都优于固态烧结制备的再生磷酸铁锂。

直接再生技术是一种高效、节能、环保的锂离子电池回收方法。它不需要进行复杂的预处理和化学反应，可以快速回收有价值的金属，直接实现再生材料的价值。这种工艺不仅可以减少能源消耗和有害气体的产生，还可以降低操作风险，提高锂元素的回收率。此外，直接再生工艺适用于各种类型的锂电池，包括大规模生产和特殊类型的锂电池。然而，该技术也存在一些挑战和限制。首先，技术门槛较高，需要投入较高的研发和设备成本。其次，虽然直接再生技术具有高效的特点，但在实际应用中，回收效率可能不如湿法冶金等其他回收方法。最后，由于直接再生技术需要使用较贵的设备和技术，因此回收成本可能较高，影响其大规模应用。

总之，直接再生工艺作为一种原位修复回收技术，具有很广阔的应用前景，是废旧锂离子电池回收领域的发展趋势。随着技术的不断发展和进步，直接再生工艺将会在未来的电池回收领域发挥更加重要的作用。

8.3.5　负极材料回收

在锂电池中，负极碳材料的含量为 10%～20%（质量分数）。这么大量的碳材料如果不能得到有效的回收利用，将会对资源和环境造成浪费和风险。因此，回收和再利用负极碳材料是一项非常有价值的研究工作。石墨是 LIBs 最常用的商业负极材料，其回收再循环过程如图 8.4 所示。废负极石墨再生后可以作为高容量电池的负极材料重复使用。此外，废旧锂电池负极中的锂含量比自然环境中的锂含量更高。因此，在回收负极碳材料的同时，还可以回收锂。回收的碳材料除了用于电池当中，还可以用于制备其他功能材料，如用于废水处理的电芬顿系统、聚合物石墨纳米复合材料以及 MnO_2 修饰石墨吸附剂等。一些研究人员还成功地用废负极石墨制备了石墨烯。与天然石墨相比，废旧电池中的石墨在经过反复充放电后，其平面间距增加，层间的范德华力减弱。因此，这种石墨更容易被剥离成石墨烯，而其本身附着的含氧基团还可以防止其剥离后再次聚集。

8.3.5.1　除杂

在预处理阶段，经过完全放电的电池通过人工拆卸、机器破碎和筛分等处理，获得废石墨黑粉。然而，在这个过程中，一些金属杂质、有机电解质和黏结剂不可避免地夹杂在石墨中，影响其后续的材料回收效率。为了解决这个问题，

图 8.4　石墨回收再循环过程图

主要有两种可行的技术路线，一个是利用酸处理或热处理工艺。这种工艺可以在回收负极集流体铜箔的同时，除去石墨中微量的金属杂质。酸处理是通过化学方法使用酸溶液溶解掉金属杂质的，热处理是通过高温燃烧掉石墨中的金属杂质，这种工艺可以有效地提高后续材料回收的效率。另一个是利用热蒸发法、超临界二氧化碳萃取等技术，对石墨中残存的电解质中的锂盐进行选择性高效提取。热蒸发法是通过加热使锂盐蒸发，然后收集蒸发的锂盐，而超临界二氧化碳萃取则是利用二氧化碳在超临界状态下的特殊性质来萃取锂盐。这些技术可以有效地从废石墨中提取有价值的金属元素，例如锂，从而提高材料的回收效率。以上两种技术路线都可以有效地提高废旧锂离子电池材料回收的效率，具有重要实用价值。

通常情况下，废石墨中金属杂质包括残留的 Li、Al、Co、Ni、Mn、Cu、Na 等。为了去除这些金属杂质，采用各种方法对废石墨进行回收和提纯，包括高温煅烧法、酸浸法、硫酸固化法、电化学法等。高温煅烧法[36]是在高温下将废石墨进行煅烧，使其中的金属杂质得以挥发或氧化，从而实现与石墨的分离。这种方法会产生有毒气体，且对于温度的要求较高，能源消耗较大。酸浸法是一种使用无机酸作为溶剂浸出废石墨中金属杂质的方法，常用的无机酸包括 HCl、H_2SO_4、HNO_3 等。这种方法能够全组分高效回收有价金属，但是产生的废液会对环境造成污染。硫酸固化法[37]是在硫酸固化过程中，将石墨和二氧化硫作为还原剂，使高价金属及其氧化物均转化为相应的硫酸盐，在硫酸溶液中溶解后即得到固化石墨，以去除石墨中的杂质元素。这种方法得到的石墨纯度高于直接酸浸法，但是同样会对环境造成污染。电化学法[38]是一种使用电化学方法将石墨与铜箔分离的工艺，不涉及酸碱等腐蚀性试剂。这种方法仅可实现集流体铜箔和石墨活性材料的分离，有价金属的回收问题仍有待解决。

总的来说，各种回收方法都有其优缺点，需要根据实际情况进行选择。同时，为了保护环境和提高回收效率，需要继续研究和开发更加环保、高效的回收方法。

8.3.5.2 提锂

退役锂离子电池负极材料中不仅含有铜、石墨，还有较高含量的金属锂。这些金属锂主要来源于充放电过程形成的固体电解质界面膜（SEI）和石墨层中未脱嵌的 Li^+。通常情况下，废石墨中锂含量为31 mg/g，甚至高于锂辉石等矿石中锂的含量[39]。

废石墨中的锂主要以 Li_2CO_3、Li_2O、LiF、$ROCO_2Li$、CH_3OLi 等形式存在，可以简单划分为水溶性锂盐和非水溶性锂盐。水溶性锂盐如 $ROCO_2Li$、CH_3OLi、Li_2O 等在去离子水中可以获得约84%的浸出率。而非水溶性锂盐如 $R'OCO_2Li$、LiF 等则镶嵌在废石墨层中，几乎不溶于水，需要使用 HCl 溶液使其发生分解反应，从而从石墨层中回收锂。

对废锂离子电池负极石墨进行酸浸处理，以盐酸为浸出剂、过氧化氢为还原剂，可以有效地回收金属锂。随着 HCl 浓度和反应温度的升高，Li^+ 的浸出效率先升高后降低。此外，浸出时间的延长和固液比的降低也会提高锂的浸出率。Guo等[40]研究发现在最佳条件下，金属锂的浸出率可以达到99.4%。浸出后石墨的晶体结构较好，适合回收利用。

除了酸浸工艺，还可以使用环境可降解的有机酸作为浸提液，如柠檬酸，对废锂离子电池负极石墨中残存的锂进行选择性提取。经过柠檬酸处理，金属锂可以最大程度上以柠檬酸锂的形式被回收[41]。再生石墨的电化学性能可与人工石墨相媲美，适合作为负极材料回收利用。

此外，还可以通过活性炭除杂吸附预处理，进一步优化回收工艺。活性炭的投加量和吸附时间对锂的浸出和剥离速率有重要影响。经过优化工艺，可以得到高纯度的 Li_2CO_3 沉淀，其纯度可与商业产品相媲美。

8.3.5.3 去除电解质

在废锂离子电池石墨负极的回收过程中，处理残存的电解质是一个极其重要的步骤。目前，常见的处理方法包括真空热解法和有机溶剂萃取法。真空热解法的原理是利用高温热解去除电极中的电解质，使其变成气体或分解成其他物质。在真空热解法中，首先将废旧电池放入真空室中，然后加热至高温，通常在

$600\sim900\ ^\circ C$ 之间。在高温和真空条件下，电解质会蒸发或分解成其他物质，如气体或固体残渣。这些分解产物可以被收集并处理，而电极材料则可以回收再利用。真空热解法的优点是能够彻底去除电极中的电解质，并且不会对环境造成污染。此外，该方法还可以回收有价值的金属元素，如锂、钴等。然而，该方法需要高温和真空设备，因此成本较高。有机溶剂法使用有机溶剂，如醇类、酮类或酯类等，将电极中的电解质溶解，从而达到分离电极和电解质的目的。在有机溶剂法中，首先将废旧电池拆解成电极和电解质，然后将电极放入有机溶剂中浸泡。有机溶剂会溶解电解质，从而使电极和电解质分离。分离后的电极可以进行进一步的处理和再利用，而电解质则可以被回收或处理。有机溶剂法的优点是可以较为有效地去除电极中的电解质，并且使用的溶剂可以回收再利用。然而，该方法需要使用大量的有机溶剂，并且存在溶剂挥发和污染环境的风险。此外，该方法需要长时间的浸泡和分离过程，效率较低。

为了解决这些问题，研究人员提出了一种绿色可持续的回收方法——超临界 CO_2 萃取法[42]。将超临界二氧化碳作为萃取剂，可以避免电解质中引入溶剂杂质，同时简化了萃取产品的净化过程。此外，使用超临界二氧化碳作为萃取剂，不存在环境污染和高能耗问题。这种方法的原理是利用压力作用将电解质和 SEI 残留物插入石墨层之间，然后在后续的热处理中蒸发或降解，从而实现石墨剥离。然而，需要注意的是，加压得到的超临界二氧化碳作为萃取剂可能会导致石墨的放电能力受到影响，这是一个需要进一步研究的问题。为了达到更好的回收效果，还需要对超临界 CO_2 萃取法的工艺条件和影响因素进行优化和控制。这将有助于提高石墨负极的回收利用率，实现更高效、更环保的回收过程。

8.3.6　负极材料再利用

8.3.6.1　循环利用

回收的废石墨经过一系列处理可以得到高纯度的石墨，然后作为锂离子电池的负极材料。具体来说，这个过程通常包括预处理、分离和纯化、再造石墨和性能测试几个步骤。回收的废石墨可能存在一些杂质或损坏的部分，首先需要进行清洗、干燥等预处理步骤，以便后续的分离和纯化。再通过不同的物理或化学方法，可以将石墨从其他材料中分离出来，并进一步提纯，得到高纯度的石墨。经过处理的石墨可以进一步加工成所需的形状和结构，比如通过压片、挤压或 3D 打印等方式制成石墨负极材料。再生的石墨需要经过一系列的性能测试，比如电化学性能测试、结构分析等，以确保其满足作为负极材料的要求。但需要注意的是，再生的石墨虽然可以作为锂离子电池的负极材料，但其电化学性能可能会受到之前使用过程的影响，比如可能会存在一些不可逆的容量损失等。

为了解决再生锂离子电池负极容量衰减难题，Zhang 等[43]通过涂覆热解碳改善了再生石墨的各项性能。从报废锂离子动力电池中回收的负极材料是石墨、乙炔黑（AB）、丁苯橡胶（SBR）和羧甲基纤维素钠（CMC）的混合物。这种回收的负极材料比未使用的石墨性能差很多，并且不能在锂离子电池中重复使用。研究者为了实现有效的再生，将回收的负极材料先经过热处理以去除 AB、SBR 和CMC，然后涂覆酚醛树脂中的热解碳。从而除去大部分 AB 和所有 SBR、CMC，并获得再生阳极材料（带有涂层的石墨，残留的 AB 和少量 CMC 热解产物）。试验结果表明，再生负极材料中的残留物对材料的电化学性能影响很小，且部分技术指标甚至达到未使用石墨的水平，完全满足再利用要求。这项工作开创了从报废锂离子电池中环保有效地回收和再生负极材料的新技术，具有重要的经济和社会价值。

8.3.6.2　用作合成原料

石墨是石墨烯的来源，石墨烯自发现以来就吸引了科学界的兴趣，其优异的理化性质也使其受到了广泛关注。最重要的是，石墨烯在许多领域展现出巨大的应用潜力，从催化到生物医学应用，特别是在能量存储方面。利用商用石墨大规模生产石墨烯的主要工艺为化学氧化/还原法，但大量使用强氧化剂、还原剂和酸导致高成本，限制了其大规模应用。此外，强氧化剂在制备过程中会破坏石墨的六边形对称晶格，产生的废液会对环境造成二次污染。近年来，研究者证实可以通过使用石墨夹层化合物作为初始材料，通过直接劈裂大块石墨层获得结构完整的石墨烯，但需要使用昂贵的金属锂或熔融氢氧化锂等插层源。

目前提出回收负极石墨作为原材料制备石墨烯的技术方案，有望提高石墨烯及其衍生物的产率。回收废弃石墨可以合成石墨烯，这一过程包括预处理、氧化石墨的制备、剥离、还原、收集和纯化以及转化和功能化几个步骤。将经过预处理（如清洗、干燥和粉碎等）后的废弃石墨，与氧化剂（如硝酸、硫酸等）混合，并在高温下进行热解，生成氧化石墨。这个过程可以打开石墨的层状结构，使碳原子暴露出来。再将得到的氧化石墨分散在水中，通过超声波或机械搅拌等方法使其剥离成单层或少层的薄片，使用还原剂（如氢气、水合肼等）将氧化石墨还原，得到石墨烯。这个过程可以去除氧化石墨层间的氧化物，恢复石墨烯的导电性能。通过过滤、离心等方法收集还原得到的石墨烯，并进行必要的纯化处理，以去除残留的还原剂和其他杂质。最后在石墨烯表面进行必要的化学转化和功能化处理，以改善其在特定应用中的性能。

通过以上步骤，回收的废弃石墨可以转化为高质量的石墨烯，从而实现资源的再利用。这种转化过程不仅可以减少废弃物的排放，还有助于降低石墨烯的生产成本。同时，回收废弃石墨合成石墨烯还可以提供一种可持续的解决方案，以应对石墨资源短缺问题。

废石墨负极经过处理后还可用作催化剂。Zhao 等[44]通过预处理和煅烧工艺处理废石墨，成功获得了可作为有效催化剂活化 PMS 降解各种有机污染物的材料，由 CuO 和负极石墨 AM 组成。经紫外 - 可见分光光度计测定发现，AM/PMS 系统可以在较宽的 pH 值范围（3～10）内有效地降解有机污染物，并对各种有机污染物（RhB、MO、TC-HCl）和水基质表现出较高的灵活性。这表明利用回收石墨制备催化剂是一种较有前途的技术策略。

8.3.7　电解液回收

如图 8.5 所示，锂离子电池由 25%（质量分数，余同）外壳（钢和塑料）、27% 阴极（$LiCoO_2$，$LiFePO_4$，$LiNi_xCo_yMn_zO_2$ 等）、12%～17% 阳极（石墨），13% 集流体（铜箔和铝箔），10%～15% 电解质（$LiPF_6$ 或 $LiBF_4$ 等，溶解在偶极有机溶剂中）、4% 隔膜（聚丙烯）和 4% 黏合剂（聚偏二氟乙烯）组成[45,46]。电解液在锂离子电池中起着传递 Li^+ 的作用，是连接正负极的桥梁，对电池的比能量、安全性、循环性能、倍率性能、存储性能和成本等方面都有影响，因此被称为锂离子电池的"血液"。电解质是 LIBs 中最危险的成分，因为它们很容易与空气和痕量水反应释放出有毒物质[47]。电解质包含三部分：锂基盐、有机溶剂和添加剂。敏感的锂基盐，如 $LiPF_6$ 易与痕量水反应生成有毒的含氟和含磷化合物（POF_3、PF_5、HF 和 H_3PO_4 等）[48,49]。同时，包括甲基乙基碳酸酯（EMC）、碳酸乙烯酯（EC）和二甲基碳酸酯（DMC）等挥发性碳酸酯溶剂会产生少量挥发性有机化合物（VOC）[50]。此外，阻燃剂等少量添加剂在燃烧过程中会转化为致癌呋喃[51]。来自电解质的这些危险物质很容易扩散到水、土壤和空气中，造成严重的环境污染，威胁人类生命。然而，在废旧锂离子电池回收过程中，危险电解质的处理总是被忽视。

与电极回收等其他组分相比，电解质的研究仍处于被忽视和初步研究阶段。然而电解质中的锂盐是高质量的锂资源，如果经过适当处理可以回收利用。同时，易燃和挥发性碳酸酯溶剂可以收集并重新用作其他燃料。另一方面，随着锂离子电池的大量生产，电解质的需求和价格也在不断上涨。2022 年初，溶剂 DMC 达到了 10000 元 / 吨，而锂盐 $LiPF_6$ 达到了 55 万元 / 吨。理论上，高效回收电解质可以带来可观的经济效益。同时，每年将产生超过 20 万吨的废旧锂离子电池，相应地会有大量危险而有价值的电解质被丢弃。与电极（正极和负极）相比，电解质回收具有较低的经济效益，并面临更多的挑战。然而，由于电解质是最具污染性和危险性的成分，在废旧锂离子电池的大批量回收过程中必须对其进行高效处理。如果处理不当，废旧锂离子电池回收过程中大部分有害物质来源于电解质，甚至可能引起爆炸。因此，高效处理电解质不仅经济效益显著，而且对废旧锂离子电池的环保回收也至关重要。

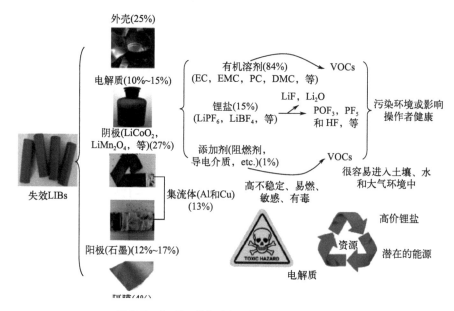

图 8.5　废 LIBs 的组成以及电解质的危险与价值

电解液回收技术可分为蒸馏法[25]、冷冻法[52]、机械法[53-55]、有机溶剂萃取法[56]和超临界回收法[57]，如图 8.6 所示。然而，在电解液回收过程中存在着电解质分解变质、有机溶剂吸附在极片表面难以回收、电解液难以直接修复等问题，给电解液的高值化再利用带来了巨大挑战。

（1）蒸馏法和冷冻法

由于液态电解质易挥发的特性，可以通过蒸馏收集。首先通过加热使电解质从废锂离子电池中挥发，然后通过冷凝收集。挥发性电解质也可以冷冻为固体进行收集。冷冻后，电解液失去活性，很难挥发和分解，可以很容易地回收。蒸馏和冷冻过程的原理是基于液体、气体和固体之间的相变。

在惰性气氛下将废锂离子电池破碎后，可以在 50～300 ℃之间通过蒸馏获得碳酸酯。由于该过程中不使用有机溶剂，因此可以实现废液的零排放[25]。此外，据报道，即使在 120 ℃的低温下也可以回收有机溶剂。当温度高于 180 ℃时，$LiPF_6$ 可以分解为 LiF 和 PF_5，然后可以与水反应产生有毒和腐蚀性的 HF 和 H_3PO_4。

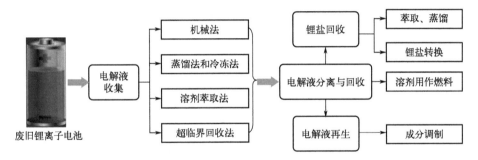

图 8.6　电解液回收技术

为了收集有机溶剂并实现 $LiPF_6$ 的无害化处理，提出了包括蒸馏、过滤和脱氟的综合工艺，从电解质中获得纯有机溶剂[58]。先将废锂离子电池在 40～100 kPa 下破碎，然后吹入 90～280 ℃ 的热气流中使电解质挥发。最后，通过挥发性气体的冷凝、过滤和脱氟从电解质中收集有机溶剂。当热气与适当比例的水蒸气混合时，$LiPF_6$ 可以分解为 LiF 和挥发性 POF_3、PF_5、HF、H_3PO_4 等。LiF 固体可以与阴极的冶金工艺一起回收，而挥发性氟化物可以在用 $Ca(OH)_2$ 处理后通过燃烧排放。

　　蒸馏和冷冻法通过控制相转变能有效，甚至完全收集电解质。蒸馏主要收集有机溶剂，但电解质中的 $LiPF_6$ 和其他锂盐会与水蒸气反应，因此 $LiPF_6$ 被破坏，生成的 LiF 残留在残渣中。同时，需要配备吸附剂以处理有毒和腐蚀性的 HF、H_3PO_4 等。冷冻法通过低温冷却降低电解质活性，从而消除电解质中成分的挥发和有害物质的释放。然而，冷冻设备的要求和成本较高，阻碍了其广泛应用。

（2）机械法

　　机械方法如离心、气流清除和真空过滤是通过外部力量将电解质从电池中分离出来以释放电解质。这些工艺通常在惰性气体或真空保护下进行，以防止电解质与空气或水发生反应。

　　离心法[55]是利用超高速离心力收集电解质。先在 N_2 气体保护下拆卸用过的锂离子电池，使电池中的电解质流出并收集起来。然后，通过高于 $2×10^4$ r/min 的离心速度将残留在电极结构中的电解质分离出来。最后，结合有机溶剂的清洗和再次离心，分离并回收电解质。除了拆卸过程之外，在粉碎过程中也可以收集电解质。在控制湿度条件下，通过综合离心和溶剂反流清洗可以提高从粉碎用过的锂离子电池中收集电解质的效率[53]。

　　气流清除和真空过滤法分别基于正压和负压，以从废锂离子电池中排出电解液。气流清除是利用一种简单的装置[59]，将废锂离子电池的两端夹紧并露出，并将末端与高压鼓风机对准，以吹出电池中的电解质。而真空过滤法是通过真空系统从防爆阀口的电池中提取电解液，然后通过液体入口系统将清洗液注入电池中。静置后，通过真空系统提取内部液体，重复该过程以收集大部分电解质。

虽然机械工艺具有不需要添加其他物质和不改变电解质组成的优点，但是由于电解质渗透到电极结构、隔膜以及电极表面上的固体电解质相界面形成 SEI，这些机械工艺很难将电解质与废锂离子电池完全分离。因此，通常需要将溶剂洗涤等方法与机械工艺结合，以充分收集电解质。

此外，将机械方法应用于工业生产仍需要设计高度自动化的设备以提高生产效率。同时，无论在拆解和粉碎废锂离子电池期间还是之后，收集电解质都需要在惰性气体或真空保护下进行，以避免电解质与空气中的水发生反应。

（3）有机溶剂萃取法

溶剂萃取是通过向电极和隔板添加适当的有机溶剂来收集电解质的过程。将电极和隔膜中的电解质转移到溶剂中后，根据不同的沸点进行蒸馏或分馏，从而分离电解质和萃取剂。在溶剂萃取过程中，对萃取溶剂的要求是，在减压下其沸点应低于锂盐的分解温度。已经使用了一些碳酸酯类溶剂，例如碳酸乙烯酯（EC）、碳酸丙烯酯（PC）、碳酸二乙酯（DEC）、1,2-二甲氧基乙烷（DME）、碳酸二甲酯（DC）和碳酸甲乙酯（MEC），用于从废锂离子电池中提取电解质。与其他萃取剂相比，PC 可以在 2 h 内完全提取电解质。此外，使用 EC 和 PC 作为溶剂，可以在 20 min 内提取出约 95.6% 的电极和隔膜中的电解质，然后通过蒸馏进行回收[60]。同时，$LiPF_6$ 可以从 EC 和 PC 中沉淀出来，通过过滤进行回收。此外，一篇中国专利中报道了更加详细的溶剂萃取过程[61]。首先拆解废锂离子电池取出电池芯，然后将其浸泡在碳酸酯类溶剂（EC、PC、DEC、DC、MEC，或它们的混合物）中，进行过滤、离心，通过无水 HF 气体，最后在 100～140 ℃下进行真空蒸馏。通过上述综合工艺可获得电解质中的有机溶剂、萃取剂和高纯度的 $LiPF_6$。

然而，需要注意的是，虽然溶剂萃取可以有效回收电解液，但萃取剂在后续的萃取分离过程中会损失，不仅增加了成本，还容易产生新的污染。此外，回收的电解质还含有一些来自萃取溶剂的有机杂质，这将增加净化成本，且回收的电解液在新的锂离子电池中重复使用时性能会下降。

（4）超临界回收法

超临界流体萃取是利用超临界流体作为萃取剂，从液体或固体中萃取特定成分，以达到分离的目的。在临界点（温度和压力）下，超临界流体介于气相和液相之间。它具有高渗透性、低黏度、与液体相似的密度以及溶解多种物质的优异能力。同时，其扩散系数约为普通液体的100倍[62]。这些特殊性质使其成为从废LIBs中收集电解质的理想萃取剂。在超临界液体中，CO_2是最有希望的废锂离子电池电解液提取介质，因为它的临界点容易达到（0.74 MPa和31.1 ℃），非极性有机溶剂的可溶解性大，萃取过程相对温和且高效，回收过程无毒，无污染，是废LIBs中电解质最有前途的萃取介质。

有些文章报道了从废锂离子电池中提取电解质的超临界CO_2。Grützke等[63]通过超临界CO_2从电解液中成功提取了四种老化产物（碳酸二乙酯、二甲基-2,5-二氧六环二羧酸、乙基甲基-2,5-二氧六环二羧酸和二乙基-2,5-二氧六环二羧酸）。电解质的类型对溶剂的提取速率和组成有很大影响。此外，收集溶剂的浓度在不同温度下也会发生变化，并与SEI的生长相关，需要进一步的纯化，如蒸馏，以将目标有机碳酸酯化合物从溶剂中分离出来。此外，他们还比较了超临界和液态CO_2的提取效果。发现用液态CO_2从商用$LiNi_{1/3}Co_{1/3}Mn_{1/3}O_2$（NMC）/石墨18650电池中提取DMC和EMC的效果优于超临界CO_2。

同样，Liu等[64,65]通过单因素和响应面法研究了操作参数对从废锂离子电池中提取电解质效率的影响。他们建立了一个预测模型，在23 MPa、40 ℃和45 min的条件下，电解质的提取量可以达到约85.7%，与预测值相符。提取压力对电解质提取具有最重要的影响。此外，根据带有火焰离子化检测器的气相色谱法，在超临界CO_2提取过程中收集到的有机溶剂的含量在电解质中保持不变，这进一步证明了其有效性。

虽然超临界CO_2提取电解质具有绿色、稳定、无毒、不燃、安全且易于与电解质分离的特性，但它不能作用于电解质中的锂盐，如$LiPF_6$。应采用其他方法，例如添加其他有机溶剂以收集电解质的完整组成。

8.3.8　电解质成分分离和再生

收集电解质后，需要进一步处理，因为电解质通常是有机溶剂（DMC、EMC、EC等）、锂盐（如$LiPF_6$）以及其他添加剂（如阻燃剂）。此外，在LIBs的循环过程中，由于电解质和电极（阳极和阴极）之间的反应，产生了一些新的化合物。由于其高挥发性、易燃性、毒性、敏感性和复杂性，因此高效安全地处理收集的电解质非常重要。收集的电解质的当前处理有两个方向：成分分离和再生。

8.3.8.1　锂盐分离和回收

组合物分离主要集中在有机溶剂和锂盐的分离上。由于有机溶剂的类型不确定，进一步分离有机溶剂中的单一组合物似乎不切实际，经济上也不可行。虽然有报道说，可以根据其沸点或相容性实现对不同有机溶剂的分离，但分离效果并不令人满意，同时导致能源和新化学品的高消耗。由于电解液中含有高品位的锂盐，锂盐的分离和回收从经济效益上引起了更多的关注。

由于敏感的锂盐，如 $LiPF_6$ 很容易与痕量水反应生成有毒的含氟和含磷化合物，这使得它们的回收与电极相比更具挑战性。电解液中锂盐的传统处理工艺通常伴随着电极的回收，电极在废 LIBs 的拆解、破碎或热处理等预处理过程中分解成 LiF 等[50]。然而，有毒含氟和含磷化合物的排放并未受到太多关注。同时，$LiPF_6$ 的经济价值是回收的动力。目前，其回收方向主要分为 $LiPF_6$ 直接恢复和转换。

8.3.8.2　$LiPF_6$ 直接回收

$LiPF_6$ 直接回收是通过溶剂萃取、蒸馏等从电解质中的有机溶剂中分离来实现。例如，当在超声波下将废锂离子电池与有机溶剂（由乙腈和碳酸盐组成）混合时，电解液中的 $LiPF_6$ 可以转移到混合溶剂中[66]。$LiPF_6$ 的回收率达到 92% 以上。溶剂萃取的主要问题是化学品的额外消耗，并且 $LiPF_6$ 的回收效率和纯度不高。为了提高纯度，一项中国专利提出了一种包括溶剂萃取、蒸馏和纯化的综合工艺[67]。首先，使用特定的有机溶液浸泡拆解的废锂离子电池以获得电解质。然后，将电解液过滤、离心、蒸馏，并用 HF 纯化。最后，获得符合行业标准的 $LiPF_6$。

此外，为避免额外的溶剂消耗，首先使用高真空压力下的蒸馏分离有机溶剂，并获得残留的粗 $LiPF_6$。然后进行 HF 纯化和重结晶，以获得高纯度的 $LiPF_6$。真空压力、温度和再结晶温度分别为 0～20 kPa、20～120 ℃ 和 -80～10 ℃[68]。由于电解液通常通过蒸馏、溶剂萃取和超临界流体萃取工艺收集，建议在电解液收集过程中进行 $LiPF_6$ 直接回收。这将减少后续 $LiPF_6$ 回收过程中的化学品消耗和成本。据报道，在 10～40 MPa 和 31～50 ℃ 的条件下，超临界 CO_2 与丙酮混合可以提取 80% 以上的 $LiPF_6$[69]。

8.3.8.3　锂盐转换

$LiPF_6$ 很容易与水发生分解。因此，将其转化为稳定的锂盐，如 Li_2CO_3 和 LiF 可以促进回收。从 $LiPF_6$ 到稳定的锂盐的转化过程可以通过加入碱（如 NaOH 和 Na_2CO_3）将电解质调节为碱性来实现。在这个过程中，$LiPF_6$ 最终转化为 Li_2CO_3。首先，拆解废锂离子电池，并加入碱溶液。然后，通过超声浸渍获得滤液。接着，进行回流萃取和蒸馏以获得有机相。最后，将剩余滤液的pH调节至碱性，加入Na_2CO_3后获得粗Li_2CO_3。

在电解质收集过程中，一旦电解质暴露在空气中就会不可避免地生成LiF。因此，对于实现最大回收值而言，有效地回收LiF以及净化锂盐产品非常重要。可以通过H_2SO_4（6%）浸出将LiF转化为Li_2SO_4，然后通过NaOH（pH=11）和乙二胺四乙酸逐级纯化，最后在95 ℃下加入Na_2CO_3沉淀获得纯度为99.5%的Li_2CO_3[70]。在阴极材料的分离过程中，$LiPF_6$通过化学反应转化为稳定的$NaPF_6$和Li_2CO_3，然后存在于有机混合物中的$NaPF_6$和Li_2CO_3可以很容易地被收集。

总之，将$LiPF_6$转化为稳定的锂盐更适合工业应用，因为它操作简单、存储要求低且可以与电解质收集过程同时进行，大大降低了回收成本。

$LiPF_6$直接回收的主要问题是严格的、困难的收集过程，这极大地依赖于电解质收集方法。此外，直接回收$LiPF_6$的纯度也是一个关注点，需要额外的HF净化。相比之下，将敏感的$LiPF_6$转化为稳定的盐（$NaPF_6$、Li_2CO_3和LiF等）的锂盐转换法由于操作简单、存储要求低似乎更有效，且经济上更可行。此外，Li_2CO_3也可以作为新锂离子电池的原材料进行回收。更重要的是，这种转化可以与电解质收集过程同时进行，大大降低了回收成本。因此，锂盐转换过程更适合工业应用。

8.3.8.4　电解液再生

重新利用废LIBs中的所有成分来制造新的LIBs是实现废LIBs闭环的理想目标。阴极和阳极的再生技术虽然在一些研究中得到了好评，但由于电解质的特殊性和成分变化，实现与商业电解质相当的电解液再生是一项巨大的挑战。此外，高昂的再生成本也是主要障碍之一。

为了再生电解质，通常需要从其成分中去除杂质。Li等[71]提出了一个电解质的综合再生过程，包括拆卸废LIBs以分离电池，离心以收集电解质，过滤，活性炭脱色和分子筛脱水。然而，他们没有提到再生电解质的电化学性质。Liu等[72]系统研究了电解质的组成变化和再生电解质的电化学性能。再生过程包括超临界CO_2萃取、交换树脂脱酸、分子筛提纯、组分补充。再生电解液的离子电导率和首圈放电性能与商业电解质相当，但在循环过程中表现出较差的稳定性。这主要是因为回收电解液中的杂质不能有效去除，例如HPO_2F_2等杂质容易分解，生成的HF会破坏SEI膜，导致$Li/LiCoO_2$电池的循环稳定性降低。

考虑到再生废电解质过程的复杂性以及与商业电解质相比的性能劣势，再生废电解质并不是一个高性价比的选择。为了克服电解质再生面临的挑战，包括电解质分离不完全、$LiPF_6$分解等，整合各种方法的优点将是一种有效的方法。例如，机械工艺（离心、气流吹扫、真空过滤等）与蒸馏相结合，将是一种高效、环保且经济可行的工艺。未来的研究应致力于开发更有效的纯化方法，改进成分分析技术，并研究再生电解质的褪色机理，以实现LIBs的闭环回收。

8.4 环保政策和法规

针对锂电池回收的政策法规，不同国家和地区有所不同。以下是我国锂电池回收的环保政策和法规。2006年，国家发展和改革委员会（发改委）发布《汽车产品回收利用技术方针》，第一个基于EPR系统的报废汽车零部件回收政策提出了整车产品回收利用的三个阶段目标。2012年，国务院发布《关于印发节能与新能源汽车产业发展规划（2012—2020年）的通知》强调要加强新能源汽车电池等核心部件的研发力度，同时加强动力电池梯级利用和回收管理。

2016年，工信部颁发了《新能源汽车废旧动力蓄电池综合利用行业规范条件》，规定了新能源汽车废旧蓄电池梯次利用和再生利用的过程，并细化和区分了相关企业从事梯次利用和再生利用应满足的不同要求。同年11月，中国国务院发布《"十三五"国家战略性新兴产业发展规划》，其中强调应推进动力电池梯次利用，建立上下游企业联动的动力电池回收利用体系。2017年，国务院颁布了《生产责任延伸制度推行方案》，明确动力企业要建立动力电池生命周期追溯系统，确保废旧锂电池规范有序安全处置。同年，工信部、商务部和科技部联合发布的《关于加快推进再生资源产业发展的指导意见》提出，要建立完善的废旧动力电池资源化利用标准体系，推进废旧电池的梯级利用。

2016年，工信部发布的《新能源汽车废旧动力蓄电池综合利用行业规范条件》指出，锂电池回收产业链下游主要为梯次利用领域（如低速电动车、通信基站、储能电池、智能路灯等）及插接回收材料（如锡、锰、钴、锂等）。同年工信部发布《新能源汽车动力蓄电池回收利用管理暂行办法》，要求新能源汽车制造商必须实施EPR系统，并承担回收电池的主要责任。必须坚持电池的生命周期理念和环境、社会和经济效益有机统一的原则。必须确保电池能够有效地回收并以对环境负责的方式进行处理。2019年，工信部修订发布《新能源汽车废旧动力蓄电池综合利用行业规范条件（2019年版）》《新能源汽车废旧动力蓄电池综合利用行业规范公告管理暂行办法（2019年版）》界定综合利用的含义，并将其分为梯次利用和循环利用。规范企业技术、生产、环境要求，加强对企业的监督管理。提出工作、施工、安全和环境保护要求。2022年11月，中国工信部发布的《关于做好锂离子电池产业链供应链协同稳定发展工作的通知》中，强调要鼓励锂电生产企业、锂镍钴等上游资源企业、锂电回收企业、锂电终端应用企业及系统集成、渠道分销、物流运输等企业深度合作，通过签订长单、技术合作等方式建立长效机制。

此外，欧盟也制定了相关法规，要求报废的锂电池应由制造商或进口商负责回收处理。美国则通过《资源回收法》等法律鼓励制造商回收和再利用其产品中的材料。日本则规定，消费者需将报废的锂电池交给制造商或进口商指定的回收中心。随着锂电池回收利用的重要性日益凸显，预计未来还会有更多的相关政策和法规出台。

8.5　小结

锂离子电池回收与再利用是一项重要的环保举措，旨在减少对有限资源的依赖，减轻对环境的污染，并促进可持续发展。随着电动汽车和可穿戴设备等新兴市场的迅速发展，锂离子电池的需求量也在不断增长，而有限的锂资源加上环保压力的增大，使得锂离子电池回收与再利用变得日益重要。

目前，锂离子电池回收与再利用的技术已经得到了发展和改进，包括火法回收技术、湿法回收技术以及生物回收技术等。这些技术能够有效地提取和回收电池中的有价金属，并且逐渐形成了较为完整的产业链条。然而，回收成本、技术等问题仍然限制着废旧锂离子电池的回收，因此需要继续研究和创新，以提高回收效率和降低成本。

在未来，锂离子电池回收与再利用行业将面临更多的机遇和挑战。随着新能源汽车市场的不断扩大，退役电池的数量也将不断增加，这为电池回收行业提供了巨大的市场潜力。同时，随着绿色能源转型的推进，越来越多的国家和地区开始制定强制性回收目标，这将进一步推动锂离子电池回收行业的发展。

然而，挑战也依然存在。首先，电池回收技术的研发和应用需要大量的资金和人力资源。其次，废旧电池的收集和处理成本较高，需要建立有效的利益驱动机制，吸引更多的企业和投资者参与。此外，电池回收行业还面临着政策法规、环保标准等方面的挑战。

因此，未来需要政府、企业和研究机构等多方面的合作和努力，共同推动锂离子电池回收与再利用行业的发展。政府可以制定更加完善的法规和政策，提供财政和税收支持，引导行业向绿色、环保方向发展；企业可以加强技术研发和创新，提高回收效率和降低成本，同时履行社会责任，积极参与环保活动；研究机构可以开展基础研究和应用研究，为行业提供技术支持和指导。

总之，锂离子电池回收与再利用是一项重要的环保事业，对于实现可持续发展、推动绿色能源转型具有重要意义。随着技术进步和政策支持的不断加强，相信这一行业将会得到更加广泛的关注和发展。

参考文献

[1] Hou C, Wang J, Cheng H, et al. Hyper-coal as binder for coking: Macroscopic caking property, microstructure basis and extraction temperature optimization index[J]. International Journal of Coal Preparation and Utilization, 2022, 43(3): 520-537.

[2] Zhang X H, Xie Y B, Lin X, et al. An overview on the processes and technologies for recycling cathodic active materials from spent lithium-ion batteries[J]. Journal of Material Cycles and Waste Management, 2013, 15(4): 420-430.

[3] 国务院办公厅印发《新能源汽车产业发展规划 (2021—2035 年)》的通知 . 中华人民共和国国务院公报 , 2020(31): 16-23.

[4] 卢奇秀 . 中汽协 : 我国新能源汽车产销连续 8 年全球第一 [N]. 中国能源报 , 2023-01-16(011).

[5]Xu P,Tan D H,Jiao S,et al. A materials perspective on direct recycling of lithium-ion batteries: Principles,challenges and opportunities[J]. Advanced Functional Materials 2023,33 (14): 2213168.

[6] Wang M, Liu K, Yu J, et al. Challenges in recycling spent lithium-ion batteries: Spotlight on polyvinylidene fluoride removal[J]. Glob Chall, 2023, 7(3): 2200237.

[7] Zeng X L, Li J H, Singh N. Recycling of spent lithium-ion battery: A critical review[J]. Critical Reviews in Environmental Science and Technology, 2014, 44(10): 1129-1165.

[8] Bai X, Jiang Z, Sun Y, et al. Clean universal solid-state recovery method of waste lithium-ion battery ternary positive materials and their electrochemical properties[J]. ACS Sustainable Chemistry & Engineering, 2023, 11(9): 3673-3686.

[9] Yoon J, Han G, Cho S, et al. Microbial-copolyester-based eco-friendly binder for lithium-ion battery electrodes[J]. ACS Applied Polymer Materials, 2023, 5(2): 1199-1207.

[10] Yu D W, Huang Z, Makuza B, et al. Pretreatment options for the recycling of spent lithium-ion batteries: A comprehensive review[J]. Minerals Engineering, 2021, 173: 19.

[11] Grey C P, Tarascon J M. Sustainability and in situ monitoring in battery development[J]. Nat Mater, 2016, 16(1): 45-56.

[12] 王萍 , 弓清瑞 , 张吉昂 , 等 . 一种基于数据驱动与经验模型组合的锂电池在线健康状态预测方法 [J]. 电工技术学报 , 2021, 36(24): 5201-5212.

[13] Kim H J, Krishna T N V, Zeb K, et al. A comprehensive review of Li-ion battery materials and their recycling techniques[J]. Electronics, 2020, 9(7): 45.

[14] Yao L P, Zeng Q, Qi T, et al. An environmentally friendly discharge technology to pretreat spent lithium-ion batteries[J]. Journal of Cleaner Production, 2020, 245: 8.

[15] Sonoc A, Jeswiet J, Soo V K. Opportunities to improve recycling of automotive lithium ion batteries[J]. Procedia Cirp, 2015, 29: 752-757.

[16] Liu J S, Wang H F, Hu T T, et al. Recovery of $LiCoO_2$ and graphite from spent lithium-ion batteries by cryogenic grinding and froth flotation[J]. Minerals Engineering, 2020, 148: 10.

[17] Zhang G W, He Y Q, Wang H F, et al. Removal of organics by pyrolysis for enhancing

liberation and flotation behavior of electrode materials derived from spent lithium-ion batteries[J]. ACS Sustainable Chemistry & Engineering, 2020, 8(5): 2205-2214.

[18] Bai Y C, Muralidharan N, Sun Y K, et al. Energy and environmental aspects in recycling lithium-ion batteries: Concept of battery identity global passport[J]. Materials Today, 2020, 41: 304-315.

[19] Sommerville R, Shaw-Stewart J, Goodship V, et al. A review of physical processes used in the safe recycling of lithium ion batteries[J]. Sustainable Materials and Technologies, 2020, 25: 11.

[20] Granata G, Pagnanelli F, Moscardini E, et al. Simultaneous recycling of nickel metal hydride, lithium ion and primary lithium batteries: Accomplishment of european guidelines by optimizing mechanical pre-treatment and solvent extraction operations[J]. Journal of Power Sources, 2012, 212: 205-211.

[21] Zhang T, He Y Q, Wang F F, et al. Chemical and process mineralogical characterizations of spent lithium-ion batteries: An approach by multi-analytical techniques[J]. Waste Management, 2014, 34(6): 1051-1058.

[22] Da Costa A J, Matos J F, Bernardes A M, et al. Beneficiation of cobalt, copper and aluminum from wasted lithium-ion batteries by mechanical processing[J]. International Journal of Mineral Processing, 2015, 145: 77-82.

[23] Hanisch C, Loellhoeffel T, Diekmann J, et al. Recycling of lithium-ion batteries: A novel method to separate coating and foil of electrodes[J]. Journal of Cleaner Production, 2015, 108: 301-311.

[24] Barik S P, Prabaharan G, Kumar B. An innovative approach to recover the metal values from spent lithium-ion batteries[J]. Waste Management, 2016, 51: 222-226.

[25] Zhong X H, Liu W, Han J W, et al. Pyrolysis and physical separation for the recovery of spent LiFePO$_4$ batteries[J]. Waste Management, 2019, 89: 83-93.

[26] Ruiz V, Pfrang A, Kriston A, et al. A review of international abuse testing standards and regulations for lithium ion batteries in electric and hybrid electric vehicles[J]. Renewable & Sustainable Energy Reviews, 2018, 81: 1427-1452.

[27] Zhang G W, Du Z X, He Y Q, et al. A sustainable process for the recovery of anode and cathode materials derived from spent lithium-ion batteries[J]. Sustainability, 2019, 11(8): 11.

[28] He L P, Sun S Y, Song X F, et al. Recovery of cathode materials and Al from spent lithium-ion batteries by cleaning[J]. Waste Management, 2015, 46: 523-528.

[29] Chen X P, Xu B, Zhou T, et al. Separation and recovery of metal values from leaching liquor of mixed-type of spent lithium-ion batteries[J]. Separation and Purification Technology, 2015, 144: 197-205.

[30] Wang M M, Zhang C C, Zhang F S. An environmental benign process for cobalt and lithium recovery from spent lithium-ion batteries by mechanochemical approach[J]. Waste Management, 2016, 51: 239-244.

[31] HagelÜkenc C. Recycling of electronic scrap at Umicore's integrated metals smelter and refinery[J]. Acta Metall Slovaca, 2006, 59: 152-161.

[32] Zhang Y C, Wang W Q, Fang Q, et al. Improved recovery of valuable metals from spent lithium-ion batteries by efficient reduction roasting and facile acid leaching[J]. Waste Management, 2020, 102: 847-855.

[33] Zheng X H, Gao W F, Zhang X, et al. Spent lithium-ion battery recycling-reductive ammonia leaching of metals from cathode scrap by sodium sulphite[J]. Waste Management, 2017, 60: 680-688.

[34] Chen X P, Li S Z, Wang Y, et al. Recycling of LiFePO$_4$ cathode materials from spent lithium-ion batteries through ultrasound-assisted Fenton reaction and lithium compensation[J]. Waste Management, 2022, 137: 168-168.

[35] Song W, Liu J W, You L, et al. Re-synthesis of nano-structured LiFePO$_4$/graphene composite derived from spent lithium-ion battery for booming electric vehicle application[J]. Journal of Power Sources, 2019, 419: 192-202.

[36] Yang Y, Song S L, Lei S Y, et al. A process for combination of recycling lithium and regenerating graphite from spent lithium-ion battery[J]. Waste Management, 2019, 85: 529-537.

[37] Gao Y, Wang C Y, Zhang J L, et al. Graphite recycling from the spent lithium-ion batteries by sulfuric acid curing-leaching combined with high-temperature calcination[J]. ACS Sustainable Chemistry & Engineering, 2020, 8(25): 9447-9455.

[38] Cao N, Zhang Y L, Chen L L, et al. An innovative approach to recover anode from spent lithium-ion battery[J]. Journal of Power Sources, 2021, 483: 10.

[39] Meshram P, Pandey B D, Mankhand T R. Extraction of lithium from primary and secondary sources by pre-treatment, leaching and separation: A comprehensive review[J]. Hydrometallurgy, 2014, 150: 192-208.

[40] Guo Y, Li F, Zhu H C, et al. Leaching lithium from the anode electrode materials of spent lithium-ion batteries by hydrochloric acid (HCl)[J]. Waste Management, 2016, 51: 227-233.

[41] Yang J B, Fan E S, Lin J, et al. Recovery and reuse of anode graphite from spent lithium-ion batteries via citric acid leaching[J]. ACS Applied Energy Materials, 2021, 4(6): 6261-6268.

[42] Grützke M, Kraft V, Weber W, et al. Supercritical carbon dioxide extraction of lithium-ion battery electrolytes[J]. The Journal of Supercritical Fluids, 2014, 94: 216-222.

[43] Zhang J, Li X, Song D, et al. Effective regeneration of anode material recycled from scrapped Li-ion batteries[J]. Journal of Power Sources, 2018, 390: 38-44.

[44] Zhao Y L, Wang H, Li X D, et al. Recovery of CuO/C catalyst from spent anode material in battery to activate peroxymonosulfate for refractory organic contaminants degradation[J]. Journal of Hazardous Materials, 2021, 420: 13.

[45] Zhang X X, Li L, Fan E S, et al. Toward sustainable and systematic recycling of spent rechargeable batteries[J]. Chemical Society Reviews, 2018, 47(19): 65.

[46] Yao Y L, Zhu M Y, Zhao Z, et al. Hydrometallurgical processes for recycling spent lithium-ion batteries: A critical review[J]. ACS Sustainable Chemistry & Engineering, 2018, 6(11): 13611-13627.

[47] Monnighoff X, Friesen A, Konersmann B, et al. Supercritical carbon dioxide extraction

of electrolyte from spent lithium ion batteries and its characterization by gas chromatography with chemical ionization[J]. Journal of Power Sources, 2017, 352: 56-63.

[48] Du K D, Ang E H, Wu X L, et al. Progresses in sustainable recycling technology of spent lithium-ion batteries[J]. Energy & Environmental Materials, 2022, 5(4): 1012-1036.

[49] Harper G D J, Kendrick E, Anderson P A, et al. Roadmap for a sustainable circular economy in lithium-ion and future battery technologies[J]. Journal of Physics-Energy, 2023, 5(2): 95.

[50] Arshad F, Li L, Amin K, et al. A Comprehensive review of the advancement in recycling the anode and electrolyte from spent lithium ion batteries[J]. ACS Sustainable Chemistry & Engineering, 2020, 8(36): 13527-13554.

[51] Diaz F, Wang Y F N, Weyhe R, et al. Gas generation measurement and evaluation during mechanical processing and thermal treatment of spent Li-ion batteries[J]. Waste Management, 2019, 84: 102-111.

[52] Lei S Y, Sun W, Yang Y. Solvent extraction for recycling of spent lithium-ion batteries[J]. Journal of Hazardous Materials, 2022, 424: 15.

[53] 李荐, 何帅, 周宏明. 一种废旧锂离子电池电解液回收方法: 104600392A[P]. 2015-05-06.

[54] 李慧, 江家嘉, 柳斌. 一种锂离子电池电解液的回收方法: 106252777A[P]. 2016-12-21.

[55] 严红. 废旧锂离子电池电解液的回收方法: 104282962B[P]. 2017-03-08.

[56] He K, Zhang Z Y, Alai L, et al. A green process for exfoliating electrode materials and simultaneously extracting electrolyte from spent lithium-ion batteries[J]. Journal of Hazardous Materials, 2019, 375: 43-51.

[57] Grutzke M, Monnighoff X, Horsthemke F, et al. Extraction of lithium-ion battery electrolytes with liquid and supercritical carbon dioxide and additional solvents[J]. Rsc Advances, 2015, 5(54): 43209-43217.

[58] 赖延清, 张治安, 闫霄林, 等. 一种废旧锂离子电池电解液回收方法: 106684487B[P]. 2019-07-02.

[59] 杨中德, 金会鹏, 于永成. 电解液回收装置: 208990308U[P]. 2019-06-18.

[60] Tong D L, Ji X. Recycling of $LiCoO_2$ cathode materials from spent lithium ion batteries. [J]. J. Chem. Ind. Eng. China, 2005, 56 (10): 1967.

[61] 胡家佳, 王晨旭, 曹利娜. 一种废旧锂离子电池中六氟磷酸锂回收方法: 106025420A[P]. 2016-10-12.

[62] Li K, Xu Z M. A review of current progress of supercritical fluid technologies for e-waste treatment[J]. Journal of Cleaner Production, 2019, 227: 794-809.

[63] Grützke M K, Weber V, Wendt W, et al. Supercritical carbon dioxide extraction of lithium-ion battery electrolytes. [J]. J. Supercrit. Fluid, 2014, 94: 216-222.

[64] Liu Y L, Mu D Y, Zheng R J, et al. Supercritical CO_2 extraction of organic carbonate-based electrolytes of lithium-ion batteries[J]. RSC Advances, 2014, 4(97): 54525-54531.

[65] Liu Y L, Mu D Y, Dai Y K, et al. Analysis on extraction behaviour of lithium-ion

battery electrolyte solvents in supercritical CO_2 by gas chromatography[J]. International Journal of Electrochemical Science, 2016, 11(9): 7594-7604.

[66] 曾桂生, 凌波, 魏栖梧, 等. 一种废旧锂电池中回收六氟磷酸锂的方法: 109292746A[P]. 2019-02-01.

[67] 胡家佳, 王晨旭, 曹利娜. 一种废旧锂离子电池中六氟磷酸锂回收方法: 106025420A[P]. 2016-10-12.

[68] 周立山, 刘红光, 叶学海, 等. 一种回收废旧锂离子电池电解液的方法: 102496752B[P]. 2013-08-28.

[69] 刘权坤, 陈艳丽, 滑晨, 等. 一种废旧锂离子电池电解液回收再利用的方法: 110620276B[P]. 2022-06-17.

[70] 蒋达金. 一种废旧六氟磷酸锂的资源化利用方法: 111498878A[P]. 2020-08-07.

[71] 李荐, 何帅, 周宏明. 一种废旧锂离子电池电解液回收方法: 104600392A[P]. 2015-05-06.

[72] Liu Y L, Mu D Y, Li R H, et al. Purification and characterization of reclaimed electrolytes from spent lithium-ion batteries[J]. Journal of Physical Chemistry C, 2017, 121(8): 4181-4187.